U0172940

建设项目工程技术人员
实 用 手 册

Construction Project Handbook for Engineering Technicians

策划　邓伟华　马雪兵
主编　余地华　叶　建　倪朋刚　王　伟

中国建筑工业出版社

图书在版编目（CIP）数据

建设项目工程技术人员实用手册 = Construction
Project Handbook for Engineering Technicians / 余
地华等主编. — 北京：中国建筑工业出版社，2022.7
ISBN 978-7-112-27676-9

Ⅰ. ①建… Ⅱ. ①余… Ⅲ. ①建筑工程—手册 Ⅳ.
①TU-62

中国版本图书馆 CIP 数据核字(2022)第 135923 号

本书编制目的旨在提升建设项目工程技术人员业务技能，达到快速熟悉工程技术
管理工作职责及岗位能力要求，让工程技术人员快速掌握工作要领，熟悉工作方法，
提升工作技能。同时期望本书的一些案例，能从经验总结的角度，减少工程技术人员
在工作中的失误，快速积累经验，提升本领。本书也从项目管理角度，对工程技术人
员提出了更高要求，帮助其提升综合管理技能。

主要内容包括：工程准备、常用施工技术、工程总承包管理、科技研发与新技术
应用、当前建筑业前瞻性新技术等五个方面，可供项目施工人员、技术人员、工程监
理人员等参考使用。

责任编辑：朱晓瑜
责任校对：李美娜

建设项目工程技术人员实用手册

Construction Project Handbook for Engineering Technicians

策划　邓伟华　马雪兵

主编　余地华　叶　建　倪朋刚　王　伟

*

中国建筑工业出版社出版、发行（北京海淀三里河路 9 号）
各地新华书店、建筑书店经销
北京红光制版公司制版
北京中科印刷有限公司印刷

*

开本：787 毫米×1092 毫米　1/16　印张：26½　字数：610 千字
2022 年 9 月第一版　　2022 年 9 月第一次印刷
定价：**85.00** 元
ISBN 978-7-112-27676-9
（39838）

版权所有　翻印必究

如有印装质量问题，可寄本社图书出版中心退换
（邮政编码　100037）

本 书 编 委 会

策　划：邓伟华　马雪兵

主　编：余地华　叶　建　倪朋刚　王　伟

编　委：张　童　武　超　陈灿奇　金　晖

执　笔：黄亚洲　宋　志　胡佳楠　饶　亮　李健强　高　雨

　　　　刘齐鲁　石教碧　余和蔚　徐　策　陈　冲　韩　悦

　　　　胡　飞　冀晓薇　邹利群　齐鹏辉　魏　恒　张　浩

　　　　徐传贵

审　定：叶　建

前　言 | PREFACE

改革开放 30 多年，中国已经成为世界第二大经济体、世界第一大工业国，中国的工业发展令世界惊叹。随着改革开放的迅速发展，中国的城市建设如雨后春笋般蓬勃发展，中国正在由一个建筑大国向建筑强国不断迈进。三天一层楼的深圳速度、空中造楼机的问世、一栋栋摩天大楼的出现、一项项技术攻关得以实现，中国工程技术人员的身影无处不在。

随着互联网、5G 等相关技术的发展与成熟，建筑机器人应用不断深入，新型建筑材料层出不穷，在数字技术为代表的现代科技的引领下，建筑业得到了突飞猛进的发展，建筑行业对工程技术人员要求将越来越高。工程技术人员已经成为推动技术创新的实践者，更是推动技术革命和进步的核心力量。

工程技术人员是项目施工的核心组成人员，在工程施工中发挥着承上启下的关键作用。一方面是要深刻领会设计人员的创意；另一方面要能够将设计创意进行消化、吸收后，通过自身的管理动作传递给作业班组，实现工程的各项管理目标。

本书编制目的旨在提升建设项目工程技术人员业务技能，达到快速熟悉建设项目工程技术管理工作职责及岗位能力要求，让工程技术人员快速掌握工作要领，熟悉工作方法，提升工作技能。帮助基层工程技术人员明确工作方向，掌握学习技巧。同时期望本书的一些案例，能从经验总结的角度，帮助减少工程技术人员在工作中的失误，快速积累经验，提升本领。本书也从项目管理角度，对工程技术人员提出了更高要求，帮助其提升综合管理技能。

本书在编写过程中，融合了中建三局集团有限公司工程总承包公司工程技术人员工作和学习过程中的施工及管理经验，同时也组织了大量经验丰富的工程技术人员参与了此书的编制，并组织了多次讨论，几易其稿。从工程准备、常用施工技术、工程总承包管理、科技研发与新技术应用、当前建筑业前瞻性新技术等五个方面循序渐进地对项目施工技术进行了阐述，可供项目施工人员、技术人员、工程监理人员等参考使用。限于编制经验和学识，本书难免存在不当之处，真诚希望广大读者批评指正。

目　录 | CONTENTS

第1章

工程准备

1.1　报批报建 | 002
 1.1.1　报批报建工作概述 | 002
 1.1.2　报批报建工作职责划分 | 002
 1.1.3　报批报建工作管理重点 | 003

1.2　项目管理架构组建 | 004
 1.2.1　项目管理架构概述 | 004
 1.2.2　项目管理架构组建要点 | 006

1.3　项目策划 | 006
 1.3.1　项目策划管理概述 | 006
 1.3.2　项目策划管理要点 | 007

1.4　项目临时设施搭设 | 008
 1.4.1　项目临时设施概述 | 008
 1.4.2　项目驻地建设 | 009
 1.4.3　生产区临建 | 010
 1.4.4　临水临电布置 | 010

1.5　建立与工程相关方工作机制 | 011
 1.5.1　建立与工程相关方工作机制的目的 | 011
 1.5.2　与工程相关方工作机制包含的内容及要点 | 011

1.6　合约规划及紧急分部分项工程招采 | 016
 1.6.1　合约规划 | 016
 1.6.2　紧急分部分项工程招采 | 018

第2章

常用施工技术

2.1　岩土勘察相关技术 | 020
 2.1.1　地勘报告解读及应用 | 020
 2.1.2　地基验槽 | 023

2.2　基坑工程相关技术 | 025
 2.2.1　基坑工程实施流程及要点 | 025
 2.2.2　基坑工程地下水控制技术要点 | 028

2.2.3 常见基坑安全事故类型及案例解析｜031

2.3 地基与基础工程相关技术｜041

2.3.1 常见桩基施工关键技术要点｜041

2.3.2 常见地下室施工问题案例解析｜049

2.4 模板工程相关技术｜057

2.4.1 模板工程介绍｜057

2.4.2 铝模施工技术｜057

2.4.3 木模施工技术｜067

2.5 模板支撑架施工技术｜070

2.5.1 承插型盘扣式钢管脚手架｜070

2.6 建筑外防护体系施工技术｜076

2.6.1 悬挑脚手架施工技术｜076

2.6.2 提升架施工技术｜078

2.7 混凝土施工技术｜092

2.7.1 自密实混凝土施工技术及案例分析｜092

2.7.2 清水混凝土施工技术及案例分析｜099

2.7.3 大体积混凝土施工技术及案例分析｜108

2.8 装配式结构相关技术｜117

2.8.1 装配式建筑概述｜117

2.8.2 装配方案与选型要点｜118

2.8.3 装配式构件拆分与连接要点｜124

2.8.4 装配式构件施工要点｜128

2.8.5 装配式施工常见问题分析及应对措施｜133

2.9 钢结构工程相关技术｜135

2.9.1 钢结构概述｜135

2.9.2 钢结构深化设计及构件加工｜136

2.9.3 单层钢结构安装｜136

2.9.4 多层及高层钢结构安装｜140

2.9.5 大跨度空间钢结构安装｜145

2.10 幕墙工程相关技术｜146

2.10.1 建筑幕墙概述｜146

2.10.2 建筑幕墙材料｜147

2.10.3 建筑幕墙施工工艺｜148

2.10.4 建筑幕墙质量要点｜155

2.11 装饰装修工程施工技术｜161

2.11.1 装饰装修工程施工工艺｜161

2.11.2 装饰装修工程质量通病解析｜168

2.12 机电工程施工技术 | 172

    2.12.1 机电工程概述 | 172

    2.12.2 机电工程的深化设计及设备管线综合布置 | 173

    2.12.3 建筑给水排水及供暖工程(含消防给水工程)关注要点 | 174

    2.12.4 通风与空调工程关注要点 | 175

    2.12.5 建筑电气工程关注要点 | 178

2.13 电梯工程施工技术 | 182

    2.13.1 电梯工程的组成 | 182

    2.13.2 电梯的施工程序 | 183

    2.13.3 设计注意事项 | 183

    2.13.4 对土建的配合要求 | 184

    2.13.5 电梯工程施工 | 185

    2.13.6 电梯工程的检验 | 191

    2.13.7 电梯工程的验收 | 191

2.14 塔式起重机布置及基础施工技术 | 195

    2.14.1 塔式起重机布置方法及注意要点 | 195

    2.14.2 塔式起重机基础经济性比选分析 | 207

    2.14.3 塔式起重机基础设计与复核计算 | 208

2.15 施工升降机配置技术 | 216

    2.15.1 施工升降机性能参数说明 | 217

    2.15.2 施工升降机基础说明 | 218

    2.15.3 施工升降机附墙架说明 | 223

    2.15.4 施工升降机运力核算说明 | 227

第3章

工程总承包管理

3.1 工程总承包管理概述 | 230

    3.1.1 工程总承包的定义 | 230

    3.1.2 工程总承包的主要模式及其关系 | 230

    3.1.3 工程总承包模式的特点 | 230

    3.1.4 工程总承包的主要优势 | 231

3.2 组织管理 | 231

    3.2.1 组织结构设置的基本原则和流程 | 231

    3.2.2 项目组织结构模式 | 232

    3.2.3 项目管理模式 | 232

    3.2.4 项目部门设置 | 234

    3.2.5 项目岗位管理 | 235

3.3　总平面管理 | 237

　3.3.1　总平面管理概述 | 237

　3.3.2　总平面管理要点 | 238

3.4　计划管理 | 240

　3.4.1　总承包计划管理概述 | 240

　3.4.2　总承包计划编制要点 | 241

　3.4.3　总承包计划管理要点 | 243

3.5　设计管理 | 249

　3.5.1　设计管理体系建立 | 249

　3.5.2　设计准备阶段工作 | 252

　3.5.3　设计过程管理要点 | 255

　3.5.4　设计管理评价与总结 | 258

3.6　采购管理 | 258

　3.6.1　概述 | 258

　3.6.2　目标控制 | 258

　3.6.3　采购基本流程 | 259

　3.6.4　精细化招采 | 260

　3.6.5　采购设备材料入场检查、到货验收、移交 | 262

3.7　合约管理 | 263

　3.7.1　合同管理 | 263

　3.7.2　合约规划 | 265

　3.7.3　合约界面划分 | 268

3.8　技术管理 | 270

　3.8.1　总承包技术管理的内容 | 270

　3.8.2　总承包技术管理程序 | 272

　3.8.3　总承包技术管理要点 | 276

3.9　工程资料管理 | 277

　3.9.1　工程资料前期策划管理 | 278

　3.9.2　工程资料过程管理 | 279

　3.9.3　工程资料组卷及移交管理 | 283

　3.9.4　工程资料的总承包管理 | 284

3.10　测量管理 | 284

　3.10.1　测量方案管理 | 284

　3.10.2　测量人员及仪器管理 | 284

　3.10.3　控制测量 | 285

3.10.4　施工测量｜286

3.10.5　测量施工管理｜286

3.10.6　测量竣工资料｜287

3.11　试验与检测管理｜287

3.11.1　试验与检测管理概述｜287

3.11.2　管理机构与制度｜287

3.11.3　试验与检测管理工作具体内容｜291

3.12　品质管理｜292

3.12.1　品质管理体系｜292

3.12.2　品质管理各项措施｜293

3.12.3　成品保护措施｜300

3.13　HSE 管理｜305

3.13.1　HSE 管理体系要求｜305

3.13.2　HSE 管理方针｜305

3.13.3　HSE 管理策划｜306

3.13.4　HSE 组织结构｜306

3.13.5　HSE 领导小组工作制度｜306

3.13.6　对分包商的 HSE 管理｜306

3.14　沟通与信息管理｜307

3.14.1　沟通管理｜307

3.14.2　信息管理｜309

3.14.3　文件与档案管理｜311

3.15　验收与移交管理｜312

3.15.1　检测与调试｜312

3.15.2　工程竣工联合验收｜316

3.15.3　移交管理｜321

第 4 章

**科技研发与
新技术应用**

4.1　科技研发｜324

4.1.1　国家、地方、行业科技研发相关政策｜324

4.1.2　建设工程企业科技研发组织与程序｜326

4.1.3　研发路径｜327

4.2　科技成果管理｜328

4.2.1　科技成果类别｜328

4.2.2　科学技术奖管理｜328

4.2.3　专利管理｜328

4.2.4　论文管理 | 328

4.2.5　工法管理 | 328

4.2.6　标准管理 | 329

4.3　新技术 | 329

4.3.1　中心岛多级支护施工技术 | 329

4.3.2　倾斜支护桩施工技术 | 333

4.3.3　跳仓法施工技术 | 341

4.3.4　可拆底模钢筋桁架楼承板施工技术 | 343

4.3.5　ALC 板施工技术 | 347

4.3.6　保温装饰一体板施工技术 | 350

4.3.7　可周转工字钢悬挑架施工技术 | 352

4.3.8　井道式施工电梯技术 | 355

4.3.9　模块化钢结构取土栈桥施工技术 | 362

第 5 章

当前建筑业前瞻性新技术

5.1　数字化施工技术 | 368

5.1.1　数字化加工技术 | 368

5.1.2　建造过程虚拟仿真技术 | 377

5.1.3　建造过程安全与健康信息化监测技术 | 383

5.2　建筑机器人 | 392

5.2.1　建筑机器人抹灰技术 | 392

5.2.2　建筑机器人涂料喷涂技术 | 394

5.2.3　建筑机器人砌砖技术 | 395

5.2.4　建筑机器人 3D 混凝土打印技术 | 397

5.3　工程装备 | 398

5.3.1　悬挂重载施工升降机 | 398

5.3.2　住宅造楼机——普通超高层建筑智能化轻型施工集成平台 | 401

5.3.3　单塔多笼循环运行施工升降机 | 406

5.3.4　垂直运输通道塔 | 408

5.4　建筑碳排放计算方法 | 411

5.4.1　术语 | 411

5.4.2　计算方法 | 412

| 第 1 章 |

工程准备

1.1 报批报建

1.1.1 报批报建工作概述

报批报建是指一个项目从拿地开始，到最后完成竣工验收与不动产登记整个过程中所有证件的办理工作。报批报建手续办理过程中主要涉及六大证件，分别为建设用地规划许可证、不动产权证（土地证）、建设工程规划许可证、施工许可证、预售许可证（仅商品房涉及）、竣工验收备案证。

对于总承包单位，施工总承包项目一般只涉及办理预售许可证和竣工验收备案证，部分项目根据合同要求可能还需要办理施工许可证；EPC项目根据合同要求及项目中标时所处阶段的差异，可能六大证件建设单位均委托总承包单位办理，也可能仅施工许可证、预售许可证和竣工验收备案证需要总承包单位办理。

开展项目报批报建工作的关键在于梳理清楚项目报批报建流程与涉及的相关费用，做好与项目所在地相关政府部门及相关单位的对接，掌握报批报建工作与相关设计、施工、采购工作的联系，并通过有侧重地及时推进避免对其他工作产生影响。同时，将相关政策优惠及时反馈到设计、采购、施工层面，为项目创造价值。

1.1.2 报批报建工作职责划分

1. 总部后台职责

（1）负责报批报建体系建设与工作进度、效果的统筹管理，及人才培养等；

（2）负责为项目报批报建工作实施提供技术指导与支撑；

（3）深度参与重点、难点项目报批报建工作实施；

（4）为项目部在报批报建外部对接方面提供必要的支持。

2. 项目部职责

（1）负责项目报批报建相关工作、费用与建设单位的界面梳理；

（2）负责项目报批报建工作流程梳理与计划编制；

（3）负责项目报批报建相关的工作协同与资料报送，或积极配合、提醒建设单位相关工作事项及要求；对于EPC项目无论是否总承包单位承担报批报建主责，均需充分掌握报批报建工作进展、关键点等，避免因建设单位对报批报建工作认识不足且总承包单位参与不足而未能把握其中关键点，影响项目整体实施效果；

（4）负责项目报批报建相关外部对接与沟通，及时取得相关证件，或积极配合建设单位开展相关沟通工作，以便及时取得相关证件；

（5）对EPC项目，负责将报批报建工作开展过程中了解的相关政策及时反馈到设计层面，提升设计优化质量。

1.1.3　报批报建工作管理重点

1. 报批报建规划指标

规划指标在建设用地规划许可证办理过程中最终确定，对项目概预算影响较大，EPC项目在前期要对报批报建规划指标重点关注。

（1）停车位指标

如果原设计中的项目停车位配建指标不能满足要求，且没有充足理由折减，就要加深或扩大地下室，或设计立体停车位，易带来超概风险。针对具备条件的项目，可结合项目周边的规划地铁线路及社会停车位富余等实际情况，通过交通评估对车位指标进行折减，降低相关风险。

（2）人防指标

人防配建面积根据城市等级，配建比例不同。以武汉市为例，作为国家一类人防重点城市，要求配建面积不低于计容总建筑面积的6%，这就要求总承包单位要对人防配建面积进行分析，减少不必要的超建；具备条件的，结合当地政策及周边实际情况，通过沟通采取人防异地建设等措施进行优化。

（3）绿建指标

绿建指标对项目造价影响较大，在满足国家相关法律法规及当地相关政策要求的前提下，沟通选择合适的绿建指标等级要求，降低超概风险。

（4）绿化率指标

目前，园林专项施工图也需要图审，且验收越来越严格；根据当地具体政策，争取对不满足绿化要求的项目进行折减。以武汉市为例，根据《武汉市建设工程项目配套绿地面积审核管理办法》第六条规定，确因条件限制无法达到规定标准的，经审核后可适当降低，但不低于规定标准的70%。

（5）装配率指标

装配式建筑在目前发展阶段，造价较高且灌浆质量检测工艺还不成熟。针对建筑设计复杂多变、标准化程度不高，不适宜采用结构装配的项目，沟通减少结构装配，增加机电、装饰系统装配占比，使造价更可控，质量更有保障。

（6）日照指标

方案设计阶段要关注项目及周边的日照分析是否满足指标要求，否则后期的图纸日照审查难以通过。确实受条件限制难以满足日照指标要求的，需要与周边小业主做好沟通协商。

（7）容积率指标

对于地产开发项目，提高容积率可增加可售面积，但同时过大的容积率会降低建筑使用的整体舒适性，需要做好平衡，并满足当地政策的相关要求。同时，结合面积计算规则，如架空层一般不计容而计建筑面积，层高低于2.2m的房间计容面积和建筑面积均只计算50%，有围护和顶棚的地下室车道出入口需计容，层高达到一定高度时计容面积是在建筑面积的基础上乘以一定系数（各地规定存在差异）等。做好项目策划，为客户创造增值服务。

（8）污水处理等级

医院项目一般均设有污水处理站，其污水处理能力应与项目排污峰值匹配，其污水处理等级满足规范要求即可，而环评单位在编制环评报告时如果进行超规格设计，则配套的污水处理设备及相关建筑结构设计要求会相应提高，提高造价。需要通过审核及沟通，将污水处理等级、污水处理能力与项目实际需求匹配。

2. 报批报建费用减免

报批报建常规收费包括地质灾害评估、节能评估、交通评估等二十余项，在投标阶段及中标后需要关注其与建设单位的费用界面划分。一般情况下，施工单位需要缴纳工伤保险，其余在合同中未明确规定由总承包单位缴纳的，由建设单位缴纳。

各地报批报建费用减免政策不同，根据情况申请减免。以武汉市为例，根据《湖北省财政厅关于公立医院建设项目减免城市基础设施配套费的意见》《武汉市财政局关于公立医院建设项目免征城市基础设施配套费的通知》《武汉市人民政府关于印发支持企业发展若干意见及支持工业经济发展等政策措施的通知》等文件，医院、学校项目可以减免城市配套费，部分工业项目可以减免城市配套费、绿化补偿费、人防异地建设费、水土保持费、垃圾处理费、白蚁防治费。

3. 报批报建计划管理

报批报建工作除了与设计做法、造价等联系紧密外，还与工程进度密切相关。在编制项目报批报建计划时，一方面要梳理当地相关证件办理流程及时限；另一方面还要梳理各流程环节对设计、采购、施工工作的要求，并反馈给相关业务部门。同时设计、采购、施工工作相应地对报批报建的相关工作节点也有要求。通过这样一系列相互提资、融合，实现项目计划编制紧凑合理、目标统一，再通过实施过程中对关键节点的攻坚，以及计划纠偏协调等，才能实现报批报建工作计划与项目整体计划的有机统一，让报批报建服务于项目整体工期管理工作。

1.2 项目管理架构组建

1.2.1 项目管理架构概述

项目管理架构反映了项目组织系统中各子系统之间或各组织元素（如各工作部门）之间的指令关系。

应建立清晰的项目组织架构。基于项目合同内容和管理模式的不同，项目组织架构一般分为三种模式：

（1）项目总承包管理团队和施工管理团队分离的组织结构模式，适用于规模较大的总承包项目，项目合同给予总承包方较大的管理权限（图1-2-1）；

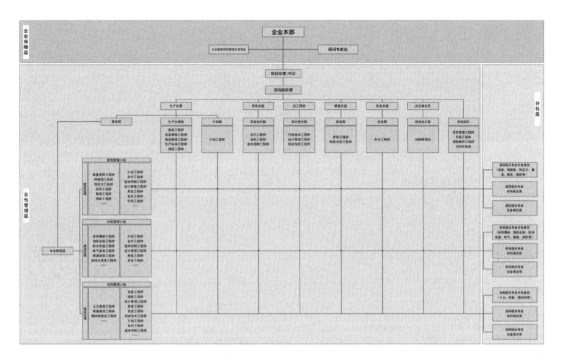

图 1-2-1　项目总承包管理团队和施工管理团队分离的组织结构模式

（2）项目总承包管理团队与自行施工管理团队融合的组织结构模式，适用于建设单位对部分工程另行发包，仅要求总承包方连带管理的项目（图 1-2-2）；

（3）专业施工项目的组织结构模式，适用于总承包模式下的专业施工项目和单独的专

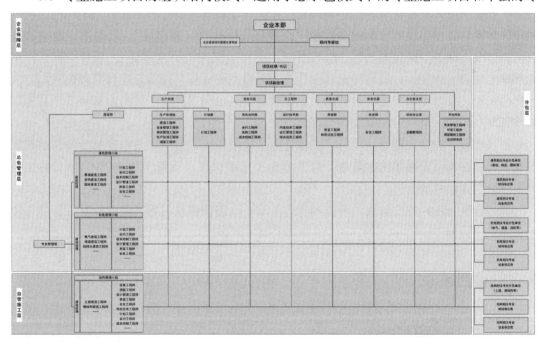

图 1-2-2　项目总承包管理团队与自行施工管理团队融合的组织结构模式

业施工项目（图1-2-3）。

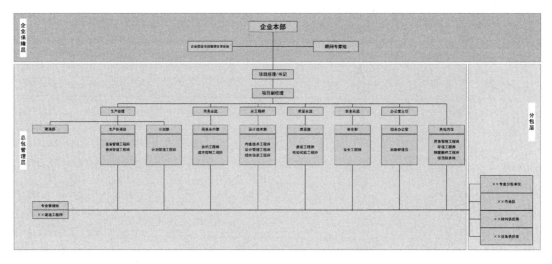

图 1-2-3　专业施工项目的组织结构模式

根据项目管理模式，设总承包项目部、专业（分区）项目部、工区等管理层级。明确项目各级班组成员，各管理部门设置和管理人员配备合理、职责明确，且符合企业人力资源管理相关规定。

1.2.2　项目管理架构组建要点

一般情况下，项目在投标阶段要确定拟派主要成员（项目经理、项目总工程师、项目商务经理等）并参与投标，实现在投标阶段参与项目的"谋篇布局"，以便更好地掌握项目前期情况，减少中标后的熟悉、融合时间，更好地实现"快速启动"。项目中标后，由总部确定项目管理模式，最终确定和迅速配齐项目主要成员，并结合项目管理模式拟定人员岗位配置，及时协调相关人员到岗。在项目主要成员到岗前，一般由总部负责项目前期工作管理及协调，避免出现阶段性管理真空。

项目建设一般是土建专业先行，其他专业分阶段插入，但对于机电安装专业在前期就要插入，并在项目管理架构中考虑，以便为施工总承包项目预留预埋和EPC项目前期机电安装策划提供专业支持。

应结合项目不同施工阶段的特点和管理要求，动态调整项目管理架构以及人员的岗位职责和工作内容。

1.3　项目策划

1.3.1　项目策划管理概述

项目策划管理是基于项目招标文件、合同文本、可行性研究报告、投标文件、国家及地方相关政策等书面实施条件，项目关系、背景、功能、定位、所在地资源、气候、文化、中标时所处阶段、现场及周边踏勘情况、成本盈亏分析、现金流分析等其他实施条件，通过明确管理目标，制定实施思路及关键工作计划，强化策划落实、纠偏与考核，实现谋划和控制项目发展趋势的目的。

项目策划要具备效益性，能够创造经济效益、市场效益、社会效益；要善于依据不同项目客观条件的变化努力创新，适应行业的发展；要同时具备可行性和时效性，对项目各项工作切实起到指导作用；要能够立足现实，面向未来，诉诸对象，对项目发展过程中可能遇到的风险及问题进行预判和预防。同时，还要能够在项目发展过程中通过及时纠偏调整，以始终保证其在项目管理过程中的纲领性地位，从而保证项目目标和行动方向的统一。

项目策划的内容一般包括项目定位及管理目标、管理架构、授权、关键计划节点、报批报建策划、设计管理策划、合约规划、施工部署及工程推演、造价控制策划、资金计划、信息沟通机制、项目风险及应对等，并根据项目合同模式及管理责任等进行选择，从而实现对项目实施的总体设计。

1.3.2　项目策划管理要点

1. 项目条件调查详实

（1）工程基本情况

主要内容包括工程建设背景、承接背景、主要合作方关系、建设目标、承包范围、关键合同条款、建筑概况、结构概况、施工场地及周边情况等。

（2）工程合同概况

主要内容包括承包范围及内容，工期、质量要求及奖惩规定，合同各方管理职责权限，主要材料、设备、专业供应方式，计价方式，付款方式，结算审计要求，材料品牌要求等。

（3）工程进展

主要内容包括报批报建各项证件办理进展（含各项规划指标确定情况）、设计工作进展、主要专项设计及关键设备采购进展、现场工作面移交进展（征拆、迁改、场平）等。

（4）相关方概况

建设单位概况包括建设单位（代建单位）组织架构、项目组织分工，建设单位与使用单位、代建单位的管理关系等。监理、设计单位概况包括监理、设计单位的项目管理组织架构及现场关键人员配置情况等。此外，根据需要还应掌握审计、财评、行政主管部门、社区等单位或部门的情况，了解各方要求并做好沟通协调。

2. 策划编制全员参与

（1）项目部深度参与

项目策划书作为项目纲领性文件，对确定项目实施目标、路径比较重要，一般建议集中总部后台的资源和经验优势，为项目制定合理的目标和实施路径。但项目策划书的实施主体是项目部，因此项目部应深度参与，充分讨论，使项目部了解总部的意图和思路。总部指导项目部的实施思路和方法，实现总部和项目部目标和行动路径的统一，在项目实施过程中前、后台协同更加顺畅。

（2）业务部门之间深度融合

项目策划书的编制需要业务部门之间充分融合，如施工部署要与计划、总平面布置结合，设计、技术要与商务结合，计划要与现金流分析结合，招采要与进度计划结合，总平面布置要与临时水电布置结合等。项目策划书确定后，作为任务分解的项目实施计划书的编制同样需要项目各业务部门之间相互配合，才能保证各级、各项策划具备指导性。

（3）项目经理深度参与

随着建设项目趋于复杂化，总承包项目越来越多，以及 EPC 模式的快速发展，传统的施工管理思维已经很难适应工程项目建设管理需要，项目策划的必要性、重要性愈发凸显。如果项目经理在项目策划过程中参与不够，就会导致项目实施过程中目标不明确、思想认识不统一，对项目履约和目标实现产生影响。

3. 项目策划强调落实

项目策划编制是对项目管理目标和实施路径的总体设计，项目策划执行则是对总体设计的具体落实；在落实过程中，需要开展大量工作才能实现按照既定策划路径达到策划目标。在项目策划实施过程中，如果因为需要开展的工作难度大、工作量大等原因，对策划落实打折扣，或改变路径，就可能造成策划目标无法实现。项目策划的落实需要项目经理的决心和项目团队的执行力去保证，只有通过强化沟通协调，切实执行策划要求，才能保证项目策划的真正落地和策划目标的实现，也才能体现项目团队的凝聚力和战斗力。

4. 条件变化及时纠偏

项目策划实施过程中内外部条件也在不断变化，当条件变化发展到一定阶段，部分项目策划路径可能不再适宜，策划目标可能已无法实现。为了保证项目目标和行动路径的始终统一，就有必要对项目策划进行纠偏调整。在项目实践过程中，存在因前期项目策划编制质量不高导致后期策划可实施性差，或策划实施过程中执行决心、执行力不强导致项目策划书偏离实际较大的情况，应当在项目策划编制和执行落实过程中避免。

1.4　项目临时设施搭设

1.4.1　项目临时设施概述

现场临时设施以大型临时工程为重点，包括项目驻地建设，施工便道修建，混凝土搅拌站、预制堆场、加工场、弃土场选址等。由于项目临时设施耗费较大，因此需要对其进行规范化管理。一般来说，项目临时设施规划应以减少场地占用，避免对原有地貌改动为宜。

1.4.2 项目驻地建设

1. 现场临建布置原则

(1) 在业主预留地或指定地点布置临建时，事先须征得业主或监理确认。

(2) 施工周期较长、风险较大、预计可能顺延工期的项目，实行整体规划、分步实施的原则。

(3) 根据经济适用、适度从紧、原地貌布置及多绿化少硬化的原则，确定临建布置方案。

(4) 办公区、生活区、施工区彼此之间设置隔离设施；办公区与管理人员生活区布置在一起的，两者之间可不设隔离设施。

2. 办公区临建搭设

(1) 主要策划内容：主要包括办公区、办公室、会议室、卫生间、岗亭、停车场、围墙等布置及场地绿化等内容。

(2) 确定办公室、会议室标准及数量：根据项目部组织架构及职责确定办公室的组合方式及大小、数量；根据合同中对总承包方提供业主、设计、监理方的临建约定，确定业主、设计、监理方的办公室数量；根据分包方式及分包方的临建安排情况确定分包方办公室的数量；根据总承包合同要求及总承包方、业主、监理、分包方召开会议的人数确定会议室的大小，并综合考虑是否设置小型会议室。

(3) 了解办公区临建所在场地地形、尺寸、给水、排水、供电等情况。

(4) 确定办公区临建平面布置方案，编制平面布置图。

3. 生活区临建搭设

(1) 主要策划内容：主要包括生活区、宿舍、工友夜校、食堂及就餐区、卫生间及洗漱间、岗亭、停车场、球场、围墙等布置及场地绿化等内容。

(2) 平面布置原则：如场地允许，管理人员生活区与办公区尽量设置在一起，并按办公区靠前、生活区靠后的平面布置原则设置。

(3) 管理人员生活区搭设：根据项目部组织架构及职责确定管理人员宿舍数量；根据合同中对总承包方提供业主、设计、监理方的临建约定，确定业主、设计、监理方的宿舍数量；确定管理人员生活区临建布置方案并编制平面布置图。

(4) 作业人员生活区搭设：根据施工部署、工程量、施工面积、工期等因素确定作业人员数量，再根据当地政府部门对作业人员宿舍面积的规定，结合实际情况确定作业人员宿舍数量和作业人员宿舍临建方案；根据分包方案确定作业人员食堂设置方案及平面布置；根据规定确定作业人员洗漱间、卫生间的配置方案；确定作业人员生活区临建平面布置方案，编制平面布置图。

4. 办公、生活设施配置

办公设施包括办公区的采暖及空调布置、办公桌椅、会议桌椅、沙发、茶几、文件柜、电视机、打印机、电话、照相机、网络及监控设备、投影设备等；生活设施包括生活区的厨房设备、洗衣机、洗浴设备等；根据合同中对总承包方提供业主、设计、监理方的临建约定，确定业主、设计、监理方的办公、生活设施方案。

1.4.3 生产区临建

1. 主要内容

主要包括施工现场的道路、原材料及半成品堆场、周转材料堆场、加工场（棚）、库房、试验室、标养室、洗车槽、岗亭及卫生间、移动厕所、围墙及大门、安全围护等设置，应根据不同施工阶段分阶段进行施工区平面布置及场地交通布置，确定平面布置图。

2. 布置原则

（1）施工现场封闭施工，出入口设大门及岗亭，杜绝外来人员随意出入；

（2）现场临时设施布置不影响现场交通；

（3）堆场、加工场、道路等布置方便施工生产，减少运距，并尽量减少材料的二次搬运；加工场布置应使材料和构件的运输量最小，垂直运输设备发挥较大作用，工作有关联的加工场适当集中；

（4）存放危险品的仓库应单独设置，离在建工程距离不小于15m，离有明火的加工场保持足够安全距离；

（5）堆场、加工场布置尽量做到对场地的充分利用。

1.4.4 临水临电布置

1. 主要策划内容

包括办公区、生活区及施工现场的临水临电设施的配置、临时用电平面布置、现场给水排水平面布置。

2. 主要编制依据

业主提供的施工图纸，电源、水源要求，平面布置、施工部署、主要施工方法及国家和地方相关标准规范。

3. 主要管理原则

临水临电方案需要综合考虑平面布置、施工部署、主要施工方法、地质条件及分包工程的要求，确保主线路一次到位（包括预留回路或接口），避免二次敷设。临水临电系统必须满足安全技术规范相关要求，遵循环境保护的相关规定。相关方案的内容和编审应遵循国家、地方以及企业相关制度和标准要求。临水临电配置计划应对水电设施名称、规格和型号、配置数量、使用时间以及来源作出详细描述，同时遵循合理选型、适当从紧、循环使用的原则。

4. 临时水电方案确定

根据施工区平面布置、施工部署、主要施工方法等确定施工用电负荷及用水量；根据办公区和生活区平面布置确定生活区用电负荷及用水量；根据电源及水源情况、平面布置、施工部署、主要施工方法、主要设备用电负荷及用水量等，确定管路、线路和配电箱的布置；根据线路负荷、施工周期、资金及库存情况，确定电缆品种及电缆、配电箱、临水材料设备采购方案；绘制临水、临电平面布置图，编制临水、临电计算书及方案。

1.5　建立与工程相关方工作机制

1.5.1　建立与工程相关方工作机制的目的

工程项目建设涉及建设、勘察、设计、监理、施工五方主体单位，同时还涉及各种材料、设备供应商，劳务分包、专业分包等分供单位，各单位基于自身管理目标和利益的不同，对项目的理解存在差异，各自站位和立场差别较大，如果没有高效合理的工作沟通机制协调各方行动路径，项目推进将举步维艰。

针对项目繁琐的沟通协调工作，总承包单位作为工程项目建设的"大管家"，需要建立与工程相关方高效合理的工作沟通机制，规范沟通动作，提高沟通效率，促进实现各方管理目标和行动路径的协调统一。

1.5.2　与工程相关方工作机制包含的内容及要点

1. 通信机制

为了更加便捷地开展日常工作联系，项目需要在准备阶段开始建立并持续完善包括工程所有相关方的项目通信机制。项目通信机制至少应包括单位、姓名、职务或负责业务板块、联系电话四个方面，根据需要同时征得相关单位同意，也可增加 QQ、微信号、电子邮箱等信息。建立完善的项目通信机制是项目开展相关沟通协调工作的基础信息条件（表 1-5-1）。

项目通信录模板　　　　　　　　表 1-5-1

序号	项目建设角色	单位名称	姓名	职务/职责板块	联系电话	QQ	微信	电子邮箱	备注
1	建设单位	××地产有限公司	张×	项目经理	×××	×××	×××	×××	
2			李×	报批报建	×××	×××	×××	×××	
3	设计单位	××建筑设计股份有限公司	王×	结构负责人	×××	×××	×××	×××	
4			赵×	裙房建筑设计	×××	×××	×××	×××	
5	勘察单位	××勘察设计院	………	………					
6									
7	监理单位	××工程管理有限公司							
8									
9	施工单位	××集团有限公司							
10									
11	幕墙专业分包	××工程建设有限公司							
12									
	……								

2. 联络机制

（1）工作群机制

随着通信技术的快速发展，QQ群、微信群等可在手机、电脑上直接沟通的工作群在项目管理过程中发挥的沟通作用越来越大。工作群沟通具有操作方便、沟通快捷、图文并茂、"公众场合"，以及"非正式"等特点。项目利用工作群开展沟通时，需要注意以下几个方面。

1）合理考虑工作群的数量及参与人员。工作群的设置几乎无门槛，项目因此建立工作群的随意性也比较强，如果对工作群设置不加规范，则有可能难以发挥工作群的最优沟通效率。具体表现在：由于项目工作业务链条多，如果工作群太少，则群内消息频繁，容易使需要接收到信息的人员错失关键信息，从而降低沟通效率；反之如果工作群太多，在比较紧张的工作节奏下，有时需要接收信息的人员没有时间和精力去逐一关注，同样容易降低沟通效率。与此同时，针对工作群内的参与人员要结合保密工作的开展需要合理考虑，特别是涉及商务、财务等信息的工作群。

2）工作群谨慎发言。由于工作群具有"公众场合"的属性，同时所发表言论会第一时间向接收方展示，不会经过发言人上级领导、项目经理等审核，因此发言失误产生的影响会快速传播。特别是有建设单位、设计单位、监理单位、分包单位等其他单位人员参与的工作群，当发表的言论涉及关键工作计划、核心技术方案、商务财务数据等时，相关损失往往难以挽回。

3）及时收录关键信息。虽然工作群具有"非正式"的属性，但结合司法实践及项目管理实际情况，工作群内关键言论依然可作为支撑相关索赔、反索赔等工作的重要证据。在工程实践过程中，各方出于提高沟通效率的需要，会不自觉向工作群发送相关图片、文件、文字等信息，由于工作群对保存在群内的文件、图片具有时效性，因此当遇到关键信息时，应当及时收录，避免后期需要时相关文件、图片等失效对证据收集产生不利影响。

（2）会议制度

会议协调具有"当面沟通"的特点，一般情况下沟通效率较高。组织会议协调是项目开展沟通工作的重要机制。除了由建设单位组织的业主例会、监理单位组织的监理周例会外，总承包单位要合理设置好相关会议制度，实现项目过程管理的动态协调。

总承包单位一般需要考虑的会议包括例行会议和专题会议两种。

1）例行会议。例行会议包括设计协调会、生产协调会、进度推进会、质量管理例会、安全管理例会、经济活动分析会等。其中，设计协调会当采用施工总承包模式时主要由设计单位负责组织，施工总承包单位需要组织深化设计协调会；当采用EPC模式时基于对设计工作的管理需要，由工程总承包联合体牵头单位组织，且不论设计工作是否由主体设计院总体负责；生产协调会基于协调工作的及时性需求，一般采取周例会模式，必要时采取日例会，根据需要常常与质量管理例会、安全管理例会共同组织；进度推进会主要用于进度分析、考核，以及下达进度计划等，周进度推进会通常与周生产协调会结合，便于协调工作和进度管理的同步进行；月度、季度、年度等进度推进会通常单独召开。此外，质量、安全、商务根据需要组织月度、季度或年度会议，用于工作总结、下阶段工作安排等。

2）专题会议。专题会议是根据工作开展需要组织的临时性、专题性会议，用于解决专项问题或推进专项工作。包括观摩活动专项推进会、报建工作专题推进会、拆迁工作专题推进会等，项目根据具体情况及时组织。

推进项目会议制度需要关注以下几点：

1）提高会议效率。提高会议效率需要关注五个方面：一是明确和优化会议流程，保证会议进程高效有序，提高效率；二是规范汇报内容，避免流水账式汇报，导致汇报重点不突出，降低效率；三是规定汇报时间，进一步促使汇报人员突出汇报重点，提高效率；四是控制参会人员数量，使可以不参加会议的人员尽量不参加会议，避免形成文山会海，影响开展具体工作的效率；五是控制参会人员级别，保证与会人员的决策权限能够满足会议沟通的要求。

2）形成会议成果。采取会议形式沟通虽然沟通效率较高，但本质上仍然属于口头沟通范畴，口头沟通的约束力、"记忆力"有限，需要通过形成会议成果，即会议纪要的形式固化下来，并通过正式签发、签收等形式保证会议要求及时传达到位，实现书面的责任分解。

3）会议成果落实。形成会议成果并正式下发后，如果没有对落实情况进行跟踪监督，则只能解决责任分解问题，在后期需要索赔、反索赔时可发挥作用，而对推进具体工作、实现会议希望达到的预期效果发挥的作用有限。因此，需要对会议成果进行跟踪监督，一般会议纪要的落实监督通过下次会议会前落实情况通报，或过程中在工作群、工作平台等对落实情况进行通报，或过程中以了解、检查、奖惩等形式实现。

（3）函件制度

函件制度是与项目相关方沟通的书面沟通方式，是项目工作沟通的重要沟通机制。函件具有高度法律效力，具有正式化、流程化、规范化等特点，且在各种工作沟通机制中一般具有最高效力。因此，函件制度需要高度严谨。

函件制度的严谨性主要表现在对函件管理的细节需要高度严谨。

1）函件拟定与签发。函件编制时要求做到斟字酌句，杜绝歧义，严格明确函件所言内容的对象范围、规格、定义、需求、时间、地点、效果等；函件编制原则上执行"一事一议"的原则，每项函件一般仅一个主题。函件编制完成后必须经具备权限的决策层领导审批签发，盖具备决策权限的单位层级印章后发出，一般项目层面能够决策的事项与企业对项目授权直接相关。函件发出后应当由接收方指定人员及时签收，并做好台账登记。对外发送函件一般仅对具有管理或监督关系的单位发出，如：对甲直分包的相关要求，只能对建设单位（代建单位）提出，不能直接对甲直分包发函，除非总承包合同或多方协议等文件中明确由总承包单位承担管理职责的事项。

2）函件模板与编码体系（图 1-5-1）。函件作为具有高度法律效力的文件，需要提前明确函件模板、编码体系等。针对函件编码应进行集中统一管理，并能够体现发送单位、接收单位、项目简码、事项类别、特定编号等信息。

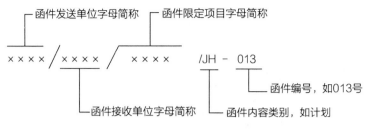

图 1-5-1　项目函件编码体系示例

3）函件签收与流转。函件签收时原则上需要发送单位盖章才予以签收，签收后做好台账登记。函件流转必须严格按照类别流转到相关部门，根据所言事项重要性由项目分管领导阅后确定是否需其他部门阅，以及是否需流转到项目经理，组织项目专题会研讨等。项目经理如认为需要向上级汇报，则应及时向相关领导请示。根据所签收函件要求，如需回复，则应按照合同规定的回复期限及时组织回复，否则根据法律规定，一般默认为认可发函单位相关要求。

（4）其他沟通方式

除上述联络机制外，项目还可结合生产经营的实际需要，采取其他相对灵活的沟通方式，加强与相关单位的沟通联系，保持与建设单位、设计单位、监理单位的良好关系，为项目履约和创效创造良好的沟通环境。

3. 工作流程

工作流程是工程相关方工作机制的重要内容，主要是指由总承包单位发起或参与的，需相关方参与审核、审批事项的管理流程。针对工作流程有以下两方面管理要点：一是在工作事项开始前事先沟通，并以书面形式明确相关流程，同时明确每步审核审批流程相关单位或部门审核时间，从而实现规范统一，并通过记录过程实际审核、审批时间，规避因审核审批单位、部门超时审批给总承包单位带来的工期风险。二是掌握工程流程审核审批事项上的关键环节，通过过程中与相关人员保持沟通，提高审核审批通过率。

表 1-5-2 为某医院项目与建设单位密切相关的关键工作流程梳理，供借鉴使用。

某医院项目建设单位关键决策事项工作流程　　　　　　表 1-5-2

序号	业主关键决策事项	说明	业主关键决策事项工作流程示例
1	设计方案及估算审批流程和关键环节	对进场后设计方案及估算未确定的项目，要尽快确定设计方案、估算审批流程及关键环节，为项目部的设计方案优化意见得以落实创造条件	批准 咨询单位跟踪审计单位 提交议案 同意 总承包单位（报审）→ 项目建设办（审核）→ 同意 → 基建房产处（审核）→ 同意 → 业主分管领导（审核）→ 党委办公会（审批） 不同意 关键环节识别：基建房产处、党委办公会

序号	业主关键决策事项	说明	业主关键决策事项工作流程示例
2	初步设计及概算审批流程和关键环节	对进场后初步设计及概算尚未确定的项目,要尽快确定初步设计、概算审批流程及关键环节,为项目部的初步设计及概算优化意见得以落实创造条件	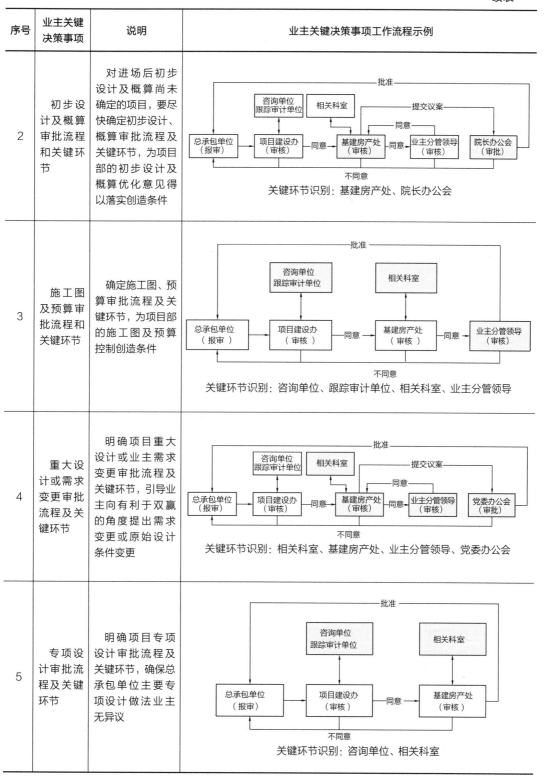
3	施工图及预算审批流程和关键环节	确定施工图、预算审批流程及关键环节,为项目部的施工图及预算控制创造条件	
4	重大设计或需求变更审批流程及关键环节	明确项目重大设计或业主需求变更审批流程及关键环节,引导业主向有利于双赢的角度提出需求变更或原始设计条件变更	
5	专项设计审批流程及关键环节	明确项目专项设计审批流程及关键环节,确保总承包单位主要专项设计做法业主无异议	

序号	业主关键决策事项	说明	业主关键决策事项工作流程示例
6	材料认质认价审批流程及关键环节	明确项目材料认质认价审批流程及关键环节，引导业主向有利于双赢的角度进行材料选择	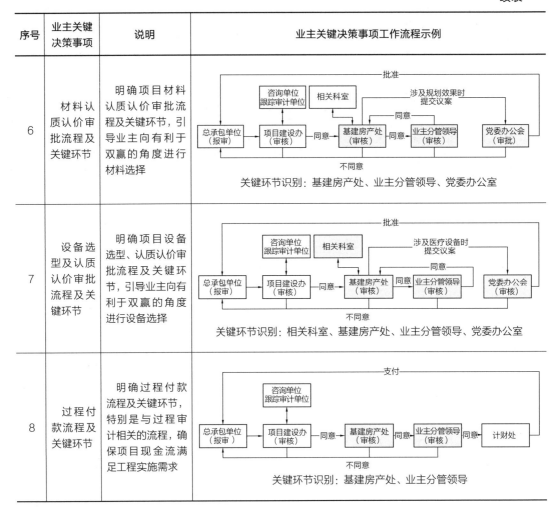
7	设备选型及认质认价审批流程及关键环节	明确项目设备选型、认质认价审批流程及关键环节，引导业主向有利于双赢的角度进行设备选择	
8	过程付款流程及关键环节	明确过程付款流程及关键环节，特别是与过程审计相关的流程，确保项目现金流满足工程实施需求	

1.6 合约规划及紧急分部分项工程招采

1.6.1 合约规划

合约规划是对项目合约管理的总体设计，需要在施工准备阶段充分考虑和策划，既要保证合约管理本身的科学合理，又要以合约管理为手段，形成对报批报建、设计、施工等工作的有效支撑。

合约规划的内容包括制定项目合约框架、划定合约界面、明确各合约成本及招采计划、明确关键合约条款（如付款方式）等，并通过项目实施过程中动态的合约成本控制，将合约管理与造价管理紧密关联。通过合约规划管理手段，可以从项目整体角度更好地实现对合约、成本进行协调，再结合施工部署、工序穿插的需求合理安排招采计划，让合约管理更好地支撑项目工期履约与造价管理。

在施工准备阶段，合约规划重点是做好合约包划分、合约界面划分、合约成本划分及招采计划。

1. 合约包划分

（1）合约包划分原则

合约包按照促进履约、提升效率、降低成本的原则，结合总承包单位管理能力和分包履约能力，确定其大小及组成、拆分方式。

（2）合约包划分要点

合约包划分时要做到全面梳理，合约事项不遗漏，避免后期疲于应对临时性、紧急性的采购需求；结合项目专业工程特点、复杂程度及团队管理能力，确定是否需要引进咨询单位协助；要结合考虑新技术、新材料、新工艺及新设备使用情况；要及时掌握业主意向，避免付出不必要精力；对于特殊专项设计、设备、专业分包等资源需提前启动资源调查，以保证合约包合理划分；要掌握自来水、燃气、供配电、土石方、砂石、混凝土、PC构件等属地化资源情况；还要结合施工组织安排考虑，包括场平布置、进度安排、工序穿插等。最后还要综合资源数量、擅长领域、类似经验及履约能力，保证资源能力与合约包要求匹配。

2. 合约界面划分

（1）合约界面划分原则

界面划分的原则是界面清晰、覆盖完整，既无缺漏也无重叠，避免出现工作无单位负责或有多个单位负责的情况；责、权、利相统一，避免分包价格与工作范围不对等；利于项目质量、进度和成本的控制目标。

（2）合约界面划分责任分工

界面划分不是一个部门的工作，需各部门共同参与，重点对标段划分、工序交接、工作面移交、技术条件等信息进行明确。如招采管理部门结合常见分包争议问题及各部门意见确定具体界面及合同条款约定。工程、技术管理部门结合主要施工方案、工序活动及工序穿插安排、施工组织安排及标段划分等提出界面优化意见；商务管理部门结合常见分包结算争议问题等提出优化意见。

（3）合约界面划分要点

合约界面划分要明确各专业与总承包方之间的措施界面，包括垂直运输设施的提供、脚手架的提供、临水临电的提供、文明施工的范围、安全防护责任的划分、道路清扫的责任等。要明确各专业之间的专业工序搭接以及收口责任的界定，如门窗收口、幕墙与室内吊顶等精装面层搭接、装饰与机电末端的交接、室外工程与机电的工序交接等。要明确预留、预埋、塞缝、封堵等工作界面，包括幕墙埋件、电梯埋件、机电套管预埋，机电套管、桥架等与墙体间塞缝封堵等界面。要通过招采前置，协助界面划分准确、完整；要对照常见漏项工作，检查界面完整性。如劳务分包的格构柱掏芯、格构柱洞口吊洞等，以及幕墙专业分包的地面面层与幕墙交接处收口、外立面通风百叶及防虫网安装等。

3. 合约规划成本划分

合约成本规划首先要进行成本测算，确定总目标成本，然后在成本测算的基础上，根据合约包划分情况，确定各合约包的规划成本，以此作为招标控制价及动态成本控制的基准。

4. 招采计划编制

招采计划需要各部门协同，对招标相关事项进行细化梳理，明确各事项间逻辑顺序及时间间隔，以施工开始时间倒排招采工作计划，且一定要服从工程总体计划。

招采计划制定时要保障设计需求，满足专项设计协同、设计提资、设计各专业交互检查、设计优化、四新技术市场行情等需要；要满足策划需要，借助分包的专业优势，助力项目策划；还要满足施工和商务需要，即要能满足工序穿插时间要求和成本控制需要。

同时，招采计划要考虑专业工程的全过程需求，而不能只看到施工生产插入这一个节点，要充分考虑其各项复杂的准备过程。以幕墙专业工程为例，要系统性考虑幕墙设计、视觉样板、性能样板、四性试验、加工、制作等现场施工前的前置工作和时间，合理安排招采工作。

对于 EPC 项目，要发挥 EPC 项目优势，做好设计、招采、建造协同，合理穿插，有序搭接，推进高效建造，降低综合成本。

1.6.2　紧急分部分项工程招采

项目生产资源招采一般按照企业招采管理制度和流程进行，根据企业对项目的授权，按照要求开展授权范围内招采，并接受监督。

与此同时，有些时候项目部会出现计划外的紧急招采需求，对此根据不同企业管理制度执行。一般为解决项目部的紧急招标需求，同时控制企业招标风险，企业在项目部实施紧急招标时，会要求项目部按照要求报送《项目生产资源紧急招标申请》，根据授权经各级招标管理部门招标业务员发起紧急招标申请（表 1-6-1），并经其部门负责人及分管领导批准后可组织招标工作，并按相关制度及规定完善流程。

项目生产资源紧急招标申请　　　　　　　　　　　　　　　表 1-6-1

项目名称	×××项目		
招标内容	××工程	标的额	××万元
分包申请（物资招标计划）评审完成时间	2021年××月××日	进场时间	××月××日
申请招标方式（勾选）： □线下招标（资审后开标，开标时间在分包申请（物资招标计划）评审完 10 天后）　　　□竞争性谈判 □其他			
原因分析：			
项目经理（签字、盖章）： 申请时间：			

第 2 章

常用施工技术

2.1 岩土勘察相关技术

2.1.1 地勘报告解读及应用

全国各勘察单位的岩土工程勘察报告在主要内容上相似，某些章节在布局上略有不同。以某地区的典型勘察报告目录进行解读及信息应用，其中场地岩土工程评价和基础方案评价是整个报告的重要章节。针对不同任务的勘察报告其不同之处也主要集中在这两个章节。

勘察报告主要章节

```
1  工程概况
2  场地岩土工程地质条件
3  场地水文地质条件
4  场地和地基的地震效应及场地类别
5  场地岩土工程评价
6  基础方案评价
7  基坑支护设计
8  地质条件可能造成的工程风险
9  结论及建议
附表：勘探点主要数据一览表
附图：1. 建筑物和勘探点位置图
      2. 工程地质剖面图
      3. 钻孔柱状图
附件：1. 土工试验成果汇总表
      2. 岩石试验成果表
      3. 剪切波速及地脉动测试报告
      4. 高压固结实验
      5. 水质分析报告
      6. 易溶盐分析报告等
```

1. 工程概况

工程概况主要包括拟建场地概况、勘察依据、勘察目的及技术要求、勘察方法及完成的工作量。

拟建场地概况中可以获取建筑物设计±0.00、基础埋深、勘察等级划分等拟建建筑的其他概况信息。

在阅读岩土工程勘察报告时，如果有概念不清等疑问时可翻阅查证勘察依据。

2. 场地岩土工程地质条件

一般主要包括场地位置及地形、地貌、区域地质条件及场地岩土层分布特征、场地岩土试验、原位测试成果统计。

现场施工时，要注意地形地貌类型，其对场地土与地下水有影响，会间接影响土方开挖与基坑施工。

3. 场地水文地质条件

一般包含地下水类型及水位、地下水（土）的腐蚀性评价、地下水作用的评价。一是地下水类型及水位，地下水的水位标高、深度、类型、补给方式等是确定是否需要采取降水、止水措施的主要依据，根据地下水的类型，以及含水层的位置、渗透系数确定降止水方案。二是地下水（土）的腐蚀性，腐蚀性等级分为微腐蚀、弱腐蚀、中等腐蚀、强腐蚀。针对不同的腐蚀等级，需要采取不同的措施。三是地下水作用的评价，其着重论述对拟建工程的影响，如基础施工、基坑支护施工时，在雨水多、地下水埋藏浅且较为丰富地区，需特别注意地下水的不利影响。

4. 场地和地基的地震效应及场地类别

主要内容一般包含历史地震及区域地震条件、场地抗震设防烈度、抗震设防类别、场地土地震液化判别、场地土类型及建筑场地类别、场地土振动频率及卓越周期等。施工时须预判是否因抗液化等措施而导致费用的增加。

5. 场地岩土工程评价

在地质条件比较复杂的地区，首先应注意场地的稳定性，掌握地质条件和地层成层条件以及是否有不良地质现象等。勘察规范中规定的不良地质作用和地质灾害种类包括：①岩溶；②滑坡；③危岩和崩塌；④泥石流；⑤采空区；⑥地面沉降；⑦场地和地基的地震效应；⑧活动断裂。如果存在对工程安全有影响的不良地质作用和地质灾害时，应进行专项勘察。

（1）场地稳定性与适宜性评价

场地稳定性可划分为不稳定、稳定性差、基本稳定和稳定四级；工程建设适宜性可划分为不适宜、适宜性差、较适宜和适宜四级。工程建设适宜性的定性分级标准如表2-1-1所示。

在施工时，应从勘察报告中获取工程建设适宜性分级，知悉场地治理难易程度，对接工程防护、地基处理及基础工程、地质灾害治理需要的专业队伍资源，做好技术与商务询价。

工程建设适宜性的定性分级标准 表2-1-1

级别	分级要素	
	工程地质与水文地质条件	场地治理难易程度
不适宜	① 场地不稳定； ② 地形起伏大，地面坡度大于50%； ③ 岩土种类多，工程性质很差； ④ 洪水或地下水对工程建设有严重威胁； ⑤ 地下埋藏有待开采的矿藏资源	① 场地平整很困难，应采取大规模工程防护措施； ② 地基条件和施工条件差，地基专项处理及基础工程费用很高； ③ 工程建设将诱发严重次生地质灾害，应采取大规模工程防护措施，当地缺乏治理经验和技术； ④ 地质灾害治理难度很大，且费用很高

级别	分级要素	
	工程地质与水文地质条件	场地治理难易程度
适宜性差	① 场地稳定性差; ② 地形起伏较大,地面坡度大于等于25%且小于50%; ③ 岩土种类多,分布很不均匀,工程性质差; ④ 地下水对工程建设影响较大,地表易形成内涝	① 场地平整较困难,需采取工程防护措施; ② 地基条件和施工条件较差,地基处理及基础工程费用较高; ③ 工程建设诱发次生地质灾害的概率较大,需采取较大规模工程防护措施; ④ 地质灾害治理难度较大或费用较高
较适宜	① 场地基本稳定; ② 地形有一定起伏,地面坡度大于10%且小于25%; ③ 岩土种类较多,分布较不均匀,工程性质较差; ④ 地下水对工程建设影响较小,地表排水条件尚可	① 场地平整较简单; ② 地基条件和施工条件一般,基础工程费用较低; ③ 工程建设可能诱发次生地质灾害,采取一般工程防护措施可以解决; ④ 地质灾害治理简单
适宜	① 场地稳定; ② 地形平坦,地貌简单,地面坡度小于等于10%; ③ 岩土种类单一,分布均匀,工程地质条件良好; ④ 地下水对工程建设无影响,地表排水条件良好	① 场地平整简单; ② 地基条件和施工条件优良,基础工程费用低廉; ③ 工程建设不会诱发次生地质灾害

(2) 场地岩土的工程性质与地基均匀性评价

1) 对施工应注意的问题提出建议。在具体施工时,根据实际情况选择。

2) 施工时应注意和把握对工程起关键作用的土层及土工问题,了解场地的均匀性和稳定性。

6. 基础方案评价

(1) 天然浅基评价:确认是否适合做天然地基,其持力层在哪个地层等。施工时,应注意确认开挖是否达到预定标高,严禁超挖虚土回填。不能采用天然地基时,根据勘察单位建议及当地实际情况,合理选取基础方案,如复合地基或深基础方案。

(2) 桩基评价:一般根据地区经验及地层情况,比较成孔方法、施工方法、适用条件、使用限制条件和承载力估算结果,然后由经济性和施工便利性确定具体采用哪种桩型。

施工时,应注意基础的验槽,对于浅基础使用钎探或轻型动力触探检验,深基础特别是端承桩，应注意入岩深度的控制。

7. 基坑支护设计

地勘报告中有关基坑支护设计的内容包含周边环境条件、基坑规模及基坑设计等级、基坑降排水、基坑支护、地下室抗浮评价、施工注意事项等内容。

基坑支护评价中会推荐基坑设计用岩土参数，特别是抗剪强度参数，以及建议的支护结构形式。具体施工时，以设计院提供的基坑支护设计图纸为准，当有经验时，可以对支护方案进行优化。针对地勘报告中的特殊不良地层，施工过程中要引起重视。

8. 地质条件可能造成的工程风险

结合工程施工方法、场地地质、水文条件及周边环境条件，提出拟建工程可能产生的工程风险及应对措施，可供项目管理人员，特别是项目安全管理人员参考借鉴。

9. 结论及建议

主要对重要结论与建议进行总结。对结论建议，应注意有无事实依据。

2.1.2　地基验槽

地基验槽工作，是关系整个建筑安全的关键。在建筑施工时，对安全要求为二级和二级以上的建筑物必须施工验槽。验槽时一般应按下列方法、步骤进行。

1. 验槽时必须具备的资料和条件

（1）勘察、设计、质监、监理、施工及建设方有关负责人员及技术人员到场；

（2）附有基础平面和结构总说明的施工图阶段的结构图；

（3）详勘阶段的岩土工程勘察报告；

（4）开挖完毕，槽底无浮土、松土（若分段开挖，则每段条件相同），条件良好的基槽。

2. 浅基础的验槽

一般情况下，除经压实符合规范要求的填土外，填土不宜作持力层使用，也不允许新近沉积土和一般黏性土共同作持力层使用。因此，浅基础的验槽应注意以下几种情况：

（1）场地内是否有填土和新近沉积土；

（2）槽壁、槽底岩土的颜色是否与周围土质颜色不同或有深浅变化；

（3）局部含水量与其他部位是否有差异；

（4）场地内是否有条带状、圆形、弧形（槽壁）异常带；

（5）是否因雨、雪、天寒等情况使基底岩土的性质发生了变化；

（6）场地内是否有被扰动的岩土。

3. 深基础的验槽

对桩基的验槽，主要有以下两种情况：

（1）机械成孔的桩基，应在施工中进行。干法施工时，应判明桩端是否进入预定的桩端持力层；泥浆钻进时，应从井口返浆中获取新带上的岩屑，由此判明是否已达到预定的桩端持力层。

（2）人工成孔桩，应在桩孔清理完毕后进行。对摩擦桩，主要检验桩长。对端承桩，主要查明桩端进入持力层长度、桩端直径。在混凝土浇灌之前，应清理干净桩底松散岩土和桩壁松动岩土，检验桩身的垂直度。对大直径桩，特别是以端承为主的大直径桩，必须做到每桩必验。检验的重点是桩端进入持力层的深度、桩端直径等。

对于深基础验槽，桩端全断面进入持力层的深度应符合下列要求（d 为桩的直径）：对于黏性土、粉土不宜小于 $2d$，砂土不宜小于 $1.5d$，碎石土类不宜小于 d；季节冻土和膨胀土，应超过大气影响急剧深度并通过抗拔稳定性验算，且不得小于 $4d$ 及 1 倍扩大端直径，最小深度应大于 1.5m。对岩面较为平整且上覆土层较厚的嵌岩桩，嵌岩深度宜采用 $0.2d$ 或不小于 0.2m。桩进入液化层以下稳定土层中的长度（不包括桩尖部分）应按计算确定，对于黏性土、粉土不宜小于 $2d$，砂土类不宜小于 $1.5d$，碎石土类不宜小于 d，且对碎石土、砾砂、粗砂、中砂、密实粉土、坚硬黏土尚不应小于 500mm，对其他非岩类土尚不应小于 1.5m。

4. 复合地基的验槽

复合地基是指采用人工处理后的地基，且基础不与地基土发生直接作用或仅发生部分直接作用的地基。复合地基的验槽，主要有以下几种情况：

（1）对换土垫层，应在进行垫层施工之前进行，根据基坑深度的不同，分别按深、浅基础的验槽进行。经检验符合有关要求后，才能进行下一步施工。

（2）对各种复合桩基，应在施工过程中进行。主要为查明桩端是否达到预定地层。

（3）对采用预压、压密、挤密、振密的复合地基，主要是用试验方法（室内土工试验、现场原位测试）来确定是否达到设计要求。

5. 施工勘察

施工勘察是指岩土工程条件复杂或有特殊使用要求的建筑物地基，在施工过程中现场检验、补充或在基础施工中发现岩土工程条件有变化或与勘察资料不符时，进行的补充勘察。

常见需要施工勘察的几种情况：

（1）对于场地及岩土条件特别复杂的项目，详细勘察时未必能将所有的工程地质问题查清，如持力层层面起伏非常大或持力层岩层种类较多、性质差别大、分布不均，岩溶、土洞、地裂缝发育的场地，暗埋的沟、坑、墓穴、防空洞、废井等。

（2）某些工程地质因素往往是动态变化的，如地基土的含水量、地下水位等，详细勘察时的某些工程地质条件未必能代表地基基础施工时的相应条件。

（3）在施工阶段因某种原因需要对施工图进行变更，而原有的勘察资料不能满足变更后的施工图设计，尤其是隧道工程，这种情况较多。

（4）环境地质条件的改变，如场地附近新建了对该场地产生显著影响的工程（如人工湖、水库等）。

（5）场地存在特殊性岩土对工程建设影响较大时，如场地内有湿陷性、膨胀性、土岩组合岩土等特殊性岩土。特别是对湿陷性岩土场地，尚应对建筑物周边 3～5m 范围内进行探查和处理。

（6）基槽开挖后，岩土条件与原勘察资料不符。

（7）施工中出现边坡失稳危险时。

2.2 基坑工程相关技术

2.2.1 基坑工程实施流程及要点

1. 基坑工程实施流程

建筑基坑工程是一项复杂的专项工程，其实施流程包括且不限于以下几个方面：

（1）地质资料勘察、周边环境调查、地下结构边线和深度确认；

（2）基坑支护方案设计、施工图设计，完成图纸审查、图纸会审、设计交底程序；

（3）基坑专项施工方案编制、审批和技术交底；

（4）基坑施工应急预案编制、审批；

（5）确定第三方监测单位，编制基坑监测方案并完成审批手续；

（6）根据设计图纸和专项方案进行基坑支护结构施工、土方开挖；

（7）施工及土方开挖过程中对支护结构及周边环境进行监测，发现问题及时启动应急预案进行处理；

（8）开挖至设计深度，支护结构及周边环境满足设计及规范要求，进行支护结构验收；

（9）在基坑使用过程中继续对支护结构及周边环境进行监测，发现问题及时启动应急预案进行处理；时间超出基坑允许使用年限，视监测及现场勘测结果进行补强；

（10）地下室结构封顶，基坑支护结构使用完毕，进行基坑回填。

2. 基坑工程实施要点

基坑工程属于危险性较大的分部分项工程，为保证基坑工程安全，应了解和掌握以下具体实施要点：

（1）勘察资料研读

重点关注和掌握地勘资料中提供的与基坑有关地层的设计参数，如土层特性参数：重度、黏聚力、内摩擦角、地基承载力、锚杆摩阻力等；岩层特性：地质构造、岩性、产状、风化程度、结构面特征等；水文地质参数：地下水类型（区分上层滞水、潜水、承压水）、地下水水位、含水层分布和埋深、渗透系数、抽水影响半径等；特殊土层：填土、淤泥、淤泥质土、膨胀土、湿陷性黄土等；不良地质评价：岩溶、塌陷、滑坡等。

（2）周边环境调查

调查和收集基坑周边地下管线、地下埋设物的埋设位置、埋深、结构形式及其使用性质，了解其抗变形能力和破坏后果。调查和收集邻近既有建筑物的使用性质、位置、建造时间、层数（高度）、结构类型及完好程度、基础形式、埋置深度和主要尺寸等资料。为明确责任，必要时建设单位可在开挖前委托所在地区的房屋安全鉴定部门进行"证据保全"的鉴定。特别是要调查清楚基坑周边重要保护对象，如悠久的历史建筑，有精密仪器与设备的建筑物，采用天然地基、短桩基础、复合地基的重要建筑物，轨道交通设施、隧道、高架桥、自来水总管、煤气管、重要的高压电杆及电缆、国防电缆等建（构）筑物及设施。根据周边环境特征提前策划施工组织设计，明确后期坑边临时施工道路及出土口的位置和荷载、材料堆场的位置和荷载、塔式起重机的位置、基础形式与埋深尺寸等。

（3）地下结构边线和深度确认

明确地下结构边线是确定基坑支护边线的前提，地下结构埋深决定了基坑开挖深度，二者对基坑支护形式和造价具有重要影响。特别是对于工期紧张的项目，应及时与主体设计单位沟通，尽快明确地下结构边线和埋置深度，以便提前进行基坑支护设计和施工。

（4）基坑支护设计、图审、会审和交底

支护结构设计应根据基坑周边环境条件及其保护要求、岩土工程条件、基坑开挖深度以及基坑平面形状和面积大小、场地施工条件以及选用的施工工艺和设备情况，通过多方案比选，制定安全可靠、技术可行、施工方便、经济合理的支护结构方案，确保工程的顺利进行。在基坑支护设计阶段，应及时与设计单位对接，积极反馈现场实际情况和需求，提供合理化建议，使设计图纸更加具有针对性、安全性、经济性和施工便利性。基坑支护设计图审暂无统一强制性规定，不同地区的规定要求也有所不同，设计方案明确后，可根据项目所在地区图纸审查要求进行基坑支护设计审查或论证，图审合格后方可用于现场施工。对于临江、临湖等深基坑设计方案，根据河道安全管理的特殊要求，尚应进行防洪评价和论证，得到工程所在地水务主管部门认可后方可施工。对于邻近城市轨道交通或高速铁路等重要基础设施的深基坑设计方案，根据轨道交通安全保护相关要求，尚应进行安全评价和论证，得到工程所在地轨道交通有关主管部门认可后方可施工。建设单位应组织土建设计、基坑工程设计、工程总承包及基坑工程施工和基坑安全监测单位进行图纸会审和技术交底，并应留存记录。

（5）基坑施工方案编制、论证、审批和交底

基坑工程施工之前必须编制详尽的、切实可行的施工组织设计，指导施工和规范施工行为，对可能发生的问题要有充分的预见和周密的对策。

遵照《住房城乡建设部办公厅关于实施〈危险性较大的分部分项工程安全管理规定〉有关问题的通知》（建办质〔2018〕31号），根据项目的工程特点、周边环境、水文地质条件、设计文件和相关的规范规定，施工单位应根据项目的实际情况，进一步识别本项目中危险性较大的分部分项工程，并对所有的危险性较大的分部分项工程在施工前组织工程技术人员编制专项施工方案，对于超过一定规模危险性较大分部分项工程，施工单位应当

组织召开专家论证会对专项施工方案进行论证。

（6）基坑施工应急预案编制和审批

针对基坑工程施工过程中可能发生的事故或灾害（如持续性暴雨、台风等），为迅速、有序、有效地开展应急与救援行动，降低事故损失，应预先制定全面、具体的应急预案，并应完成内外部签章审批手续。

（7）基坑监测方案编制和审批

基坑工程施工前，应由建设单位委托具有相应资质的第三方对基坑工程实施现场监测。监测单位应编制监测方案，监测方案应经建设方、设计方等认可，必要时还应与基坑周边环境涉及的有关管理单位协商一致后方可实施。当基坑工程设计或施工有重大变更时，监测单位应与建设方及相关单位研究后及时调整监测方案。下列基坑工程的监测方案应进行专项论证：①邻近重要建筑、设施、管线等破坏后果很严重的基坑工程；②工程地质、水文地质条件复杂的基坑工程；③已发生严重事故，重新组织施工的基坑工程；④采用新技术、新工艺、新材料、新设备的一、二级基坑工程；⑤其他需要论证的基坑工程。

（8）支护结构施工和土方开挖

施工前应具备已批准的基坑工程设计文件、施工组织设计、施工应急预案、监测方案等技术文件。施工时应做好各分项工程的协调管理，合理安排工期，并注意各工序衔接。同时，及时掌握工程的运行情况，一旦出现异常情况，应果断采取应急备用方案。如对于临江、临湖等的深基坑工程，为保证基坑在丰水期不出现突涌、管涌等重大险情，根据河道安全管理相关特殊要求，基坑开挖应尽量在枯水期进行，丰水期严禁基坑开挖；在丰水期来临前，已经开挖的基坑应及时回填，正在进行地下结构施工的基坑应及时完成地下结构施工和肥槽回填。

基坑开挖应按照分层、分段、对称、均衡、限时的原则确定开挖顺序，并符合各设计工况的要求，不得超挖。合理安排车辆的进出道路，并对道路路面进行硬化。基坑开挖至设计标高后，应及时进行垫层及基础施工，防止水浸和暴露，并确保基础和地下空间结构施工的紧密衔接。地下室结构封顶后，应尽快回填地下室与临时支护结构之间的肥槽。

（9）基坑监测

基坑工程监测工作应贯穿于基坑工程和地下工程全过程。基坑工程在开挖施工过程中必须由具备相应资质的单位对基坑支护体系和周边环境安全进行有效监测，并通过监测数据指导基坑工程的施工全过程。监测单位应及时处理、分析监测数据，并将监测结果和评价及时向建设方及相关单位进行反馈。发现问题及时启动应急预案进行处理。

（10）基坑回填

地下结构施工至正负零，应按规范、设计要求及时进行土方回填，回填宜对称、均衡进行，采用分层回填，保证其密实度。

2.2.2 基坑工程地下水控制技术要点

1. 地下水基本类型

地下水泛指一切存在于地表以下的水，其渗入和补给与邻近的江、河、湖、海有密切联系，受大气降水的影响，并随着季节变化。

地下水根据埋藏条件可以分为包气带水、潜水和承压水（图 2-2-1）。包气带水位于地表最上部的包气带中，受气候影响很大。潜水和承压水储存于地下水位以下的饱水带中，是基坑开挖时工程降水的主要对象。潜水是指位于饱水带中第一个具有自由表面的含水层中的水。承压水是指充满于两个隔水层之间的含水层中的水。

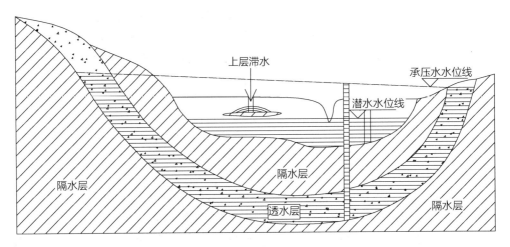

图 2-2-1　地下水按埋藏分类示意图

地下水按照含水介质类型可分为孔隙水、裂隙水和岩溶水。储存和运动于松散沉积物或胶结不良的孔隙中的地下水称为孔隙水。储存和运动于裂隙介质中的地下水称为裂隙水。储存和运动于岩溶地层中的地下水称为岩溶水。

2. 地下水控制要点

地下水控制包括基坑开挖影响深度内的上层滞水、潜水与承压水控制，应根据工程地质和水文地质条件、基坑周边环境要求及支护结构形式选用截水、降水、集水明排或其组合。

当降水会对基坑周边建（构）筑物、地下管线、道路等造成危害或对环境造成长期不利影响时，应采用截水方法控制地下水。对于周边环境复杂的基坑，设计采用悬挂式帷幕时，应同时采用坑内降水，并宜根据水文地质条件结合坑外回灌措施，确保地下水降水对周边环境不造成太大影响。

（1）截水

同一工程可根据地层、支护形式、周边环境条件等不同要求，在不同的部位选用适合的截（隔）水方法，并可采用多种截水组合方式。截（隔）水方法可按表 2-2-1 选用。

隔水帷幕及适用条件

表 2-2-1

适用条件 隔水方法		土质类别	适用挖深	施工及场地 等其他条件
沉箱		各种地层条件	不限	地下水控制面积较小，如竖井等
地下连续墙		除岩溶外的各种地层	不限	基坑周围施工宽度狭小，邻近基坑边有建筑物或地下管线需要保护
连续排列的排桩墙	桩+搅拌桩帷幕	黏性土、粉土等地层条件，搅拌桩不太适合砂、卵石等地层	不限	基坑较深，邻近有建筑物不允许放坡、不允许附近地基有较大下沉和位移等条件
	桩+旋喷桩帷幕	黏性土、粉土、砂土、砾石等各种地层	不限	基坑较深，邻近有建筑物不允许放坡、不允许附近地基有较大下沉和位移等条件
	钻孔咬合桩	黏性土、粉土、砂土、砾石等各种地层	不限	—
	钢板桩	黏性土、粉土、砂土为主的地层	一般不超过 6m	采用引孔施工工艺时可适用土层类别扩大
SMW 工法		黏性土和粉土为主的软土地层	6~10m	采用较大尺寸型钢和多排支点时深度可加大
组合隔水帷幕	旋喷或深层搅拌桩水泥土重力式挡墙	淤泥、淤泥质土、黏性土、粉土	不宜超过 7m	1. 基坑周围具备水泥土墙的施工宽度 2. 对周围变形要求较严格时慎用
	袖阀管注浆	各种地层条件	不宜超过 12m	在支护结构外形成止水帷幕，与桩锚、土钉墙等支护结构组合使用
	土钉墙与止水帷幕结合式、土钉墙与止水帷幕分离式	填土、黏性土、粉土、砂土、卵砾石等土层	不宜大于 12m	1. 安全等级为二级的非软土场地 2. 基坑周围有放坡条件，邻近基坑无对位移控制严格的建筑物和管线等
	长螺旋旋喷搅拌水泥土桩	各种土层条件	不限	适用于在已施工护坡桩间做止水帷幕，能够克服砂卵石等硬地层条件

适用条件 隔水方法	土质类别	适用挖深	施工及场地 等其他条件
冻结法	黏性土、粉土、砂、卵石等各种地层，但砾石层中效果不好	不限	大体积深基础开挖施工、含水量高的地层，25～50m的大型和特大型基坑更具造价和工期优势
坑底水平封底隔水	黏性土、粉土、砂土、卵砾石等土层	不限	适用于面积较小的基坑，与竖向帷幕共同作用

（2）降水

基坑降水可采用管井、真空井点、喷射井点等方法，并宜按表2-2-2的适用条件选用。

常见降水方法适用条件　　　　　　　　　　　　　　　表2-2-2

方法名称	土类	渗透系数（m/d）	降水深度（m）
管井	粉土、砂土、碎石土	0.1～200.0	不限
真空井点	黏性土、粉土、砂土	0.005～20.0	单级井点＜6 多级井点＜20
喷射井点	黏性土、粉土、砂土	0.005～20.0	＜20

1）降水井成井施工控制要点：

① 施工前应精确定位，降水井位置应避开桩、梁、柱及支护体系。

② 根据地层特点采用合适的成井工艺，并在开凿2～3口降水井后应进行抽水试验，以复核设计采用的水文地质参数和设计井数。

③ 按复核后的降水设计施工降水井，过程中加强对地勘揭露地层的复核，确保降水井成井深度、滤管长度、滤料材料、实管段封填等满足设计要求并与实际地层相匹配。每完成一口井即投入试运行一口，确保井的出水量。

④ 安装好排水系统，采用管道排水，将抽出的地下水经处理后排入有排泄能力的市政排水系统，防止倒流。

2）抽水系统使用期间控制要点：

① 井点应连续运转，避免间歇和反复抽水，保证降水位缓慢下降、达到降深要求，调整抽水井布局，保证动水位稳定，减小在降水期间引起的地面沉降量。

② 加强土方开挖及地下室结构施工过程中降水管井的保护，避免磕碰损坏，并注意对井口的防护、检查，防止杂物掉入。

③ 定时巡视降排水系统的运行情况，及时发现和处理系统运行的故障和隐患。例如：当降水井长期运行井内沉淀物过多井孔淤塞，导致深井泵的排水能力下降，井的实际出水量逐井降低至不能满足设计降深需求时，应及时采取重新洗井等措施确保降水井保持正常

工作状态。

④ 当发生停电时，应及时更换电源，尽量缩短因断电而停止抽水的时间间隔，应储备备用发电机，以便断电时维持降水井的正常运行。

⑤ 发现涌水、涌砂，应立即查明原因，及时处理。

3）降水井封闭控制要点：

① 降水井封井时，应采取"以砂还砂、以土还土"的原则封堵井孔，并加焊风口钢板。

② 位于承台底板区域的降水井，应按设计要求加焊止水钢板。

坑内疏干井一般需要在基坑开挖前20d开始抽水，以满足预抽水时间，保证降水效果，整个抽水系统在使用期应满足土方开挖及地下室主体结构正常施工要求。当主体结构有抗浮要求时，停止降水的时间应满足主体结构施工期的抗浮要求。

（3）集水明排法

当基坑开挖深度不大，基坑涌水量不大时，集水明排法是应用最广泛，也是最简单、经济的方法。明沟、集水井排水多是在基坑的两侧或四周设置排水明沟，在基坑四角或每隔30~50m设置集水井，使基坑渗出的地下水通过排水明沟汇集于集水井内，然后用水泵将其排出基坑。对坑底渗出的地下水，或当地下室底板与支护结构之间不能设置明沟时，也可采用盲沟排水。

（4）回灌

当基坑周围存在需要保护的建（构）筑物或地下管线且基坑外地下水位降幅较大时，可采用地下水人工回灌措施。浅层潜水宜采用回灌砂井和回灌砂沟，承压水回灌宜采用回灌井。实施地下水人工回灌措施时，应设置水位观测井。

回灌井施工质量控制要点：

① 当采用坑内减压降水时，坑外回灌井深度不宜超过承压含水层中隔水帷幕的深度，以免影响坑内减压降水效果；当采用坑外减压降水时，回灌井与减压井的间距不宜小于6m。回灌井的深度、间距应通过计算确定。

② 回灌井可分为自然回灌井与加压回灌井。自然回灌井的回灌压力与回灌水源的压力相同，宜为0.1~0.2MPa。加压回灌井的回灌压力宜为0.2~0.5MPa，回灌压力不宜超过过滤器顶端以上的覆土重量且小于引起井外壁与土体接触水力劈裂破坏的压力。

③ 回灌井施工结束至开始回灌，应至少有2~3周的时间间隔，以保证管井周围止水封闭层充分密实，防止或避免回灌水沿管井周围向上返渗、从地面喷溢等情况发生。管井外侧止水封闭层顶至地面之间，宜用素混凝土充填密实。

④ 回灌用水应采用清水，宜用降水井抽水进行回灌；回灌水质应符合环境保护要求。

2.2.3　常见基坑安全事故类型及案例解析

近年来，随着城市更新的快速发展，高层建筑如雨后春笋般在城市内涌现，与之配套的基坑工程也开始向更深、更大面积发展。这部分深基坑大都集中在城市中心，建筑密度大、人口密集、保护性建筑多、施工场地小，因此，设计和施工技术难度大，再加上地质条件的复杂性，多种因素交互影响，使得基坑工程事故频发，造成的经济损失和社会影响都十分严重。

本章结合当前发生过的基坑工程事故进行归纳分析，主要针对施工方面总结事故处理的正面经验和反面教训，并依据造成事故的主要原因提出减少基坑事故的一系列措施，为基坑支护工程施工提供经验参考。

1. 常见基坑工程事故类型

（1）基坑周边环境破坏

在基坑工程施工过程中，由于降水、土方开挖会对周围土体有不同程度的扰动，进而引起周围地表不均匀下沉，从而影响周围建筑物、构筑物及地下管线，严重时可能导致路面开裂、管沟断裂、邻近建筑物不均匀沉降、倾斜等严重工程事故。

（2）基坑支护体系破坏

当基坑的受力远远大于其极限承载能力时，基坑支护结构就会失效，甚至破坏。具体包括以下四种：

①基坑围护体系折断破坏；②基坑围护体系整体失稳破坏；③基坑围护踢脚破坏；④坑内土滑坡导致坑内支撑失稳破坏。

（3）基坑土体的渗透破坏

在砂土和粉土地区，渗透破坏是威胁基坑稳定性和周围环境的主要因素。比较普遍的渗透破坏有两种基本形式，即流土和管涌。在基坑事故中主要形式有：①基坑侧壁流土；②基坑坑底管涌；③高承压水基坑突涌。

（4）其他事故类型

由于机械设备故障、施工失误或天气等因素造成的基坑安全事故：①起重机倾覆；②钢筋笼起吊散架、高处坠落；③支撑底模坠落伤人；④栈桥或基坑坡顶临边防护等跌落；⑤监测点破坏，无法信息化施工；⑥台风、暴雨等恶劣天气时，应急措施不到位；⑦防水保护墙坍塌；⑧钢支撑脱落等。

2. 常见事故原因分析

结合以往发生的基坑事故，由于施工质量缺陷造成的基坑事故占到了整体事故的80%，应引起我们的重视，不断地在实践中积累经验。下面主要就施工方面来分析一下引发基坑安全事故的原因。

（1）基坑支护结构施工质量差

结合现有的一些基坑事故，施工质量主要表现在以下几个方面：

1）支挡结构施工质量差。由于施工队伍施工水平较差，导致钻孔灌注桩缩颈、断桩、漏桩、桩位偏移、钢筋笼焊接质量差，造成支护桩强度不满足设计要求，桩的变形较大。地下连续墙经常出现漏筋、空洞、接缝漏水、钢筋笼的钢筋不连续等问题，地下连续墙的施工问题往往引发基坑侧壁流土、流砂、管涌等水文地质灾害，处理起来非常困难。对于钢板桩和钢管桩，因为这类桩属于可回收利用的材料，由于材料保养不当，很多旧的钢桩已经锈蚀，或者变形较大，强度或垂直度不能满足设计要求。

2）止水帷幕施工质量差。实际施工过程中，经常出现止水帷幕空洞、断层、下部分叉，在坑内外水头差的作用下，坑外的水就会携带粉土、粉砂或淤泥从缺陷位置流入基坑，使得坑外水土流失，造成坑外房屋沉降、地下水管破裂、道路塌陷等安全事故。

3）水平支撑体系施工质量差。水平支撑体系包括锚杆、水平混凝土支撑、水平钢支撑等水平支护结构。

对于锚杆施工，主要问题有：竖向标高、锚杆长度、预应力张拉值、锚杆倾角等不按照设计图纸进行施工；锚杆的注浆体直径减小、水泥掺量不足，导致浆体与土体的摩擦力以及杆芯与浆体的摩擦力不满足设计拉力要求。

对于水平混凝土支撑和水平钢支撑，除了材料本身的缺陷以外，支撑杆件的垂直度不能保证，很多工程施工的水平支撑杆件犹如蛇一般弯弯曲曲，相当于增加了支撑梁的附加弯矩，超出设计轴力值，造成基坑险情。另外，支撑节点的质量也至关重要，很多工程事故，都是由于节点处钢筋锚固不满足规范要求，抑或是斜角处牛腿定位不准确，支撑梁没有承担压应力，反而承担了拉应力，造成局部剪切破坏、钢支撑掉落等，进而引发基坑整体失稳。

4）竖向支撑体系。这里主要是指立柱桩的施工质量。立柱桩在实际施工中漏打或者偏位，就导致支撑梁长度过大，使得基坑平面失稳或者扭曲。另外，立柱桩长度不满足设计要求，其提供的承载力不能支撑上部水平支撑，造成沉降变形。再就是上部钢格构柱，不按照大样图拼接，或者焊接质量不合格。

（2）施工管理水平低

项目上的技术人员特别是现场的施工管理人员一定要有质量安全责任意识。加强现场的基坑施工管理，项目上要落实质量事故责任制，不能让设计图纸和现场施工出现"两张皮"，要严格按图施工，完成后根据规范及图纸要求，进行相关结构构件的质量检验工作。

（3）施工工艺选择不合理

如果工艺选择不当，不仅会影响施工功效，对施工质量也无法保证，往往会因为支护结构的施工质量缺陷而导致基坑坍塌。

（4）不重视信息化施工

除了设计单位，施工单位更要重视信息化施工，要与设计单位保持通畅的信息交流，虽然监测为第三方单位，施工方仍然要监督和分析监测数据，发现监测数据异常及时上报设计院、监理方和建设方。所谓数据异常，除了位移过大达到报警值时应特别注意外，还有一项是容易被施工单位忽视的，就是位移没有达到报警值，但是位移的变化速率增长迅速，对于这一点，往往没有引起大家的注意，而引发基坑事故。

（5）缺乏应急抢险能力

所有的基坑安全事故的发生都不是瞬间的，都是由量变产生的质变。一方面如果施工单位在事故发展的初期，能够及时发现并做出应急处理，就能避免很多灾难的发生；另一方面是事故发生后，很多施工单位不具备现场抢险能力，一直等着专家或者设计人员到现场后，才开始处理，这就错过了最佳的抢险时间，可能会造成无法挽回的重大损失。

3. 常见基坑事故处理方法

建筑基坑工程施工，是一项作业条件复杂、安全隐患较大的工作，从地质勘察开始，到地下室回填，施工现场必须建立安全、有效的技术措施，预防和降低各项危险事件的发生。如果基坑险情一旦发生，应根据工程现场的实际情况，从事故现象去分析事故原因，找到引起事故的原因后再针对性地采取抢险措施，这样才能做到从容应对。下面介绍几种常见基坑事故的处理方法。

(1) 支挡法

基坑的支护结构出现超常变形或倒塌时，可以采用支挡法，加设各种钢板桩及内支撑。加设钢板桩与断桩连接，可以防止桩后土体进一步塌方而危及周围建筑物的情况发生；加设内支撑可以减少支护结构的内力和水平变形。

(2) 注浆法

当基坑开挖过程中出现止水帷幕桩间漏水，基坑底部出现流沙、隆起等现象时，可以采用注浆法进行加固处理，防止事态的进一步发展。俗话说"小洞不补，大洞吃苦"，一些大的工程事故都是由于在事故刚出现苗头时没有及时处理，或处理不到位造成的。

(3) 隔断法

隔断法主要是在被开挖的基坑与周围原有建筑物之间建立一道隔断墙，该隔断墙承受由于基坑开挖引起的土的侧压力，必要时可以起到防水帷幕的作用。隔断墙一般采用树根桩、深层搅拌桩、压力注浆等筑成，形成对周围建筑物的保护作用，防止由于基坑的坍塌造成房屋的破坏。

(4) 降水法

当坑底出现大规模涌砂时，可在基坑底部设置深管井或采用井点降水，以彻底控制住流沙的出现。但采用这两种方法时应考虑周围环境的影响，即考虑由于降水造成周围建筑物的下沉、地下管线等设施的变形，所以应在周围设回灌井点，以保证不会对周围设施造成破坏。

(5) 坑底加固法

坑底加固法主要是针对基坑底部出现隆起、流沙时所采取的一种处理方法。通过在基坑底部采取压力注浆、搅拌桩、树根桩及旋喷桩等措施，提高基坑底部土体的抗剪强度，同时起到止水防渗的作用。

(6) 卸载法

当支护结构顶部位移较大，即将发生倾覆破坏时，可以采用卸载法，以减少桩后主动土压力。该法对控制桩顶部过大的位移，防止支护结构发生倾覆有较大作用。但必须在基坑周围场地条件允许的情况下才可以采用。

4. 典型基坑事故案例解析

（1）基坑工程事故案例一

1）工程概况

某工程基坑开挖面积约 2500m²，长 67.2m，宽 42m，呈"T"字形（图 2-2-2）。基坑普挖深度为 9.400～12.250m，基坑重要性等级为一级。该项目采用"钻孔灌注桩＋二道钢筋混凝土内支撑"的支护形式，桩间设计高压旋喷桩止水帷幕，桩径 700mm，间距 1300mm，深入④₂ 粉质黏土层不少于 1m。综合考虑经济性和施工安全，钻孔灌注桩直径设计 900mm 和 1000mm 两种，桩间距均为 1300mm。

本工程建筑场地地貌属溼水河Ⅰ级阶地与Ⅱ级阶地过渡地段，建筑场地类别为Ⅱ类。建筑场地在勘探深度范围内土（岩）层分为 8 个大层 16 个小层，涉及本工程基坑支护相关的地基土自上而下为：素填土、杂填土、粉土夹粉质黏土、粉砂、砾砂、粉质黏土、细砂。其中渗透系数较大的砾砂局部分布，主要分布在东北侧 DE 段。

场区地下水主要为上层滞水及孔隙承压水。其中，上层滞水主要赋存

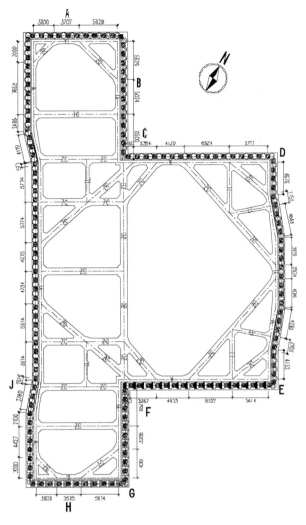

图 2-2-2　基坑支护平面布置图

在①₃素填土层、①₄杂填土层中、②粉土夹粉质黏土、粉砂层及③₁细砂和③₂砾砂层中，无统一自由水面，其动态变化受大气降水和生活排放水补给及蒸发影响，勘探期间测得场地上层滞水水位在地面下 0.60～4.10m。承压水主要赋存在⑥细砂层和⑦砾砂层中，具有承压性。勘探期间，测得承压水水位埋深约 4.0m。本场周边分布有一条河流，场地内承压水位与该河水系有密切联系，水位变化受区域地下水及河水位涨落影响较大。

2）基坑开挖

基坑采用机械开挖，设置一个出土坡道，开挖顺序从西南 AJ 段开始，逐步退到东北 DE 段方向。2021 年 6 月中旬开始进行土方开挖，按照设计要求分层分段开挖，随挖随进行混凝土支撑架设。开挖过程中，DE 段土方开挖到底后，基坑侧壁出现渗水情况，项目部未采取相应措施，在 DE 段土方收尾时，临时土坡道两侧渗水严重，出现桩间流土、流沙，局部支护桩后土体塌陷。

3）事故分析

该项目地下水主要为位于表层填土及③₂层砾砂透镜体中的上层滞水及位于下部⑥层及⑦层砂层中的承压水，基坑周边设置有降水井对下部承压水进行抽降，上部上层滞水设计采用桩间高喷止水结合集水明排。事故段 DE 段基坑侧壁出露土层含强透水的砾砂透镜体（受勘察范围影响，透镜体向外延伸体量不详），因桩间高喷实际未施工，开挖后出现桩间流土流沙，同时前期渗漏出现时未及时分析原因，土方直接开挖至接近基底，又遭遇一场强降雨后，在砾砂透镜体标高附近桩间多处漏空，导致支护桩外侧局部塌陷（图 2-2-3、图 2-2-4）。

图 2-2-3　收尾土坡两侧出现多处渗漏

图 2-2-4　桩后土体塌陷

4）事故处理

基坑内停止开挖，并在渗漏区域进行桩前回填反压（图 2-2-5），外侧塌陷处素土回填并设置注浆加固，其余高压旋喷桩缺失区域在支护桩外侧紧贴支护桩布置一排注浆孔进行注浆加固处理，注浆深度根据渗漏点位置控制，在桩间漏空区域采取袋装砂塞填，并设置带反滤包的引流管，其余区域及时设置泄水孔及挂网喷射混凝土，确保支护桩间引流孔仅清水流出后，由坑内截水沟和集水井抽排（图2-2-6、图2-2-7）。待外侧注浆加固强度满足

图2-2-5　坑内回填反压

图2-2-6　坑外回填及注浆处理

图 2-2-7　桩间处理（挂网喷混凝土＋泄水管）

要求后分层进行开挖，开挖过程中注意观察基坑侧壁渗漏水情况。

（2）基坑工程事故案例二

1）工程概况

该项目由 4 栋住宅楼、4 栋办公楼、1 栋门卫房及整体二层地下车库组成。基坑开挖面积约 46577m²，基坑周长 577m，平面形状为不规则多边形，基坑重要性等级为一级。

基坑支护主要采用双排桩，局部采用悬臂桩的支护形式，同时坑底被动区采用水泥土搅拌桩进行加固。水泥土搅拌桩采用直径 500mm，间距 400mm×400mm，水泥浆水灰比选用 0.50～0.60，水泥选用 P.O42.5 水泥，水泥用量 64kg/m。基坑侧壁采用直径 500mm 单轴搅拌桩止淤。

场区地貌单元属于长江二级阶地。场区内填土及软土总厚度大于 5.0m，属地面沉降一般防控区。场地内除表层为填土（Q^{ml}）外，其下主要土层为第四系湖积（Q_4^l）的淤泥质黏土层、全新统冲湖积（Q_4^{al+l}）的黏土层、淤泥质黏土层、冲洪积（Q_4^{al+pl}）的粉质黏土及第四系中更新统冲洪积（Q_2^{al+pl}）的粉质黏土层、角砾层组成，基岩为白垩～第三系（K-E）的泥质粉砂岩。

场区水类型主要为上层滞水、孔隙承压水及基岩裂隙水。

① 上层滞水主要赋存在填土中，水位不连续，无统一自由水面，其动态变化受大气降水和生活排放水补给及蒸发影响。

② 孔隙承压水主要赋存④₁ₐ中粗砂夹卵砾石及④₂层角砾中，具承压性，富水程度一

般，承压水层之上主要为相对隔水层，主要接受周围土层孔隙水侧向补给，并进行侧向排泄。

③ 主要赋存于强～中等风化基岩裂隙中，与上覆透水层水力联系密切。基岩为泥质粉砂岩，裂隙不发育，裂隙水总体水量贫乏。

2）险情过程

根据项目部的工期安排，先进行基坑南侧土体开挖，施工南侧住宅地下室结构。2018年7月4日，现场挖除险情段基底最后一层土后，支护结构变形速率持续加大，桩顶位移变化速率6～7mm/d。桩顶冠梁处、冠梁连梁、坡顶喷锚出现不同程度裂缝，项目部立刻启动应急抢险预案，跟设计院沟通后，在坑内增设钢管桩斜撑支护，对桩顶土体进行卸载放坡，同时加快底板施工进度。截至2018年7月22日白天，钢管斜撑底座向坑内出现不同程度位移，但是变形速率基本稳定；监测显示：双排桩支护段冠梁顶位移累计146.6mm（图2-2-8～图2-2-12）。

图2-2-8　现场险情发生地段

3）事故分析

事故段基坑侧壁和坑底淤泥质土较厚，达到12m，除了双排桩本身抵抗土压力以外，被动区抗力也是位移控制的关键，根据现场开挖到底的土质情况，被动区加固固化不良，呈软塑状，加固范围没有达到设计要求，对双排桩不能形成有效的侧向约束，这是本次事故的关键。另外桩顶处有一条现场施工道路，大量的土方运输车辆通行，使得地面荷载也超出了设计取值，这也加速了边坡位移的发展。

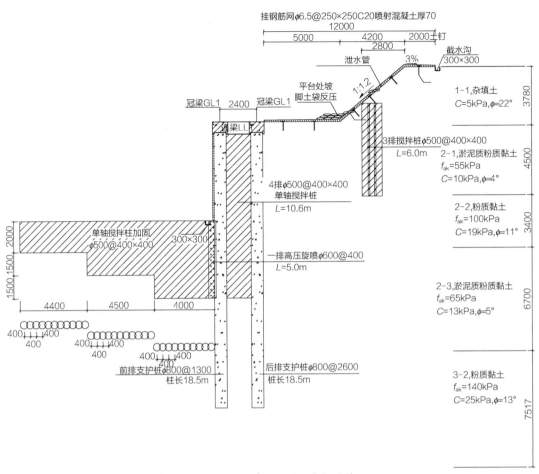

挂钢筋网φ6.5@250×250C20喷射混凝土厚70

12000

| 5000 | 4200 | 2000土钉 |

2800

泄水管

3%

截水沟
300×300

1-1,杂填土
C=5kPa,φ=22°

3780

冠梁GL1　2400　冠梁GL1

连梁LL

平台处坡
脚土袋反压

1:1.2

3排搅拌桩φ500@400×400
L=6.0m

2-1,淤泥质粉质黏土
f_{ak}=55kPa
C=10kPa,φ=4°

4500

4排φ500@400×400
单轴搅拌桩
L=10.6m

2-2,粉质黏土
f_{ak}=100kPa
C=19kPa,φ=11°

3400

单轴搅拌柱加固
φ500@400×400

300×300

一排高压旋喷φ600@400
L=5.0m

2-3,淤泥质粉质黏土
f_{ak}=65kPa
C=13kPa,φ=5°

6700

| 4400 | 4500 | 4000 |

400 400　400 400
400
400 400
400

前排支护桩φ800@1300
桩长18.5m

后排支护桩φ800@2600
桩长18.5m

3-2,粉质黏土
f_{ak}=140kPa
C=25kPa,φ=13°

7517

图 2-2-9　险情段原剖面支护设计

图 2-2-10　冠梁与坡脚间裂缝

图 2-2-11　前后排桩连梁裂缝

图 2-2-12　增设钢管斜撑

4）抢险成功经验

该工程在项目部的迅速反应下，积极联系设计单位采取有效的抢险措施，支护结构变形速率逐渐减小，逐步趋于稳定。总结本次成功抢险的原因如下：

① 及时架设钢管斜撑发挥了控制支护结构变形的作用；

② 加快基底垫层施工，混凝土强度逐步发展起来后对支护桩的侧向变形起到了一定的控制作用；

③ 坡顶适量卸土减小了侧向土压力，有利于减缓支护结构侧向变形速率。

2.3　地基与基础工程相关技术

2.3.1　常见桩基施工关键技术要点

2.3.1.1　定义

桩基础是桩与承台或桩与柱共同组成的可承受动静荷载的深基础。而桩是设置于土中的基础构件，其作用主要是把建筑物的荷载传递到较坚硬的、压缩性小的土层或岩层上。

常见的分类方法如图 2-3-1 所示。

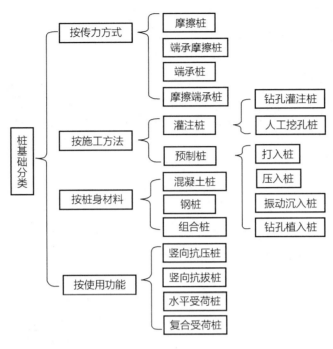

图 2-3-1　桩基础分类

2.3.1.2　常见桩基施工关键技术要点

1. 常用钻孔灌注桩施工技术要点

（1）定义

钻孔灌注桩是指在工程现场通过机械钻孔、钢管挤土或人力挖掘等手段在地基土中形成桩孔，并在其内放置钢筋笼、灌注混凝土而做成的桩。

（2）施工准备工作

1）钻孔灌注桩施工前应做好各项前期准备工作，包括有关的设计、试验，同时还应了解相应的规范和质量检验、验收标准；

2）应进行现场踏勘，掌握施工场地的现状，同时进行资料、技术准备，编制完成施工组织设计，施工前必须进行各级施工技术交底和安全交底；

3）泥浆池大小根据钻机数量和泥浆循环、泥浆外运快慢确定；场内道路平整、硬化，排水沟挖设；同时水源和电源接驳到位；

4）机械准备：根据工作面大小和工期要求，进场相应数量钻机及配套的吊车、泥浆泵、混凝土浇筑机具等相关设备和用具；

5）材料准备：备足钢筋、商品混凝土、水泥、膨润土、添加剂等材料，并具有出厂合格证及复试报告；

6）劳动力准备：落实所需工人数量且具备一定的相关素质，特种作业人员必须持有特种作业证上岗；

7）护筒准备：护筒可用 4～8mm 厚钢板制作，其内径应大于钻头直径 100mm，上部宜开设 1～2 个溢浆孔；

8）其他准备：测绳、泥浆比重计、坍落度筒、混凝土试块模具、全站仪、经纬仪、水准仪、钢卷尺等必要仪器器具；

9）开工前资料报审准备：开工前应报送审核相应资料，包括测量定位记录、单位资质报审、管理人员职务和职称报审、特殊工上岗证报审、机械设备报审、仪器仪表报审、施工组织设计报审、安全专项方案报审、临时用电专项方案报审、进尺材料报审等；

10）在桩基正式施工前，宜进行试成孔，可核对地层分布情况、检验所选的成孔设备、泥浆配比等施工工艺及技术要求和施工进度等是否满足要求，可根据试成孔情况优化或变更施工方法和工艺。

（3）施工技术要点

1）钻机施工场地要求

首先是对场地承载力的要求，由于钻孔灌注桩采用的成孔钻机都具有较大自重，如地面承载力不够，会导致成孔垂直度偏差过大、孔径过大、孔壁塌孔，甚至钻机倒塌等严重事故。因此，旋挖钻机作业地面应坚实平整，作业过程中地面不得下陷。钻机履带或枕木不宜直接置于不坚实填土上，以防不均匀沉降。钻机就位前应平整场地，清除杂物，处理地基土满足钻机施工荷载。常规型号旋挖钻机平均接地比压约为 90～120kPa，地面为杂填土层等工程性能差土层时，应挖除软土铺垫砖渣或碎石，并碾压密实，必要时铺设厚度不小于 20mm 钢板或路基板，铺设面积应大于钻机履带占地面积的 20% 以上。常规型号冲击钻和回转钻机接地比压约为 40～80kPa，地面为杂填土层等土层时应碾压密实，垫木应稳固，并避免地基土被泥浆浸泡软化，必要时铺设厚度不小于 20mm 钢板。

旋挖钻机施工时，应采用跳挖方式，钻斗倒出的土渣距桩孔口的最小距离应大于 6m，并应及时清除，避免污染和软化地基土承载力。

其次是对施工场地面积的要求，工作状态下，各钻机占地面积较大，综合考虑施工过程中成孔、钢筋笼制安、混凝土灌注等工艺以及施工顺序等空间和时间要求，得到每台钻机的适宜施工面积。旋挖钻机进场安装时需要不小于 25m×10m 面积的平整场地；工作状态下，常规型号旋挖钻机每台占地面积约为 50～60m²，常规型号冲击钻机和回转钻机每台占地面积约为 10～15 m²。施工部署时，每台旋挖钻机的施工面积应不小于 1000～1500m²，每台冲击钻机和回转钻机的施工面积应不小于 800～1000m²，在工期特别紧张时，可适当缩小每台钻机施工面积，增加钻机数量以提高整体成桩效率，但应注意加强施工管理和协调，避免因场地限制而降低单台设备施工效率。

2）桩基成孔

钻孔灌注桩成孔施工时，可能会因为泥浆性能低、周边振动、钻头磨损等原因造成缩径或塌孔扩径，也有可能因为地层软硬不均、钻机安装或施工时水平和垂直偏差过大、遇到斜状地层或孤石、障碍物等原因造成成孔垂直度偏差过大。这些都会严重影响成孔质量，也会直接导致桩基承载力降低。因此在施工时，应研究地勘报告，仔细了解地层情况，同时严格做好泥浆制备工作，严格进行钻机检查，并提前做好施工问题的预案，采取措施确保成孔质量满足图纸规范要求。

钻孔灌注桩分为端承桩和摩擦桩，或者二者合一兼之。钻孔灌注桩的成孔深度，应只深不浅，实际成孔孔深应超出设计孔深 0～300mm，且施工时应严格禁止采用超挖孔深代替沉渣厚度的方式。通常情况，端承桩必须保证桩端进入持力层的设计深度，施工时应根据地勘报告，结合出渣情况判断岩石类型和入岩深度；摩擦桩一般以设计桩长控制成孔深度，施工时根据设计图纸施工至桩端标高即可；端承摩擦桩则必须采用双控，既要满足设计桩长的要求，又要满足桩端进入持力层的深度要求。施工时必须根据设计图纸和地勘报告，结合出渣情况判断持力层类型和进入持力层的深度。

对于垂直度的控制，必须保证钻机底座稳定（尤其对于回转钻机），场地应硬化处理；加大钻杆刚度；软弱地层分界面处钻进时，需控制钻进速度，应注意排出的钻渣情况，避免钻孔发生倾斜；根据土层选择合适钻头与配重；悬吊扫孔，每钻进 20～30m 复核钻杆垂直度，进入基岩面时测一次垂直度，若有偏差可采用悬吊扫孔方式修复。

3）钢筋笼制作

钢筋笼制作时，首先各部位钢筋直径应完全符合设计要求，其次应严格按图纸和规范控制主筋长度和间距、箍筋间距、加劲箍间距、各搭接长度、钢筋笼成型直径和总长度等。

钢筋笼主筋下料长度应结合图纸和实际成孔深度来确定，且应考虑钢筋搭接焊或机械连接的长度；绑扎搭接连接要求，受拉钢筋直径不宜大于 25mm，受压钢筋直径不宜大于 28mm，直螺纹钢筋要做抗拉强度试验，进场要提交接头型式检验报告。

加劲箍制作时应严格按照钢筋笼直径要求进行控制，宜在定型平台上卷制焊接而成，避免出现钢筋笼直径和保护层厚度不满足要求的情况。

4）钢筋笼吊装注意事项

钢筋笼吊装时利用主、次吊车起吊钢筋笼，待钢筋笼离地面一定高度后，次吊停止起吊，利用主吊继续起吊直至把钢筋笼吊直。钢筋笼入孔时应对准孔位轻放，慢慢入孔，徐徐下放，不得左右旋转。若遇阻应停止下放，查明原因进行处理，严禁猛起猛落强行下笼。钢筋笼入孔下放至第一道加劲箍时，穿入扁担把钢筋笼固定在孔口。吊运下一节钢筋笼至孔位上方，使上、下两节钢筋笼主筋对准并保证上、下轴线一致。同时使上下节钢筋笼的对接定位主筋对准并利用搭接焊或机械连接。连接接头应互相错开，保证同一截面内接头数目不超过钢筋总数的 50%，相邻接头的间距不小于 35d（d 为钢筋直径）。孔口接长钢筋笼时，应按预拼装的搭接顺序和编号逐段连接并下放入孔。每节钢筋笼连接完毕后，应补足对接部位的螺旋箍筋，方可继续下笼。吊放钢筋笼时，严禁高起高落，防止钢筋笼弯曲或扭曲变形。根据钢筋笼设计标高及护筒顶标高确定悬挂筋长度（吊筋），并将悬挂筋与主筋牢固焊接，待钢筋笼吊放至设计位置后，将悬挂筋牢固地固定在孔口扁担上，以防止钢筋笼在灌注混凝土过程中上浮或下沉。

5）导管法混凝土浇筑

导管法浇筑是将密封连接的钢管作为水下混凝土浇筑的通道，将混凝土拌合物通过导管下口，进入先期浇筑的混凝土（作为隔水层）下面，顶托着先期浇筑的混凝土及其上面的泥浆或水上升，在一定的落差压力作用下，逐渐形成连续密实的混凝土桩身。

导管安装前，应首先检查导管长度和配尺是否满足孔深的要求；导管应进行预拼装和试压，试水压力为 0.6～1.0MPa，持续时间 15min 左右，发现不合格时应及时调换；检查导管的壁厚、连接部位丝扣完好，如不符合要求的要及时处理。导管安装时，应检查管壁内外有无黏附的混凝土残浆；检查导管法兰是否平整；螺栓是否上紧，接头是否严密；确保导管拼接顺直，避免倾斜过大导致钢筋笼偏位。导管下放时，应保证导管底部至孔底的距离符合要求。

后注浆作业宜于成桩 2d 后开始，注浆作业与成孔作业点的距离不宜小于 8～10m。对于饱和土中的复式注浆顺序宜先桩侧后桩端，对于非饱和土宜先桩端后桩侧。多断面桩侧注浆应先上后下。对于群桩注浆宜按先外围后内部的顺序进行。桩侧桩端注浆间隔时间不宜少于 2h。

注意后注浆质量控制采用注浆量和注浆压力双控，以水泥注入量控制为主，泵送终止压力控制为辅。达到以下条件时可终止注浆：①注浆总量和注浆压力均达到设计要求；②水泥压入量达到设计值的 75%，且注浆压力超过设计值。

（4）施工过程中常见问题及处理方法

1）孔壁塌孔、缩径

① 原因

地层原因：成孔施工时所穿越地层存在膨胀性黏土层、松散易塌砂层或流塑状淤泥质地层等软弱地层，成孔施工时易产生缩径和塌孔。

施工原因：没有根据地层针对性选择合适的钻头尺寸，或钻头磨损严重未及时修补；在松软地层钻进过快，孔壁泥皮形成较慢而孔壁渗水；群桩钻孔施工时，成孔间隔距离不足，相邻桩的土层因挤压作用而缩径和塌孔。

泥浆因素：没有根据地层合理配置泥浆，泥浆比重过低导致护壁效果差；因护筒埋置过浅或四周回填不密实而漏水，或成孔时没有及时补浆，造成成孔内泥浆水头降低，没有保持原有静水压力而缩径和塌孔。

② 处理

成孔过程中发生缩径时，应根据地层分布情况调整泥浆性能，适当加大泥浆比重，同时利用钻头多次扫孔，并合理控制钻进、提升速度；成孔过程中发生轻微塌孔时，可立即增大泥浆比重，提高孔内泥浆水头，增强护壁效果；成孔过程中塌孔部位较浅时，可改为深埋护筒，并夯实护筒四周，重新开钻；成孔过程中发生严重塌孔时，应立即用片石或砂类土回填，或用掺入一定比例水泥砂浆的黏土回填，用时移开钻机避免发生事故；待回填稳定后重新开钻；清孔完成后等待混凝土过程中发生轻微塌孔时，可采用再次清孔方式清出塌孔泥土，同时换入比重较大泥浆，如稳定不继续塌孔，可恢复正常浇筑。

③ 预防

钻孔施工前，应根据地质情况配置泥浆，同时合理选择钻头直径；钻孔施工时，严格检测和控制泥浆性能；同时根据不同的地层选择适宜的钻速；对磨损钻头及时修补；进行群桩施工时，采取跳打法施工，适当扩大桩距；在易缩径的地层中，应适当增加扫孔次数，防止缩径；钻孔过程中和钻孔完成后，按要求进行成孔孔径检查，若发现存在缩径、塌孔等现象，应及时采取相应措施进行处理。

2）混凝土浇筑堵管

① 原因

混凝土配合比不符合要求，水灰比过小；坍落度过低，流动性差；混凝土泌水离析；粗骨料超出规定要求；导管内进水造成混凝土离析；浇筑时运输或等待时间过长，导致混凝土表面已初凝，或混凝土结块导致堵管。

② 处理

上下提动导管或振捣使导管疏通，继续浇筑；若无效，且孔内灌入混凝土量为少量时，则可拔出导管，再次清孔清除灌入混凝土后方可重新浇筑；若孔内灌入混凝土量较多时，则将导管提出清理后再插入混凝土内足够深度，使用潜水泵或空气吸泥机将管内泥浆等杂物吸除干净后再进行浇筑。

③ 预防措施

控制混凝土配合比，混凝土应具有良好的流动性、和易性，混凝土坍落度控制在 180～220mm 范围内，粗骨料粒径应小于 40mm；各施工步骤应分工协调，确保浇筑连续性，各种机械设备、电路及水路应提前进行检查；避免混凝土表层初凝；浇筑时应将混凝土搅拌均匀，且在料斗内设置混凝土算子，避免混凝土结块堵管。

3）混凝土浇筑时断桩和夹泥

① 原因

混凝土浇筑时，初灌量不足，未埋住导管下口，泥浆从导管底口涌入；混凝土浇筑时，导管提升过多，导管埋置深度太小而导致泥浆涌入导管内；孔壁局部坍塌，有孔壁坍落物夹入混凝土内。

② 处理

若孔内灌入混凝土量为少量时，可拔出导管，再次清孔清除灌入混凝土后方可重新浇筑混凝土；若孔内灌入混凝土量较多时，应暂停浇筑，下一个比原孔径小一级的钻头钻进至一定深度起钻，用高压水将混凝土面冲洗干净，并将沉渣吸出，将导管下至中间小孔内恢复浇筑。

③ 预防

认真做好清孔，控制泥浆相对密度，防止孔壁坍塌；在保证施工质量的情况下，尽量缩短混凝土浇筑时间；并随时注意控制泥浆的黏度和相对密度；计算初灌量和提升导管要准确可靠，浇筑混凝土过程中随时测量导管埋深，并严格遵守操作规程；混凝土浇筑前检查导管是否有漏水、弯曲等缺陷，发现问题要及时更换。

4）混凝土浇筑时钢筋笼移位

① 原因

钢筋笼滑落：钢筋笼吊装完成后未按要求将其牢固地绑扎或点焊于孔口。

钢筋笼上浮：混凝土导管处于钢筋笼底部时，混凝土上返速度快冲击力大导致钢筋笼上浮；正常浇筑时导管埋深过大，混凝土对钢筋笼携带力大导致钢筋笼上浮；提升导管时将钢筋笼挂住而拔起。

钢筋笼偏位：钢筋笼保护块布置不足；提升导管时将钢筋笼挂住导致偏位。

② 处理及预防

钢筋笼吊装完成后，及时定位并有效固定于孔口，防止钢筋笼滑落及浇筑过程中上浮；必要时可加大吊筋直径和根数，并焊接在护筒上或增加相应配重。当混凝土埋过钢筋笼底端2～3m时，应及时提升导管至钢筋笼底部以上；正常浇筑时按要求保证导管埋深2～6m；发现钢筋笼有上浮趋势，应立即停止浇筑，准确计算导管埋深和已浇混凝土标高，提升导管后再进行浇筑，上浮现象即可消除；混凝土浇筑过程中下放和提升导管应处于桩孔中心位置，避免与钢筋笼碰撞。钢筋笼下放时保证钢筋笼严格对中，可适当增加钢筋笼保护块。

2. 预制桩施工技术要点

（1）预制桩定义

预制桩，是在工厂或施工现场制成的各种材料、各种形式的桩（如木桩、混凝土方桩、预应力混凝土管桩、钢桩等），用沉桩设备将桩打入、压入或振入土中。本节主要阐述常用的混凝土预制桩。

（2）施工准备工作

1）调查场地及毗邻区域内的地下及地上管线、建筑物及障碍物、可能受沉桩施工影响的情况，并提出相应的技术安全措施。

2）处理或清除场地内影响沉桩的高空及地下障碍物。

3）场地的地面应平整，表层土承载能力应满足桩机稳定的要求，使用静压桩机时表层土承载力特征值不宜小于100kPa，当桩机重量大于400kN时，表层上承载力特征值不宜小于120kPa，否则应用碎石或建筑渣土进行回填并碾压密实后方可施工。应防止压桩机工作中对沉桩或已沉入桩的质量造成不利影响。在填方边坡上沉桩时，填方坡顶距桩位不宜小于10m，且填方坡率不宜陡于1∶1，必要时应加宽填土宽度。

（3）施工技术要点

1）预制桩沉桩工艺流程

① 测量定位：施工前放好轴线和每一个桩位，并涂上油漆使标志明显。

② 桩机就位、对中：通过桩架的纵向和横向行走油缸，或者通过夹持结构调整预制桩角度和方向，将桩尖对准桩位。先将桩尖压入土中，待桩下沉达到稳定状态后，调正桩在两个方向的垂直度。

③ 沉桩：通过夹持油缸或顶压横梁将桩夹紧，然后使压桩油缸伸程，将压力施加到桩上，或者开启振动锤或启动提升桩锤，将振动力或锤击力施加到桩上。

④ 接桩：桩的单节长度应根据设备条件和施工工艺确定。当桩贯穿的土层中夹有薄层砂土时，确定单节桩的长度时应避免桩端停在砂土层中进行接桩。当下一节桩压到露出地面 0.8~1.0m 时，便可接上一节桩。

⑤ 送桩或截桩：如果桩顶接近地面，而压桩力尚未达到规定值，可以送桩。如果桩顶高出地面一段距离，而压桩力已达到规定值时则要截桩，以便压桩机移位。

⑥ 沉桩结束：当压力表读数达到预先规定值，或贯入度、激振力等指标达到规定值时，便可停止沉桩。

2）沉桩顺序

① 锤击沉桩顺序：对于密集桩群，自中间向两个方向或四周对称施打；当一侧毗邻建筑物时，由毗邻建筑物处向另一方向施打；根据基础的设计标高，宜先深后浅；根据桩的规格，宜先大后小，先长后短。

② 静力沉桩顺序：对于场地地层中局部含砂、碎石、卵石时，宜先对该区域进行压桩；若桩较密集且距周围建筑物较远、施工场地较开阔时，宜从中间向四周进行；若桩较密集且一侧靠近建筑物时，宜从毗邻建筑物的一侧开始由近及远地进行；对邻近湖、塘的场区，宜从远离湖、塘一侧由远及近进行；根据桩的规格，宜先大后小，先长后短；按高层建筑塔楼与裙房的关系，宜先高后低；应考虑桩机行走及工作时，桩机重量对邻近桩的影响，并采取相应的措施。

3）沉桩控制要求

① 锤击沉桩终止锤击规定：当桩端位于一般土层时，应以控制桩端设计标高为主，贯入度为辅；桩端达到坚硬、硬塑的黏性土、中密以上粉土、砂土、碎石类土及风化岩时，应以贯入度控制为主，桩端标高为辅；贯入度已达到设计要求而桩端标高未达到时，应继续锤击 3 阵，并按每阵 10 击的贯入度不应大于设计规定的数值确认，必要时，施工控制贯入度应通过试验确定。

② 静力沉桩终压标准：静力沉桩的终压标准不能一律以终压力不小于单桩的竖向抗压极限承载力控制。静力压桩的静压力应根据场地地质条件、桩型、设计采用的单桩竖向抗压极限承载力、桩的布置等综合考虑。对端承摩擦桩，以桩长控制为主，终压力控制为辅；对摩擦端承桩，在桩端进入持力层后，以终压力控制。

（4）施工过程中常见问题及处理方法

1）桩身断裂

① 原因

桩材加工弯曲度超过规定，桩尖偏离桩的纵轴线较大，沉入过程中桩身发生倾斜或弯曲。插桩不垂直，在压入一定深度后，用移机方法来纠正，使桩身产生曲折。多节桩施工时，相对接的两节桩不在同一轴线上，焊接后产生弯曲。桩材混凝土强度不够，在堆放、吊运过程中产生裂纹或断裂而未被发现。

② 预防措施

加强桩材外观检查，发现桩身弯曲超过规定（$L/1000$ 且≤20mm）或桩尖不在桩纵轴线上不宜使用。在插桩过程中如发现桩不垂直应及时纠正，桩压入一定深度发生严重倾斜时，不得采用移机方法来纠正。接桩时要保证上下两节桩在同一轴线上，端面间隙要加垫铁片塞牢。桩的堆放和吊运应严格执行规范，若桩身裂缝超过验收标准严禁使用。

2）桩顶破碎或掉角

① 原因

桩顶配筋不足或振捣不密实；桩垫材料不合格或桩锤过大；桩顶面与轴线不垂直。

② 预防措施

桩顶针对性配筋计算，振捣密实；选用材质均匀、弹性好、强度高的桩垫，避免桩顶产生很高的局部应力，合理选择桩锤，重锤低击；施工过程中保证桩体垂直度，经常测量及纠正倾斜。

3）桩身倾斜

① 原因

桩顶不平，接桩垂直度不足；沉桩操作不规范；地下障碍物影响。

②在预防措施

保证打桩机架的垂直度，桩尖对准桩位，桩顶和桩帽正确结合；初打时，重锤低击，边打边检查垂直度；接桩后必须检测垂直度，符合要求再进行下一步施工。

4）邻桩上浮或位移过大

① 原因

桩间距小，土被挤压到极限密实度而向上隆起；软土地基孔隙水压力增加导致邻桩浮起。

② 预防措施

改变沉桩顺序，由中间向两边对称或中间向四周沉桩，或者采用跳打法施工，使得应力消减释放。

2.3.2　常见地下室施工问题案例解析

本节分析了几类地下室施工过程中常见的问题，以及常用的应对措施。

2.3.2.1　基底超挖

1. 原因分析

基础超挖一般有以下几种原因：①实际施工中的测量失误造成基础超挖；②开挖时降水措施滞后或地表水涌入基坑导致地基浸泡；③已开挖到设计深度的持力层不满足设计要求。

2. 解决措施

（1）过程中严格控制标高

高程点设置在不易被破坏的位置,开挖过程提高标高复核频次。

(2)地基浸泡问题的解决措施

提前做好降排水策划,必选降水井、排水沟、暗沟、暗管等降排水方案,降水时间要覆盖开挖、地下室施工等过程,并考虑结构抗浮对上部荷载的要求。必要时采取换填方案。

(3)持力层不符合设计要求的解决措施

开挖到设计标高后,邀请设计及地勘人员参与验槽,如需换填处理必须由设计单位确认换填方案。

3. 常用的换填方法

当建筑物基础下的持力层比较软弱,不能满足上部结构荷载对地基的要求时,常采用换填法来处理软弱地基。换填是先将基础底面以下一定范围内的软弱土层挖去,然后回填强度较高、压缩性较低并且没有侵蚀性的材料,如中粗砂、碎石或卵石、灰土、素土、石屑、矿渣等,再分层夯实后作为地基的持力层。其作用在于能提高地基的承载力,并通过垫层的应力扩散作用,减少垫层下天然土层所承受的附加压力,减少基础的沉降量。

(1)砂垫层和砂石垫层。砂垫层和砂石垫层是将基础下面一定厚度的软弱土层挖除,用强度较大的砂或碎石等回填,并经分层夯实至密实,作为地基的持力层。该方法具有施工工艺简单、工期短、造价低等优点,适用于处理透水性强的软弱黏性土地基。

(2)灰土垫层。灰土垫层是按一定体积比配合的石灰和黏性土拌和均匀后在最优含水量情况下分层回填夯实或压实而成。适用于地下水位较低,基槽经常处于较干燥状态下的一般黏性土地基的加固。该垫层具有一定的强度、水稳定性和抗渗性,施工工艺简单,取材容易,费用较低。

2.3.2.2 肥槽回填

肥槽一般情况下是指建筑物地下室外墙与基坑边之间的空间,当采用放坡开挖或放坡土钉墙支护时肥槽为一上大下小的倒梯形空间,其他情况一般为上下同等大小的矩形空间。肥槽宽度应根据基坑支护结构形式、基坑深度、基础底板是否外挑,以及经济因素等综合确定。

肥槽一般都在主体结构封顶一定的时间后回填。此时地下室结构外墙已经施工完毕,进行肥槽回填土施工时,因空间有限,常常很难回填密实,特别是采用放坡开挖或放坡土钉墙支护时,肥槽上口范围偏大,回填区域常常有大量的管线穿过。另外,室外门头基础、散水、室外台阶等,常常位于回填范围内。由于肥槽内填土不密实,后期经常发生自然沉降,或遇水湿陷沉降,这种不均匀沉降经常造成室外管线断裂、室外散水与人行台阶等发生沉降、开裂。

1. 常见工程问题

(1)室外散水沉降变形与开裂

室外散水紧邻建筑物外墙,一般恰好位于肥槽范围内,当回填土不密实时,肥槽回填土会发生湿陷而快速沉降，进而导致室外散水随之沉降变形和开裂。

（2）室外管线沉降变形与开裂

一般建筑物室外常常会有燃气、雨水、污水、电缆等多种管线进出室内，因回填土不够密实，导致管线进出主楼的接口部位易出现断裂。另外，在沿主楼纵向肥槽铺设的管线，也会因填土的材料、密实度等在纵向上的不同产生不均匀沉降，进而发生变形开裂，影响管线正常使用。

（3）室内地面沉降不均与开裂

一些采用独立基础的建筑物，也常常采用基槽全开挖或条形开挖的方式进行施工，基础结构施工完成后肥槽回填土面积较大，由于其中有多个独立基础，回填土也难以用大型机械碾压，回填土常常不够密实。后期室内结构地面也易发生沉降变形导致地面开裂。

2. 肥槽回填土难以回填密实的原因分析

从施工角度讲，肥槽回填土不够密实，抛开正常夯实施工不规范、回填土材料质量不合格等因素外，其中原因主要有以下几个方面：

（1）施工空间狭小

肥槽宽度相对狭窄，回填土施工较为困难。大型机械难以施工，一般主要靠人工进行回填夯实，回填材料也常常是在某一个地方集中倒入肥槽中，然后由人工摊铺压实，很难均匀运送和摊铺在肥槽中，分层回填厚度不易控制，夯实遍数和密实度也难以保证。

（2）支护结构干扰

对于采用桩锚支护结构的深基坑，因锚头、钢绞线、腰梁等的存在，导致回填土施工空间更加狭小，回填土夯实也更加困难。大多数基坑的锚杆都不拆除，众多的锚杆和连续的腰梁严重影响回填土的施工。尤其是腰梁下部的土难以填充饱满和夯实。

（3）其他原因

如槽底积水、基坑侧壁渗水、回填土的含水量过高等，也会降低回填土施工质量。

3. 肥槽内管线、建（构）筑物等施工前的处理方案

当肥槽回填土已经回填完毕，管线等尚未施工时，一般采用如下几种处理方案。

（1）预先注水

沿建筑物周边肥槽均匀灌水，必要时可采用先钻孔后注水的方法，以加快回填土的湿陷固结，有利于大幅度减小后期的沉降变形。

（2）注浆加固

注浆孔深度一般需要穿过填土层底面。因填土层中孔口封孔困难，一般要求注浆孔间距较小，注浆压力也小，通过加密注浆孔，达到有效加固填土的目的。

（3）高压旋喷水泥土桩

高压旋喷桩也可对回填土进行加固处理，其桩长度一般要大于填土厚度，加固施工过程也可向填土中注入大量的水，有利于湿陷变形的快速消除。旋喷桩施工机械小，更加灵活。但是其造价相对高一些。

4. 肥槽内管线、建（构）筑物等施工后的处理方案

当肥槽回填土已经回填，管线等已经施工完成后，加固施工时需要尽可能避免或减少回填土加固施工过程中对它们的不利影响。此时常用的处理方案主要有预先注水、注浆和高压旋喷水泥土桩等三种方法。这三种方案的特点是加固施工所用的机械设备轻巧，需要钻孔时，成孔直径很小，方便施工，灵活性强，可以避开既有管线等。

一般加固施工前将管线、建构筑物基础开挖裸露出来。采用注水施工时，需要对管线进行悬吊保护，或支撑，待变形稳定后，重新填土找平；对于有构筑物的部位，采用注水方法施工前，需要评估沉降变形对其影响程度，否则不能采用注水方法，而需要采用注浆方法，且注浆需要采用速凝的注浆材料。必要时，对管线进行修复或改移，对建（构）筑物进行结构改造或加固，并在施工期间，做好变形监测工作。

2.3.2.3 地下室抗浮

1. 概述

正常基础与地基之间是压力，当地下水汇聚到基坑中时就会存在浮力，当上部荷载＋桩基抗拔力＜浮力时，就会发生地下室上浮现象，整个建筑物在浮力作用下可能整体或局部浮起，致使底板、外墙或柱开裂，严重时可能使底板断裂，地下室外墙产生位移。

2. 原因分析

（1）抗浮水位确定不当

地质勘测过程中对地下水位的考虑失误，设计过程中没有对勘测数据进行论证，造成计算时抗浮情况与现场实际情况发生了偏差。

（2）地下室顶板未覆土，压重情况与设计计算存在偏差

部分项目地下室顶板的覆土重量计入地下室抗浮计算，由顶板覆土自重加上结构自重平衡一部分浮力。如若顶板覆土不及时，在雨季来临的时候，结构自重不足以抵消底板的上浮力，是地下室出现上浮的可能原因之一。

（3）地下周边回填土的填料质量与压实质量存在缺陷

没有对回填材料本身质量进行严格控制，在回填时采用了部分建筑垃圾和淤泥质黏土，回填材料的本身材质不符合要求，其含水率和透水性较强。同时也没有进行分层夯实，为地表水提供了渗入地下室的通道，地表水渗入量较大，可能导致地下室上浮。

3. 解决措施

（1）钻孔泄压

在地下室底板上钻孔引流以减小水压力，同时在地下室四周开挖若干集水井，持续降水，可以降低地下室上浮进一步加剧的可能性，这种方法费用相对较低。

（2）沿外墙周边进行注浆作为"止水帷幕"

在距离外墙约 500mm 的位置设置一条宽 300mm 的排水沟，沟内间距 3m 钻孔向底板下的基底注浆，形成一道"止水帷幕"，使地下室回填土周边的上部潜水及地表水下渗绕流，尽可能阻断其与底板下的基底土形成的水力通道，避免基底再次泡水而失去

强度。

（3）结构加固

当上浮问题得到控制以后，还需对结构进行加固，以保证其安全性。对于水平拉裂缝处理：如果裂缝宽度小于 0.3mm，则用环氧树脂对表面进行涂抹封闭；如果混凝土裂缝大于 0.3mm，则用环氧树脂灌注裂缝。对于柱头与柱脚压裂剥落的处理：将原有松散、碎裂的混凝土凿除，对界面和钢筋进行充分清理并涂刷界面剂，用高强灌浆料修补平整后，粘贴碳纤维布加固。

2.3.2.4 地下室结构渗漏

地下工程的渗漏水，不仅会影响建筑的使用功能，而且长期可能会导致混凝土结构中的钢筋发生锈蚀，并会加快结构混凝土的碱骨料反应，从而影响到结构安全，缩短工程的使用年限。常见的地下室渗漏原因及防治措施如下：

1. 地下室顶板渗漏

（1）原因分析

1）地下室顶板上行走重车或过度堆载，地下室顶板经反复碾压和振动造成结构层受扰动破坏而出现顶板裂纹，顶板有裂纹就有可能造成渗漏问题出现。

2）防水保护层或防水层在施工过程中遭到破坏。

3）顶板混凝土在浇捣结束后的养护工作不到位，造成混凝土的收缩裂缝引起顶板渗漏。

4）后浇带位置的支撑和保护：部分工程模板拆除后后浇带采用二次支撑，导致混凝土梁可能在自重下变形，出现裂缝。

（2）防治措施

1）如地下室顶板上部有种植屋面，则在回填土施工时，大型施工机械不得在地下室顶板上行走，更不得在地下室顶板上实施碾压作业。

2）可在图纸会审时考虑后期施工道路及堆场的规划，要求设计对相应位置顶板进行加固。

3）顶板上尽量不要留洞，如不能避免的，如：塔式起重机位置等，则必须设置钢板止水带。

2. 地下室底板渗漏

（1）原因分析

1）部分地下室底板后浇带设计采用遇水膨胀止水条，止水条安装困难、操作不便、不利施工，而且安装时间长，持续施工作业过程中无法保证其安装结束后且混凝土入模前不被水浸泡导致止水条先行膨胀，致使丧失止水作用。

2）底板混凝土施工过程中出现施工冷缝，同时在混凝土浇捣结束后对混凝土的后期保养及测温工作不到位，致使出现底板裂缝。

3）集水井、电梯井等部位混凝土浇捣过程中吊模上浮，造成井道内混凝土加厚，应力增加引起温差裂缝造成渗漏。

4）底板保护层厚度不足。地下室结构一般底板（基础梁）截面尺寸大，钢筋用量多，自重较大，砂浆垫块容易压碎，且部分底板（基础梁）比较厚，保护层垫块放置不方便，压碎后又不容易发现，保护层厚度不能得到保证。建议采用钢筋废料加工成定型支架，用支架顶住基础梁上部钢筋。支架对梁的骨架能起到有效支撑，同时确保保护层厚度。

（2）防治措施

1）施工缝、后浇带等部位止水钢板是目前最有效的止水材料，操作方便，而且易于固定。

2）应根据工程实际情况、地下水位的高低合理选择地下室墙、顶的防水材料。

3）在底板后浇带混凝土浇捣结束、混凝土凝固后应安排专人对止水钢板上的混凝土浆进行清理，并对底板后浇带做好相应的防护措施，以防止更多的建筑垃圾流入后浇带。底板后浇带在封堵前必须将积水及垃圾清理干净，检查后浇带止水钢板的完好情况。

3. 地下室剪力墙渗漏

（1）原因分析

1）施工冷缝引起外墙渗漏。混凝土浇筑时施工部署不合理，外墙分多次浇筑且间隔时间过长，导致结构外墙形成冷缝。

2）混凝土振捣、养护不到位。墙体混凝土振捣不密实、后期养护不及时，形成墙体表面裂缝和贯穿裂缝。

3）水平施工缝清理不到位。外围竖向构件模板封模板时未清理根部锯末等施工垃圾，导致墙柱底部夹渣，浇筑混凝土后竖向构件根部不密实，导致渗水。

4）回填土中夹杂石块等的尖硬物体，回填时没有采用合理的方法导致坚硬石块将防水保护层级材料破坏。

5）止水螺杆使用不当。未使用止水螺杆，或者止水螺杆两端处理不当，容易刺破材料，造成防水功能破坏。

（2）防治措施

1）现场施工员组织工人技术交底，明确施工部署，强化工人责任意识，班组长及移泵管人员必须充分了解施工顺序，外墙严禁出现施工冷缝，沿外墙连续循环浇筑到顶施工。如无法避免，过程中的冷缝应利用止水钢板等工具及时采取防水措施。

2）在对混凝土进行振捣时，须确保振捣作业完整、到位。施工过程中，不能因为工期短、工程量大就在振捣作业上偷工减料。振捣作业不充分会严重降低混凝土内部结构的密实度，从而影响外墙的抗渗效果。

3）水平施工缝要做好清理，墙板两侧的止水钢板及表面混凝土的清理凿毛工作要做到位，项目管理人员在对此重点部位核查无误后方可进行混凝土浇筑。

4）土方回填时要分层夯实，土方下陷得越多，防水保护层及防水材料的拉力越大，破坏也越严重。回填土方会有自然下沉的过程，需要尽力控制下沉的幅度，并做好防水材料拉开区域的记录。

5）在施工过程中，管理人员须切实地对施工各个环节的细节进行严密监管。在外墙止水螺杆的选择上要严把质量关，严禁使用质量不合格的构件。

4. 穿墙套管渗漏

（1）原因分析

1）预埋方式不正确或固定不牢固，或振捣不密实、不到位而出现渗漏。

2）预埋洞的套管位置不准确，或预留洞位置变更，封堵不密实而渗漏。

3）预留的套管多余，封堵不密实而渗漏。

4）预留套管和管道或电缆之间的填塞不严密出现渗漏。

（2）防治措施

1）预留洞的套管埋设在混凝土施工前应事先和相关施工单位和安装部门沟通，确定好所需预留洞的数量和大小，尽可能避免二次开洞。

2）对于确需二次凿孔和对多余孔洞的封堵应严格按照施工规范的有关要求进行封堵密实，并对封堵好的孔洞进行灌水做渗漏试验。

3）预留套管和管道或电缆之间的缝隙应采用柔性材料填塞密实。

4）较大穿墙管道的套管预留洞应严格按照设计要求增设洞口补强钢筋。

2.3.2.5　地下室结构裂缝

1. 原因分析

（1）原材料影响因素

1）粗细骨料质量不良。配比混凝土选用的石子和沙子含泥量大，石子不坚固，最大粒径偏大，且骨料级配和粒形较差，原材料吸水率过大，含有碱活性骨料等。

2）水泥品种、用量配比选用不当。选用了矿渣硅酸盐水泥、快硬水泥等收缩性较大的水泥。

3）矿物掺合料比重偏大，超过胶凝材料的20％以上，导致混凝土凝聚力较低。外加剂选择不当，未考虑外加剂对混凝土水化热、收缩性的影响。

4）混凝土和易性较差，坍落度过小或过大。

（2）施工因素影响

1）施工措施控制不严格，施工质量控制不到位，混凝土振捣不密实。

2）浇筑混凝土前未充分湿润模板，混凝土水分被模板吸收，引起混凝土收缩。

3）拆模过早，导致混凝土水分丧失过快和降温过快，收缩应力增加。

4）养护不及时、不到位，没有进行苫盖，水分流失过快，混凝土表面总处于干燥状态。

5）支撑体系不当。

6）板面荷载过大，未达到设计强度时有重车行走或堆载重物。

（3）设计影响因素

1）地下室外墙没有设置伸缩缝，长度过长，混凝土收缩应力太大，导致裂缝的产生。

2）混凝土强度等级过高，强度等级越高，水化热越大，墙体容易开裂。

3）设计墙体厚度较薄，钢筋直径偏大，不利于裂缝的控制。尤其是水平分布钢筋放在内侧，对控制墙外侧竖向裂缝作用不明显。

4）控制混凝土裂缝的构造措施较少，虽添加抗裂外加剂、抗裂纤维等抗裂材料，但不能绝对控制墙体裂缝。

2. 解决措施

（1）合理选用原材料，优化配合比设计

1）水泥宜选用水化热较低的水泥；强度较高的水泥能减少水泥用量，有利于防裂。外加剂选用减水率较高的高效减水剂以及性能优越的膨胀剂，若为泵送混凝土还须掺入缓凝剂，最好选用复合型外加剂，既满足多种性能要求，又方便施工。

2）砂、石骨料应选用中、粗砂，且砂含泥量严格控制在 3% 以内，根据泵送能力，尽量选用粒径较大的碎石，有条件时选用 5～40mm 粒径的级配石。

（2）做好施工管理，加强施工过程控制

混凝土浇筑前，先对模板洒水湿润，防止模板过多吸收表面混凝土内水分，造成混凝土干缩。昼夜温差大的情况下，在内外模板外覆盖草帘，加强保温和保湿；加强混凝土的养护工作，养护工作应尽早进行，并适当延长，但不宜过早采取松模浇水的做法，以免加剧温差。

3. 裂缝处理方案

常规裂缝是由变形引起的，并非为结构性裂缝（结构性裂缝需与设计商讨进行结构加固），故无承载力危险。但是会对地下室防水、钢筋的保护造成危害。因此，必须对裂缝进行修补处理。目前常用的地下室混凝土墙裂缝的处理方法有以下四种。

（1）表面涂抹法

常用材料有环氧树脂类、氰凝、聚氨酯类等。混凝土表面应坚实、清洁，有的表面根据材料性能还要求干燥。以涂抹环氧树脂类为例，其处理要点是先清洁需处理的表面，然后用丙酮或二甲苯或酒精擦洗，待干燥后用毛刷反复涂刷环氧浆液，每隔 3～5min 为止。

（2）表面涂刷加玻璃丝布法

目前常用的有聚氨酯涂膜或环氧树脂胶料加玻璃丝布。以前者为例，其施工要点如下。将聚氨酯按甲乙组分和二甲苯按 1:1.5:2 的重量配合比搅拌均匀后，涂布在基层表面上，要求涂层厚薄均匀，涂完第一遍后一般需要固化 5h 以上，基本不粘手时，再涂几层。一般涂 4～5 层。若加玻璃丝布，一般加在第 2 层间。例如，某高校地下室墙裂缝，经设计院确认不影响结构安全，采用表面粘贴环氧玻璃丝布法处理，效果较好。处理时应注意玻璃丝布宜用非石蜡型，否则应做脱蜡处理。环氧树脂胶结料应经试配合格后方可使用。被处理表面应坚实、清洁、干燥，均匀涂刷环氧打底料，凹陷不平处用腻子料修补填平，自然固化后粘贴玻璃丝布。

（3）充填法

用钢钎小型切割机或高速旋转的切割圆盘将裂缝扩大，形成 V 形或梯形槽，清洗干净后分层压抹环氧砂浆或水泥砂浆、沥青油膏、高分子密封材料或各种成品堵漏剂等材料封闭裂缝。当修补的裂缝有结构强度要求时，宜用环氧砂浆填充。

（4）灌浆法

灌浆材料常用的有环氧树脂类、甲基丙烯酸甲酯、丙凝、氰凝和水溶性聚氨酯等。其中环氧类材料来源广，施工较方便，建筑工程中应用较广；甲基丙烯酸甲酯黏度低，可灌性好，扩散能力强，补强和防渗效果良好。

灌浆方法常用以下两类：一类是用低压灌入器具向裂缝中注入环氧树脂浆液，使裂缝封闭，修补后无明显的痕迹；另一类是压力灌浆，压力常用 0.2～0.4MPa。

2.4 模板工程相关技术

2.4.1 模板工程介绍

混凝土结构依靠模板系统成型。直接与混凝土接触的是模板面板，一般将模板面板主次龙骨（肋、背楞、钢楞、托梁）、连接撑拉锁固件、支撑结构等统称为模板；亦可将模板与其支架、立柱等支撑系统的施工称为模架工程。最常见的模板为木模板、铝合金模板。

木模板优点：①板幅大，自重轻，板面平整。既可减少安装工作量，节省现场人工费用，又可减少混凝土外露表面的装饰及磨去接缝的费用。②承载能力大，特别是经表面处理后耐磨性好，能多次重复使用。③材质轻，模板的运输、堆放、使用和管理等都较为方便。④保温性能好，能防止温度变化过快，冬期施工有助于混凝土的保温。⑤锯截方便，易加工成各种形状的模板。⑥便于按工程的需要弯曲成型，用作曲面模板。

铝合金模板优点：①可周转率高，用材消耗绿色环保，适合于标准层数量较多的高层建筑；②模板材质刚度大，浇注成型尺寸规整，外观良好；③工厂化加工，构配件的拼装工序简单，现场的人工消耗小，工效高，对运输设备的占用较少，节约公共资源；④可以通过提前深化设计，完成对于复杂小结构部位的一次性成型，简化二次结构或其他细部的再次施工。

2.4.2 铝模施工技术

2.4.2.1 铝模体系简介

铝模体系由模板系统、支撑系统、加固系统、附件系统组成。根据墙体模板加固系统的不同，通常分为对拉螺杆体系和拉片体系两种（表2-4-1）。

对拉螺杆体系是采用对拉螺杆＋双方管背楞加固墙模，一般对拉孔位设置在墙板中间；拉片体系是采用拉片＋单方管背楞加固墙模，拉片孔位与模板边框孔位重合。两种体系特点对比如表2-4-1所示。

螺杆体系与拉片体系特点对比　　　　　　　　　　　　表2-4-1

螺杆体系	拉片体系
1. 加固设计与木模类似，一般劳务作业人员上手速度快 2. 拆模后需要进行螺杆眼堵孔，有额外堵孔费用 3. 螺杆拉结设计间距相对大，穿墙点位相对少，对于钢筋直径大且布置密集的超高层项目适应性更好	1. 拆模后无须进行螺杆眼封堵，墙体渗漏隐患小。结构免抹灰时，拉片断口宜刷防锈漆 2. 拉片体系主要采用单管背楞，卡扣配合加固，配件重量轻，加固工效高 3. 拉片为一次性耗材 4. 加固拉结点数多，拉片安装易与钢筋冲突，拼板工效低 5. 当墙厚大于400mm的情况较多时，不宜采用拉片体系

2.4.2.2　铝模应用管理流程

1. 铝模应用可行性评估

对铝模应用可行性和应用范围分析时，重点关注以下方面：

（1）各层的结构特点（标准层层高、标准层与非标层范围、标准层结构变化、外墙线条形式及非标层相对标准层的结构变化等）；

（2）是否为装配式结构（装配式预制构件应用范围及预制构件类型）；

（3）建筑保温形式（外保温、内保温或结构保温一体化）；

（4）交付标准（毛坯交付/精装交付）及施工范围。

2. 铝模应用范围梳理

参见表2-4-2。

铝模应用范围梳理表　　　　　　　　　　　　表2-4-2

楼栋号	项目＿＿＿号楼
铝模应用范围	＿＿层墙柱—＿＿层楼板；起始标高：＿＿，截止标高：＿＿
铝木结合 应用部位	层高变化层/线条变化层/避难层/屋面层：（楼层范围，与标准层结构异同点，变化处模板处理方案） 其他需铝木结合应用的部位：（楼层范围，模板配置说明）
其他特殊要求	（需换板或配置多套铝模的部位，铝模及支撑配置说明等）

3. 铝模应用流程图

参见图2-4-1。

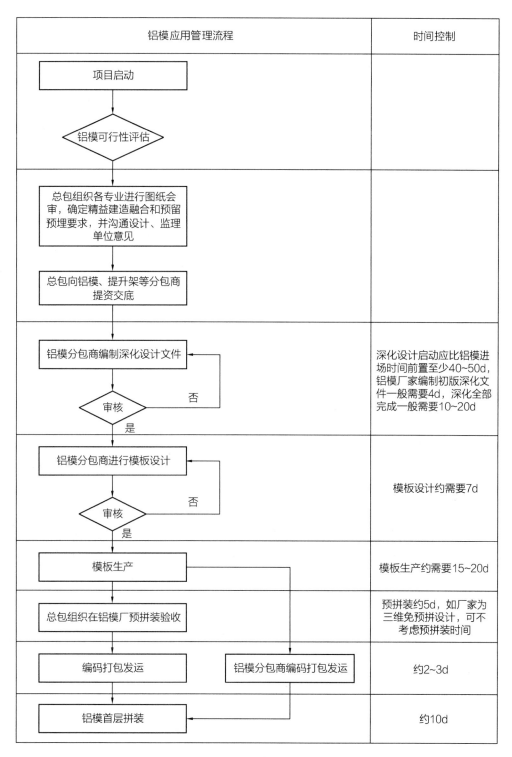

铝模应用管理流程	时间控制
项目启动	
铝模可行性评估	
总包组织各专业进行图纸会审,确定精益建造融合和预留预埋要求,并沟通设计、监理单位意见	
总包向铝模、提升架等分包商提资交底	
铝模分包商编制深化设计文件 / 审核 否 是	深化设计启动应比铝模进场时间前置至少40~50d,铝模厂家编制初版深化文件一般需要4d,深化全部完成一般需要10~20d
铝模分包商进行模板设计 / 审核 否 是	模板设计约需要7d
模板生产	模板生产约需要15~20d
总包组织在铝模厂预拼装验收	预拼装约5d,如厂家为三维免拼装设计,可不考虑预拼装时间
编码打包发运 / 铝模分包商编码打包发运	约2~3d
铝模首层拼装	约10d

图 2-4-1　铝模应用流程图

2.4.2.3 常规层高铝模深化设计要点

铝模深化设计的内容和专业较多，项目技术人员应在充分熟悉项目图纸的基础上，主动与建设单位和设计单位沟通。对于铝模深化设计中涉及的门窗、幕墙、栏杆、水电安装及精装修等内容，应尽快确定需求和详细设计要求，做好相关专业的接口管理，在铝模深化设计完成后，应争取各方对深化图纸以及铝模配模图纸签字确认。铝模深化设计要点如下：

（1）模板体系要求

1）铝模型材原面易发生混凝土黏膜，镀膜镜面易出现抹灰空鼓，铝模面板应优先采用喷砂面板。

2）模板加固间距、支撑间距及背楞道数需要根据层高、结构受力情况等验算确定。装配式项目竖向预制构件临时固定的斜撑杆与楼面铝模支撑立杆容易干涉，铝模深化时，应注意协调铝模支撑与预制构件斜撑的排布。

3）墙模阳角背楞应设斜拉，阴角背楞应压住墙阴角 C 槽或做成直角背楞，螺杆体系过长背楞需在有穿墙螺栓杆处断开。

4）常规楼面铝梁平行于楼面短边布置，楼板支撑间距应受力验算确定，一般中间支撑间距不大于 1300mm。当楼板板厚≥150mm 时或局部楼面为堆载区时，楼面模板长度或支撑间距应适当缩小。

5）楼梯踏步盖板应每隔三步设振捣口，踏步盖板应设排气孔。

6）飘窗竖向支撑应配置三套独立支撑板，拆除模板时不宜扰动支撑板，禁止先拆除立杆后再回顶。飘窗盖板应设振捣口和排气孔。盖板上应设抗浮背楞。

7）小开间、小净高空间或小尺寸洞口（尺寸≤800mm）的模板应考虑易拆斜口设计。窗企口、抹灰压槽等采用贴片的，其型材应设置坡口。

（2）外墙线条优化

外立面竖向线条应上下贯通，保持一致。对于不满足要求的线条，如非窗洞、阳台等处的墙面腰身水平线条或墙面尺寸<100mm 的竖向线条，征得设计院同意后，可考虑采用 EPS 等材料替代。对于阳台、窗台、空调板、连廊等位置的线条，如造型过于复杂，可考虑将线条造型合并或拆分成两部分分别施工（图 2-4-2）。

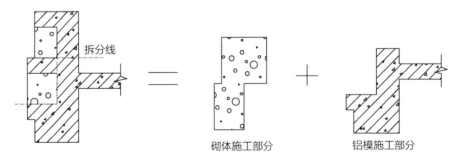

图 2-4-2　线条拆分优化

（3）小墙垛与构造柱设计

根据砌筑规范，可考虑梁下构造柱随主体结构一次性现浇成型，构造柱顶部或底部应考虑做柔性隔断（图 2-4-3）。

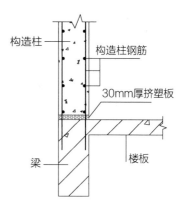

图 2-4-3　构造柱底部挤塑板柔性隔断

（4）下挂梁设计

结构梁底高度不大于 400mm 的过梁可随主体结构一次性现浇成型，高度大于 400mm 的过梁建议随二次结构一起施工。

（5）免抹灰压槽设计

考虑主体结构墙面免抹灰，砌体墙面采用常规砂浆抹灰时，免抹灰企口尺寸一般为 100mm×10mm；当砌体墙面或者预制隔墙板墙面考虑薄抹灰时，免抹灰企口尺寸一般为 100mm×5mm。上反梁或反槛上部有隔墙时，其接缝处侧面应设抹灰压槽；下挂梁与隔墙有竖向接缝时，应设竖向抹灰压槽（图 2-4-4）。

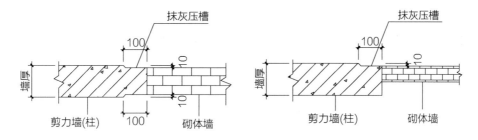

图 2-4-4　墙抹灰压槽示意（常规抹灰）

针对预制外墙项目，外墙外侧接缝处两边应各预留 70mm×5mm 抹灰压槽用于后续抹防水砂浆，预制墙上压槽宽度按 70mm 预留，铝模设计时压槽型材可按 120mm 宽配置，在构件上压住 50mm（图 2-4-5）。

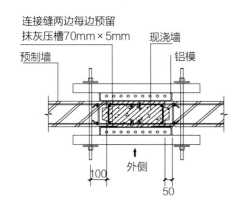

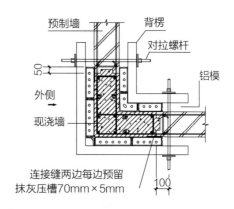

图 2-4-5　剪力墙模板压槽示意

（6）窗企口设计

窗企口建议按内凸企口设计（图2-4-6）。窗企口深化时需要考虑如下因素：

1）窗垛设置情况。未设计窗垛的，应尽量协调设计补充；当不能增加窗垛时，无窗垛一侧不宜设计窗企口压槽。

2）窗内外口装修做法。对于内墙面有贴砖要求的外窗，可不设置窗边企口或者窗企口槽建议按10mm设计。对于有外保温的外窗，企口尺寸设计时应避免保温层压框的情况。

3）窗框宽度。企口尺寸应结合窗框设计宽度调整，避免窗框挡住滴水线。

4）窗其他功能要求。例如，对于有开关器的防火窗，应注意企口是否影响开关器安装位置。

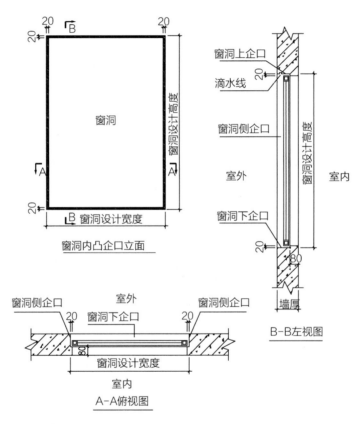

图2-4-6　窗洞内凸企口示意

（7）降板区域设计

降板区阴角应采用圆弧倒角。降板四周有剪力墙时，墙模板设计可采用65mm高底角防止漏浆和错台。降板高度≥300mm时，沉降处可考虑设K板；降板高度≥200mm时，模板应设对撑。

（8）泵管洞、放线洞、传料孔设计

泵管洞、放线洞边线应离墙、梁边线≥250mm。传料口定位可由厂家模板布排时在标准板上布置，传料口通常每 $70\sim80\mathrm{m}^2$ 配置一个。施工洞口应按上大下小留设企口，洞口底部可预留 100mm×8mm 抹灰压槽（图 2-4-7）。

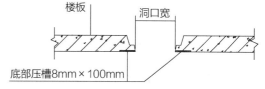

图 2-4-7 洞口底部压槽

（9）铝模包边设计

装配式项目预制构件与现浇构件连接部位，铝模应做包边设计，防止漏浆（图 2-4-8）。

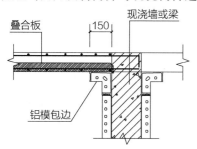
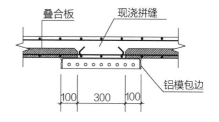

图 2-4-8 铝模包边示意图

（10）非标楼层铝木结合设计

大部分项目存在非标层，局部需要铝模和木模结合使用。针对不同的结构变化形式，铝木结合节点深化设计要点如下：

1）墙体长度变化

墙体长度增大时，应根据墙体增加长度设计嵌补加墙件，加墙件主要由木模板及木方组成，加墙件放置位置一般在墙体中部，尽量避开阴阳角处。木方侧面应与铝模边框孔对齐打孔，并采用对拉螺杆连接；当墙体长度缩短时，应拿掉多余的铝模板，拿掉后如果墙长不足，按墙体长度增大的处理方案来实施（图 2-4-9）。

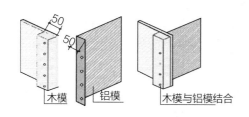
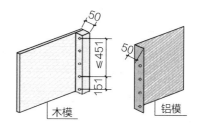

图 2-4-9 铝木结合施工节点图——墙长变化

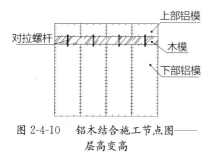

图 2-4-10 铝木结合施工节点图——层高变高

2）层高变化

针对层高加高问题，在铝模标准板及 K 板位置加设一道木模板加高件，加高件由木模板、木方组成，木模板及木方裁剪尺寸应符合非标层与标准层的高差，木模需采用对拉螺杆加固，间距 300mm（图 2-4-10）。

3）梁高变化

当梁高降低时，在原铝模梁模板内加设木模盒子，垫高梁底标高；当梁高加高时，将铝模梁底模板用 U 形木模槽替代（图 2-4-11）。木方安装应与铝模边框拼接处对齐，木方侧面应与铝模边框孔对齐打孔，木模需采用对拉螺杆加固，间距 300mm。

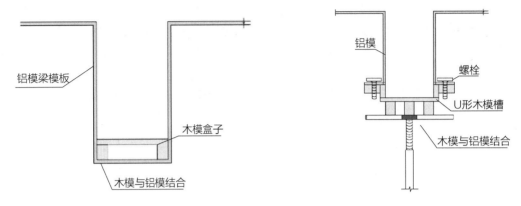

图 2-4-11　铝木结合施工节点图——梁高变化

2.4.2.4　常规层高铝模施工控制要点

1. 施工准备阶段控制要点

（1）出厂前预拼装。铝模进场前，应要求租赁单位提前在工厂进行预拼装。预拼验收必须要求铝模劳务班组及项目部技术人员参加，预拼验收合格后，对已拼装模板进行标记、打包，最后才允许租赁单位统一发货。

（2）场地准备。铝模进场前，应结合总平面布置图预留足够面积的铝模板堆场。铝模板堆场若位于地下室顶板上，需对顶板进行受力复核。

（3）技术准备。应提前编制铝模板施工方案，施工前做好安全和技术交底工作。针对结构层间变化情况、特殊部位模板处理方案、铝模换板部位、预留预埋设置情况等应重点交底。

（4）人员准备。首次拼装前，应要求铝模厂家派驻技术员驻场培训并指导安装，劳务班组、管理人员应在铝模施工前学习铝模操作规程及操作要领。

（5）材料准备。模板进场要求租赁单位应提供发货清单，核查各部位模板、支撑、辅材及相关配件数量是否满足要求。

2. 模板安装阶段控制要点

（1）脱模剂选择。采用全新模板时前三层应采用铝模专用油性脱模剂，不得使用废机油做脱模剂，后续楼层可采用铝模专用水性脱模剂。

（2）首层承接 K 板安装。开始施工首层铝模时，外墙下部无承接 K 板。在前一层施工时，外墙顶部应预埋止水螺栓用于固定木方作为 K 板支承首层外墙铝模。安装木 K 板时，注意校核首层 K 板标高。

（3）测量定位。严格控制前一层楼板标高、平整度及主要控制轴线，确保下层铝模顺利安装；每层施工前测量员需根据轴线引测出墙柱所有边线及控制线，并用墨斗弹线，墙柱模板安装前在墙柱根部焊接定位钢筋。

（4）首层铝模验收。首层结构施工完成后，项目部应组织对整体成型质量、窗洞企口、门窗洞口过梁、预留洞口、栏杆安装槽口、外立面线条、抹灰压槽等进行全面排查，确保施工准确无误。

（5）墙柱模板安装。墙柱模板从转角处开始安装。转角稳定后，按放样线定位继续安装整面墙模。若为螺杆体系，杯头胶管安装时应大头朝外自成坡度，以减少渗漏风险。墙体模板安装过程中需要利用激光水平仪实时对墙体模板垂直度及平整度进行初调。背楞安装采用从上往下安装，先安装阴角位置，后安装阳角位置，阳角位置安装必须水平拉紧。

（6）梁模板安装。梁模板安装遵循先主梁后次梁，先公区后户内的顺序。墙身垂直校正完毕后进行楼面梁底板模板安装。梁模板底模安装完成，校正垂直度后安装侧模。梁侧模架于梁底模之上，与墙柱通过销钉紧密连接。插销必须由上而下插入，以免在浇筑混凝土捣振时插销震落，造成爆模或影响安全。

（7）楼面模板安装。墙身垂直度校验合格后，开始安装楼面龙骨，在安装期间一次性用可调钢支撑调好水平。楼面对角线检查无误时，开始安装楼面模板。楼面模板要平行逐件排放，每个单元模板全部安装完毕后，应用水准仪测定其平整度及本层安装标高，如有偏差通过模板系统的可调钢支撑进行校正，直至达到整体平整及相应的标高。

（8）楼梯模板安装。楼梯下斜墙拼装时，需与楼梯侧墙轴线定位准确，保证楼梯安装高度，同时与承接模板拼缝严密，做好下部防漏浆措施。楼梯 C 槽拼装时，需复核标高确保楼梯起步高度。楼梯底板拼装时，保证楼梯倾斜角度与起步距离，并且对楼梯起步板厚进行复核。楼梯拼装完成后，通过楼梯底部的单支撑对楼梯标高与板厚进行调校，保证楼梯成型质量。

（9）水电预留预埋。钢筋绑扎过程中，需穿插预埋水电管线，检查墙面线盒、电箱及套管、楼面线盒、楼面止水节等位置是否正确，绑扎是否牢固。

（10）整体调校。墙柱铝模加固完成后，对整体铝模进行校正。

（11）检查验收。混凝土浇筑前，墙面底部应采用干硬性砂浆堵缝，防止漏浆。混凝土浇筑前需要经过班组、项目部及监理逐级验收，合格后方可浇筑混凝土。混凝土浇筑期间至少要有两名操作工及一名实测实量管理人员待命，检查支撑加固系统是否完好。

3. 模板拆除阶段控制要点

（1）拆模强度要求。墙柱、梁侧模在混凝土强度达到 1.2MPa 时，可拆侧模。一般情况下 12～24h 后可以拆除墙梁侧模；承重模板拆除时混凝土强度应满足规范要求，一般 15℃以上需 48h，15℃以下需 60h 方可拆除。

（2）非承重模板拆除顺序：吊模→反梁侧模→传料口、放线口、烟道口模板→楼梯踏步模板→梁侧模、线条模板→墙柱板模板。

（3）承重模板拆除顺序：梁底模→楼梯底板→飘窗底模→楼面板。

（4）墙模拆除。墙模板应该从墙头开始拆除，拆除外墙时要系好安全带，相关配件必须全部放在结构楼层内，避免发生高空坠物的情况。

（5）梁、板底模拆除。拆除梁、板底模时，严禁扰动竖向支撑，严禁先拆支撑杆件后回顶。

（6）模板清理。所有模板拆除后应立即进行清洁工作。清理完的模板传递至下一层安装时，需分类合理堆放。

2.4.2.5 铝模常见问题分析及应对措施

铝模施工常见问题主要体现在深化设计与施工管理阶段，具体问题与应对措施如表 2-4-3 所示。

铝模施工常见问题及应对措施   表 2-4-3

实施阶段	问题类别	具体问题	应对措施
深化设计	图纸	楼梯标高有误	详细核查楼梯结构和建筑标高及装修做法
		过梁高度有误	详细核查建筑完成面标高，逐个核实做法
		抹灰压槽缺漏	对配模图进行三维建模；在铝模预拼装时，应逐条核对
		K 板遗漏	仔细核对电梯井、风井等建筑内部需设置 K 板的部位
		大样图例不全	针对窗企口、抹灰压槽、滴水线等节点大样进行复核
	深化答疑	深化答疑回复不清晰	需要跟厂家反复沟通做法，并分析不同做法的利弊，在答疑文件中给出明确回复
		模板体系要求不清	按照铝模施工标准明确加固的对拉间距、斜撑布置、背楞间距、飘窗模板等设计要求
施工管理阶段	轴线位移	混凝土浇筑	混凝土浇筑时，要均匀对称下料，浇筑高度应严格控制
		加固不到位	混凝土浇筑前及浇筑过程中安排专人检查并跟进处理
	标高偏差	控制点问题	每层楼设足够的标高控制点，竖向模板根部须做找平
		累计误差过大	严禁逐层向上引测；当建筑高度超过 30m 时，应另设标高控制线，每层标高引测点应不少于 2 个，以便复核
	蜂窝麻面	模板清理不当	拆模后，必须仔细清除模板后再刷脱模剂
		脱模剂	脱模剂前三层使用油性，后续使用水性，脱模剂涂刷均匀，不得漏刷
		混凝土振捣	加强混凝土振捣管理
		模板拆除过早	拆模前混凝土强度需满足设计要求，拆除之前进行试拆
		雨期施工	雨期施工时，模板表面及时补刷脱模剂
	孔洞	钢筋密集或结构复杂	在钢筋密集处及复杂部位，混凝土分层振捣密实；预留孔洞应两侧同时下料，侧面加设浇灌口，严防漏振
	缺棱掉角	拆模过早	拆除侧面非承重模板时，混凝土强度应≥1.2MPa
		保护不到位	拆模时避免用力过猛过急；吊运模板，防止撞击楼角

实施阶段	问题类别	具体问题	应对措施
施工管理阶段	结构变形	剪力墙错台	重点审查楼梯等大开间部位铝模加固措施,可采用梯梁处预埋、两侧增加斜向拉撑的措施
		加固不到位	楼梯间侧墙K板应增加侧拉及对撑加固,并加密K板与上方模板连接部位销钉数量
	楼板裂缝	拆模过早	严格控制拆模时间及拆模顺序,先拆竖向,完成竖向模板拼装后,再拆水平模板
		楼板堆载超限	避免材料集中堆放,尽量堆载在结构梁密集部位
		养护不到位	全面覆盖湿水养护,容易开裂的部位应重点加强养护
		支撑间距过大	施工前严格审查铝模计算书,施工过程中严格控制起步板长度和支撑布置间距

2.4.3 木模施工技术

(1)一般规定

常见的木模及支撑体系选型如表 2-4-4 所示。

木模及支撑体系选型一览表   表 2-4-4

部位	支撑加固体系
剪力墙	模板+木枋次楞+主楞+对拉螺杆
框架柱	模板+木枋次楞+柱套箍
梁	模板+木枋次楞+主楞+支撑体系+镰刀卡+对拉螺杆
楼板	模板+木枋次楞+主楞+支撑体系
楼梯	模板+木枋次楞+主楞+支撑体系
后浇带	端部钢丝网+模板+木枋次楞+主楞+支撑体系(独立搭设)

起拱要求:当梁、板跨度>4m 时,梁板底模应起拱,起拱高度为跨度的 1/1000～3/1000。

所有木模板拼装的阴阳角的模板拼缝应夹贴双面胶的海绵胶条,以防漏浆。

(2)墙模板(图 2-4-12)

次楞沿墙竖向布置,主楞沿墙长度方向布置,对拉螺杆沿主楞设置。

对拉螺栓类型选用及后续处理:①在选用对拉螺杆时,对于有抗渗要求的混凝土墙(包括地下室外墙、水池池壁),应选用防水型对拉螺杆,对其他无抗渗要求的墙或结构构件则选用非防水型对拉螺杆。②非防水对拉螺杆在墙模板内穿 PVC 管。防水对拉螺栓封

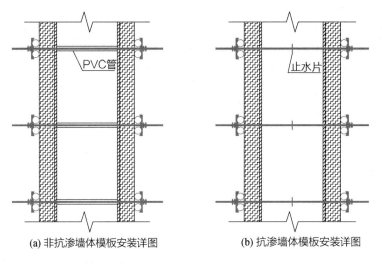

(a) 非抗渗墙体模板安装详图   (b) 抗渗墙体模板安装详图

图 2-4-12　墙模板安装详图

模时在螺杆两端穿上楔形橡胶塞，螺杆拆除后用高强度等级防水水泥砂浆填坑。③墙模中最底下四道主背楞的对拉螺杆两头均加双螺帽以防受力脱落而爆模。

墙模安装应注意：

1）模板安装前检查钢筋是否绑扎校正完毕，电线管、电线盒、预埋件、门窗洞口、人防洞口等预埋是否完毕，钢筋保护层垫块是否安装到位、是否完成钢筋隐蔽工程的验收。

2）安装模板前，应把墙体内木屑等清理干净，同时将模板板面清理干净，认真涂刷好脱模剂。

3）先按拼模尺寸裁割好模板，在模板接缝处粘贴双面胶条后再安装模板，并将钢管拉结牢固；模板拼缝必须严密。

4）安装墙模板前，检查中心线、边线和模板安装线是否准确，无误后方可安装墙模板。

5）模板之间的联结处、墙体的转角处，必须严密牢固可靠，防止出现混凝土表面错台和漏浆、烂根现象。模板底部的缝隙，在墙体模板外围用砂浆敷设。

6）为保证剪力墙的钢筋保护层符合规范要求，除要求按照操作规程放置砂浆垫块外，在墙钢筋网片上下、左右每隔1m焊接 ϕ12 等墙厚的短钢筋头顶住模板，防止剪力墙的钢筋网片偏移导致保护层厚度不足。

7）墙模板上的对拉螺杆眼必须事先画线打孔完毕，不同墙厚采用不同长度的对拉螺杆，不同部位采用相应的对拉螺杆，非抗渗墙体穿设对拉螺杆时需穿PVC管，便于螺杆周转使用。

8）模板拆除后，地下室外墙对拉螺栓孔部位按以下方法处理：首先将对拉螺栓孔两端的木垫片剔除干净，然后用气焊将对拉螺栓齐根割掉；将孔内清理干净后用掺硅质防水剂的干硬性细石混凝土压实抹平。

（3）柱模板

所有柱根部模板底缝均用砂浆封抹，以防止混凝土浇筑时因漏浆而导致烂根（图 2-4-13、图 2-4-14）。

次楞沿柱竖向设置，柱套箍建议采用柱的专用型钢套箍。

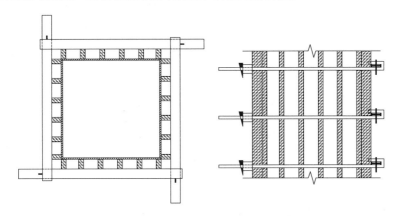

图 2-4-13　柱模安装示意图

图 2-4-14　柱模安装实例图

柱模安装应注意：

1）钢筋绑扎完成后，柱脚不平处首先在柱脚处采用砂浆找平，然后将模板抬至柱钢筋一侧竖起，并对准定位轴线，将模板就位。

2）利用水平尺或线锤校正柱模垂直度，并用柱箍将柱模固定。柱模板安装时上端位置的控制是保证柱子垂直度、柱中线位移误差在允许偏差范围之内的关键环节。

3）模板校正必须进行轴线位置、截面尺寸、垂直度、柱顶对角线等各项检查。

4）成排柱模支模时，应先立两端柱模，校直与复核位置无误后，顶部拉通线，再立中间柱模。

5）柱子根部要用海绵条堵严且需在模板外围用砂浆封堵。

6）柱定位措施：将板（基础梁）清扫干净后，按设计图纸测放轴线、柱边线及柱模板 500mm 控制线；按放出的柱边线焊接 $\phi12$ 内截面控制筋，每个方向两根，按放线位置安装柱模板，两垂直方向加斜拉顶撑，校正垂直度及柱顶对角线。

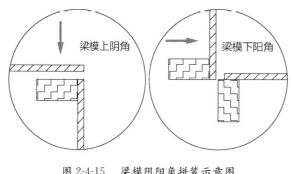

图 2-4-15　梁模阴阳角拼装示意图

（4）梁模板

梁侧模包底模板，板模压盖梁侧模顶端。详见图 2-4-15。

梁底模、侧模次楞沿梁长度方向设置。

梁侧主楞设置采用单根钢管为主背楞，呈竖向设置，其下端与梁底横杆采用十字扣件扣紧，上端用旋转扣件通过斜杆与满堂架顶紧。

梁底主楞可选用钢管、型钢等材料，可采用立杆扣件方式或置于立杆可调顶托内等方式。

梁底模起拱操作：按设计标高调整支柱的标高，安装梁底板，并拉线找平，梁底板要起拱；主次梁交接时先主梁起拱后次梁。

（5）楼板模板

板模体系自上而下分别为面板、木枋次楞、主楞、支撑体系。

铺设模板前应拉通线调节支柱的高度，将大龙骨找平，架设小龙骨。铺模板时可从四周铺起，在中间收口。楼板模板压在梁侧模时，角位模板应通线钉固。楼面模板铺完后，应认真检查支架是否牢固，梁、板面应清扫干净。为防止板中部下挠、板底混凝土面不平的现象，板模支设应注意：①楼板模板厚度要一致，搁栅木料要有足够的强度和刚度，搁栅面要平整。②楼面模板拼缝均采用双面胶带粘贴。③板模按规定起拱。

2.5　模板支撑架施工技术

木模板的常用支撑架体系为扣件式钢管脚手架支撑体系和承插型盘扣式钢管脚手架支撑体系。铝模板支撑为专配的快拆支撑体系，具体见铝模施工技术。

2.5.1　承插型盘扣式钢管脚手架

2.5.1.1　简介

（1）架体定义

根据《建筑施工承插型盘扣式钢管脚手架安全技术标准》JGJ/T 231，承插型盘扣式钢管脚手架中，立杆采用外套管或内插管连接，水平杆和斜杆采用杆端扣接头卡入连接盘，用楔形插销连接，能承受相应的荷载，并具有作业安全和防护功能的结构架体。

根据《承插型盘扣式钢管支架构件》JG/T 503—2016 第 3.1 条,名称为承插型盘扣式钢管支架,立杆顶部插入可调托撑构件,底部插入可调底座构件,立杆之间采用套管或插管连接,水平杆和斜杆采用杆端扣接头卡入连接盘,用楔形插销连接,形成结构几何不变体系的钢管支架。承插型盘扣式钢管支架是由立杆、水平杆、斜杆等构件构成。

(2)分类

支撑脚手架:支承于地面或结构上可承受各种荷载,具有安全防护功能,为建筑施工提供支撑和作业平台的承插型盘扣式钢管脚手架,包括混凝土施工用模板支撑脚手架和结构安装支撑架,简称支撑架。

作业脚手架:支承于地面、建筑物上或附着于工程结构上,为建筑施工提供作业平台与安全防护的承插型盘扣式钢管脚手架,简称作业架。

(3)架体构成

架体构成如图 2-5-1 所示。

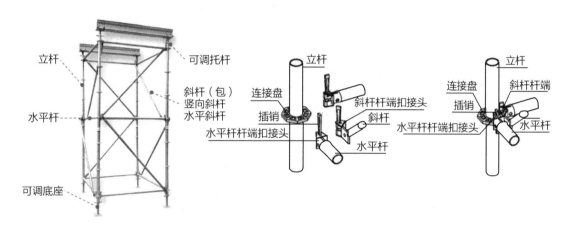

图 2-5-1　架体构成

(4)架体的构配件组成

根据立杆外径大小,脚手架可分为标准型(B 型)和重型(Z 型)。

各构配件名称型号表示规则如图 2-5-2 所示。

2.5.1.2　盘扣式模架设计及应用

(1)脚手架结构设计的安全等级

根据《建筑施工承插型盘扣式钢管脚手架安全技术标准》JGJ/T 231—2021 第 3.0.4 条,脚手架设计应根据脚手架的种类、搭设高度和荷载采用不同的安全等级。根据《建筑施工承插型盘扣式钢管脚手架安全技术标准》JGJ/T 231—2021 第 3.0.5 条,由脚手架安全等级对应取得脚手架结构重要性系数 γ_0(图 2-5-3、表 2-5-1)。

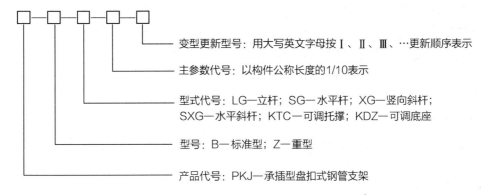

图 2-5-2　各构配件名称型号表示规则

变型更新型号：用大写英文字母按Ⅰ、Ⅱ、Ⅲ、…更新顺序表示

主参数代号：以构件公称长度的1/10表示

型式代号：LG—立杆；SG—水平杆；XG—竖向斜杆；
SXG—水平斜杆；KTC—可调托撑；KDZ—可调底座

型号：B—标准型；Z—重型

产品代号：PKJ—承插型盘扣式钢管支架

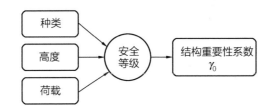

图 2-5-3　脚手架安全等级与脚手架参数和结构重要性系数关系示意图

脚手架安全等级与结构重要性系数对照表（依据
《建筑施工承插型盘扣式钢管脚手架安全技术标准》JGJ/T 231—2021）　表 2-5-1

作业架		支撑架		安全等级	结构重要性系数
搭设高度	荷载设计值	搭设高度	荷载设计值		
≤24m	—	≤8m	≤15kN/m² 或≤20kN/m 或≤7kN/点	Ⅱ	$\gamma_0 = 1.0$
>24m	—	>8m	>15kN/m² 或>20kN/m 或>7kN/点	Ⅰ	$\gamma_0 = 1.0$

注：搭设高度及荷载设计值中各参数，当任一条件满足安全等级Ⅰ级时，则脚手架安全等级为Ⅰ级。

注意：

1）与《建筑施工脚手架安全技术统一标准》GB 51210—2016 对比：该第 3.2.1 条也对脚手架做了关于安全等级的规定，但其规定标准与《建筑施工承插型盘扣式钢管脚手架安全技术标准》JGJ/T 231—2021 差异较大，如脚手架种类、高度数值、荷载为标准值还是设计值等。

2）与《住房城乡建设部办公厅关于实施〈危险性较大的分部分项工程安全管理规定〉有关问题的通知》（建办质〔2018〕31 号）对比：该文件中关于超过一定规模的危险性较大的分部分项工程分类标准中，涉及混凝土模板支撑工程的搭设高度≥8m、施工总荷载设计值≥15kN/m²、集中线荷载为≥20kN/m，涉及承重支撑体系的满堂支撑体系的单点集中荷载≥7kN。

（2）架体构造要求

1）可调托撑：支撑架可调托撑伸出顶层水平杆或双槽钢托梁的悬臂长度≤650mm；丝杆外露长度≤400mm；可调托撑插入立杆或双槽钢托梁长度≥150mm。如图 2-5-4 所示。

2）扫地杆与可调底座：支撑架可调底座调节丝杆插入立杆≥150mm，丝杆外露长度≤300mm，作为扫地杆的最底层水平杆离地高度≤550mm。

3）横杆步距：步距≤2m。

4）一般规定：竖向斜杆不应采用钢管扣件。竖向立面若涉及斜杆或剪刀撑时，则应使用盘扣架自有的竖向斜杆。

当标准型（B 型）立杆荷载设计值大于 40kN，或重型（Z 型）立杆荷载设计值大于 65kN 时，脚手架顶层步距应比标准步距缩小 0.5m。

（3）盘扣架的设计计算要点，如表 2-5-2 所示。

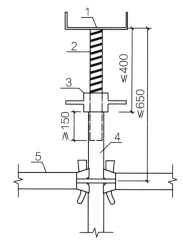

图 2-5-4　可调托撑伸出顶层水平
杆的悬臂长度
1—可调托撑；2—螺杆；
3—调节螺母；4—立杆；
5—水平杆

盘扣架的设计计算要点　　　　　　表 2-5-2

项目	公式
立杆的稳定性计算	$\dfrac{N}{\varphi A}\leqslant f$　$\dfrac{N}{\varphi A}+\dfrac{M_{\mathrm{w}}}{W}\leqslant f$
独立支撑架超出规定高宽比时的抗倾覆验算	$M_{\mathrm{R}}\geqslant\gamma_0 M_{\mathrm{T}}$
纵横向水平杆承载力计算	用于双排脚手架
当通过立杆连接盘传力时的连接盘受剪承载力验算	$F_{\mathrm{R}}\leqslant Q_{\mathrm{b}}$
立杆地基承载力计算	$P_{\mathrm{k}}=\dfrac{N_{\mathrm{k}}}{A_{\mathrm{g}}}\leqslant f_{\mathrm{a}}$

2.5.1.3　施工、检查验收

施工准备事项如表 2-5-3 所示。

施工准备事项表　　　　　　表 2-5-3

类别	要求
方案	脚手架施工前应根据施工现场情况、地基承载力、搭设高度编制专项施工方案，并应经审核批准后实施
人员	操作人员应经过专业技术培训和专业考试合格后，持证上岗。脚手架搭设前，应按专项施工方案的要求对操作人员进行技术和安全作业交底

类别	要求
构配件	经验收合格的构配件应按品种、规格分类码放，并应标挂数量、规格铭牌。构配件堆放场地应排水畅通、无积水。
	作业架连墙件、托架、悬挑梁固定螺栓或吊环等预埋件的设置，应按设计要求预埋
场地	脚手架搭设场地应平整、坚实，并应有排水措施

当架体属于建办质〔2018〕31号文件所规定的危险性较大的分部分项工程时，其编制内容要点应满足建办质〔2018〕31号文件要求。项目所在地有相关文件的，应结合地方文件执行。

脚手架搭设前，应对基础按照承载力要求进行验收，脚手架应在地基基础验收合格后搭设。土层地基上的立杆下应采用可调底座和垫板，垫板的长度不宜少于2跨。

脚手架的搭设拆除应按照《建筑施工承插型盘扣式钢管脚手架安全技术标准》JGJ/T 231—2021第7章要求执行。

2.5.1.4 盘扣架的技术优势

（1）材质

主要部件均采用内、外热镀锌防腐工艺处理，既提高了产品的使用寿命（不会因为钢管内壁的锈蚀而降低承载能力），又为产品安全提供了进一步的保证，同时又做到美观、漂亮。构件全部采用热镀锌防腐工艺，较传统脚手架显著提高使用寿命，同时不会因锈蚀而降低承载力，且观感性好。

表面热浸镀锌处理避免了传统脚手架常出现的油漆涂刷不均匀、油漆脱落、形象不佳等弊病，雨水不易侵蚀、不易生锈，且颜色均匀一致（图2-5-5、图2-5-6）。

图2-5-5　连接部位焊接　　　　图2-5-6　全表面镀锌

（2）构型

架体横平竖直：由于杆件尺寸采用固定模数，架体杆件的间距、步距均匀，横杆、立杆真正做到"横平竖直"。

支撑体系斜拉杆代替剪刀撑，形成稳定的格构柱结构，使得支撑体系的整体稳定性大大提升，且结构计算模型简单，极大提高了设计方案的可靠性（图2-5-7），能够广泛应用

图 2-5-7　斜拉杆支撑体系

于高支模工程。节点抗扭转能力强,强度、刚度、稳定性可靠,施工安全得到有效保障。盘扣式每个节点都可以有 8 个方向的连接,分别可用于水平杆、斜杆、定位杆的连接。连接之后使得架体的每个单元都近似于格构柱,因此,架体结构稳定、安全可靠。无零散配件,不易丢失,损耗极低,并方便运输及清点。

（3）强度

盘扣支撑体系立杆材质规定为采用 Q345（实际因材料国标更新为 Q355）,其强度设计值为 $300N/mm^2$,若选用 A 型（60 立杆）将因其直径大,长细比更优,立杆稳定性计算中稳定系数的取值更有利。较高的承载能力使得该类型架体可实现大跨度排布立杆。因此,同等结构下,更节省钢材用量,减少运费使综合成本降低。节约用钢量,高承载力的盘扣架搭设密度远低于传统架,节约工期。

（4）工效

由于用量少、重量轻,操作人员可以更加方便地进行组装,功效提高,综合费用相应节省。模块化、工具化作业,搭拆快捷,大幅提高施工效率。

（5）搭拆操作

①盘扣式脚手架单根杆件长度一般不超过 2m,相比传统 6m 长的普通钢管,质量更轻,施工人员更容易操控,重心更稳。②搭设效率高,防护即时性更好。③杆件尺寸模数固定,架体搭设时只能按照标准流程逐步搭设,从根本上提高了架体搭设过程中的规范性。

（6）验收

杆件尺寸均是固定模数、间距、步距,基本避免了人为因素对架体构造的影响,验收架体安全控制点相对传统钢管脚手架更少。如有杆件缺失等情况发生,整改也更方便。

（7）配套

1）配套功能齐全:可搭设模板支架、外架、各类操作架、爬梯、安全通道等。相较于传统采用钢管扣件式的搭设效果更安全、更美观。

2）盘扣式脚手架配套的挂钩式钢跳板直接扣在横杆上,没有探头板,水平防护性能更好。

3）盘扣脚手架配搭的是定型化爬梯,相较于传统钢管扣件脚手架的爬梯,安全性、稳定性、行走舒适性都有明显提高。

（8）无零散配件

架体搭设区域地上没有零散的螺栓、螺母、扣件等配件。架体搭设区域文明施工更好。

2.6 建筑外防护体系施工技术

2.6.1 悬挑脚手架施工技术

常见的悬挑脚手架为双排式脚手架，主要构配件包括悬挑工字钢、锚固措施、斜拉构件、扣件式钢管以及附属设施组成。

（1）立杆

通常情况下，立杆纵距为 1.5m，步距为 1.8m，纵距局部可进行适当调整以躲避结构。

立杆采用 2m、3m、4m、6m 等规格钢管交替搭设。立杆接长除顶层顶步外，其余各层各步接头必须采用对接扣件连接。

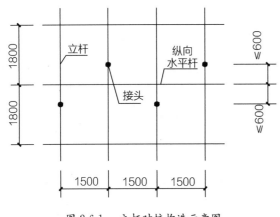

图 2-6-1　立杆对接构造示意图

立杆上的对接扣件应交错布置，两根相邻立杆的接头不应设置在同步内，同步内隔一根立杆的两个相隔接头在高度方向错开的距离不宜小于 500mm；各接头与主节点的距离不应大于步距的 1/3（图 2-6-1）。

立杆采用搭接接长时，搭接长度不应小于 1m，用不少于 2 个旋转扣件固定。端部扣件盖板的边缘距离不小于 100mm。

当脚手架立杆基础不在同一高度时，必须将高处的纵向扫地杆向低处延长两跨与立杆固定，高度差不小于 1m。靠边坡上方的立杆轴线到边坡的距离不应小于 500mm。

（2）纵向水平杆

脚手架必须设置纵、横向扫地杆。纵向扫地杆采用直角扣件固定在距垫板上皮 200mm 处的立杆上。横向扫地杆采用直角扣件固定在紧靠纵向扫地杆下方的立杆上。

在外侧立杆中间处须搭设拦腰杆。

纵向水平杆设置于立杆的内侧，单根长度不小于 3 跨。

纵向水平杆一般采用对接扣件连接（图 2-6-2），至边角处可采用搭接。对接、搭接应符合以下要求：

1）对接扣件应交错布置：两根相邻纵向水平杆的接头不应设置在同步或同跨内，不同步或不同跨两个相邻接头在水平方向错开的距离不应小于 500mm；各接头中心至最近主节点的距离不宜大于立杆纵距的 1/3，即不宜大于 500mm。

2）搭接接头长度不应小于 1m，并应等距设置 3 个旋转扣件固定，端部扣件盖板边缘至搭接纵向水平杆杆端的距离不应小于 100mm。

纵向水平杆用直角扣件固定立杆上，横向水平杆用直角扣件固定在纵向水平杆上。

（3）横向水平杆

主节点处必须设置一根横向水平杆，用直角扣件扣接。操作层上非主节点处的小横杆根据支撑脚手板的需要等间距设置。

（4）剪刀撑与横向斜撑的搭设

双排脚手架应在外侧立面整个长度和高度搭设连续剪刀撑。

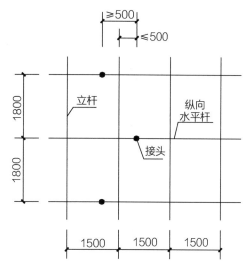

图 2-6-2　水平杆对接构造示意图

每道剪刀撑最多跨越立杆的根数按表 2-6-1 控制。

每道剪刀撑最多跨越立杆的根数

表 2-6-1

剪刀撑斜杆与地面的倾角	45°	50°	60°
剪刀撑跨越立杆的最大根数	7	6	5

每道剪刀撑的宽度不应小于 4 跨，且不应小于 6m，斜杆与地面的倾角成 45°～60°；斜杆接长采用搭接接头，搭接长度不应小于 1000mm，设置 3 个旋转扣件搭接，旋转扣件距离钢管端头不应小于 100mm。

剪刀撑斜杆应用旋转扣件固定在与之相交的横向水平杆的伸出端或立杆上，旋转扣件中心线距主节点的距离不应大于 150mm。

横向斜撑应在同一节间，由底至顶层呈之字形连续布置，斜撑杆应采用旋转扣件固定在与之相交的横向水平杆的伸出端上，旋转扣件中心线至主节点的距离不大于 150mm。

脚手架非封闭端如转截面处、施工电梯断开处，脚手架端头应设置横向斜撑。封闭型双排脚手架除在拐角处设置横向斜撑杆外，中间应每隔 6 跨设置一道横向斜撑。

（5）连墙件搭设

连墙件的布置应符合下列规定：

靠近主节点设置，偏离主节点的距离不应大于 300mm。

从底层第一步纵向水平杆处开始设置，当该处设置有困难时，应采用其他可靠措施固定。

连墙件应优先采用菱形布置，或矩形布置。

连墙件为在建筑物边梁对齐立杆位置埋置短钢管，短钢管露出混凝土面不少于 0.20m，埋入混凝土中不少于 0.30m，用扣件与脚手架小横杆连接，上、下错位布置（图 2-6-3）。遇有结构柱时，可以采取抱柱措施（图 2-6-4）。

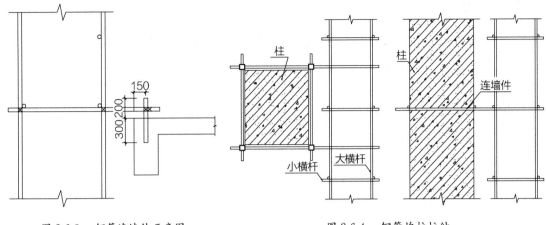

图 2-6-3　钢管连墙件示意图　　　　　　图 2-6-4　钢管抱柱拉结

连墙杆应呈水平设置，当不能水平设置时，与脚手架连接的一端可稍下斜连接，严禁外高内低上斜连接。

脚手架下部暂不能设连墙件时需搭设抛撑。抛撑应采用通长杆件与脚手架可靠连接，与地面的倾角应在 45°～60°；连接点中心至主节点的距离不应大于 300mm。抛撑应在连墙件搭设后方可拆除。

脚手架在施工电梯、卸料平台等断开位置两端必须设置连墙件，且搭设斜杆。

悬挑式钢管脚手架主要应进行如下计算：

1）纵向、横向水平杆等受弯构件的强度和连接扣件的抗滑移承载力计算；

2）立杆的稳定性计算；

3）连墙件的强度、稳定性和连接强度的计算；

4）悬挑梁的抗弯强度、整体稳定性和挠度；

5）悬挑梁锚固件及其锚固连接的强度；

6）悬挑梁所锚固附着的建筑结构的承载能力验算。

2.6.2　提升架施工技术

2.6.2.1　提升架形式及特点

1. 附着式升降脚手架的形式

（1）按附着支承方式划分

附着支承是将脚手架附着于工程结构（墙体、框架）之边侧并支承和传递脚手架荷载的附着构造，按附着支承方式可划分为 7 种，如图 2-6-5 所示。

1）套框（管）式附着升降脚手架。即由交替附着于墙体结构的固定和滑动框架（可沿固定框架滑动）构成的附着升降脚手架。

2）导轨式附着升降脚手架。即架体沿附着于墙体结构的导座升降的脚手架。

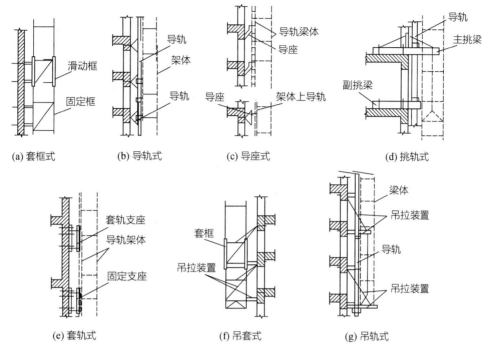

图 2-6-5　附着式升降脚手架分类

3）导座式附着升降脚手架。即带导轨架体沿附着于墙体结构的导座升降的脚手架。

4）挑轨式附着升降脚手架。即架体悬吊于带防倾导轨的挑梁架（固定于工程结构）下并沿导轨升降的脚手架。

5）套轨式附着升降脚手架。即架体与固定支座相连并沿套轨支座升降，固定支座与套轨支座交替与工程结构附着的升降脚手架。

6）吊套式附着升降脚手架。即采用吊拉式附着支承的、架体可沿套框升降的脚手架。

7）吊轨式附着升降脚手架。即采用设导轨的吊拉式附着支承、架体沿导轨升降的脚手架。

（2）按升降方式划分

附着式升降脚手架都是由固定或悬挂、吊挂于附着支承上的各节（跨）3～7 层（步）架体所构成，按各节架体的升降方式可划分为：

1）单跨（片）升降的附着式升降脚手架。即每次单独升降一节（跨）架体的附着升降脚手架。

2）整体升降的附着式升降脚手架。即每次升降 2 节（跨）以上架体，乃至四周全部架体的附着升降脚手架。

3）互爬升降的附着式升降脚手架。即相邻架体互为支托并交替提升（或落下）的附着升降脚手架。

（3）按提升设备划分

附着式升降脚手架按提升设备划分共有 4 种：即手动（葫芦）提升、电动（葫芦）提升、卷扬提升和液压提升，其提升设备分别使用手动葫芦、电动葫芦、小型卷扬机和液压升降设备。手动葫芦只用于分段（1~2跨架体）提升和互爬提升；电动葫芦可用于分段和整体提升；卷扬提升方式用得较少，而液压提升方式则仍处在技术不断发展之中。

2. 附着式升降脚手架的特点

（1）采用附着式升降脚手架施工速度快、工效高，明显降低造价。

（2）附着式升降脚手架是围绕建筑物整体提升，也可分段提升。施工简单且快捷，从准备到提升一层至就位固定大约只需要3~4h就完成了主体结构的安全围护，与主体结构的施工配合比较紧密。

（3）在严密的施工顺序下，附着式升降脚手架与其他类型相比更安全可靠。

（4）因组成附着式升降脚手架的各种钢结构构件、提升设备、控制设备及安全防护系统的成本较高，因此，附着式升降脚手架的施工成本较高，但在超高层建筑施工时，其成本也就是最低的，也是最安全的一种脚手架。

2.6.2.2 提升架的设计

1. 平面设计

《建筑施工工具式脚手架安全技术规范》JGJ 202—2010第3章3.5.2节附着式升降脚手架结构构造的平面尺寸应符合以下规定（图2-6-6）：

（1）架体宽度不应大于1.2m。

（2）直线布置的架体支承跨度不应大于7m，折线或曲线布置的架体中心线处支承跨度不应大于5.0m。

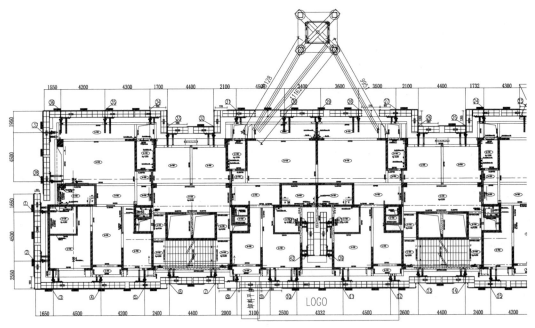

图 2-6-6　提升架平面设计示意图

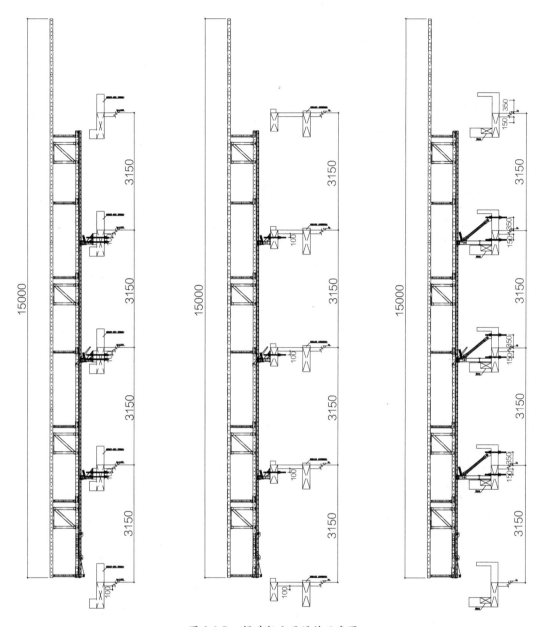

图 2-6-7   提升架立面设计示意图

（3）架体的水平悬挑长度不得大于 2m，且不得大于跨度的 1/2。

（4）架体全高与支承跨度的乘积不应大于 110m²。

2. 立面设计

架体高度及内立杆离墙距离可随施工需要确定，架体一般中心宽度为 0.9m，架体步距 1.8m，一般架体设计高度为 4 层半。

《建筑施工工具式脚手架安全技术规范》JGJ 202—2010 第 3 章 3.5.2 节附着式升降脚手架结构构造的立面尺寸应符合以下规定：

（1）架体高度不应大于 5 倍楼层高。

（2）升降和使用工况下，架体悬臂高度详见各地方规范标准。

（3）两主框架之间架体的立杆的纵距 L_a 作承重架时应不大于 1.5m，纵向水平杆的步距应为 1.8m。

3. 架体密封设计

（1）架体外侧必须用密目安全网（$\geqslant$2000 目/100cm^2）围挡；密目安全网必须可靠固定在架体上（图 2-6-8、图 2-6-9）。

图 2-6-8　架体走道板与外围防护网的密封及架体与建筑物之间的密封

图 2-6-9　阴阳角处的密封处理

（2）架体底层的脚手板除应铺设严密外，还应具有可折起的翻板构造，一般至少设置三道翻板。

（3）作业层外侧应设置防护栏杆和 180mm 高的挡脚板。

4. 预埋设计

当梁板准备浇筑混凝土前，按照机位平面布置图、立面图，使用内孔 35～40mm 壁厚大于 2mm 的 PVC 塑料管，管两端用密胶布封住，以防止混凝土浇灌时进入管内而堵塞预埋孔（图 2-6-10）。标准层采用铝模的项目应提前与提升架或铝模单位沟通好是否在铝模上开孔，部分提升架单位为确保定位准确会在铝模上开孔，一次开孔不一定能满足现场需求，将导致铝模成本较高，建议不允许在铝模上开孔，采用可循环使用的预埋定位件，塑料管预埋应注意以下事项：

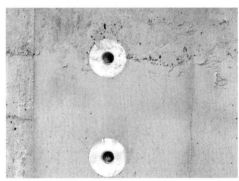

图 2-6-10　现场预埋及预埋拆除后效果图

（1）应保证与各层预留孔的垂直度；

（2）预留孔必须垂直于结构外表面；

（3）留空左右位移误差应小于 20mm，当大于 20mm 时，需要重新校核定位并重新钻孔。

5. 架体与结构的附着设计

（1）一般附着

采用国标型钢焊接制作，附墙支座仅贴于结构，不采用其他措施，节点图如图 2-6-11 所示。

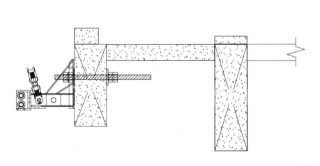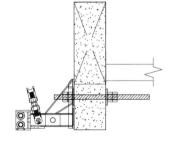

图 2-6-11　一般附着节点图

（2）采用加高件附着

局部位置外立面存在线条或为确保龙骨在同一竖向平面，需采用加高件附着，节点图如图 2-6-12 所示。

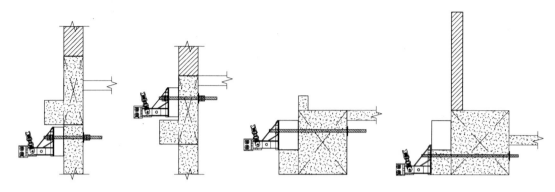

图 2-6-12　采用加高件附着节点图

（3）采用斜拉杆卸荷附着

由于结构特点，部分机位不得不附着于挑板上，需结合挑板的混凝土强度、配筋进行计算，无法满足要求的需通过斜拉杆进行卸荷，斜拉杆可采用直径 60mm 壁厚 4.0mm 的焊管，直径 30mm 长度 60mm 正反丝杆加螺母，厚度 10mm 钢耳板，直径 16mm 的圆钢焊接而成，节点图如图 2-6-13 所示。

（4）拉杆导座

部分墙体不能满足附着需求时，可增加拉杆以卸荷，节点图如图 2-6-14 所示。

6. 塔式起重机附墙处设计

在全钢附着式升降脚手架架体平面布置时，在拟定塔式起重机附臂位置布置塔式起重机附墙处专用吊桥式折叠架，且应保证吊桥式折叠架架体立杆与塔式起重机附臂最靠近处中心留有不少于 250mm 的距离，吊桥式升降平台底层脚手板制作为可翻转型脚手板（图 2-6-15）。

7. 施工电梯附墙处的设计

（1）若电梯设置位置在转角或者其他导致两侧跨度过大，电梯中央必须设置一个机位时，则仅能选择一侧轿厢进入架体（图 2-6-16）。

（2）若电梯设置位置在较规整平直段，在满足机位跨度要求下中间不需布置机位，则可两轿厢同时进入架体（图 2-6-17）。

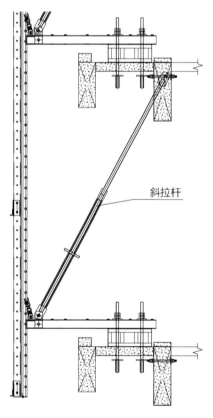

图 2-6-13　斜拉杆卸荷附着节点图

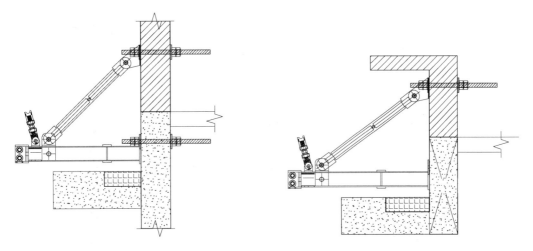

图 2-6-14　拉杆导座节点图

图 2-6-15　吊桥架

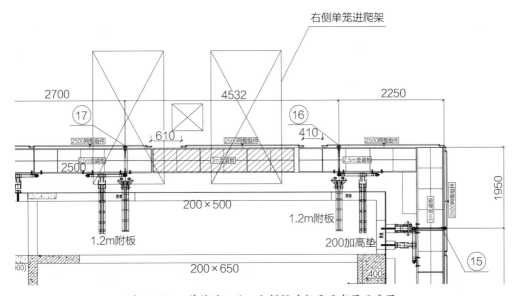

图 2-6-16　单笼进入施工电梯提升架平面布置示意图

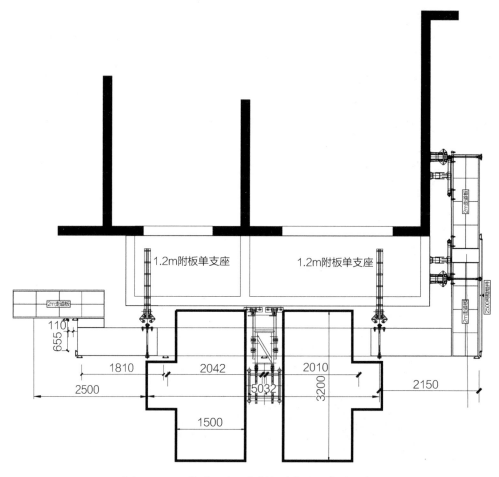

图 2-6-17　双笼进入施工电梯提升架平面布置示意图

（3）若架体既要上升又要下降，则施工电梯位置架体沿轿厢两侧预留 200mm 后断开，并使用网片进行断开侧面的防护。若施工电梯始终在架体下方，则只需注意封顶之后，电梯要上升至顶层，且拆除施工电梯以上架体。

8. 提升架楼梯处设计

楼梯处设计需考虑以下问题：

（1）楼梯数量：原则上一栋楼设置两个楼梯。

（2）楼梯的每跑的设置。

（3）楼梯与机位之间必须保留至少 600mm 的距离，以便通过。

9. 卸料平台设计

（1）卸料平台设置数量

采用铝模的项目，卸料平台用于吊装建筑垃圾，一般每 800~1000m² 设置 1 个，若模板采用木模，需用卸料平台转运模板、料具，一般每 300~400m² 设置 1 个。

（2）卸料平台设置部位

卸料平台的提升及附墙与架体相同，可与架体分别独立提升，卸料平台一般位于架体最下部走道板位置，开始使用位置一般较架体使用位置高上一层，例如，架体从4层楼面开始组装使用，则卸料平台需要在5层才能开始使用。料台左右两侧面需要使用800mm网片进行封闭。卸料平台先于地面组装完成后经过验收合格方可吊装，吊装前务必把所有零部件连接好，并保证其成为一个刚性的整体。待架体防护至封顶，底部卸料平台随着平台上部架体的拆除而提升至顶层。

2.6.2.3 提升架的组装

提升架组装一般分为模块整体吊装和分片式组装，模块整体吊装是将架体分为上下节模块单元，在地面组装后进行整体吊装，该种组装方式结构至少需满足两道附墙，吊装前需拆除主体结构施工时标准层以上的外架。分片式组装是跟随主体结构进度在落地式脚手架上部进行组装，分片式组装应用较为广泛，以下主要介绍分片式组装的方式。

分片式组装流程为：将架子搭至标准层，搭设安装平台、摆放提升滑轮组件→安装第一根导轨，组装第一步竖向框架和水平桁架→根据施工进度安装导轨、搭设架体→铺设操作层脚手板，架体外侧用密目安全网封闭→安装斜拉钢丝绳、提升挂座，挂电动葫芦并预紧→检查验收，进行第一次提升→在提升滑轮组件下方扣搭吊篮→进行升（降）循环。

1. 辅助平台的搭设

辅助平台水平度控制10～30mm，内立杆内边缘离墙＜200mm，外侧立杆离墙＞1200mm，外侧搭设单排防护高度1500mm。首层走道板安装后，间隔5～6m距离分别用2根钢管上下扣紧夹住走道板，加固走道板。

2. 走道板的组装

走道板连接：将两片走道板外侧用连接钢板连接，内侧用螺栓对接连接在一起，然后按平面布置图的布置尺寸把走道板与建筑结构物平行摆放，并用加固扣件把走道板水平固定。

3. 竖向立杆组装

按照平面布置图的布置尺寸放置竖向立杆，在竖向立杆最下端第一个孔用M16×100六角头螺栓加大垫圈、螺母与走道板连接。立杆与第二层走道板同时进行，保证第一步立杆的稳定。

4. 第二步走道板组装

组装好所有竖向立杆后，开始组装第二步走道板，其高度按照方案实施，一般为一个标准层高，每层架体在搭设期间至少要4个机位，保留一个固定连接杆不拆除，以保持架体稳定。

5. 水平桁架安装

爬架底部设置水平桁架，水平桁架设置在架体第一步走道板上1000mm高。水平桁架标准规格有3m、2m、1m三种，根据不同楼型选择不同规格，水平桁架与水平桁架之间采用连接板和螺栓连接，水平桁架与立杆均采用螺栓连接。

6. 安全防护网的组装

第一步安全网底部应放置在底部走道板连接螺栓头部上侧，安全防护网与竖向立杆之间采用专用连接件固定。竖向立杆每间隔 1m 安装一个网框固定件，网框固定件和网框组件连接，用 M16×80 螺栓固定。

7. 导轨的组装

在脚手架架体与导轨相对应的两根立杆上，各上、下安装两组导轮组，然后将导轨插进导轮和提升滑轮组下导孔中，在建筑物结构上安装连墙杆，再将导轨与连墙支座连接。

8. 连墙件组装

先检测预留孔位置正确后，将附墙支座用 M30 穿墙螺栓安装在结构物的预留孔中，螺栓两端各加 100×100×10 垫片 1 个，螺母 2 个，螺栓外露螺帽不得小于 3 扣；然后将左、右导向轮套入导轨，导向轮架通过 M24 六角螺栓与六角螺母安装到附墙支座的导轮架连接板上。

9. 防坠装置

附着式升降脚手架的防坠系统由可调式防坠卸荷限位支顶器、偏心碰撞自旋转调节防坠器、轨道防坠挡杆、附墙支座、穿墙螺栓组成。

可调式防坠卸荷限位支顶器由顶头、螺杆、螺套等组成。顶头的 V 形叉头支顶在导轨上的防坠挡杆上，顶头与调节螺杆连接，调节螺杆与螺套连接，螺套下端通过连接螺栓与附墙支座连接，通过可调式防坠卸荷限位支顶器和连接螺栓将载荷传递给附墙支架，再由附墙支架通过穿墙螺栓传递给建筑物。在上升阶段，可调式防坠卸荷限位支顶器始终在弹簧力作用下靠向导轨，随时起到防坠作用。另外，可调式卸荷限位支顶器在爬架平台提升过程中始终搭靠在轨道防坠挡杆上，一旦因异常出现爬架下坠，则支顶器可即时顶住导轨，起到防下坠作用。因此，该支顶器在爬架平台使用工况既起到卸荷作用，在爬架提升工况同时起到防坠作用。

偏心碰撞自旋转调节防坠器：型号为 TLFZ50，架体匀速上升或下降时，导轨上的防坠挡杆触动防坠器小舌，因防坠器小舌幅度较小，能正常复位，防坠器使用正常。

当架体坠落时，导轨急速下降，防坠挡杆触动防坠器小舌，防坠器摆块摆动幅度较大，导致防坠器大舌复位不及时，防坠器大舌卡住导轨防坠挡杆，则架体也不能上下运动，从而起到防坠落功能。防坠器工作原理如图 2-6-18～图 2-6-20 所示。

10. 安装配电线路

由于电动葫芦安装在全钢附着式升降脚手架底部，故配电线路按实际要求可铺设在第二层脚手板下部，配电线路为加工定制的带定型插头插座的定型电缆对口插接，每一种型号规格的定型电缆有不同孔眼的插头插座，从制作上就杜绝了接错线的隐患。

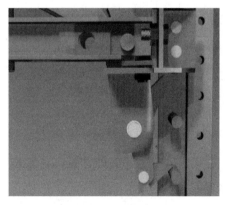

图 2-6-18　提升工况

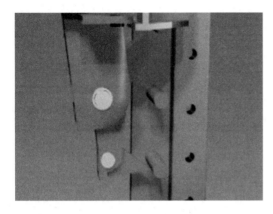
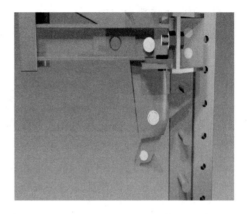

图 2-6-19　下降工况　　　　　　　　　图 2-6-20　制停状态

11. 智能提升系统的安装

智能提升系统由重力传感器、智能分机箱及倒挂电动葫芦和上吊点、下吊点、捣链装置组成，通过上吊点固定在建筑结构上，形成独立的提升体系。

12. 架体分片口处理

（1）架体断口的处理措施

大部分架体为分片提升，先提升的一片架体的底部比后提升的另外一片架体的底部高出一个楼层的高度。因此，在先提升的架体顶层和后提升的另外一片架体底层侧面增加防护网防护，等架体提升同步后，再把防护网拆除。

（2）爬架分片口处理措施

在断片口处采用翻板防护，外立面使用分片旋转网防护。使用时，翻板与龙骨板封闭，旋转网也封闭防护；提升时，翻板和分片旋转网打开，节点如图 2-6-21 所示。

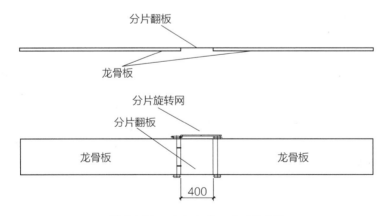

图 2-6-21　爬架分片口处理节点图

13. 架体转角处理

架体转角处一侧悬挑长度大于 2.0m 的架体加固措施，转角处大于 2.0m 位置为防止架体下坠将用国标方管 40×80 和 M16 螺杆螺帽反拉至相邻主框架上，每两层进行斜拉。

14. 卸料平台组装

（1）卸料平台安装流程：料台主体组装→安装导座导轨→连接料台主体和导轨→安装斜撑杆→组装底部小平台→连接底部小平台与导轨→自爬式卸料平台吊装。

（2）卸料料台吊装要求

1）料台吊装前，安装位置的梁上需打好安装导座的预留孔。

2）料台吊装前，需将安装位置处的架体底部断开1~2步架，断开的升降架两端的侧立面需及时封闭。料台主体上有四个吊点，四个方向各一个，用6×19-1570钢丝绳绑牢，四个吊点应该设置在同一平面上，防止料台的倾覆。

3）卸料平台加工制作完毕后经过验收合格方可吊装，吊装前务必把所有零部件连接好，并保证其成为一个刚性的整体。吊装时，先挂好吊钩，传发初次信号，但只能稍稍提升卸料平台，放松斜拉钢丝绳，方可正式吊装，吊装不宜过急，要保证卸料平台上升得平稳，吊装至预定位置后，将导座连在墙体上，待完全固定好，方可松塔式起重机的吊钩，卸料平台安装完毕后经验收合格后方可使用，要求提升一次验收一次。

（3）卸料平台安装要求

1）料台使用时必须悬挂限载指示牌，此工程使用料台限载1500kg。

2）每次吊装后均应由现场安全员检查验收合格后方可使用。

3）料台的使用必须是即装即吊，不允许物料在周转过程中长时停留在料台上。

4）零星材料堆放时不允许超出料台边缘，钢管料超出料台长度应小于1.5m。

5）卸料平台侧面必须做好护栏网，保证施工人员的人身安全。

2.6.2.4　提升架提升

1. 全钢集成式升降平台提升工艺流程

如图2-6-22所示。

2. 提升准备工作

（1）升降前应做好必需的准备工作，首先预紧提升链条，检查吊点、吊环、吊索情况，定位器的情况及密封板情况等，并对使用工具、架子配件进行自检，发现问题及时整改，整改合格后方可提升。

（2）当每个机位的提升系统良好且固定可靠时，提升链条将张紧预定力，此时计算机将告知准备工作完成，可进行提升工作，否则应排除故障后重试。

3. 提升作业指导书

（1）脚手架操作人员各就各位，由架子班长发布指令提升脚手架。

（2）脚手架提升起50mm后，停止提升，对脚手架进行检查，确认安全无误后，由架子班长发布指令继续提升脚手架。

（3）在脚手架提升过程中，脚手架监控操作人员，要巡视脚手架的提升情况，发现异常情况，应及时吹口哨报警。

（4）脚手架提升高度为一个楼层高，提升到位后，班长发布停止提升指令。

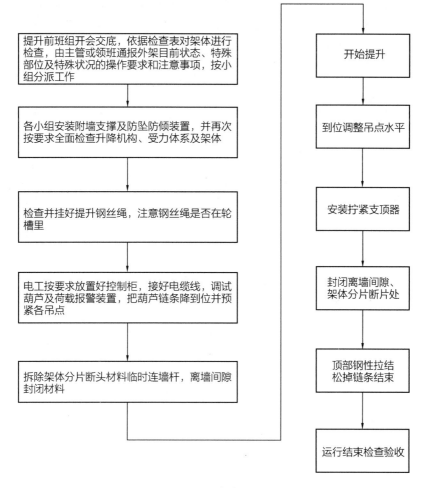

图 2-6-22　全钢集成式升降平台提升工艺流程

（5）脚手架提升到位后，首先将翻板放下，并且固定好。

（6）安装定位器，定位器必须拧紧顶实。

（7）全钢集成式升降平台组装完毕后进行验收，一切正常方可正式提升。

2.6.2.5　提升架拆除

（1）清除折叠式升降脚手架上杂物及地面障碍物。

（2）将提升架内所有提升装置拆除，并吊至地面分门别类地码放整齐。注意提升设备及控制设备等拆除、吊离时必须有保护措施，以免造成损坏。

（3）将吊装用钢丝绳（或尼龙带）在分组处的架体单元走道板与外立杆对接位置、导轨位置、内立杆与走道板对接位置钩挂牢靠，塔式起重机稍往上提将其张紧。

（4）将塔式起重机吊住的架体单元与临边架体的水平桁架之间连接拆除。

（5）将塔式起重机吊住的架体单元与临边架体的走道板之间的螺栓拆除。

（6）将塔式起重机吊住的架体单元与临边架体的走道板边夹板的螺栓拆除，拆除时操作人员必须严格按照施工安全要求系好安全带。

（7）拆除横跨吊装架体与非吊装架体之间的防护网。

（8）拆除附墙固定导向座与建筑结构之间的穿墙螺杆，在上下方各装一个防止固定导向座滑动的扣件。

（9）清理架体上所有拆下的连接固件及建筑垃圾，避免吊装时高空坠物。

（10）指挥塔式起重机将该架体单元慢慢往上吊，待与其他走道板脱离后再吊放至地面平放。

（11）地面操作人员将塔式起重机吊环拆除，并将架体单元上四根立杆拆除，准备用到下次吊装，地面操作人员将架体单元所有走道板及封网等配件全部拆散并按类分别叠放到指定位置，以便打包运输。

（12）重复以上步骤，依次将升降脚手架的单元拆除、吊离和拆散。

2.7　混凝土施工技术

2.7.1　自密实混凝土施工技术及案例分析

2.7.1.1　自密实混凝土的定义

具有高流动性、均匀性和稳定性，浇筑时无须外力振捣，能够在自重作用下流动并充满模板空间的混凝土。

2.7.1.2　自密实混凝土配合比要求

1. 自密实混凝土所用原材料要求

自密实混凝土工程所用混凝土原材料除符合《混凝土结构工程施工质量验收规范》的要求外，还应符合《硅酸盐水泥、普通硅酸盐水泥》《建设用卵石、碎石》《混凝土拌合用水标准》《混凝土外加剂应用技术规范》《高强高性能混凝土用矿物外加剂》《粉煤灰混凝土应用技术规范》等规范要求。

2. 自密实混凝土配合比设计

（1）混凝土配合比计算步骤

1）自密实混凝土配合比设计的主要参数包括拌合物中的粗骨料松散体积、砂浆中砂的体积、浆体的水胶比、胶凝材料中矿物掺合料用量。

2）设定 $1m^3$ 混凝土中粗骨料的松散体积 V_{g0}（$0.5\sim0.6m^3$），根据粗骨料的堆积密度 ρ_{g0} 计算出 $1m^3$ 混凝土中粗骨料的用量 m_g。

3）根据粗骨料的表观密度 p_g 计算 $1m^3$ 混凝土粗骨料的密实体积 V_g，由 $1m^3$ 拌合物总体积减去粗骨料的密实体积 V_g 计算出砂浆密实体积 V_m。

4）设定砂浆中砂的体积含量（0.42～0.44m³），根据砂浆密实体积 V_m 和砂的体积含量，计算出砂的密实体积 V_s。

5）根据砂的密实体积 V_s 和砂的表观密度 ρ_s 计算出 1m³ 混凝土中砂子的用量 m_s。

6）从砂浆体积 V_m 中减去砂的密实体积 V_s，得到浆体密实体积 V_p。

7）根据混凝土的设计强度等级，确定水胶比。

8）根据混凝土的耐久性、温升控制等要求设定胶凝材料中矿物掺合料的体积，根据矿物掺合料和水泥的体积比及各自的表观密度计算出胶凝材料的表观密度 ρ_b。

9）由胶凝材料的表观密度、水胶比计算出水和胶凝材料的体积比，再根据浆体体积 V_p、体积比及各自表观密度求出胶凝材料和水的体积，并计算出胶凝材料总用量 m_b 和单位用水量 m_w。胶凝材料总用量范围宜为 450～550kg/m³，单位用水量宜小于 200kg/m³。

10）根据胶凝材料体积和矿物掺合料体积及各自的表观密度，分别计算出每 1m³ 混凝土中水泥用量和矿物掺合料的用量。

11）根据试验选择外加剂的品种和掺量。

（2）试拌、调整与确定

1）按照上述配合比计算的步骤和范围，计算出初步配合比。

2）自密实混凝土配合比试配和试拌时，应检验拌合物工作性能是否符合表 2-7-1 中的要求。每盘混凝土的最小搅拌量不宜小于 25L。

拌合物工作性检测方法与指标要求

表 2-7-1

序号	检测方法	指标要求			检测性能
1	坍落扩展度（SF）	Ⅰ级	650mm≤SF≤750mm		填充性
		Ⅱ级	550mm≤SF≤650mm		
2	T_{500} 流动时间	2s≤T_{500}≤5s			填充性
3	L 形仪（H_2/H_1）	Ⅰ级	钢筋净距 40mm	H_2/H_1≥0.8	间隙通过性
		Ⅱ级	钢筋净距 60mm		抗离析性
4	U 形仪（Δ_h）	Ⅰ级	钢筋净距 40mm	Δ_h≤30mm	间隙通过性
		Ⅱ级	钢筋净距 60mm		抗离析性
5	拌合物稳定性跳桌试验（f_m）	f_m≤10%			抗离析性

注：1. 对于密集配筋构件或厚度小于 100mm 的混凝土加固工程，采用自密实混凝土施工时，拌合物工作性指标应按表中的Ⅰ级指标要求。

2. 对于钢筋最小净距超过粗骨料最大粒径 5 倍的混凝土构件或钢管混凝土构件，采用自密实混凝土施工时，拌合物工作性指标可按表中的Ⅱ级指标要求。

3）选择拌合物工作性能满足要求的 3 个基准配合比，制作混凝土强度试件，每种配合比至少应制作一组试件，标准养护到 28d 时试压。校核混凝土强度是否达到配制强度要求。如有必要，还应检测相应的耐久性指标。

4）根据试配结果对初始配合比进行调整，直至拌合物工作性能和硬化后混凝土性能都满足相应规定为止。

5）对于应用条件特殊的工程，如有必要，可在混凝土搅拌站或施工现场对确定的配合比进行足尺试验，以检验所设计的配合比是否满足工程应用条件。

6）根据试配、调整、混凝强度检验结果和足尺试验结果，确定符合设计要求的合适配合比。

2.7.1.3　自密实混凝土的制备与运输

1. 原材料检验与贮存

（1）自密实混凝土原材料进场时，供方应按批次向需方提供质量证明文件。

（2）原材料进场后，应进行质量检验，并应符合下列规定：

1）胶凝材料、外加剂的检验项目与批次应符合现行国家标准《预拌混凝土》GB/T 14902 的规定；

2）粗、细骨料的检验项目与批次应符合现行行业标准《普通混凝土用砂、石质量及检验方法标准》JGJ 52 的规定，其中人工砂检验项目还应包括亚甲蓝（MB）值；

3）其他原材料的检验项目和批次应按国家现行有关标准执行。

（3）原材料贮存应符合下列规定：

1）水泥应按品种、强度等级及生产厂家分别贮存，并应防止受潮和污染；

2）掺合料应按品种、质量等级和产地分别贮存，并应防雨和防潮；

3）骨料宜采用仓储或带棚堆场贮存，不同品种、规格的骨料应分别贮存，堆料仓应设有分隔区域；

4）外加剂应按品种和生产厂家分别贮存，采取遮阳、防水等措施。粉状外加剂应防止受潮结块；液态外加剂应贮存在密闭容器内，并应防晒和防冻，使用前应搅拌均匀。

2. 计量与搅拌

（1）原材料的计量应按质量计，且计量允许偏差应满足表 2-7-2 的规定。

计量允许偏差（%）　　　　　　　　　　　　　　表 2-7-2

序号	原材料品种	胶凝材料	骨料	水	外加剂	掺合料
1	每盘计量允许偏差	±2	±3	±1	±1	±2
2	累计计量允许偏差	±1	±2	±1	±1	±1

注：1. 现场搅拌时原材料计量允许偏差应满足每盘计量允许偏差要求。

2. 累计计量允许偏差是指每一运输车中各盘混凝土的每种材料计量和的偏差，该项指标仅适用于采用计算机控制计量的搅拌站。

（2）自密实混凝土宜采用集中搅拌方式生产，生产过程应符合现行国家标准《预拌混凝土》GB/T 14902 的规定。

（3）自密实混凝土在搅拌机中的搅拌时间不应少于 60s，并应比非自密实混凝土适当延长。

（4）生产过程中，每台班应至少检测一次骨料含水率。当骨料含水率有显著变化时，应增加测定次数，并应依据检测结果及时调整材料用量。

（5）高温施工时，生产自密实混凝土原材料最高入机温度应符合表 2-7-3 的规定，必要时应对原材料采取温度控制措施。

最高入机温度   表 2-7-3

原材料	最高入机温度（℃）
水泥	60
骨料	30
水	25
粉煤灰等掺合料	60

（6）冬期施工时，宜对拌合水、骨料进行加热，但拌合水温度不宜超过 60℃、骨料不宜超过 40℃；水泥、外加剂、掺合料不得直接加热。

（7）泵送自密实轻骨料混凝土所用的轻粗骨料在使用前，宜采用浸水、洒水或加压预湿等措施进行预湿处理。

3. 运输

（1）自密实混凝土运输应采用混凝土搅拌运输车，并宜采取防晒、防寒等措施。

（2）运输车在接料前应将车内残留的混凝土清洗干净，并应将车内积水排尽。

（3）自密实混凝土运输过程中，搅拌运输车的滚筒应保持匀速转动，速度应控制在 3～5r/min，并严禁向车内加水。

（4）运输车从开始接料至卸料的时间不宜大于 120min。

（5）卸料前，搅拌运输车罐体宜高速旋转 20s 以上。

（6）自密实混凝土的供应速度应保证施工的连续性。

2.7.1.4 自密实混凝土施工

1. 一般规定

（1）自密实混凝土施工前应根据工程结构类型和特点、工程量、材料供应情况、施工条件和进度计划等确定施工方案，并对施工作业人员进行技术交底。

（2）自密实混凝土施工应进行过程监控，并应根据监控结果调整施工措施。

（3）自密实混凝土施工应符合现行国家标准《混凝土结构工程施工规范》GB 50666 的规定。

2. 自密实混凝土模板施工

（1）模板及其支架设计和拆除应符合现行国家标准《混凝土结构工程施工规范》GB 50666 的相关规定。对薄壁、异形等构件宜延长拆模时间。

（2）成型的模板应拼装紧密，不得漏浆，应保证构件尺寸、形状，并应符合下列

规定:

1) 斜坡面混凝土的外斜坡表面应支设模板;

2) 混凝土上表面模板应有抗自密实混凝土浮力的措施;

3) 浇筑形状复杂或封闭模板空间内混凝土时,应在模板上适当部位设置排气口和浇筑观察口。

3. 自密实混凝土浇筑

(1) 高温施工时,自密实混凝土入模温度不宜超过 35℃;冬期施工时,自密实混凝土入模温度不宜低于 5℃。在降雨、降雪期间,不宜在露天浇筑混凝土。

(2) 大体积自密实混凝土入模温度宜控制在 30℃ 以下;混凝土在入模温度基础上的绝热温升值不宜大于 50℃。混凝土的降温速率不宜大于 2.0℃/d。

(3) 浇筑自密实混凝土时,应根据浇筑部位的结构特点及混凝土自密实性能选择机具与浇筑方法。

(4) 浇筑自密实混凝土时,现场应有专人进行监控。当混凝土自密实性能不能满足要求时,可加入适量的与原配合比相同成分的外加剂,外加剂掺入后搅拌运输车滚筒应快速旋转,外加剂掺量和旋转搅拌时间应通过试验验证。

(5) 自密实混凝土泵送施工应符合现行行业标准《混凝土泵送施工技术规程》JGJ/T 10 的规定。

(6) 自密实混凝土泵送和浇筑过程应保持连续性。

(7) 大体积自密实混凝土采用整体分层连续浇筑或推移式连续浇筑时,应缩短间歇时间,并应在前层混凝土初凝之前浇筑次层混凝土,同时应减少分层浇筑的次数。

(8) 自密实混凝土浇筑最大水平流动距离应根据施工部位具体要求确定,且不宜超过 7m。布料点应根据混凝土自密实性能确定,并通过试验确定混凝土布料点的间距。

(9) 柱、墙模板内的混凝土浇筑倾落高度不宜大于 5m。当不能满足规定时,应加设串筒、溜管、溜槽等装置。

(10) 浇筑结构复杂、配筋密集的混凝土构件时,可在模板外侧进行辅助敲击。

(11) 自密实混凝土宜避开高温时段浇筑。当水分蒸发速率过快时,应在施工作业面采取挡风、遮阳等措施。

4. 养护

(1) 制定养护方案时,应综合考虑自密实混凝土性能、现场条件、环境温度、构件特点、技术要求、施工操作等因素。

(2) 自密实混凝土浇筑完毕,应及时采用覆盖、蓄水、薄膜保湿、喷涂或涂刷养护剂等养护措施,养护时间不得少于 14d。

(3) 大体积自密实混凝土养护措施应符合设计要求,当设计无具体要求时,应符合现行国家标准《大体积混凝土施工标准》GB 50496 的有关规定。对裂缝有严格要求的部位应适当延长养护时间。

(4) 对于平面结构构件,混凝土初凝后,应及时采用塑料薄膜覆盖,并应保持塑料薄膜内有凝结水。混凝土强度达到 1.2N/mm² 后，应覆盖保湿养护，条件许可时宜蓄水养护。

（5）垂直结构构件拆模后，表面宜覆盖保湿养护，也可涂刷养护剂。

（6）冬期施工时，不得向裸露部位的自密实混凝土直接浇水养护，应用保温材料和塑料薄膜进行保温、保湿养护，保温材料的厚度应经热工计算确定。

（7）采用蒸汽养护的预制构件，养护制度应通过试验确定。

2.7.1.5 自密实混凝土质量检验与验收

1. 质量检验

（1）自密实混凝土质量检验包括混凝土拌合物工作性检验和硬化混凝土质量检验。

（2）混凝土拌合物工作性检验优先选用坍落扩展度和 L 形仪或坍落扩展度和 U 形仪的检测方法进行综合测试评价。

（3）硬化混凝土质量检验应按下列要求执行：

1）力学性能按现行国家标准《混凝土物理力学性能试验方法标准》GB/T 50081 检测，并按现行国家标准《混凝土强度检验评定标准》GB/T 50107 进行合格评定。

2）长期性能和耐久性按现行国家标准《普通混凝土长期性能和耐久性能试验方法标准》GB/T 50082 检测，其中混凝土抗裂性能和抗氯离子渗透性能按《混凝土结构耐久性设计与施工指南》CCES 01—2004 进行检测，其性能还应满足设计要求。

3）匀质性应满足硬化混凝土上表面砂浆层的厚度小于 15mm 的要求。

2. 质量验收

（1）自密实混凝土质量验收包括拌合物工作性验收和硬化混凝土质量验收。

（2）自密实混凝土拌合物工作性验收

混凝土拌合物现场质量验收选用坍落扩展度和 L 形仪或坍落扩展度和 U 形仪的检测方法进行检验。验收不合格时，可予以调整。调整后仍不合格，须退回。

（3）硬化混凝土质量验收

1）试块制作方法

①强度、抗渗、收缩、抗冻等试块制作所用的试模与普通混凝土相同。

②试块制作过程中，不应采取任何振捣措施，分两次均匀将拌合物装入试模中，中间间隔 30s，然后刮去多余的混凝土拌合物，最后用抹刀将表面抹平。

2）硬化混凝土力学性能和耐久性验收方法同硬化混凝土质量检验。

3）硬化混凝土的匀质性检验应按《钻芯法检测混凝土强度技术规程》CECS 03 中的规定进行取样，采用直径为 100mm 或 75mm 的钻头在混凝土上表面钻芯，芯样长度为 100mm。首先观察石子的均匀状况，然后测量表面砂浆层的厚度，其厚度宜小于 15mm。

（4）现场验收应由经过训练的技术人员承担，验收过程和结果应详细记录。

2.7.1.6 案例分析

某工程建筑面积约 30.9 万 m^2，塔楼檐高 112～123m，为全现浇钢筋混凝土框架剪力墙结构。工程由 5 栋塔楼、4 层地下室及围合的裙楼组成。

其中，部分塔楼正立面由柱、斜柱、梁组成，立柱间斜柱承载力大，配筋密度高，内配工字型钢，钢筋间距较小，封模后无法插入振捣施工，同时混凝土泵送施工最大垂直落差达 7m，对混凝土的抗离析性能要求高。

为保证施工顺利完成，经分析研究确定，对塔楼正立面斜柱使用 C60 自密实清水混凝土，为此在施工时采取了以下措施：

1. 原材料选择

1）水泥：采用四川某品牌 P·O42.5R 水泥，其性能如下：①标准稠度 24.8%；②比表面积 3580cm^2/g；③安定性合格；④初凝时间 145min；⑤终凝时间 205min；⑥3d 抗折强度 6.1MPa，28d 抗折强度 9.0MPa；⑦3d 抗压强度 28.5MPa，28d 抗压强度 50.8MPa。

2）掺和料：为改善混凝土的综合性能，掺用一定量的优质矿物掺和料。

3）砂采用机制中砂。细度模数 2.7，石粉含量 6.5%，泥块含量 0.5%，MB 值 0.8，大于 4.75mm 的颗粒含量 4%。

4）石：采用 5～16mm 连续级配碎石。含泥量 0.4%，泥块含量 0.1%，针片状含量 5%。

5）减水剂：采用聚羧酸系高性能减水剂。含固量 21.6%，减水率 20%。

6）拌合用水：采用地下水。

2. 确定配合比设计

先后考察硅粉、超细矿粉等多种掺和料对混凝土工作性能的影响，以水胶比 0.21～0.25、砂率 46%～54% 为变量，通过大量复掺优质矿物掺和料、优选骨料、使用高性能聚羧酸减水剂等途径，设计不同的 C60 自密实清水混凝土配合比。针对设计配合比进行混凝土力学性能、耐久性能试验，最终选出综合性能良好、适合生产的设计配合比，水泥∶硅粉∶掺和料∶机制砂∶石∶水∶减水剂＝1∶0.08∶0.71∶2.44∶2.25∶0.47∶0.030。砂率 52%。

3. 混凝土养护

严格遵循高性能混凝土养护方法，做好二次振捣、收光、找平；针对自密实清水混凝土胶凝材料用量高的特点，浇筑完成后采取了严格的养护措施，采用双层塑料薄膜覆盖，上铺湿麻袋，以控制混凝土内部温度及内外温差。

最终该工程混凝土的工作性能完全满足自密实要求，拆模后质量良好（图 2-7-1）。

图 2-7-1 工程外立面

2.7.2 清水混凝土施工技术及案例分析

2.7.2.1 清水混凝土的定义

直接利用混凝土成型后的自然质感作为饰面效果的混凝土。

2.7.2.2 清水混凝土配合比要求

1. 清水混凝土所需原材料要求

为控制清水混凝土的色差，不影响混凝土拌合物的性能，清水混凝土工程所用混凝土原材料除符合混凝土结构施工质量验收规范的要求外，还应符合《普通混凝土用碎石或卵石质量标准及检验方法》《普通混凝土用砂质量标准及检验方法》《粉煤灰混凝土应用技术规范》《混凝土拌合物用水标准》等规范要求。

2. 配合比设计

清水混凝土配合比设计时，应以混凝土耐久性为主；通过原材料选择、实验室试配得出适宜的混凝土表面颜色。

掺入矿物掺和料的目的是增加混凝土密实度，有效降低混凝土内部水化热，降低裂缝发生的概率，掺和料可采用粉煤灰、矿渣粉等。

此外配合比设计还应满足混凝土强度等级、工作性能、外观要求，多次试配以确定最佳配合比。混凝土配合比确定后，不应改变。

（1）饰面要求：清水混凝土成型后整体光滑、色泽均匀，颜色基本一致，距离墙面5m肉眼看不到明显色差；表面气泡均匀、细小，气泡直径不大于3mm、深度不大于2mm、每平方米气泡面积小于$3 \times 10^{-4} m^2$，表面不得出现宽度大于0.2mm或长于50mm的裂缝。

（2）工作性能：泵送混凝土满足泵送及耐振要求，在混凝土运输、浇筑以及成型过程中不离析，且易于操作。

（3）耐久性：提高混凝土的抗渗性、抗冻性、抗化学侵蚀性、体积稳定性、抗碳化性、预防碱-集料反应等方面的性能。

2.7.2.3 清水混凝土的制备与运输

1. 清水混凝土的制备

（1）混凝土要保证的是严格执行同一配合比，即保证原材料不变（同产地、同规格、主要性能指标接近）、水胶比不变（即是严格控制误差在允许范围内）。

（2）控制好混凝土搅拌时间，清水饰面混凝土的搅拌时间应比普通混凝土延长20～30s。

（3）根据气温条件、运输时间（白天或夜里）、运输道路的距离、砂石含水率变化、混凝土坍落度损失等情况，及时适当地对原配合比（水胶比）进行微调，减少现场二次增加混凝土添加剂而改变混凝土匀质性和稳定性的现象发生，确保混凝土供应质量。

（4）混凝土坍落度在满足施工的前提下应尽量减小，以减小浮浆厚度。

2. 清水混凝土的运输

（1）合理安排调度，避免在浇筑过程中车辆积压或脱档，引起过大的坍落度损失，造成浇筑困难和出现影响清水饰面混凝土质量的缺陷。

（2）搅拌运输车每次清洗后排净料筒内的积水，以免影响水胶比，同时还要注意将混凝土的运输时间控制在规定时间内（根据天气及路程计算），以免坍落度损失过大，从而影响混凝土的均一性。

（3）加强混凝土进场交货检验，每车必检坍落度，目测混凝土外观色泽、有无泌水离析，并做好记录。

2.7.2.4 清水混凝土的施工

1. 模板加工制作

模板加工时关键要控制模板的支撑刚度及拼缝、平整度、截面尺寸等指标。

钢龙骨在组装前必须进行调直，木龙骨要求有足够的刚度，以保证模板的整体刚度。模板龙骨尽量不用接头，如确需连接，接头部位必须错开。

木模板加工要求按照细木工活的工艺标准进行，材料裁口应弹线后切割，尺寸准确，角度到位。横向切割时，若面积较小可从中间向两边分，若面积较大也可从一边向另一边分，竖向分割时，一般从下向上分割，但要注意面与面结合处分割线吻合。

为了保证模板的组合效果，使用前还要对模板进行现场预拼，对模板表面平整度、截面尺寸、阴阳角、相邻板面高低差以及对拉螺栓组合安装情况进行校核，以保证模板质量，并根据预拼情况在模板背面编号，以便安装需要。

2. 模板安装

（1）模板安装准备

1）模板安装前复核基层上的模板控制线，做好标高控制。

2）合模前对模板进行检查，特别是模板面板与龙骨的连接，保证龙骨间距符合要求，另外检查面板清洁情况，是否涂刷隔离剂，严禁带有污物的模板上墙。

（2）模板安装

1）根据预拼编号进行模板安装，保证明缝、蝉缝的垂直度及能否交圈，吊装时注意对钢筋及塑料卡环的保护。

2）套穿墙螺栓时，必须调整好位置后轻轻入位，保证每个孔位都加塑料垫圈，避免螺纹损伤穿墙孔眼。模板紧固前，应保证面板对齐，严禁在面板校正前上夹具加固。

3）拧紧对拉螺栓和夹具时用力要均匀，保证相邻的对拉螺栓和夹具受力大小一致，避免模板产生不均匀变形。

（3）模板安装细部处理

模板安装时关键控制模板的垂直度、蝉缝交圈、拼缝严密、阴阳角、明缝等细部节点的处理。

1）明缝与楼层施工缝：明缝处主要控制线条的顺直和明缝条处下部与上部墙体错台问题，利用施工缝作为明缝，明缝条采用二次安装的方法进行施工。

外墙模板的支设是利用下层已浇混凝土墙体的最上一排穿墙孔眼，通过螺栓连接槽钢来支撑上层模板。安装墙体模板时，通过螺栓连接，将模板与已浇混凝土墙体贴紧，利用固定于模板板面的装饰条（明缝条），杜绝模板下边缘错台、漏浆，贴紧前将墙面清理干净，以防因墙面与模板面之间夹渣的存在，产生漏浆现象，明缝与楼层施工缝具体做法见图 2-7-2。

2）阳角：阳角处必须保证拼缝严密，避免造成漏浆。主要保证阳角模板支撑作用点作用在受力点上，可以采用专用连接卡具进行双止口方式支撑，使受力角点直接与模板接触力点对应，并适当增加卡具数量，另外，在模板的拼接处垫海绵条，模板安装就位后在受力点增加附加斜向支撑，阴阳角配模节点见图 2-7-3。

3）阴角：为避免阴角处模板变形，专门配阴角模，模板采用 45°对拼，并改变阴角处模板外骨架厚度。由于钢木模板体系本身厚度较厚，造成模板本身体系与螺杆体系相互影响，因此，采用外引力受力法，即增加外部支撑引力。

4）假眼：清水饰面混凝土的螺栓孔布置必须按设计的效果图，对于部分墙、梁、柱节点等，由于钢筋密集，或者由于相互两个方向的对拉螺栓在同一标高上，无法保证两个方向的螺栓都安装，但为了满足设计需要，需要设置假眼。假眼采用同直径的堵头用同直径的螺杆固定，独立柱假眼做法见图 2-7-4。

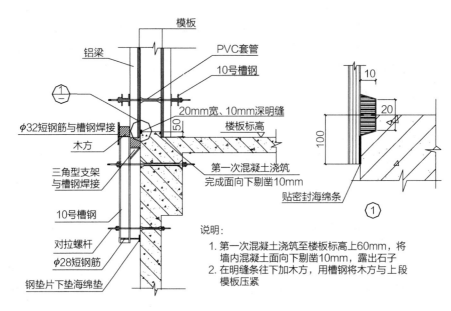

说明:
1. 第一次混凝土浇筑至楼板标高上60mm,将墙内混凝土面向下剔凿10mm,露出石子
2. 在明缝条往下加木方,用槽钢将木方与上段模板压紧

图 2-7-2　明缝与楼层施工缝做法图

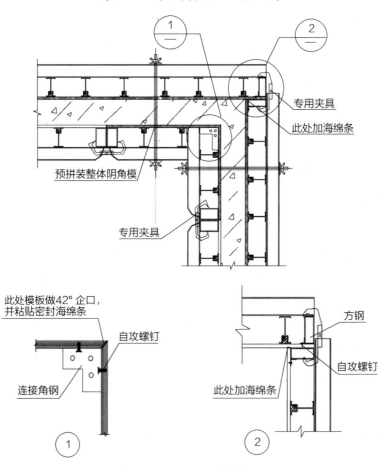

图 2-7-3　阴阳角配模节点图

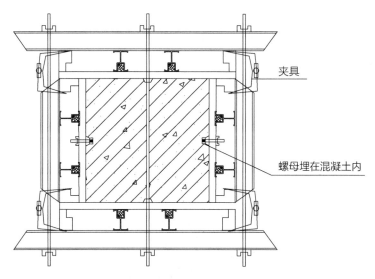

图 2-7-4　独立柱清水饰面混凝土假眼做法

夹具

螺母埋在混凝土内

5）预埋件：由于清水饰面混凝土不能进行剔凿，各种预留预埋必须一次到位，预埋位置、质量符合要求，在混凝土浇筑前对预埋件的数量、部位、固定情况进行仔细检查，确认无误后方可浇筑混凝土，外墙预埋件的节点做法见图 2-7-5。

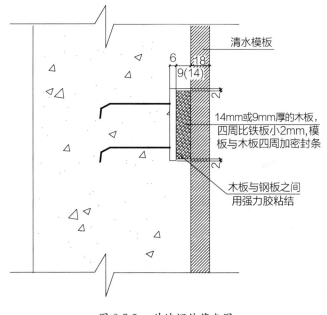

清水模板

14mm或9mm厚的木板，四周比铁板小2mm,模板与木板四周加密封条

木板与钢板之间用强力胶粘结

图 2-7-5　外墙埋件节点图

6）堵头板：墙体端部造成漏浆的原因与阳角相似，也主要是由于模板受力点与支撑点不一致，采取内嵌堵头板的处理方法，两端用槽钢将墙侧模夹紧，以保证节点拼缝严密，堵头板处理节点见图 2-7-6。

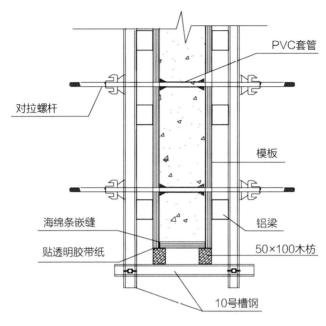

图 2-7-6　堵头板处理节点

3. 混凝土浇筑

（1）混凝土运输、浇筑及间歇的全部时间不应超过混凝土的初凝时间。

（2）浇筑前应先清理模板内垃圾和模板内侧的灰浆，保持模板内清洁、无积水。

（3）混凝土浇筑过程中，应随时对混凝土进行振捣并保证使其均匀密实。混凝土振捣时，振点应从中间向边缘分布，且布棒均匀，振捣棒插入下层混凝土内的深度宜为 50～100mm，与侧模应保持 50～100mm 的距离。要求振捣均匀，严禁漏振、过振、欠振。

（4）混凝土应分层浇筑，不得随意留施工缝。竖向构件浇筑时，应严格控制分层浇筑的间隔时间和浇筑方法。分层厚度不宜超过 500mm；浇筑前应在根部浇筑 30～50mm 厚且与混凝土强度等级相同的去石子的水泥砂浆，再浇筑混凝土；自由倾落高度不宜超过 2m，以不发生离析为度；同一柱子宜用同一罐车的混凝土。

（5）门窗洞口的混凝土浇筑，宜从洞口两侧同时浇筑。

（6）当工地昼夜平均气温连续 5d 低于 5℃时，应采取冬期施工措施；当工地昼夜平均气温高于 30℃时，应采取夏期施工措施。

4. 混凝土养护

混凝土浇筑后，应在 12h 以内及时采取覆盖保温养护措施，严防脱水、裂缝。采用养护剂，应保水性好、喷刷均匀、不污染面层；采用塑料薄膜养护，应覆盖封闭严密，防风吹敞露，保持膜内潮湿；采用浇水养护，应设专人喷水，确保混凝土保持湿润；大体积混凝土养护，应有控温、测温措施。冬期应有保温防冻措施。混凝土的养护时间及其上部安装模板的强度等应符合现行规范。

5. 混凝土表面处理

（1）表面处理应以越少越好为原则，可参考下列方法：

1）气泡处理：清理混凝土表面，用与原混凝土同配比减砂石水泥浆刮补墙面，待硬化后，用细砂纸均匀打磨，用水冲洗洁净。

2）螺栓孔眼处理：清理螺栓孔眼表面，将原堵头放回孔中，用刮刀取界面剂的稀释液调制同配比减石子的水泥砂浆刮平周边混凝土面，待砂浆终凝后擦拭混凝土表面浮浆，取出堵头，喷水养护。

3）漏浆部位处理：清理混凝土表面松动砂子，用刮刀取界面剂的稀释液调制成颜色与混凝土基本相同的水泥腻子抹于需处理部位。待腻子终凝后用砂纸磨平，再刮至表面平整，阳角顺直，喷水养护。

4）明缝处胀模、错台处理：用铲刀铲平，打磨后用水泥浆修复平整。明缝处拉通线，切割超出部分，对明缝上下阳角损坏部位先清理浮渣和松动混凝土，再用界面剂的稀释液调制同配比减石子砂浆，将明缝条平直嵌入明缝内，将砂浆填补到处理部位，用刮刀压实刮平，上下部分分次处理；待砂浆终凝后，取出明缝条，擦净被污染混凝土表面，喷水养护。

5）螺栓孔的封堵：采用三节式螺栓时，中间一节螺栓留在混凝土内，两端的锥形接头拆除后用补偿收缩防水水泥砂浆封堵，并用专用的封孔模具修饰，使修补的孔眼直径、孔眼深度与其他孔眼一致，并喷水养护。采用通丝型对拉螺栓时，螺栓孔用补偿收缩水泥砂浆和专用模具封堵，取出堵头后，喷水养护。

（2）在清水混凝土表面涂刷保护涂料的目的是增强混凝土的耐久性，显示清水混凝土的自然质感。

（3）为保证清水混凝土表面颜色的一致性，在涂料的原材料和施工工艺上要求一致。

6. 涂料施工

1）普通清水混凝土表面宜涂刷透明保护涂料，饰面清水混凝土和质量验收标准高于饰面清水混凝土的装饰清水混凝土表面应涂刷透明保护涂料。

2）同一视觉范围内的涂料施工工艺、原材料应统一，需局部调整混凝土表面颜色的部位应调整一致。

3）涂料应对混凝土表面有良好的粘结性，在露天环境下有良好的耐老化性，且对混凝土无腐蚀性。

4）涂料施工前，应将整个表面清理干净，待干燥后方可进行涂料工程。

2.7.2.5 清水混凝土质量验收

1. 混凝土外观质量和检验方法

应符合表 2-7-4 的规定。

检查数量：抽查各检验批的 30%，且不少于 5 件。

项次	检查项目	普通清水混凝土	饰面清水混凝土	检查方法
1	颜色	无明显色差	颜色基本一致,无明显色差	距离墙面 5m 观察
2	修补	少量修补痕迹	基本无修补	距离墙面 5m 观察
3	气泡	气泡分散	最大直径不大于 8mm,深度不大于 2mm,每平方米气泡面积不大于 20cm²	尺量
4	裂缝	宽度小于 0.2mm	宽度小于 0.2mm 且长度不大于 1000mm	尺量、刻度放大镜
5	光洁度	无明显的漏浆、流淌及冲刷痕迹	无漏浆、流淌及冲刷痕迹,无油迹、墨迹及锈斑,无粉化物	观察
6	对拉螺栓孔眼	—	排列整齐,孔洞封堵密实,凹孔棱角清晰圆滑	观察、尺量
7	明缝	—	位置规律、整齐,深度一致,水平交圈	观察,尺量
8	蝉缝	—	横平竖直,水平交圈,竖向成线	观察,尺量

2. 结构允许偏差和检查方法

应符合表 2-7-5 的规定。

检查数量:抽查各检验批的 30%,且不少于 5 件。

项次	项目		允许偏差		检查方法
			普通清水混凝土	饰面清水混凝土	
1	轴线位移	墙、柱、梁	6	5	尺量
2	截面尺寸	墙、柱、梁	±5	±3	尺量
3	垂直度	层高	8	5	经纬仪、吊线、尺量
		全高(H)	H/1000 且 ≤30	H/1000 且 ≤30	
4	表面平整度		4	3	2m 靠尺、塞尺
5	角线顺直		4	3	拉线、尺量
6	预留洞口中心线位移		10	8	尺量
7	标高	层高	±8	±5	水准仪、尺量
		全高	±30	±30	
8	阴阳角	方正	4	3	尺量
		顺直	4	3	
9	阳台、雨罩位置		±8	±5	尺量
10	明缝直线度		—	3	拉 5m 线,不足 5m 拉通线,钢尺检查

项次	项目	允许偏差		检查方法
		普通清水混凝土	饰面清水混凝土	
11	蝉缝错台	—	2	尺量
12	蝉缝交圈	—	5	拉 5m 线，不足 5m 拉通线，钢尺检查

2.7.2.6 案例分析

中南某剧场主体建筑由一个中型剧场、一个小型剧场和其他辅助设施组成，是第八届中国艺术节主要场馆之一。总建筑面积为 14621.4m²，外墙立面除局部玻璃幕墙、铝合金窗、电子显示屏外均为现浇清水混凝土。现浇清水混凝土墙厚度为 150mm、100mm。其中二层梁下挂板清水混凝土厚度为 100mm，其余部位为 150mm 厚，属于薄壁清水混凝土结构。

针对该项目清水混凝土体量大、结构复杂而且薄壁构件尺寸薄、模板的制作及安装精度控制要求高的特点，该项目在施工过程中采取了以下措施：

1. 选择制作及安装精度易控制模板体系

选用 S-150 铝梁钢框模板体系，面板选用进口维萨板，进口维萨板单位面积质量较小，对吊装设备要求不高，面板能周转 5～6 次，混凝土表面气泡小且少，表面平整度、垂直度能满足要求，制作精度及蝉缝、明缝易于控制。次肋采用"几"字形材，主肋采用双槽钢，竖向边框为方钢管组合型钢，面板采用自攻螺钉从背面与次肋固定，主肋与次肋通过特制的钩头螺栓连接，模板内部通过对拉螺栓固定连接，相邻模板通过专用夹具连接。模板的加工制作委托专业模板加工厂进行，以保证模板制作的精度。

2. 采用模板安装精度控制技术

对模板体系设计及安装、细部构造等进行精心策划和设计，并在实施中加大过程控制的力度和频度。

在阴阳角、两块模板之间拼缝、螺栓孔、层间接缝等细部，采用一系列的专用配件，如直角附加背楞、T 形紧固件、L 形紧固件、直芯带、直角芯带、塑料堵头、PVC 套管等，以保证和实现大模板良好的工作性能和可调节性能。

3. 采用增加诱导缝技术

对薄壁墙体来说，由于相对稳定性较差，容易产生裂缝，为有效控制裂缝，可在适当位置（长墙、截面突变处）增加诱导缝，将混凝土面上因温度收缩产生的裂缝"诱导"到应力集中的诱导缝处，使大面上不出现肉眼可见的裂缝，诱导缝内的裂缝又封闭在密封胶下，有效控制了裂缝的发生。

最终该项目克服了薄壁结构施工难度大、模板安装精度要求高的难点，清水混凝土成型效果美观（图 2-7-7）。

图 2-7-7 中南某剧场工程应用效果照片

2.7.3 大体积混凝土施工技术及案例分析

2.7.3.1 大体积混凝土的定义

混凝土结构物最小尺寸不小于 1000mm 属于大体积混凝土，或预计会因混凝土中胶凝材料水化引起的温度变化和收缩而导致有害裂缝产生的混凝土。

2.7.3.2 大体积混凝土配合比要求

1. 大体积混凝土所用原材料要求

（1）水泥应选用低热硅酸盐水泥，水泥 3d 的水化热不宜大于 250kJ/kg，7d 的水化热不宜大于 280kJ/kg。当选用 52.5 强度等级水泥时，7d 水化热宜小于 300kJ/kg。

（2）水泥在搅拌后的入机温度不宜高于 60℃。

（3）细骨料宜采用中砂，其细度模数宜大于 2.3，含泥量不应大于 3%。

（4）粗骨料宜选用连续级配，粒径宜为 5.0～31.5mm，含泥量不应大于 1%。

（5）应选用非碱活性的粗骨料。

2. 大体积混凝土的配合比设计

（1）当设计采用混凝土 60d 或 90d 龄期强度时，宜采用标准试件进行抗压强度试验。

（2）水胶比不宜大于 0.45，用水量不宜大于 170kg/m³。

（3）在保证混凝土性能要求的前提下，宜提高每立方米混凝土中的粗骨料用量，砂率宜为 38%～45%。

（4）在保证混凝土性能要求的前提下，应减少胶凝材料中的水泥用量，提高矿物掺合料掺量，粉煤灰掺量不宜大于胶凝材料用量的 50%，矿渣粉掺量不宜大于胶凝材料用量的 40%，粉煤灰和矿渣粉掺量总和不宜大于胶凝材料用量的 50%。

（5）在配合比试配和调整时，控制混凝土绝热温升不宜大于 50℃。

（6）配合比应满足施工对混凝土拌合物泌水的要求。

（7）大体积混凝土在制备前，应进行常规配合比试验，并应进行水化热、泌水率、可泵性等对大体积混凝土控制裂缝所需的技术参数的试验，必要时其配合比设计应当通过试验泵送保证系统可靠性。

（8）在确定混凝土配合比时，应根据混凝土的绝热温升、温控施工方案的要求等，提出混凝土制备时粗细骨料和拌合用水及人模温度控制的技术措施。

2.7.3.3　大体积混凝土组织

1. 混凝土交通运输路线组织

交通运输包括场外及场内交通组织，场外交通应明确各混凝土供应站点的位置、行车路线、各站点提供罐车数量、距项目车程及单程时间。场内交通组织应分析场内道路条件及车辆荷载结构复核、混凝土罐车停放位置及洗泵点。

2. 资源配置与施工准备

（1）混凝土供应商的选择

采用商品混凝土，各站点配合比及原材料要完全一致，在混凝土浇筑前对各站进场的材料进行考察，确保材料合格且一致。

（2）混凝土浇筑能力计算

根据浇筑设备、厂点提供罐车数量、浇筑时间等关键影响因素，分阶段对供应能力、运输能力、泵送能力进行验算。

1）供应能力验算

混凝土供应单位总产能应满足混凝土浇筑需求。

2）泵送能力验算

根据各浇筑阶段的设备配置，分别对各阶段泵送能力进行验算，各设备浇筑效率如表 2-7-6 所示。

各设备浇筑效率 表 2-7-6

序号	设备	浇筑效率（m³/h）
1	天泵	64
2	地泵	30
3	溜槽	100

3）运输能力验算

选择高峰期浇筑阶段验算罐车运输能力。混凝土泵连续作业时，高峰期混凝土泵所需配备搅拌运输车的数量按下式计算：

$$N = \frac{Q_1}{V} \times \left(\frac{L}{S} + T_t \right)$$

式中：N——混凝土搅拌运输车台数（台）；

　　　Q_1——混凝土泵及溜槽的实际总输出量（m³/h）；

V——每台混凝土搅拌运输车的容量（m³）；

L——混凝土搅拌运输车往返运距（km）；

S——搅拌运输车平均行车速度（km/h）；

T_t——每台混凝土搅拌运输车总计停歇时间（h）。

4）混凝土工作量分配及复核

当同时有多个站点提供罐车及混凝土时，不仅需对整体供应能力、泵送能力及运输能力验算，还需对各站点的供应能力及运输能力进行复核，避免出现某一站点供应不足或运输能力不足的情况。

3. 施工组织架构

（1）组织架构

应设置指挥中心，由项目经理担任总指挥，由执行经理负责落实混凝土浇筑施工的总体协调管理。执行经理及各部门负责人在指挥中心下达指令，传达至现场控制协调组、生产保供组、劳务组、驻站组、钢构组、后勤组，再由各组总负责将任务下沉至各泵点小组组长，各泵点小组组长安排组员解决现场问题，并及时反馈至总指挥中心。

（2）相关制度

1）大体积混凝土浇筑期间，每个时间段均安排有各部门的管理人员，管理人员应根据项目部下发的各区日间、夜间值班表以及分工内容对现场进行协调、管理，严格交接班制度，同时详细填写交接班记录；

2）管理人员值班期间应在现场对施工进行指导、监督、协调；

3）为保证出现意外情况能及时联系处理，所有管理人员必须保证手机24h畅通，值班人员发现异常情况时及时通知项目领导协调处理；

4）值班人员未经项目经理或者项目书记批准，严禁脱岗；

5）浇筑期间业主、监理方派遣人员旁站监督、见证取样并填写记录。

2.7.3.4 大体积混凝土施工

1. 支撑体系

根据大体积混凝土体量及钢筋规格，合理选择钢筋支撑类型，常见类型有槽钢支撑、钢管支撑。槽钢支撑适用于钢筋密集、荷载大的情况，但费用较高，搭设效率比较慢；钢管支撑适用于荷载较小的情况，但费用较低，搭设效率高。

（1）型钢支撑方法

1）型钢支撑体系由型钢柱和构造钢筋支撑组成。采用10号槽钢（根据计算确定）作为立柱及筏板面筋横向支撑、∠50×3角钢作为构造钢筋支撑，焊接成钢筋支撑体系对板筋进行有效支撑，横杆与立柱之间采用双面满焊。立柱间距为1500mm（根据计算确定），高度为底板厚度减去保护层厚度40mm，可根据现场施工情况局部调整，立柱底部焊接150mm×100mm、厚3mm的钢板以保护防水及保护层不被破坏。

2) 支撑架体搭设焊接前由专业测量员放出塔楼筏板施工的轴线检查线、墙柱定位线、坑中坑边线、筏板标高控制线等。

3) 立柱搭设前将 3mm 厚钢板切割成设计尺寸规格，焊接在槽钢立柱底部。

4) 架体由坑中坑内开始搭设，第一根立柱距离坑边角纵横间距 700mm，其后按间距 1500mm 布置其余立杆及扫地角钢，扫地杆根据底筋设置，离地间距不大于 300mm。角钢与槽钢立柱满焊。

5) 立杆安装后根据图纸设计在立柱顶部焊接面筋支撑槽钢，将支撑连接成整体，支撑面筋的槽钢焊接位置根据面筋的位置及层数而定。待立柱及顶部槽钢焊接完成后，根据图纸设计在立柱上画出中部钢筋的定位线，中部角钢根据定位线焊接，步距同筏板内每层钢筋的间距，水平间距同立柱间距。

6) 坑中坑内架体焊接完成后向四周展开，搭设其他区域内支撑架体，搭设及焊接方式与坑内架体相同。

7) 横杆（角钢）在整个筏板及坑中坑两端需顶住侧壁垫层，防止架体倾覆。

（2）钢管支撑方法

钢管截面选用 $\phi48.3mm \times 3.6mm$，钢管满堂架立杆纵横间距 1.5m，步距不大于 1.5m，具体搭设要求根据钢筋规格及层数确定。立柱底部焊接 $150mm \times 100mm$、厚 3mm 的钢板以保护防水及保护层不被破坏，并垫 50mm 厚成品垫块，第一道扫地杆距筏板底面 200mm，钢管撑立杆顶部与面筋平齐，立杆底部垫 50mm 厚成品垫块。

在外侧周圈应设由下至上的竖向连续式剪刀撑，中间在纵横向应每隔 10m 左右设由下至上的竖向连续式的剪刀撑，其宽度宜为 4～6m。剪刀撑杆件的底端应与地面顶紧，夹角宜为 45°～60°，斜杆应每步与立杆扣接，具体如图 2-7-8 所示。

当一个区内钢管架与型钢架均采用时，钢管架应与型钢架焊接成整体，保证整个架体的稳定性。

2. 混凝土浇筑设备

大体积混凝土浇筑采用的常规浇筑设备有地泵、天泵、溜槽，这里主要讲述地泵及溜槽浇筑方法。

（1）地泵浇筑方法

1) 泵管布置应尽量缩短管线长度，减少弯管和软管。

2) 水平泵管的固定：水平管每隔 3m 及拐弯处都应设置脚手架固定。脚手架搭设在底板垫层上，立柱部位铺设垫块或方木，脚手架与泵管之间用橡胶垫圈塞好，如图 2-7-9 所示。

3) 竖向泵管的固定：竖向泵管采用井字形钢管架体支撑固定。脚手架钢管垫好方木，利用可调托撑顶紧内支撑边梁，每层根据内支撑间隔设置 2～3 排水平杆，最底一排距地 200mm，往上间隔 1500mm 设置，横杆顶紧支护桩。泵管与井字型脚手架之间用橡胶垫圈固定，详细情况如图 2-7-10 所示。

4) 竖向与水平泵管转化处固定：竖向管转换水平管时应采取加固措施，用脚手管在

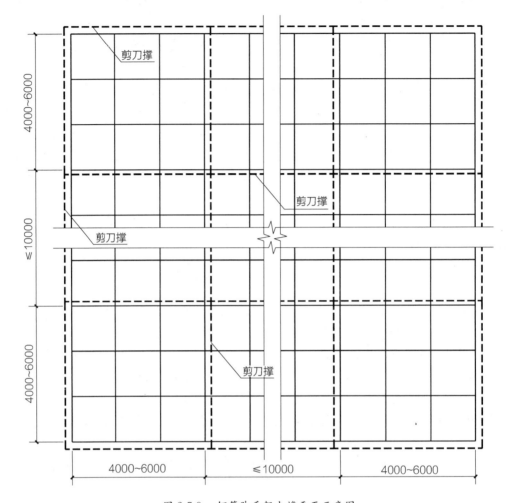

图 2-7-8 钢管脚手架支撑平面示意图

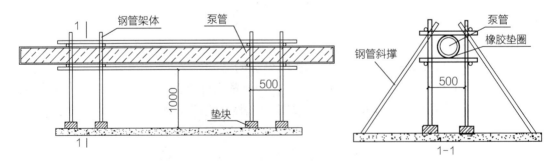

图 2-7-9 脚手架与泵管连接

泵管下架设双排 A 字型固定架和支撑架,并用钢丝绳固定在地面上拉住弯头处,减少转换处的冲击力,如图 2-7-11 所示。

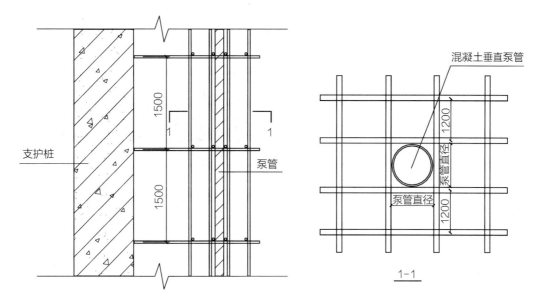

图 2-7-10　竖向泵管的固定

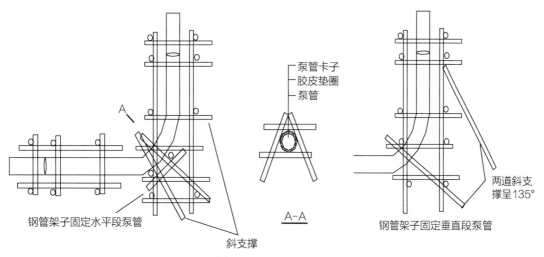

图 2-7-11　竖向与水平泵管转化处固定

（2）溜槽浇筑方法

1）溜槽搭设流程

溜槽通常有模板溜槽或者钢管溜槽等多种形式，如图 2-7-12 所示。

2）溜槽浇筑要点

每个溜槽配备一组混凝土浇筑小组，每一小组由 7~8 人组成，其中包括锄灰摊平 2 人，振捣 3~4 人，溜槽维护 1~2 人。

浇筑开始前检查溜槽是否通畅，溜槽路径是否正确，截挡插板是否安装完毕。

浇筑时观察混凝土流速是否均匀，有无受阻。如有受阻由维护人员及时解决。

如因混凝土供应等原因，浇筑工作产生较长间歇，应及时将溜槽上残余混凝土清除，

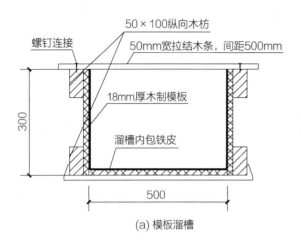
(a) 模板溜槽

(b) 钢管溜槽

图 2-7-12　溜槽

避免因混凝土凝结，影响浇筑速度。

3）溜槽架体搭设

溜槽支撑架采用普通 ϕ48.3mm×3.6mm 钢管及配套扣件进行搭设，溜槽底部两排立杆搭设间距为 1000mm，外侧立杆间距为 1500mm，立杆下端支撑在钢管上。溜槽的主线路底部采用五排立杆架设，溜槽分支底部采用四排立杆架设。架体两侧均设置竖向剪刀撑，底部设置水平剪刀撑。

4）溜槽罐车下料口

下料口大小影响大体积混凝土浇筑的最大速度，合理选取下料口尤为重要。下料口采用 4mm 钢板焊接而成，厚度为 300mm，尺寸如图 2-7-13 所示。

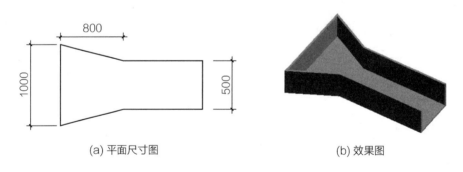

(a) 平面尺寸图　　　　　　　　　　　　　　　(b) 效果图

图 2-7-13　溜槽罐车下料口

3. 混凝土浇筑

（1）宜先浇筑深坑部分再浇筑大面积基础部分。

（2）基础大体积混凝土浇筑最常采用的方法为斜面分层，对混凝土流淌距离有特殊要求的工程，混凝土可采用全面分层或分块分层的浇筑方法。在保证各层混凝土连续浇筑的条件下，层与层之间的间歇时间应尽可能缩短，以满足整个混凝土浇筑过程连续。

（3）混凝土分层浇筑应采用自然流淌形成斜坡，并应沿高度均匀上升，分层厚度不宜大于 500mm，混凝土每层的厚度 H 应符合规定，以保证混凝土能够振捣密实。

4. 人孔留设

为方便钢筋绑扎时施工人员进出，在绑扎顶层钢筋时预留适当数量的过人孔。过人孔处顶筋交错预留，预留长度满足钢筋单面焊接要求，即不小于 10 倍钢筋直径。过人孔尺寸不规则，最小净空尺寸为 1.0m×1.0m。

5. 面层及泌水处理

混凝土浇筑完毕后，应及时用磨光机或人工用刮杠根据测定的标高，拉通线控制赶平，有凹坑的部位及时用混凝土填平。在混凝土收浆接近初凝时，木抹子进行二次抹压，直至表面出浆为止。二次抹压完毕后对局部裂缝进行三次抹压，及时覆盖养护，在终凝前不准上人，更不得加施工荷载，避免混凝土产生有害裂缝。

由于泵送混凝土中水泥浆较多，浇筑混凝土底板时会有大量的多余浮浆，因此，必须在浇筑收尾部位将多余的浮浆排除，避免浮浆积聚，保证混凝土的密实。每次底板混凝土施工安排一个 8 人的抽水小组，分别在四周采用小型吸水高压泵将基坑内积水和混凝土中的浮浆、混凝土泌水吸入基坑排水体系，沉淀后进入现场排水系统。

6. 养护措施

大体积混凝土应采取保温保湿养护，保温材料可采用塑料薄膜、土工布、麻袋、阻燃保温被等，根据热工计算确定保温厚度。

（1）派专人 2 名负责保温养护工作，并应按规范的有关规定操作，同时应做好测试记录。

（2）混凝土浇筑完毕后立即进行表面覆盖，混凝土终凝后 2h 内覆盖棉毡。根据测温情况调整覆盖厚度。另外，为防止被雨水淋湿，最上一层保温棉毡表面适时加盖一层彩条布。

（3）保湿养护的持续时间不得少于 14d，应经常检查保湿养护的完整情况，保持混凝土表面湿润。

（4）养护小组每天要注意天气情况，准备好彩条布，以防下雨淋坏已浇混凝土。

（5）保温覆盖层的拆除应分层逐步进行，当混凝土的表面温度与环境最大温差小于 20℃时，可全部拆除。

（6）在保温养护过程中，应对混凝土浇筑体的里表温差和降温速率进行现场监测，当实测结果不满足温控指标要求时，应及时调整保温养护措施。

（7）规定合理的拆模时间，气温骤降时进行表面保温，以免混凝土表面温度下降过快。

（8）大体积混凝土拆模后，地下结构应及时回填土；地上结构应尽早进行装饰，不宜长期暴露在自然环境中。

（9）当大体积混凝土内外温差大于 25℃时，进行蓄水养护。

7. 大体积混凝土测温

（1）测温点布置

1）监测点尽可能布置在混凝土浇筑体平面图对称轴的半条轴线区域内，根据平面灵活布置。

2）根据混凝土厚度，应至少布置表层、底层和中心测温点，测点间距不宜大于500mm。

（2）测温要求

1）待混凝土强度大于1.2MPa后开始进行混凝土的测温工作。对混凝土表面、中心、底部温度及大气温度进行测温记录，随时掌握温度的变化情况，以便采取措施控制温度。

2）养护开始阶段，混凝土温升较快，前3天每2h测温一次，4~7天每4h测温一次，以后每8h测温一次，直到混凝土表里温差小于25℃，表面与大气温差小于20℃为止。在进行混凝土测温过程中必须填写大体积混凝土养护测温记录表，做好测温计算，如发现温差过大，应及时覆盖保温，使混凝土内外温差下降，减缓收缩，有效降低约束应力，提高混凝土结构抗拉能力，防止产生裂缝。

3）配备专职测温人员2名，按两班考虑。对测温人员要进行培训和技术交底。测温人员要认真负责，按时按孔测温，不得遗漏或弄虚作假。测温记录要填写清楚、整洁，换班时要进行交底。在对混凝土进行温度检测的同时，应对大气温度进行监测。

2.7.3.5 质量及安全控制要点

1. 大体积混凝土浇筑主要质量控制要点

如表2-7-7所示。

大体积混凝土浇筑主要质量控制要点 表2-7-7

序号	要点	具体内容
1	配合比	（1）第一批混凝土在进场前，配合比需经质量总监、项目技术负责人、业主和监理工程师审批后方可搅拌 （2）进场的预拌混凝土要随附预拌混凝土出厂合格证、水泥品种、强度等级、每立方米混凝土中的水泥用量、骨料的种类和最大粒径、外加剂、掺合料的品种及掺量、混凝土配合比的测量记录
2	坍落度	在现场检查混凝土坍落度，要求的坍落度与实测的坍落度之间的偏差必须符合规范规定的允许偏差值（180±20mm）。在性能达不到要求时，应退场处理
3	混凝土振捣	在混凝土振动时，振动棒要快插慢拔，按450mm间距呈梅花形布置振动点
4	测温	对浇筑混凝土宜每隔1~2h测温一次并记录。如发现温度过高，可采取对混凝土罐车浇水降温等措施
5	养护	混凝土浇筑完毕后立即进行表面覆盖，混凝土终凝后2h内覆盖五层棉毡（具体根据计算）

2. 裂缝防治措施

大体积混凝土结构由于结构截面大，水泥用量多，水泥水化所释放的水化热会产生较大的温度变化和收缩作用，由此形成的温度收缩应力是导致混凝土产生裂缝的主要原因；因此，大体积混凝土裂缝控制主要是控制大体积混凝土的温度裂缝。

2.7.3.6 案例分析

某超高层项目基坑开挖面积约 2.72 万 m³，大面开挖深度 17.7m，塔楼坑中坑局部区域开挖深度最深约为 29.2m。根据结构设计图纸，塔楼底板厚度较大且变化多，分别为 3m、4.5m、6.265m、11.365m、11.865m。底板大体积混凝土浇筑方量高达 2 万 m³，混凝土浇筑过程中放热，极易产生温度裂缝。为此，在施工时采取了以下主要措施：

采用水化热较低的硅酸盐水泥且在满足强度要求的前提下尽量采用低强度等级、低细度的水泥。

粗骨料选用粒径 5～31.5mm，并应连续级配，且具有非碱活性。细骨料的粒径应在 5mm 以下，细度模数 μ_f 控制在 2.3～3.0 的河砂，砂的含泥量应小于 3%，砂率控制在 35%～42%。粉煤灰采用 F 类、不低于 II 级、需水量比小于 105%、游离氧化钙含量不大于 10% 的粉煤灰，且粉煤灰掺量不宜大于 20% 的胶凝材料用量。外加剂采用聚羧酸系高效减水剂，高效减水剂减水率应＞20%，且收缩比应≤120%，不应含有氯离子和氨根离子，对钢筋应无腐蚀作用。

通过选择 6 家商混站同时供应混凝土，150 辆混凝土运输车进行运输，采用 6 台天泵、3 个溜槽同时浇筑，最终 46h 浇筑完成，取得良好的施工效果（图 2-7-14）。

图 2-7-14 大体积混凝土浇筑

2.8 装配式结构相关技术

2.8.1 装配式建筑概述

装配式建筑是指把传统建造方式中的大量现场作业转移到工厂进行，在工厂加工制作好建筑构件和配件（如楼板、墙板、楼梯、阳台等），运输到建筑施工现场，通过可靠的连接方式在现场装配安装而成的建筑。装配式建筑以标准化设计、工厂化生产、装配化施工、一体化装修和信息化管理为特征，整合研发设计、生产制造、现场装配等各个业务领域，是实现建筑产品节能、环保、全周期价值最大化的可持续发展的新型建筑生产方式。

2.8.2 装配方案与选型要点

2.8.2.1 装配率相关的基本概念

装配率是一项直接影响到装配式项目技术复杂程度的关键技术指标，是用于衡量拟建项目是否符合现行国家标准《装配式建筑评价标准》GB/T 51129—2017 及地方标准对装配式建筑的技术指标要求。装配率需在装配式方案策划阶段确定，确定依据主要为项目规划设计（用地）条件，一般会直接明确装配率的具体要求或指明应遵循的相关政策性文件。因各地政策规定的差异，有的地区对装配率会进一步细化相关规定，部分地区还提出了预制率、预制装配率的规定。

相关名词的含义解读如下：

（1）装配率。《装配式建筑评价标准》GB/T 51129—2017 的定义为：单体建筑室外地坪以上的主体结构、围护墙和内隔墙、装修和设备管线采用预制部品部件的综合比例。

（2）预制率。其本质是为了方便装配率的计算。例如：在上海市，预制率是指混凝土结构、钢结构、竹木结构、混合结构等结构类型的装配式建筑单体±0.000 以上主体结构、外围护中预制构件部分的材料用量占对应结构材料总量的比例。在计算装配率时，将预制率作为其中一部分，另一部分是内装系统。

（3）预制装配率。与装配率类似，用来综合反映建筑的装配化程度。例如：在《江苏省装配式建筑综合评定标准》DB32/T 3753—2020 中对预制装配率的定义是：装配式建筑室外地坪以上（不含地下室顶板）、屋面以下（含屋面）采用主体结构预制构件、装配式外围护和内隔墙构件、装修和设备管线的综合比例。

针对不同地区，应根据当地最新政策文件来理解"装配率""预制率"和"预制装配率"的具体概念和适用情况。

2.8.2.2 装配率计算评价项的实现方式

（1）主体结构的竖向构件。可以选择预制混凝土夹心保温外墙、全预制混凝土剪力墙（不带保温）、叠合剪力墙、预制柱及钢管混凝土柱等。

（2）预制水平构件。楼板可以选择全预制板、钢筋叠合楼板、钢管预应力叠合楼板、钢筋桁架楼承板（含可拆卸钢筋桁架楼承板）、预应力混凝土空心板及预制双板等。预制阳台可以选择叠合阳台、全预制阳台及现浇梁＋叠合板的形式等。预制梁可以选择全预制梁、叠合梁等。预制水平构件还包括预制空调板和预制楼梯等。

（3）非承重围护墙非砌筑的常见实现方式有：

1）幕墙系统。即轻钢龙骨复合类材料外墙，例如：玻璃幕墙、金属幕墙等。

2）水泥基复合类材料外墙。例如：蒸压加气轻质纤维水泥板等。

3）预制混凝土外挂墙板（图2-8-1）、预制混凝土填充外墙板。

4）轻质混凝土材料外墙。例如：蒸压加气混凝土条板（图2-8-2）、陶粒混凝土板等。

5）预制飘窗、预制阳台栏板。

6）复合一体化墙板。例如：预制夹芯保温外墙板等（图2-8-3）。

7）部分地区可认定为非砌筑的其他方式。例如：精密砌块等。

图 2-8-1　预制混凝土外挂墙板

图 2-8-2　蒸压加气混凝土条板

图 2-8-3　预制夹芯保温外墙板

图 2-8-4　玻璃幕墙

（4）外围护与保温、隔热、装饰一体化的常见实现方式有：预制夹芯保温外墙板（含

饰面）、玻璃幕墙、保温装饰一体化板以及其他新型材料产品等（图2-8-4、图2-8-5）。部分地区也可根据地方标准或细则，以围护墙采用墙体与保温、隔热一体化作为评价项，例如：钢丝网架型内置保温体系、水泥外模板型保温体系（免拆模板类）、空腔模块型保温体系、墙体自保温体系等。

（5）内隔墙非砌筑的常见实现方式有：预制混凝土隔墙板、轻钢龙骨石膏板隔墙板、蒸压加气混凝土墙板、轻骨料混凝土空心条板及水泥基复合夹芯墙板（图2-8-6～图2-8-9）。

图2-8-5 保温装饰一体化板

图2-8-6 轻钢龙骨石膏板隔墙板

图2-8-7 蒸压加气混凝土墙板

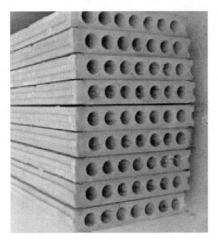

图2-8-8 轻骨料混凝土空心条板

图2-8-9 水泥基复合夹芯墙板

（6）内隔墙采用墙体、管线、装修一体化的常见实现方式有：轻钢龙骨＋装饰板一体化隔墙、轻质隔墙板预留管线＋涂料（或壁纸）、预制隔墙板等（图 2-8-10、图 2-8-11）。

图 2-8-10　轻钢龙骨＋装饰板一体化隔墙

图 2-8-11　预制隔墙板

（7）全装修的实现方式。全装修是指建筑功能空间的固定面装修和设备设施安装全部完成，达到建筑使用功能和性能的基本要求。

不同地区的地方标准，解释深度和范围不尽相同。当地方标准文件描述无法确认时，需结合当地发文部门的专家意见给予确认。例如：2019 年版《武汉市装配式建筑装配率计算细则》第 4.0.8 条对全装修的定义解释如下。

全装修应符合下列规定：

1）住宅建筑内部墙面、顶面、地面全部铺贴、粉刷完成，门窗、固定家具、设备管线、开关插座及厨房、卫生间固定设施安装到位；住宅公共区域的固定面全部铺贴、粉刷完成，基本设备安装到位。

2）公共建筑全装修应包括公共区域和在建造阶段已确定使用功能及标准的全部室内区域，其地面、墙面和顶面的装饰面、设备管线和其他与防火、防水（潮）、防腐、隔声（振）等建筑性能相关的功能性材料及其连接材料等的安装到位。

3）对建造合同固定毛坯交付的还建房和毛坯交付进行销售备案的商业住房，应实施"菜单式"全装修。

（8）干式工法楼面、地面的实现方式。《装配式建筑评价标准》GB/T 51129—2017 仅提出了干式工法楼面、地面的名词，并未就何为干式工法做进一步阐述。因此，需结合地方政策文件来进一步理解"什么是干式工法楼面、地面"。

（9）集成厨房的实现方式。《装配式建筑评价标准》GB/T 51129—2017 术语解释中指出：集成厨房是指地面、吊顶、墙面、橱柜、厨房设备及管线等通过设计集成、工厂生产，在工地主要采用干式工法装配而成的厨房。《装配式建筑评价标准》GB/T 51129—2017 条文说明第 2.0.4 条指出：当评价项目各楼层厨房中橱柜、厨房设备等全部安装到位，且墙面、顶面、地面采用干式工法的应用比例大于 70％时，应认定为采用了集成厨房（图 2-8-12）；当比例大于 90％时，可认定为集成式厨房。

（10）集成卫生间的实现方式。《装配式建筑评价标准》GB/T 51129—2017 术语解释中指出：集成卫生间是指地面、吊顶、墙面和洁具设备及管线等通过设计集成、工厂生产，在工地主要采用干式工法装配而成的卫生间。《装配式建筑评价标准》GB/T 51129—2017 条文说明第 2.0.5 条指出：当评价项目各楼层卫生间中的洁具设备等全部安装到位，且墙面、顶面和地面采用干式的应用比例大于 70％时，应认定为采用了集成卫生间（图 2-8-13）；当比例大于 90％时，可认定为集成式卫生间。

图 2-8-12　集成厨房　　　　　　　图 2-8-13　集成卫生间

（11）管线分离的实现方式。《装配式建筑评价标准》GB/T 51129—2017 条文说明第 4.0.13 条指出：考虑到工程实际需要，纳入管线分离比例计算的管线专业包括电气（强电、弱电、通信等）、给水排水和采暖等专业。对于裸露于室内空间以及敷设在地面架空层、非承重墙体空腔和吊顶内的管线应认定为管线分离；而对于埋置在结构构件（不含横穿）或敷设在湿作业地面垫层内的管线应认定为管线未分离。部分地区的装配式公共建筑或者还建房项目，管线只需做公共区域，此时管线分离计算项的分母较小，此项较易得分。

2.8.2.3　装配方案选型思路

（1）装配方案选型的依据，主要为政府部门对拟实施项目相关批文要求的装配率（或预制率）等规定及国家或地区对装配率（或预制率）计算规则的具体规定。有地方标准的除满足国家相关规定外，还应满足地方标准的具体规定。

（2）在装配式建筑方案设计阶段需要提前考虑预制构件的拆分方案，应避免在方案设计或施工图设计完成后强行拆分。强行拆分会带来诸多不利影响，一方面会影响结构计算模型的真实性，另一方面也会导致拆分的预制构件标准化程度不高、节点构造过于复杂等问题。同时，在方案设计阶段应结合技术经济合理性择优选择非主体结构部分的得分项。

（3）《装配式建筑评价标准》GB/T 51129—2017 第 4.0.3 条指出：预制剪力墙板之间宽度不大于 600mm 的竖向现浇段可计入预制混凝土的体积计算。当采用预制竖向构件时，宜优先采用预制外墙，可减少混凝土实际预制方量。

（4）根据项目实际情况，选择适合项目的预制构件种类。例如：钢筋桁架楼承板、叠合板及预应力板等之间选择；外围护墙和内隔墙非砌筑实现方式的选择；管线分离实现方式的选择等。

（5）预制叠合板拼缝有单向板密拼接缝、单向板后浇小接缝和双向板后浇带的形式。优先选用单向板密拼接缝的形式，减少后浇带和相应支撑，方便施工。

（6）围护墙和内隔墙需满足最低得分 10 分，宜优先采用"非承重墙非砌筑""内隔墙非砌筑"，应用比例比较容易满足最低比例要求，即可各得 5 分。

（7）装修和设备管线需满足全装修的要求，这项属于必做项，即可得 6 分。

（8）满足评价项的最低得分项要求后，累计可得分为 36 分。要满足不低于 50% 的装配率，则需从剩余指标项中择优选择。

（9）充分考虑当地政策文件的优惠政策。例如部分地区对项目采取预制外墙后，有相应的容积率奖励。

2.8.2.4 装配方案选型案例

某项目装配率方案选型时，按照《装配式建筑评价标准》GB/T 51129—2017 的规定计算装配率，实施时考虑了以下两种方案进行对比分析（表 2-8-1）。

某项目装配方案选型装配率得分情况 表 2-8-1

评价项		评价要求	评价分值	最低分值	方案一		方案二	
					得分比例	实际得分	得分比例	实际得分
主体结构（50分）	柱、支撑、承重墙、延性墙板等竖向构件	35%≤比例≤80%	20~30	20	37.7%	20.6	—	0
	梁、板、楼梯、阳台、空调板等构件	70%≤比例≤80%	10~20		74.5%	14.5	80.5%	20
围护墙和内隔墙（20分）	非承重围护墙非砌筑	比例≥80%	5	10	81.9%	5	81.9%	5
	围护墙与保温、隔热、装饰一体化	50%≤比例≤80%	2~5		—	0	—	0
	内隔墙非砌筑	比例≥50%	5		55.7%	5	55.7%	5
	内隔墙与管线、装饰一体化	50%≤比例≤80%	2~5		—	0	—	0

评价项		评价要求	评价分值	最低分值	方案一		方案二	
					得分比例	实际得分	得分比例	实际得分
装修和设备管线（30分）	全装修	—	6	6	100%	6	100%	6
	干式工法楼面、地面	比例≥50%	6	—	—	0	—	0
	集成厨房	70%≤比例≤90%	3~6		—	0	83.4%	5
	集成卫生间	70%≤比例≤90%	3~6		—	0	83.4%	5
	管线分离	50%≤比例≤70%	4~6		—	0	51%	4.1
实际得分合计					—	51.1	—	50.1
装配率					51.1%		50.1%	

方案一：根据最低分值要求，采用"非承重墙非砌筑""内隔墙非砌筑"后各得 5 分，采用全装修得 6 分。其余，均考虑在主体结构中得分。

方案二：根据最低分值要求，采用"非承重墙非砌筑""内隔墙非砌筑"后各得 5 分，采用全装修得 6 分，主体结构考虑最低得分值，选择预制性价比相对高的叠合板，得 20 分。其余，考虑在装修和设备管线中得分。

结论：某些地区对于采用预制外墙时，有预制外墙面积不计入容积率或允许提前预售等奖励政策。针对上述案例，当项目为开发项目，且奖励政策的综合效益比采用预制构件后的增量成本要好时，宜优先采用方案一；当项目无相关政策奖励或者为安置房项目时，可以结合当地资源条件在进行整体经济效益测算比选后，择优选择方案一或方案二。

2.8.3 装配式构件拆分与连接要点

2.8.3.1 拆分设计的原则

装配整体式结构的拆分设计是施工图设计的关键环节。基于建筑功能性和艺术性、结构合理性以及制作运输安装环节的可行性和便利性等，将建筑、结构和装修等部件拆分为预制和非预制的范围，进行连接节点设计，并完成预制构件详图的深化设计。装配整体式结构拆分设计的主要原则有：

（1）符合国家、行业和地方标准。

（2）确保结构布置合理安全，满足结构受力要求。

（3）有利于建筑功能的实现。

（4）应按照通用化、模数化、标准化的要求，少规格、多组合的原则。

（5）各专业、各环节协同。

（6）符合经济性原则。

（7）符合环境条件的制作、运输及安装，便于实现的原则。

2.8.3.2　拆分设计的主要工作内容

（1）拆分设计的主要工作可分为平（立）面拆分设计和预制构件详图设计两个相对独立的阶段。

（2）平（立）面拆分设计阶段，主要是确定现浇与预制的范围和边界、结构构件在哪个部位拆分、确定构件之间的拆分位置及连接节点的设计。施工图设计时各相关专业应充分考虑对平（立）面拆分设计成果的影响。

（3）施工图设计时建筑专业应考虑的因素主要有：

1）模数化、规格化及标准化设计。例如：户型、窗口及门洞口部位，尽量采用标准化和模数化设计。

2）协同结构专业确定预制构件的分缝位置。包括确定竖向缝和水平缝的具体位置，并确定分缝处的防水、防火及保温等建筑构造措施。

3）确定预制部品部件的使用位置和范围，是否符合规范要求。例如：内隔墙采用非砌筑的部品部件，是否满足隔声、防水及防火等要求。

4）合理确定厨卫、电器布置位置及方向，尽量减少预制构件上的预留预埋。

（4）施工图设计时结构专业应考虑的因素主要有：

1）根据建筑功能需要、项目条件及国家标准政策等，确定合理的结构形式。

2）根据装配式建筑的结构形式，确定建筑的最大适用高度和最大高宽比。

3）结构计算、荷载与作用组合计算时，注意装配式建筑与现浇混凝土结构相关国家标准、规范的不同规定。如抗震的有关规定和计算参数的调整等。

4）协同建筑专业确定预制构件分缝的位置和范围，确定分封处的防火、防水及保温等结构构造措施。

5）在剪力墙结构中，尽量不预制或少预制边缘构件。

6）预制构件设计时，钢筋布置宜遵循采用大直径和少根数的原则。

7）预制剪力墙之间、预制剪力墙与现浇剪力墙之间的连接节点等，在施工图阶段提前考虑，对连接节点处（特别是暗柱处）钢筋穿插顺序分析研究。

8）注意楼梯施工图中预制楼梯的梯梁、梯段板与现浇楼梯的不同。

9）在节点详图中用不同的图例表示出预制构件与非预制构件，方便施工。

（5）预制构件详图设计阶段，主要是依据平（立）面拆分设计阶段的设计成果，对预制构件进行深化设计并形成相关的设计图纸，供预制构件模具设计、构件生产及现场安装等使用。

2.8.3.3　装配式结构的连接节点构造

装配式结构的连接节点构造主要包括预制构件的竖向连接和水平连接。

1. 预制构件的竖向连接主要分为湿式连接和干式连接

（1）湿式连接。目前，国内项目常见的湿式连接主要有灌浆套筒连接和浆锚搭接，灌浆套筒连接应用居多。

1）灌浆套筒连接。其工作原理为：将需要连接的带肋钢筋插入金属套筒内"对接"，在套筒内注入高强早强且有微膨胀特性的灌浆料，灌浆料在套筒筒壁与钢筋之间形成较大的正向应力，在钢筋带肋的粗糙面产生较大的摩擦力，由此得以传递钢筋的轴向力。灌浆套筒分为全灌浆套筒和半灌浆套筒（图 2-8-14、图 2-8-15）。全灌浆套筒两端均采用灌浆连接；半灌浆套筒一端采用套筒灌浆连接，另一端采用机械连接。

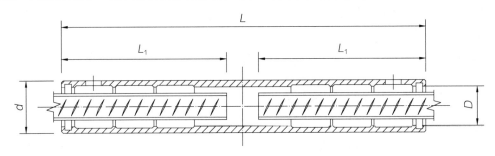

图 2-8-14　全灌浆套筒示意

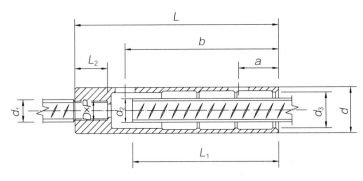

图 2-8-15　半灌浆套筒示意

相同规格的全灌浆套筒与半灌浆套筒相比，尺寸偏大、价格偏高、灌浆料用量偏多。

2）浆锚搭接。其工作原理为：把要连接的带肋钢筋插入预制构件的预留孔道里，预留孔道内壁呈螺旋形状。钢筋插入预留孔道后，在孔道内注入高强早强且有微膨胀特性的灌浆料。在孔道旁边，是预埋在构件中的受力钢筋，和插入孔道内的钢筋进行"搭接"。浆锚搭接又分为约束浆锚间接搭接和波纹管锚固间接搭接。约束浆锚间接搭接，属于内模成孔，上下两根钢筋通过螺旋钢筋"捆绑"在一起，孔内灌浆（图 2-8-16）。波纹管锚固间接搭接，采用波纹管预埋成孔（图 2-8-17）。

其中，灌浆套筒连接接头长度最短，约 $8d$（d 为受力钢筋直径），允许接头率 100%；约束浆锚间接搭接接头长度，非抗震设计时不应小于 l_a，抗震设计时不应小于 l_{aE}，允许接头率 100%；波纹管锚固间接搭接接头长度，非抗震设计时不应小于 l_a，抗震设计时不

应小于 l_{aE}，允许接头率 50%。

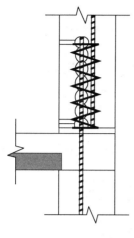
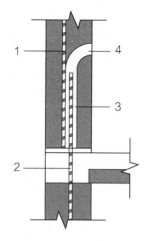

图 2-8-16　约束浆锚间接
搭接示意

图 2-8-17　波纹管锚固间接搭接示意
1—上部墙体钢筋，2—下部墙体钢筋，
3—波纹管，4—注浆孔

（2）干式连接。干式连接是指采用螺栓、焊接等湿作业量少的连接方式。适用于抗震性能要求不高地区的多层建筑，具有施工速度快、造价低等显著优势。

2. 预制构件的水平连接主要分为湿式连接和干式连接

（1）湿式连接。湿式连接是指采用钢筋混凝土后浇带的连接方式。常见的接缝形式见《装配式混凝土结构连接节点构造》G310-1～2，相关连接节点构造做法如图 2-8-18～图 2-8-20。

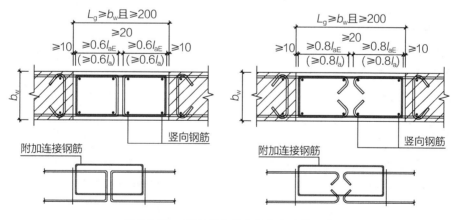

图 2-8-18　预制剪力墙水平方向连接示意

（2）干式连接。干式连接是指采用螺栓、焊接等湿作业量少的连接方式。多用在梁柱节点中，具有吊装效率快、节省劳动力、现场湿作业少、梁柱连接位置无钢筋碰撞等优点。

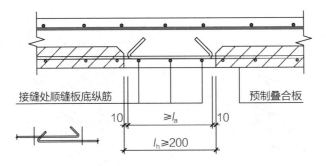

图 2-8-19　预制双向叠合板后浇带形式接缝示意

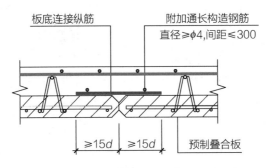

图 2-8-20　预制单向叠合板密拼接缝示意

2.8.4　装配式构件施工要点

2.8.4.1　预制构件验收、运输及存放

1. 首件验收

（1）施工总承包单位应组织首件产品联合验收工作。验收的地点优先选择在预制构件厂，避免在施工现场。

（2）参与验收的单位应包括施工图设计单位、施工单位、监理单位、预制构件详图深化设计单位、预制构件厂及吊装单位。

（3）验收时，应以一整层楼的全部预制构件为验收对象。

（4）对预制构件产品标识进行核验。

（5）对预制构件产品实体进行验收，验收项目参照《混凝土结构工程施工质量验收规范》GB 50204—2015 第 9.2 节。

（6）对甲供材料进行确认（如有）。

（7）对预制构件厂原材料控制进行检查。

2. 进场验收

（1）预制构件进场时，由项目部管理人员、监理及预制构件驻场人员进行联合验收。

（2）预制构件交付的产品质量证明文件应包括出厂合格证、混凝土强度检验报告、钢筋套筒等其他构件钢筋连接类型的工艺检验报告、合同要求的其他质量证明文件等。

（3）预制构件应在明显部位标明生产单位、构件型号、生产日期和质量验收标志。

（4）预制构件尺寸、预埋件、插筋、螺杆接驳器、标高调节点、连接板固定螺栓、预留孔洞的规格、位置及数量等应符合设计要求。

（5）预制构件的外观质量存在严重缺陷或尺寸偏差超过允许范围且影响结构性能和安装、使用功能的部位，应按经原设计单位认可的技术方案处理，并重新组织验收。

3. 运输要求

（1）预制构件运输应制定运输方案，其内容应包括运输时间、次序、运输线路、固定要求与成品保护措施等。预制构件运输前，根据运输需要选定合适、平整坚实的路线。对于超高、超宽与形状特殊的大型预制构件的运输应有专门的质量保护措施。

（2）预制构件的运输车辆应满足构件尺寸和载重要求。

（3）运输预制构件时，应采取防止构件移动、倾倒与变形的固定措施。

（4）应根据构件特点采用适宜的运输方式。

4. 存放要求

（1）堆放场地应平整、坚实，并设有排水措施。当堆放在地下室顶板上时，应计算确认顶板承载力是否符合设计要求，不满足时应采取加固措施。

（2）存放库区宜实行分区管理和信息化台账管理，应按照产品种类、规格型号、检验状态分类存放，产品标识应明确、耐久，预埋吊件应朝上，标识应向外。

（3）应合理设置垫块支点位置，确保预制构件存放稳定，支点宜与起吊位置一致。

（4）预制构件多层叠放时，每层构件间的垫块应上下对齐；叠合板、阳台板和空调板等构件宜平放，其中叠合板堆放层数不宜超过6层，阳台板堆放层数不宜超过4层，空调板堆放层数不宜超过6层，预制楼梯堆放层数不宜超过5层；长期存放时，应采取措施控制预应力构件起拱值和叠合板翘曲变形。

（5）预制柱、梁等细长构件宜平放且用条形垫木支撑。

（6）预制内外墙板、挂板宜采用专用支架直立存放，支架应有足够的强度和刚度，薄弱构件、构件薄弱部位和门窗洞口应采取防止变形开裂的临时加固措施。

2.8.4.2　预制构件吊装施工

1. 预制竖向构件吊装施工

（1）以预制剪力墙为例，吊装施工流程如图 2-8-21 所示。

（2）测量放线：根据定位轴线，在作业层楼板弹出预制剪力墙及现浇部分的水平轮廓线，预制剪力墙及现浇部分的水平轮廓线偏 500mm 控制线，并在作业层剪力墙现浇部分竖向钢筋上引出楼层 1000mm 标高控制点。

（3）基层处理：预制墙与楼板接触面凹凸深度不应小于 6mm，粗糙面的面积不小于结合面的 80%。

（4）外露连接钢筋除污及校正：外露钢筋有污染物时应及时清理干净，并用钢筋卡具

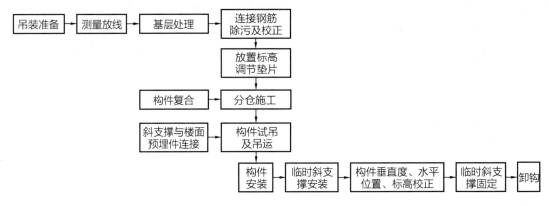

图 2-8-21　预制剪力墙吊装施工流程

对钢筋的垂直度、定位及高度进行复核，对不符合要求的钢筋进行校正。

（5）放置标高调节垫片：预制剪力墙安装前，应在预制构件底部四角位置且对称放置调节垫片，控制标高及找平，水平接缝高度宜控制在 20～25mm。

（6）分仓施工：分仓施工应严格按分仓方案中的位置进行分仓，连通灌浆区域长度不宜超过 1.5m，避免影响灌浆效果。

（7）构件试吊、吊运：试吊前，由质量检查人员检查墙板型号、尺寸、质量、灌浆和出浆孔通透性，由专人负责挂钩，待挂钩人员撤离至安全区域时，起吊处信号工确认安全情况后进行试吊。试吊时构件应缓慢起吊，起吊高度距离地面约 300mm 时停止提升，检查起吊机具安全性、套筒内孔深度是否满足设计要求，检查合格后继续起吊。吊运预制构件时，预制构件下方禁止站人，应待吊物降落至离地 1m 以内方准靠近。

（8）构件安装：信号工指挥预制剪力墙起吊到安装位置，待预制剪力墙下放至楼面约 500mm 处，根据墙体轮廓线进行调整，调整到位后继续下放。由 3 名安装工手扶引导缓慢降落，降落至外露钢筋上方 20mm 时，采用专用目视镜观察连接钢筋与套筒对孔情况，待全部对准后，剪力墙缓慢下降到底部。

（9）安装临时斜支撑：预制剪力墙安装就位后，临时固定斜支撑不宜少于 2 道，上支撑点位置宜设置在 2/3 墙板高度处，下支撑点位置宜设置在距楼板 1/5 墙板高度处。临时斜支撑宜采用伸缩式的长度可调撑杆，方便现场操作，斜支撑布置如图 2-8-22 所示。

（10）构件垂直度、水平位置及标高校正：构件水平位置采用卷尺对墙体轮廓线偏 500mm 控制线进行控制测量，水平位置的校正措施，宜通过撬棍对预制墙体下部微调整；构件垂直度采用靠尺＋吊线锤的方式进行控制测量，垂直度的校正措施，宜通过斜支撑上可调节装置对墙板顶部的水平位移调节；墙体标高采用水准仪对钢筋上 1000mm 标高点进行控制测量，标高的校正措施，宜采用 1mm 厚钢垫片微调整。

（11）临时斜支撑固定：预制墙检查校正后立即固定临时斜支撑，可调节位置锁死。

（12）卸钩：临时斜支撑固定后，安装工通过移动人字梯进行预制墙上吊点的拆卸。

2. 预制水平构件吊装施工

（1）以叠合板为例，吊装施工流程如图 2-8-23 所示。

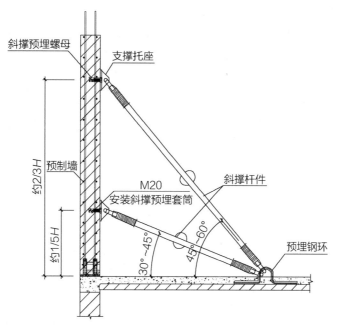

图 2-8-22　斜支撑布置示意图

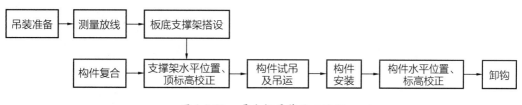

图 2-8-23　叠合板吊装施工流程

（2）测量放线：根据定位轴线，在作业层剪力墙现浇部分竖向钢筋上引出楼层1000mm标高控制点；在作业层下层楼板上，弹出支撑架水平位置控制线；在叠合板与预制剪力墙或现浇构件搭接处放出10mm控制线。

（3）板底支撑搭设：预制叠合板宜采用独立固定支撑作为临时固定措施，叠合板下部支撑不应少于2榀，独立支撑点不应少于4个，在跨内及距离支座650mm处设置由独立支撑和横梁组成的临时支撑，当轴跨$L<4.8$m时跨内设置一道支撑；当轴跨4.8m$\leqslant L \leqslant$6.0m时跨内设置两道支撑。

（4）支撑架水平位置、标高校正：根据弹出的支撑架水平位置控制线，复核支撑架水平位置；根据预制墙上1000mm标高线，微调节支撑的支撑高度，使工具梁（或木方）顶面达到设计位置，并保持支撑顶部位置在平面内。

（5）构件试吊、吊运：试吊前，由质量检查人员复核叠合板型号、尺寸，检查质量无误后，由专人负责挂钩，待挂钩人员撤离至安全区域时，由起吊处信号工确认安全情况后进行试吊。试吊时构件应缓慢起吊，起吊高度距离地面约300mm时停止提升，检查起吊机具安全性、板变形是否满足设计要求，检查合格后继续起吊。

（6）构件安装：信号工指挥叠合板起吊到安装位置，待预制叠合板下放至楼面约500mm处，根据10mm控制线进行调整，调整到位后继续下放。由3名安装工手扶引导缓慢降落，降落至支座顶面约20mm时，采用撬棍对叠合板进行微调整，待全部对准后，叠合板缓慢下降到支座上。

（7）构件水平位置、标高校正：叠合板标高校正根据预制剪力墙上1000mm标高线进行控制测量，通过调节支撑体系顶托对叠合板标高进行校正；水平位置根据10mm控制线进行控制测量，通过撬棍对叠合板水平位置进行微调校正。

（8）卸钩：叠合板安装到位，确定安装的支撑架稳定、安全后，安装工对叠合板上吊点进行拆卸。

2.8.4.3 套筒灌浆施工

（1）灌浆施工作业流程如图2-8-24所示。

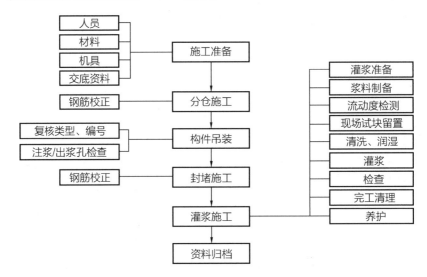

图 2-8-24　灌浆施工作业流程

（2）灌浆准备：灌浆料应检测合格，搅拌用水应符合行业标准《混凝土用水标准》JGJ 63的有关规定。逐个检查各接头的灌浆孔和出浆孔内有无杂物，确保孔道畅通；逐个检查水平缝封堵情况，确保不漏浆。

（3）浆料制备：浆料制备应按选用产品的说明书相关要求控制水料比，并用电子秤称量灌浆料、刻度量杯量取用水量。先将水倒入搅拌桶，然后加入约70％料，用专用搅拌机搅拌1~2min，大致均匀后，再将剩余料全部加入，继续搅拌3~4min至彻底均匀。搅拌完成后，应静置2~3min，使浆料内汽包自然排除。制作过程中应专人监测操作时间和浆料温度。

（4）流动度检测：浆料制作完成后应进行灌浆料初始流动度检测，检测结果不应小于300mm，每工作班检测次数不小于1次。

（5）现场试块留置：灌浆料初始流动度检测合格后应在施工现场制作灌浆料试块。每工作班取样不得少于 1 次，每楼层取样不得少于 3 次，每次抽取 1 组 40mm×40mm×160mm，按当地送检要求，对标准养护及同等条件养护的试块进行对应抗压强度试验。

（6）清洗、润湿：流动度检测完成后应将玻璃板、截锥圆模等设备清洗干净；搅拌机及导管使用前先用水湿润。

（7）灌浆：将搅拌好的灌浆料倒入灌浆机，灌浆机开启后，根据灌浆机试灌浆结果，选择合理的压力值（或转速）控制灌浆压力（或转速），待有灌浆料从压力软管中流出时，先进行回流，待正常出浆后，插上枪嘴，开始灌浆。灌浆应从分仓中间位置的灌浆孔开始灌浆，按灌浆排出先后依次封堵灌浆排浆孔，直至所有孔封堵牢固，灌浆再持续 10s 后停止灌浆，拔除注浆管到封堵橡胶塞时间间隔不得超过 1s。

（8）检查：每仓灌浆施工完成约 10min 后应在出浆孔及时检查，出浆孔内灌浆料宜填满，当有设计依据时，出浆孔内灌浆料也可按目测其表面超过出浆孔下口内表面 5mm 以上控制；同时对剪力墙周边进行巡视、检查，观察是否存在漏浆现象，若漏浆应及时补浆（图 2-8-25）。

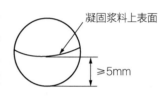

图 2-8-25　出浆孔灌浆料位置示意图

（9）完工清理：灌浆完成后及时清理溢流浆料，防止灌浆料凝固、污染楼面或墙面，并及时清洗灌浆设备、管道及粘有浆料的工具。

（10）养护：灌浆料同条件养护试件抗压强度达到 35N/mm^2 后，方可进行对接头有扰动的后续施工；临时固定措施的拆除应在灌浆料抗压强度能确保结构达到后续施工承载要求后进行。

2.8.5　装配式施工常见问题分析及应对措施

装配式建筑施工常见问题主要体现在深化设计、构件生产与施工管理阶段，具体问题与应对措施如表 2-8-2 所示。

装配式建筑施工常见问题及相关应对措施　　　　　　表 2-8-2

实施阶段	问题类别	具体问题	应对措施
深化设计	图纸类	部分预制构件拆分不合理，不利于运输与现场施工	结合图纸审查意见，与业主、设计院协商，对拆分设计方案进行优化
		装配式拆分设计与建筑设计和结构设计图纸内容存在冲突	与业主、设计院沟通，对拆分设计图纸进行核准
	机电类	预制构件预留预埋的管道止水节成品保护不佳，易出现构件混凝土泥浆渗入	管道止水节成品保护宜采用封闭薄膜，浇筑前包裹紧密
		构件安装手孔内存在钢筋伸出阻碍，导致水电安装单位无法正常接管	安装手孔处钢筋应弯折避让手孔部位

实施阶段	问题类别	具体问题	应对措施
深化设计	钢筋类	两相邻预制竖向构件端部暗柱出筋相互碰撞，导致预制构件无法下落安装	宜将构件端部出筋设置为开口箍，两侧设置构件的暗柱长度一般不宜小于500mm
		铝模对拉螺栓孔与预制构件斜支撑孔、提升架附墙点之间的间距过小，导致冲突碰撞，影响楼层施工进度	铝模对拉螺栓孔与预制构件斜支撑孔、提升架附墙点之间的间距不应小于15cm，着重复核转角及现浇暗柱处孔位
构件生产	模具相关	流水线竖向构件模具数量过少，导致构件生产产能难以满足现场需求	每栋楼宜按照半套模具设置，避免多次周转
		预制竖向构件侧面粗糙面深度及面积不满足要求	粗糙面不宜小于结合面的80%，凹凸深度不应小于6mm，宜采用水洗面
	制作相关	预制构件产品存在缺棱掉角、灌浆孔及出浆孔成型效果差等质量问题，现场修补或调换构件影响施工进度	将各类质量问题反馈至构件厂，要求构件厂落实质量管控措施，同时加强预制构件进厂验收管理
		预制构件灌浆套筒内泥浆流入或加固胶套遗落，导致套筒堵塞	预制构件混凝土浇筑前应采用可靠措施对套筒进行封堵，出厂前应重点检查套筒内情况
	运输相关	预制构件运输不规范，出现叠合板堆放层数过高以及构件磕碰的情况	叠合板堆放一般不超过6层，宜用布带加固，货架与构件接触面应采用软性材质
	堆放相关	预制构件无标识、无标签，堆货及发货错误，存在不同层数构件混装使用情况	预制构件应设置专用标牌识，标注其编号、使用楼栋及质检人员等信息
		预制叠合板拼缝边不平整，叠合板整体翘曲，导致叠合板板带处错台严重	叠合板堆放垫木宜垂直于桁架筋方向放置，堆放时间不宜超过15d
施工管理	管理相关	工期进度策划管理不够精细，局限于传统现浇项目的管理思维，对装配式建筑施工特点及工序内容认识不足	装配式项目的楼栋工期进度管理较传统项目更为细致，应强化管理意识，掌握装配式专业知识
		预制构件出厂验收与进场验收管理不到位，构件厂无驻场人员协助验收管理，进场环节对构件质量问题未全面排查	宜协调监理驻场监造，项目部管理人员每周定期抽查，确保构件生产及出产验收质量
	劳务相关	未开展装配工人的理论培训与实操考核，缺少技术指导和专业管理	针对新进场产业化工人，应逐一开展理论培训与实操考核，有条件的可进行发证登记
		劳务管理人员专业素质不足，对图纸、工艺熟悉程度低，未能按照设计要求和技术交底进行精细施工管理	抓住构件吊点、钢筋节点、构件套筒、预埋件埋设等构件关键部位图纸交底，将交底落到实处
		工序质量隐患管控差，验收环节自检自查不合格，整改要求落实不到位	实行劳务队伍自检验收上墙制度，将质量管控落实到人

实施阶段	问题类别	具体问题	应对措施
施工管理	总平面相关	塔式起重机选型未兼顾预制构件的重量和在楼面的位置，导致局部构件超出吊重	应重点开展塔式起重机吊重分析，并宜留出20%的吊重作为吊装安全储备
		堆场面积测算未结合预制构件数量及外形特点，且未考虑场内人行通道	每栋楼栋应设置不小于200m²的装配式构件堆场，并做好分区编号
	吊装相关	构件下部混凝土浇筑时，收面标高过低，导致联通仓缝隙过大，封仓料不易封堵，且灌浆料用量增加	楼层混凝土浇筑时，采用专用收面工具，重点关注构件下部混凝土标高，控制灌浆联通仓高度
		吊装作业时，因插筋定位不准确、调整困难，导致插筋弯折严重	各楼栋标准层施工时，应使用插筋定位装置，控制插筋点位及间距，减少钢筋调整
	灌浆相关	冬期施工期间，灌浆料与混凝土养护时间延长，标准层施工用时增加	冬期施工期间，采用低温灌浆料。调整混凝土浇筑时间，保证养护时长满足要求，必要时可考虑在混凝土内添加早强剂
		灌浆完成并封堵出浆、灌浆孔后，腔内灌浆料浆液从封仓段处缝隙缓慢流失，导致钢筋套筒内灌浆料浆液不饱满	灌浆完成后10min，检查构件周边是否有漏浆现象，如有，应及时采用手动灌浆设备进行补灌或其他符合标准及规范的处理措施
		灌浆料流动度试验采用木模板进行，导致检测数据失真	应采用圆形玻璃板进行灌浆流动度检测实验，并保证圆形玻璃板平整、无明水

2.9 钢结构工程相关技术

2.9.1 钢结构概述

钢结构是由钢制材料组成的结构，是主要的建筑结构类型之一。结构主要由型钢和钢板等制成的钢梁、钢柱、钢桁架等构件组成，各构件或部件之间通常采用焊缝、螺栓、铆钉等进行连接。因材料强度大、自重轻，广泛应用于厂房、场馆、超高层等领域。钢结构易锈蚀、不耐火，钢结构一般需要做好防腐、防火工作。

在建筑项目中，钢结构工程除钢构件加工及安装外，也包含组合楼板制作及安装、厂房围护结构制作及安装、钢构件防腐防火涂料涂装等。

2.9.2 钢结构深化设计及构件加工

2.9.2.1 深化设计概述

钢结构深化设计即钢结构详图设计，在钢结构施工图设计之后进行，详图设计人员根据施工图提供的构件布置、构件截面、主要节点构造及各种有关数据和技术要求，严格遵守钢结构相关设计规范和图纸的规定，对构件的构造予以完善。

深化设计过程中将综合考虑工厂制造条件、现场施工条件，以及道路运输要求、施工现场的吊装能力和安装因素等，确定合理的构件单元。最后再运用专业的钢结构深化设计制图软件（常见为 Tekla 软件），将构件的整体形式、构件中各零件的尺寸和要求以及零件间的连接方法等，详细地表现到图纸上，使构件和节点在实际的加工制作和安装过程中能够变得更加合理，方便工厂加工制造和现场安装。

2.9.2.2 钢结构构件加工

不同类型钢构件加工厂内加工流程类似，其中主要、通用的步骤如下：

（1）下料：进场钢板验收、矫平后，使用切割设备按下料图纸对钢板进行切割；

（2）组立：将切割好的钢板组装在一起，组立时采用专用靠模检查腹板与翼缘板的垂直度，腹板与翼缘板点焊固定；

（3）焊接：钢板之间通过焊缝进行连接；

（4）矫正：在矫正机上进行焊接变形矫正，必要时采用火焰矫正法辅助矫正；

（5）端部铣平：将构件端面铣削平整；

（6）除锈：构件焊接合格后按设计要求进行除锈，加工厂常采用抛丸除锈或喷砂除锈；

（7）防腐涂装：除锈后按设计要求进行防腐涂装，加工厂一般进行底漆和中间漆的防腐涂装。

2.9.3 单层钢结构安装

单层钢结构建筑最常见的类型为门式刚架结构，本小节将以门式刚架结构为主，展开施工要点描述。

2.9.3.1 主构件安装

（1）安装顺序宜先从靠近山墙的有柱间支撑的两端刚架开始。在刚架安装完毕后应将其间的檩条、支撑、隅撑等全部装好，并检查其垂直度。以这两榀刚架为起点，向另一端顺序安装。

（2）单层钢结构在安装过程中，应及时安装临时柱间支撑或稳定缆绳，应在形成空间结构稳定体系后再扩展安装。单层钢结构安装过程中形成的临时空间结构稳定体系应能承受结构自重、风荷载、雪荷载、施工荷载以及吊装过程中冲击荷载的作用。

（3）刚架安装宜先立柱子，将在地面组装好的斜梁吊装就位，并与柱连接。

（4）钢结构安装在形成空间刚度单元并校正完毕后，应及时对柱底板和基础顶面的空隙采用细石混凝土二次浇筑。

（5）对跨度大、侧向刚度小的构件，在安装前要确定构件重心，应选择合理的吊点位置和吊具，对重要的构件和细长构件应进行吊装前的稳定性验算，并根据验算结果进行临时加固，构件安装过程中宜采取必要的牵拉、支撑、临时连接等措施。

（6）在安装过程中，应减少高空安装工作量。在起重设备能力允许的条件下，宜在地面组拼成扩大安装单元，对受力大的部位宜进行必要的固定，可增加铁扁担、滑轮组等辅助手段，应避免盲目冒险吊装。

（7）对大型构件的吊点应进行安装验算，使各部位产生的内力小于构件的承载力，不至于产生永久变形。

2.9.3.2　檩条、墙梁等次结构安装

（1）根据安装单元的划分，主构件安装完毕后应立即进行檩条、墙梁等次构件的安装。

（2）除最初安装的两榀刚架外，其余刚架间檩条、墙梁和檐檩等的螺栓均应在校准后再拧紧。

（3）墙梁安装时，应及时设置撑杆或拉条并拉紧，但不应将檩条和墙梁拉弯。

（4）檩条和墙梁等冷弯薄壁型钢构件吊装时应采取适当措施，防止产生永久变形，并应垫好绳扣与构件的接触部位。

（5）不得利用已安装就位的檩条和墙梁构件起吊其他重物。

（6）实际施工过程中，部分工人为施工快速方便，会随意切割系杆，影响结构安全，需重点检查、关注。

2.9.3.3　围护系统安装

厂房围护系统中屋面及外墙通常属于钢结构工程中内容，此处仅针对钢结构工程中围护系统进行描述。

（1）在安装墙板和屋面板时，墙梁和檩条应保持平直。

（2）固定式屋面板与檩条连接及墙板与墙梁连接时，螺钉中心距不宜大于 300mm。房屋端部与屋面板端头连接，螺钉的间距宜加密。屋面板侧边搭接处钉距可适当放大，墙板侧边搭接处钉距可比屋面板侧边搭接处进一步加大。

（3）在屋面板的纵横方向搭接处，应连续设置密封胶条。檐口处的搭接边除设置胶条外，尚应设置与屋面板剖面形状相同的堵头。

（4）在角部、屋脊、檐口、屋面板孔口或突出物周围，应设置具有良好密封性能和外观的泛水板或包边板（图 2-9-1、图 2-9-2）。

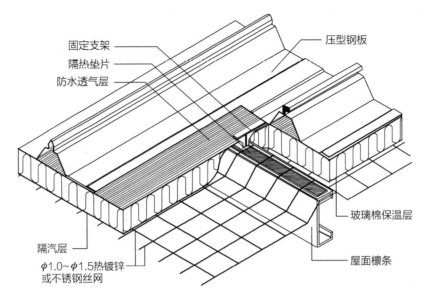

图 2-9-1　常见屋面板样式之一（单层压型钢板复合保温屋面）

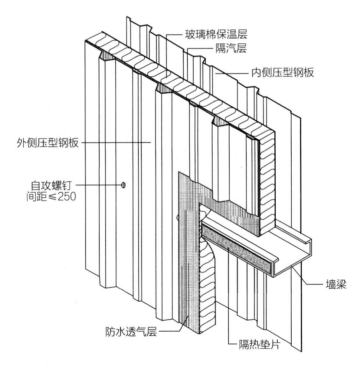

图 2-9-2　常见墙面板样式之一（双层压型钢板复合保温墙体）

2.9.3.4　门式刚架厂房施工实例

以某项目门式刚架厂房施工为例，主要的施工流程如表 2-9-1 所示。

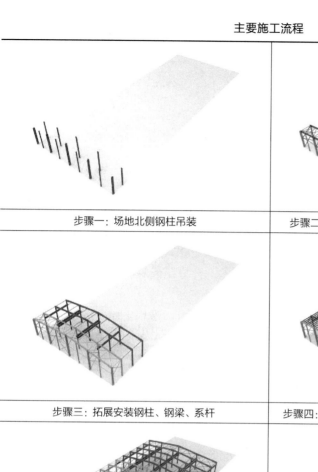	 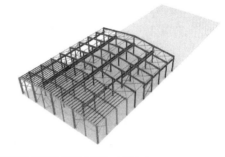
步骤一：场地北侧钢柱吊装	步骤二：安装柱间支撑、吊车梁、钢梁、屋面支撑
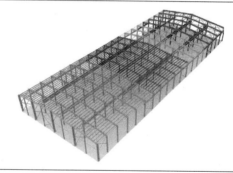	
步骤三：拓展安装钢柱、钢梁、系杆	步骤四：循环安装钢柱、钢梁、系杆，插入檩条施工

步骤五：各工序按流水循环向南侧安装	步骤六：钢柱、钢梁安装完成
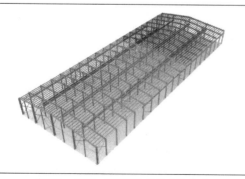	
步骤七：檩条、墙梁等次结构安装完成	步骤八：厂房结构吊装完成

2.9.4 多层及高层钢结构安装

2.9.4.1 钢柱安装

钢柱安装应符合下列规定：

（1）柱脚安装时，锚栓宜使用导入器或护套。

（2）首节钢柱安装后应及时进行垂直度、标高和轴线位置校正，钢柱的垂直度可采用经纬仪或线锤测量；校正合格后钢柱应可靠固定，并应进行柱底二次灌浆，灌浆前应清除柱底板与基础面间杂物。

（3）首节以上的钢柱定位轴线应从地面控制轴线直接引上，不得从下层柱的轴线引上；钢柱校正垂直度时，应确定钢梁接头焊接的收缩量，并应预留焊缝收缩变形值。

（4）为保证柱与柱、柱与梁接头施工操作的安全，一般在吊装前在地面上把操作挂篮或平台和爬梯固定于拟吊装的柱子上。

（5）单机吊装时需在柱子根部垫以垫木，以回转法起吊，要禁止柱根拖地。多机抬吊时，应用两台或两台以上起重机悬空吊装，柱根部不着地，待吊离地面后在空中回直。

（6）由于钢柱柱脚与基础多用地脚螺栓连接，柱与柱多用对接连接，因此，为使钢柱在就位时能顺利套入地脚螺栓或对准插入下柱，应采用垂直法吊装。吊点一般利用柱顶临时固定的连接板的上螺孔，也可在柱制作时，在吊点部位焊吊耳，吊装完毕后再割去。另外，钢柱在起吊回转过程中应注意避免同其他已吊好的构件相碰撞，以免发生重大事故。

（7）倾斜钢柱可采用三维坐标测量法进行测校，也可采用柱顶投影点结合标高进行测校，校正合格后宜采用刚性支撑固定。

（8）首节以上钢柱安装后，对垂直度、轴线、牛腿面标高进行初验，柱间间距用液压千斤顶与钢楔或捯链与钢丝绳校正。

（9）钢柱分段一般宜按 2～3 层一节，分段位置应在楼层梁顶标高以上 1.2～1.3m；钢梁、支撑等构件一般不宜分段；特殊、复杂构件分段应会同设计共同确定。

2.9.4.2 钢梁安装

（1）钢梁宜采用两点起吊。当单根钢梁长度大于 21m，采用两点吊装不能满足构件强度和变形要求时，宜设置 3～4 个吊装点吊装或采用平衡梁吊装，吊点位置应通过计算确定。

（2）钢梁可采用一机一吊或一机串吊的方式吊装，就位后应立即临时固定连接。

（3）吊装前应检查钢柱牛腿标高和柱子间距，梁上装好扶手和通道钢丝绳，以保证施工人员的安全。

（4）钢梁面的标高及两端高差可采用水准仪与标尺进行测量，校正完成后应进行永久性连接。

（5）为保证梁起吊后两端水平，应采用两点吊。吊点的位置取决于钢梁的跨度。水平桁架的吊点位置应根据桁架的形状而定，但须保证起吊后平直，目的是便于安装连接。

（6）安装连接螺栓时，要禁止在情况不明的情况下任意扩孔，且连接板必须平整。当梁标高超过允许规定时必须校正。

（7）主梁吊装前，应在梁上装好扶手杆和扶手用的安全绳，待主梁吊到位时，将扶手用安全绳与钢柱系住，以保证施工安全。

2.9.4.3 构件安装和连接顺序

（1）构件的安装顺序，平面上应从中间向四周扩展，竖向应由下向上逐渐安装。

（2）构件接头的焊接顺序，平面上应从中部对称地向四周扩展，竖向可采用有利于工序协调、方便施工、保证焊接质量的顺序。当需要通过焊接收缩微调柱顶垂直偏差值时，可适当调整平面方向接头焊接顺序。

（3）同一节柱上各梁柱节点的连接顺序：先连接顶部梁柱节点，再连接底部梁柱节点，最后连接中间部分的梁柱节点。

（4）优先连接主要构件，后连接次要构件。

2.9.4.4 组合楼板安装

钢结构常见组合楼板为压型钢板组合楼板和钢筋桁架楼承板组合楼板。其主要施工要点如下：

（1）组合楼板安装前，应绘制各楼层压型金属板铺设的排板图；图中应包含压型金属板的规格、尺寸和数量，与主体结构的支承构造和连接详图，以及封边挡板等内容。

（2）组合楼板安装前，应在支承结构上标出组合楼板的位置线。铺放时，相邻金属板端部的波形槽口应对准。

（3）组合楼板应采用专用吊具装卸和转运，严禁直接采用钢丝绳绑扎吊装。

（4）组合楼板与主体结构（钢梁）的锚固支承长度应符合设计要求，且不应小于50mm；端部锚固可采用点焊、贴角焊或射钉连接，设置位置应符合设计要求。

（5）转运至楼面的组合楼板应当天安装和连接完毕，当有剩余时应固定在钢梁上或转移到地面堆场。

（6）支承组合楼板的钢梁表面应保持清洁，组合楼板与钢梁顶面的间隙应控制在1mm以内。

（7）组合楼板安装应平整、顺直，板面不得有施工残留物和污物。

（8）组合楼板需预留设备孔洞时，应在混凝土浇筑完毕后使用等离子切割或空心钻开孔，不得采用火焰切割。

（9）设计文件要求在施工阶段设置临时支承时，应在混凝土浇筑前设置临时支承，待浇筑的混凝土强度达到规定强度后方可拆除。混凝土浇筑时应避免在组合楼板上集中堆载。

2.9.4.5 多、高层钢结构安装实例

某超高层建筑由三座单塔通过连桥连接形成整体建筑，钢结构主要包括屋顶塔冠钢结构、塔楼外框架柱与框架梁、钢桁架连桥以及少量核心筒钢骨梁结构。安装流程如表2-9-2所示。

安装流程 表2-9-2

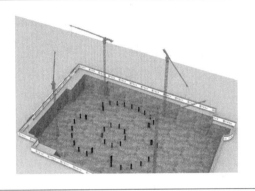

第一步：地下室首节钢柱吊装

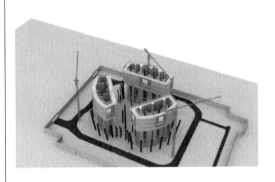

第二步：裙楼首节钢柱吊装

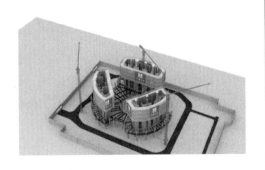

第三步：裙楼钢梁吊装

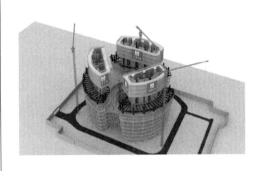

第四步：9层钢结构及低位17层连桥拼装胎架施工

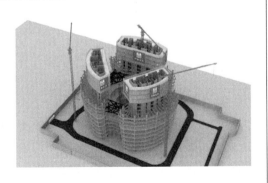

第五步：低位17层连桥拼装

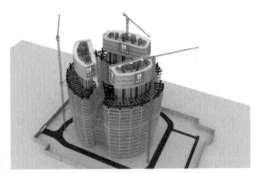

第六步：中位28层连桥拼装

第七步：施工至 20 层并安装提升装置

第八步：低、中位连桥提升至 17 层

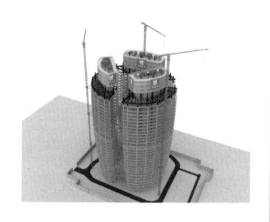

第九步：主体施工至 31 层

第十步：31 层结构安装提升装置

第十一步：中位连桥提升至 28 层

第十二步：主体结构施工至 41 层

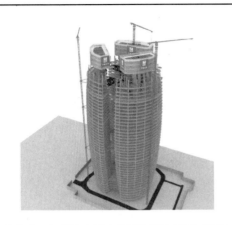

| 第十三步：高位 39 层连桥根部对称施工 | 第十四步：高位 39 层连桥中部合拢 |

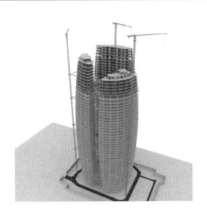

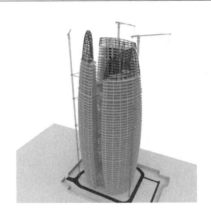

| 第十五步：T2、T3 主体施工完成，T1 施工至 51 层 | 第十六步：T2、T3 塔冠施工，T1 塔冠下段施工 |

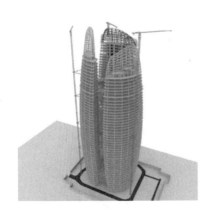

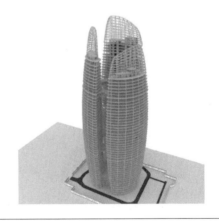

| 第十七步：T1 塔冠安装屋面吊，
利用屋面吊组拼 T1 塔冠上段 | 第十八步：屋面吊拆除，T1 塔冠上段
提升施工，施工完成 |

2.9.5 大跨度空间钢结构安装

常见的大跨度钢结构主要为网架类和桁架类，现场施工可根据结构特点和场地条件选用高空原位安装法、整体安装法、滑移安装法等施工方法。

2.9.5.1 高空原位安装法

高空原位安装法是指通过吊装设备直接将构件吊装至设计位置进行安装的施工方法。高空原位安装法形式多样，有在设计位置搭设胎架或支撑安装，也有不设支撑安装；有在地面组拼成结构单元再吊装，也有在高空散拼吊装。具体采用方式根据结构特点和现场情况灵活调整。

节点形式为螺栓球节点、高强度螺栓节点等的网架的安装可采用高空悬挑拼装，节约措施成本。

2.9.5.2 整体安装法

整体安装法是指在地面或平台上将钢构件组拼成整体后再进行安装。这种方法不需要大量支架，高空作业少，易保证焊接质量。适用于钢结构跨度大、安装高度高，现场不适宜搭设支撑或支撑量过大等情况。施工中，平板网架、高空钢桁架等常采用整体安装法。

整体安装法根据使用设备不同，可分为液压同步提升法、拔杆提升法、多机抬吊法、千斤顶顶升法等，当钢结构重量不大时，也可采用捯链、卷扬机等进行提升。

液压同步提升法是通过液压提升器提供动力，以电气和计算机系统辅助实现结构的同步提升。采用柔性索具承重，只要有合理吊点，提升高度和提升幅度不受限制，可提高作业安全性，适合在狭小空间进行大吨位构件安装。提升作业前务必做好相关的检查和验收，并试提升，过程中做好测量监控和应急准备措施，提升到位后，按方案妥善进行卸载施工。

使用起重设备整体提升到设计位置固定安装时，需要起重量大的起重设备，技术较复杂。当采用多根拔杆方案时，可利用每根拔杆两侧起重机滑轮组中产生水平分力不等原理推动网架移动或转动进行就位。因拔杆保持垂直状态受力最好，为使拔杆在网架吊装的全过程中不致发生较大的偏斜，应对缆风绳施加较大的初拉力。底座采用球形万向接头和单向铰接头，主要是为网架就位需要。

千斤顶顶升法是利用千斤顶将在地面上拼装好的结构整体顶升至设计标高，此法的优点是不需要大型设备，施工简便。在施工中要注意以下事项：

（1）支柱或支架上的缀板间距为使用行程的整倍数，主要便于倒换千斤顶。

（2）各千斤顶的行程和升起速度必须一致，千斤顶及其液压系统必须经过现场检验合格后方可使用。

（3）千斤顶或千斤顶的合力中心与柱轴线对准，主要便于准确就位和使千斤顶均匀受力。千斤顶保持垂直是为防止千斤顶本身偏心受压而损坏。

（4）网架结构对柱产生设计不允许出现的附加偏心荷载和对基础产生设计不允许出现的附加弯矩。

2.9.5.3 滑移安装法

滑移可采用单条滑移法、逐条积累滑移法与滑架法。单条滑移法是将分条的网架单元在事先设置的滑轨上单条滑移到设计位置后拼接。逐条积累滑移法是将分条的网架单元在滑轨上逐条积累拼接后滑移到设计位置。有条件时，应尽量在地面拼成条或块状单元吊至拼装平台上进行拼装。滑架法是指在结构下方架设可移动施工作业平台，分段进行网架或屋盖结构的原位拼装。目前主要使用的滑移设备为夹轨式液压顶推千斤顶。

空间网格结构在滑移时应至少设置两条滑轨，滑轨间必须平行。根据结构支承情况，滑轨可以倾斜设置，结构可上坡或下坡牵引。当滑轨倾斜时，必须采取安全措施，使结构在滑移过程中不致因自重向下滑动。对曲面空间网格结构的条状单元可用辅助支架调整结构的高低；对非矩形平面空间网格结构，在滑轨两边可对称或非对称地将结构悬挑。

采用滑移法安装网架时，平移单元在拼装和牵引过程中的挠度比较大，为减小挠度，故平移跨度大于50m的网架，宜在跨中增设一条平移轨道。

网架平移用的轨道，可用槽钢或扁钢焊在梁面预埋钢板上，轨道底面用水泥砂浆塞满，并在接头处焊牢。否则平移时，轨道会产生局部压陷，使平移阻力增大。轨道安装后要除锈并刷机油保养。另外，为了使网架沿直线平移，一般还在网架上安装导轮，在天沟梁上设置导轨。保证网架能平稳地滑移，滑移速度以不超过1m/min为宜。同时平移中两侧同步差达到30mm时，应停机调整同步。抽取轨道前抬起网架支座时，应注意支座的均匀上升。

2.10 幕墙工程相关技术

2.10.1 建筑幕墙概述

2.10.1.1 建筑幕墙的定义

规范中关于建筑幕墙的定义一直处于变化和丰富的过程，其中以《建筑幕墙术语》GB/T 34327的解释最为准确和全面：由面板与支承结构体系组成（构成），具有规定的承载能力、变形能力和适应主体结构位移能力，不分担主体结构所受作用（特点）的建筑外围护墙体结构或装饰性结构（定位）。此外，幕墙作为建筑结构的一部分，还需要满足建筑整体的功能要求，如保温、防火、防雷和消防救援等功能。

2.10.1.2 建筑幕墙的分类

当前建筑幕墙有多种分类依据，按面板的材料类型可分为玻璃幕墙、石材幕墙、金属板幕墙、人造板幕墙；按接缝构造形式可分为封闭式幕墙和开放式幕墙；按面板支撑类型可分为框支承幕墙（可分为构件式幕墙和单元式幕墙）、肋支承幕墙、点支撑幕墙；按支撑框架显露情况可分为明框幕墙、隐框幕墙和半隐框幕墙；按支撑框架材料可分为钢框架幕墙、铝框架幕墙、组合框架幕墙；此外，还有如双层幕墙、光伏幕墙等新型功能幕墙，以上幕墙分类均从幕墙的某一特性进行区分，相对独立又互为补充。

2.10.2 建筑幕墙材料

2.10.2.1 钢材钢件

幕墙中钢材和钢件主要作为受力龙骨和构件的连接而存在，其特点是强度高，塑性、韧性好，制造简便，施工周期短，具有可焊性，且价格较低，缺点是自重大、耐候性一般，广泛运用于幕墙工程中。

幕墙用钢材和钢件按照材质、规格和表面处理三个方面进行分类区分。幕墙常用的钢材钢件主要材质有 Q235B 和 Q345B 等；常用的规格有角钢、矩形管、槽钢、圆管、圆钢和 H 型钢等；常用的表面处理形式有黑材（无防腐处理）、热浸锌和氟碳喷涂处理等。其中热浸锌主要应用于封闭式幕墙，氟碳喷涂运用于开放式幕墙或者钢材裸露的部位。

实际项目管理过程中，钢材需要从材质、尺寸和表面处理三个方面进行质量控制。

2.10.2.2 铝合金型材

铝合金型材是以铝基材为主，通过加入一种合金元素，就能使其组织结构和性能发生改变，适宜作各种加工材或铸造零件，经常加入的合金元素有铜、镁、锌、硅等。在幕墙工程中主要运用于铝合金门窗和玻璃幕墙的主副龙骨及相关构件，在 SE 挂件和背栓式石材幕墙中也有使用。铝合金型材的优点是强度大、自重轻、耐候性好、表面观感极佳，缺点是生产周期长、可加工性差（只能冷加工）以及价格较为高昂。

铝合金型材一般按材质、时效处理和表面处理进行分类，幕墙常见的铝合金材质为6063、6063A、6061，其中 6063 和 6063A 主要用于幕墙主副龙骨，6061 主要用于垫块、挑件、角码和限位；常见的时效处理为 T5 和 T6，其中 T5 是在铝型材冷却过程中采用风冷，而 T6 则是采用水冷，T6 的强度比 T5 要高；常见的表面处理形式有阳极氧化、粉末喷涂和氟碳喷涂，其中阳极氧化主要用于不可见位置，粉末喷涂用于室内可见面或室外耐候要求不高的可见面，氟碳喷涂用于室外耐候性要求较高的可见面。

2.10.2.3 玻璃

玻璃主要用于铝合金门窗、玻璃幕墙、栏杆和采光顶等部位，是幕墙工程标志性的材料之一，因其良好的光学性能、晶莹剔透的观感和良好的保温性能，广泛运用于建筑幕墙中。

玻璃按照物理构造来区别可分为单片玻璃、夹层玻璃、中空玻璃和中空夹层玻璃；按照生产工艺来区别可分为浮法玻璃、压延玻璃、垂直上引玻璃和平拉玻璃等，幕墙用玻璃主要为浮法玻璃；除此之外，以上玻璃还可以做功能性和效果性的一些处理，比如为了提升玻璃强度而进行钢化和半钢化处理，为了降低自爆率而进行的超白和均质处理，为了提升保温隔热性能而进行的镀膜处理（按膜类型不同又分单层、双层、三层 Low-E 膜和热反射膜等），为了提升效果而进行的烤漆或彩釉处理等。

2.10.2.4　金属板材

幕墙主流使用的金属板材有铝单板、铝塑复合板（简称"铝塑板"）、铝合金蜂窝板（简称"蜂窝铝板"）。

铝单板主要用于铝板幕墙面板、玻璃幕墙背衬板和其他部位装饰面板。铝单板由于其质量轻、强度高、耐腐蚀性强、可加工性好和表面处理形式丰富，广泛运用于外形较为复杂、色彩要求高的幕墙项目。铝单板通常按照材质、厚度和表面处理进行分类。铝单板常见的材质有 1100H24、3003H24、5005H24，常见的厚度有 2.5mm、3mm、4mm、6mm，按表面处理形式有粉末喷涂、阳极氧化和氟碳喷涂。铝塑板由多层材料复合而成，上下层为高纯度铝合金板，中间采用经阻燃处理的塑料即芯材。铝塑板相比铝单板而言自重轻、耐冲击、平整度好、价格实惠，尤其是可以实现幻彩变色、极佳的平整度和类似镜面效果。

蜂窝铝板是上下层为高纯度铝合金板，中间为铝蜂窝芯材，采用胶粘剂进行复合而成的材料，其结合了铝单板和铝塑板的优点，自重轻、强度高、平整度极佳。对于造型不是特别复杂却对平整度要求较高的项目运用较多。

2.10.2.5　天然石材

幕墙用石材主要以花岗石为主，花岗石石材结构致密，抗压强度高，吸水率低，表面硬度大，化学稳定性好，耐久性强，有良好的抗冻性能。石材用于幕墙面板，庄重沉稳、造型多变、高贵典雅，广泛运用于具有历史文化气质的建筑物中。

幕墙用石材按材质可分为花岗石、大理石和石灰石等，按外形可分为板材、线条和造型石材，按表面处理形式可分为抛光、哑光、荔枝面、火烧面和蘑菇面等，按产地、色泽、纹路和样式则有更多分类（一般同一矿源的同类石材都有一个专属名字，比如最常见的白麻、灰麻、黄金麻等）。

2.10.3　建筑幕墙施工工艺

2.10.3.1　构件式幕墙施工工艺

施工流程如图 2-10-1 所示。

1. 测量放线

（1）控制点及标高移交：复核原始控制点和标高的误差。

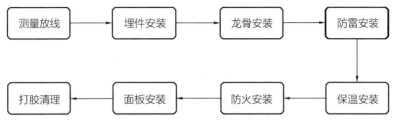

图 2-10-1 施工工艺流程

（2）幕墙控制轴网布设：结合幕墙工程特征，制定合适的水平控制轴网；同时从标高控制点将每层建筑标高 1m 线标识清楚，形成垂直控制轴网。

（3）建筑主体结构复核：一是要校核幕墙图纸与现场结构的对应情况；二是要复核结构误差情况。

2. 埋件安装

（1）预埋件安装

1）埋件测量定位

根据埋件布置图，结合水平控制轴网和垂直控制轴网，引出每块埋件的水平定位和垂直定位。

2）埋件安装固定

埋件安装使用钢钉、扎丝及焊机固定牢固，预埋件安装完善后需统一检查埋件是否漏埋及埋件固定情况等，混凝土浇筑前需邀请监理进行预埋件安装的隐蔽工程验收，并留存验收资料记录。

3）埋件跟进纠偏

混凝土浇筑时跟踪检查及纠偏：混凝土浇筑过程中需派专人进行跟踪，观察混凝土浇筑振捣对埋件的影响，对偏位较大的埋件需及时纠偏处理。

槽式预埋件安装前需观察槽口内的填充物是否饱满，不饱满的需填充饱满后再使用。

（2）后置埋件安装

1）埋件测量放线

根据埋件布置图，结合水平控制轴网和垂直控制轴网，引出每块埋件的水平定位和垂直定位，并在主体结构上标注出后置埋件的十字中线和埋件孔位。

2）螺栓钻孔清灰

选用埋件锚栓所对应钻头，用冲击钻钻孔，孔深需满足锚栓使用说明书要求，并对孔进行清灰以保证孔壁干净和干燥。

3）植入药剂螺栓

将化学药剂植入干净干燥的孔内，要将药剂完全放入孔内（若为机械锚栓，则不存在该步骤），然后用冲击钻将螺杆旋转置入孔内。

4）埋件安装就位

待化学药剂充分凝固之后，将埋板套入螺杆，用铁锤敲击埋板，保证埋板紧贴结构面，然后放上方垫片、平垫、弹垫，拧紧螺母。后置埋板安装完并调整就位后进行方垫片焊接，垫片焊缝长度及焊高需满足设计要求，焊接完成后需进行焊渣清理及防锈处理。

3. 龙骨安装

幕墙龙骨通过转接件与埋件进行连接，按照工艺逻辑，龙骨安装之前应进行转接件的安装。但实际施工组织过程中，为了提升幕墙安装效率和控制精度，往往提前将转接件与主龙骨进行螺栓固定，然后整体焊接安装在埋件之上。

当前，幕墙主龙骨主要以钢龙骨、铝合金龙骨和铝包钢龙骨为主。其安装工艺流程如下：

（1）主龙骨安装

1）测量放线

结合水平控制轴网，根据幕墙施工图纸确定主龙骨的定位，在施工现场底层和顶层位置，确定各分格位置主龙骨的完成面中线，并制作钢架支座，从上至下用钢丝拉出主龙骨通长控制完成线。

2）加工制作

将加工制作完成的主龙骨、插芯和转接件用不锈钢螺栓进行组装，当主龙骨为铝合金型材时，转接件与主龙骨之间应设置防护垫片。

3）安装定位

立柱安装一般由下而上进行，带芯套的一端朝上，参考完成控制线，将第一根立柱按悬垂构件先固定上端，将转接件点焊安装固定至埋件之上，调整后再固定下端；第二根立柱将下端对准第一根立柱插芯之上，并保留 20mm 的伸缩缝，将转接件点焊固定至埋件之上。按照如此顺序依次将同一个分格的主龙骨安装完毕。

4）加固验收

同一分格的主龙骨安装完毕之后，要先对安装质量进行检查验收，确保偏差符合规范要求之后，再按设计要求进行满焊加固。加固完成后，清除焊渣，然后再涂刷防锈漆。防锈漆的层数和厚度应满足设计要求。以上步骤完成后进行验收，做好半成品保护，准备下一工序的施工。

（2）副龙骨安装

1）测量放线

依据垂直方向的控制轴网，结合幕墙图纸，将副龙骨安装定位线用墨线或者记号笔标记在主龙骨之上。注意同一标高位置的副龙骨定位线要相互校核。

2）加工制作

将加工制作完成的副龙骨和角码用不锈钢螺栓进行组装，铝副龙骨主要通过角码与主龙骨进行连接，常见的组装方式如图 2-10-2 所示。

3）安装定位

副龙骨安装时，参考主龙骨上的安装定位线，将副龙骨依次点焊连接至主龙骨；铝合金龙骨安装时先将防噪垫片和铝合金角码用不锈钢螺栓固定至主龙骨，然后将副龙骨安装

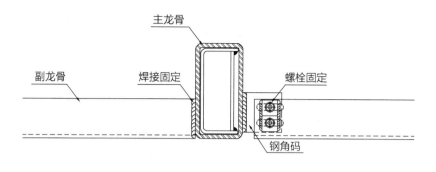

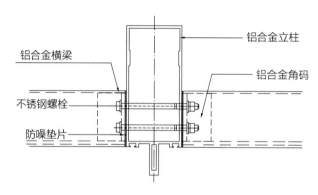

图 2-10-2　副龙骨组装方式

至角码上。

4）加固验收

副龙骨安装定位完成后，需要对安装精度进行验收，复核安装误差，满足规范要求后，对副龙骨进行满焊加固，然后清除焊渣，并按设计要求涂刷防锈漆，对铝合金副龙骨螺栓充分拧紧，然后将铝合金扣盖安装至副龙骨之上。

4. 保温工程安装

保温岩棉既可以安装在主体结构墙体之上，也可以安装在面板背面之中。

墙体保温安装时，先将保温岩棉板加工至所需尺寸，使用岩棉钉配套型号冲击钻在墙体上钻孔，注意钻孔深度，然后采用岩棉钉将岩棉固定至墙体之上。

背衬岩棉安装时，先将保温岩棉板加工至所需尺寸，然后采用相应结构胶将金属岩棉钉粘在面板之上，再将保温棉用力拍在面板背面，使岩棉钉充分穿透保温棉，最后将岩棉钉掰弯，卡住保温岩棉使其可靠固定在面板背面。部分情况下，还在面板背面采用钢丝网将保温岩棉可靠固定在面板之上。

5. 面板安装

（1）玻璃安装

1）安装定位

检查寻找玻璃，按照编号和尺寸将玻璃转运至安装部位，调整玻璃内外方向，将玻璃垫块（横明）或铝合金挑件（横隐）放至玻璃1/4分格处，将玻璃抬至安装位置，落入横梁槽中，然后采用铝合金压块临时固定。

2）调整固定

玻璃板块初装完成后对板块进行调整，调整的标准为横平、竖直、面平。

玻璃板块调整完成后立即用压板进行固定，压块应满足设计要求，明框幕墙玻璃宜采用通长铝合金压板进行安装固定，隐框幕墙玻璃用间距不大于 350mm 的压块对玻璃进行固定，然后将明框位置的铝合金扣盖或铝合金线条安装至压块之上。

（2）金属板安装

1）安装板前要在竖框上拉出两根通线，定好板间接缝的位置，按线的位置安装板材。拉线时要使用弹性小的线，以保证板缝整齐。

2）铝板采用自攻钉或者机制螺钉固定，施工前需要将折边位置铝板保护膜撕除，防止安装完成后不好操作，此处保护膜不去除将会导致后期密封胶失去作用。

3）铝板板块固定角码与主框接触处应加设一层胶垫，不允许刚性连接。该垫层既可以调节误差，也能避免角码与龙骨之间的电化学腐蚀。

4）初安装完成后，通过竖向以及横向铝板对比，进行铝板定位调整。调整完成后，需确保所有铝合金角码位置均采用自攻螺钉与龙骨可靠连接，不得少打漏打。

5）铝板表面保护膜，在施工完成或者达到出厂 45d，便可以撕除，时间过长将会导致保护膜老化以及无法撕除。

（3）石材安装

1）施工准备。石材面板安装之前，应对石材的厚度、尺寸、六面防护和开孔质量进行检查，并在地面上按照石材编号图进行排版，观察色差，确保质量合格才能进行下一步的安装。

2）测量放线。按照石材安装完成面，先将高度方向和水平方向最端头石材位置拉通长钢丝线，作为后续石材安装的控制依据。

3）石材安装。用不锈钢螺栓将支座或挂件安装至副龙骨对应位置上，用环氧树脂胶粘剂进行嵌缝（背栓式石材幕墙此时需要将背栓铝合金挂件固定至石材背面），根据施工前准备的钢丝线，对最下端的石材进行排头安装，并通过调节螺栓对石材完成面和上下左右位置进行调整直至满足质量要求，最后根据石材编号图依次从下至上完成其余板块的安装。

6. 打胶清理

打胶封闭是幕墙安装过程中的重要工序，打胶质量直接影响了整体幕墙的密封性能，在其他安装工序完成后将面板连接处打胶封闭与室外隔绝。打胶的工艺流程如下：

（1）清理缝隙。选用干净不脱毛的清洁布和二甲苯（或丙酮），用"两块抹布法"将拟注胶缝在注胶前半小时内清洁干净。

（2）填塞泡沫棒。选择规格合适、质量合格的泡沫棒填塞到拟注胶缝中，保持泡沫棒与板块侧面有足够的摩擦力，填塞后泡沫棒凸出表面距幕墙面板表面约 4mm。

（3）粘贴美伦纸。将美伦纸按照胶缝宽度粘贴至铝板边缘。美伦纸需横平竖直，距离一致。

（4）注入密封胶。胶缝在清洁后半小时内应尽快注胶，超过时间后应重新清洁。

（5）刮胶。刮胶应沿同一方面将胶缝刮平（或凹面），十字交叉处不得有接头，同时应注意密封胶的固化时间。

（6）撕掉美伦纸。刮完密封胶之后应第一时间撕掉美伦纸，以免胶固化之后影响美观。

（7）清理板面。检查幕墙面板表面是否有残留的密封胶，及时清理干净。

2.10.3.2　单元式幕墙施工工艺

施工流程如图 2-10-3 所示。

图 2-10-3　施工流程

1. 单元板块加工

单元板块的加工制作主要工艺流程为：铝型材机加工→集件→单元框架组装→背衬板安装→玻璃面板安装→注胶养护→装饰线条安装（如有）。单元板块的加工质量控制是单元式幕墙质量控制体系最为关键的一环。

2. 单元板块运输

（1）水平运输

单元板块到场后，水平运输主要通过塔式起重机、叉车和定制平板推车进行水平运输。采用叉车水平运输时，场内需要预留卸货点到垂直运输点之间叉车可正常通行的硬化道路，并且工地要预留专门存放和转运单元板块的空地。

（2）垂直运输

单元板块的垂直运输，一般 100m 以下可以采用移动小跑车进行运输，100m 以上位置主要通过塔式起重机和施工电梯进行。通过塔式起重机进行幕墙板块的垂直运输，需要设置卸料平台，塔式起重机从地面将单元板块吊起，转运至每层卸料平台，然后再转运至室内存放；使用施工电梯进行单元板块的垂直运输时，单元板块通过特制的单元板块转运车，将单元板块从室外存放点平移运至施工电梯，然后再转运至对应楼层进行存放，特别需要注意施工电梯的尺寸，必须确保施工电梯净空能装纳最大的单元板块。

3. 单元板块吊装

单元板块进场后，通过水平运输和垂直运输存放于各对应楼层。单元板块吊装一般6～8 人为一组，其中一人在吊装设备层，负责吊装设备的操作，其余人员分两组分别在安装操作层和上一层，负责板块的运输、起吊、就位和安装调整。

（1）吊运准备

吊运前，吊运组根据吊运计划对将要吊运的单元板块做最后检验，确保无质量、安全隐患后，分组码放，准备吊运。

对吊运相关人员进行安全技术交底，明确路线、停放位置。预防吊运过程中造成板块损坏或安全事故。

（2）吊具安装

将吊具固定在单元体龙骨上。

（3）板块吊装

将吊具固定在单元体龙骨上，将单元板块与电动葫芦挂钩连接，使单元板块沿钢丝绳缓缓提升吊出楼层，单元板块出楼层后，系好防风锁扣，缓缓向下吊运至安装位置后，不放开吊点，并进行单元板块的左右方向插接。在左右方向插接完成后，板块坐到下层单元板块的上槽口，防止板块在风力作用下与楼体发生碰撞。单元板块安装后，利用水准仪及钢尺对板块标高及缝宽进行检查，相邻单元板块标高差小于1mm，缝宽允许偏差⊥1mm。

（4）水槽料安装

单元体标高符合要求后，首先清洁槽内的垃圾，然后进行横滑型材及挡水胶皮安装，然后放置吸水海绵和止水海绵。

（5）排水槽闭水试验

单元板块的安装应进行排水槽闭水试验。测试前堵封所有的排水孔，并待硅酮密封胶固化，测试时水注满顶横料排水槽并待续10～15min，不应有水渗漏进幕墙内侧。

4. 防雷工程安装

单元式幕墙防雷工程主要分为横向均压环安装和竖向避雷铜导线安装，从而形成避雷网格。做法如图2-10-4所示。

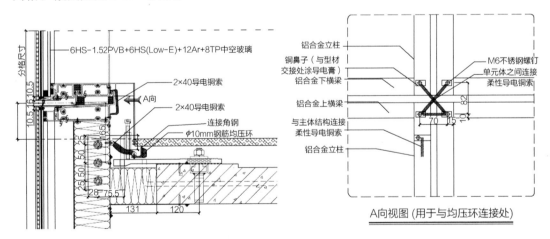

图 2-10-4　防雷工程做法示意

（1）防雷均压环安装

高层建筑幕墙采用避雷圆钢或扁铁形成避雷均压环，并与主体建筑防雷系统相连。避雷圆钢或扁铁之间已与主体防雷体系之间采用焊接连接，连接长度不小于100mm，焊接完成后需敲焊渣，按设计要求涂刷防锈漆。

（2）避雷铜织带安装

相邻的单元板块之间使用铜质编织导线连接贯通。要求用自攻钉与竖框相连，不应连接到插芯上。防雷膨胀节与竖框的接触面应去除氧化膜或涂层，搭接面积满足设计要求，四周缝隙应打胶封闭。

（3）幕墙防雷检测首先是检查幕墙系统与主体建筑防雷系统是否贯通，先在每个测试点用欧姆表测试电阻是否满足规范要求，如满足要求，将组织监理工程师对每个测试点进行检测。

5. 防火工程安装

（1）安装下口镀锌板

镀锌板与主体结构连接采用射钉锚固，与幕墙钢龙骨连接采用角码自钻钉锚固；镀锌板安装高度一致，牢固可靠，不松动。射钉锚固间距为300～400mm，角码转接件安装保持水平，牢固不松动，受力均匀，相邻钢板之间必须有搭接、有翻边。

（2）填塞防火岩棉板

防火岩棉板填塞密实是幕墙工程消防验收的重点检查项目，直接关系到消防验收能否顺利通过，因此必须确保防火岩棉填塞密实。

（3）安装上口镀锌板

镀锌板与主体结构连接采用射钉锚固，与幕墙钢龙骨连接采用角码自钻钉锚固；镀锌板安装高度一致，牢固可靠，不松动。射钉锚固间距为300～400mm，角码转接件安装保持水平，牢固不松动，受力均匀，相邻钢板之间必须有搭接、有翻边。

（4）注防火胶

镀锌钢板与主体结构之间、与幕墙龙骨之间和相邻镀锌钢板之间必须用防火密封胶密封，做到不透风不透光。根据施工图纸，防火镀锌板长边方向会有小角度翻边，翻边内注防火胶。

2.10.4 建筑幕墙质量要点

2.10.4.1 埋件工程质量控制要点

1. 预埋件工程质量控制要点

（1）当设计无明确要求时，预埋件的标高偏差不应大于10mm，预埋件位置差不应大于20mm。

（2）预埋件必须在工厂进行加工或使用成品埋件，不得在现场进行加工。预埋件的外形尺寸、构件厚度及表面处理需满足设计要求。

（3）预埋件安装需牢固，然后用焊机将埋件与钢筋进行点焊固定。

（4）埋板与混凝土接触不得出现空鼓，混凝土振捣要密实。

（5）槽式埋件、板槽组合埋件使用时需确保槽内填充物完好，防止水泥浆进入槽内。

2. 后置埋件工程质量控制要点

（1）后置锚栓式埋件打孔时孔径、孔深需严格按照锚栓使用说明书要求执行，化学药剂要在保质期内使用。

（2）打完孔后需用钢刷在栓孔中来回拉动，对栓孔中浮尘进行初步清理；使用针筒式气筒对栓孔进行二次吹气清理，保证孔壁没有附着的浮尘，同时保证钻孔的干燥。

（3）螺杆要用冲击钻将螺杆旋入螺栓锚固线，同时保证化学药剂溢出钻孔。螺杆触到钻孔底部时迅速停止敲击。

（4）后置埋板安装需与主体结构面贴紧，不得有缝隙。

（5）后置埋板安装完调整就位后进行方垫片焊接，垫片焊缝长度及焊高需满足设计要求，焊接完成后需进行焊渣清理及防锈处理。

（6）若钻孔时遇到主体钢筋，可适当错位安装，若无法错开，需特殊加固。

2.10.4.2　龙骨工程质量控制要点

（1）框支承玻璃幕墙的立柱宜悬挂在主体结构上，每层设两个支承点时，上支承点宜采用圆孔，下支承点宜采用长圆孔；在楼层内单独布置立柱时，其上、下端均宜与主体结构铰接，宜采用上端悬挂方式。

（2）立柱应采用螺栓与转接件连接，并再通过转接件与预埋件或钢构件连接。螺栓直径不应小于10mm，立柱与角码采用不同金属材料时应采用绝缘垫片分隔。

（3）金属与石材幕墙上下立柱之间应有不小于15mm的缝隙，并应采用芯柱连接。芯柱总长度不应小于400mm。芯柱与立柱应紧密接触。芯柱与下柱之间应采用不锈钢螺栓固定；玻璃幕墙上、下立柱之间应留有不小于15mm的缝隙，闭口型材可采用长度不小于250mm的芯柱连接，芯柱与立柱应紧密配合，芯柱与上柱或下柱之间应采用机械连接方法加以固定。

（4）角码和立柱采用不同金属材料时，应采用绝缘垫片分隔或采取其他有效措施防止双金属腐蚀。

（5）龙骨采用焊接措施，焊缝的等级和高度应满足设计要求，若设计无要求，焊缝高度等高于横梁壁厚。焊接完成后需清除焊渣，然后按设计要求涂刷防锈漆。钢材的加工断面也需按设计要求涂刷防锈漆。

（6）玻璃幕墙立柱的安装偏差应符合相关规范要求。

2.10.4.3　保温工程质量控制要点

墙体保温安装时，相邻岩棉必须紧靠，不得留有空隙、冷桥。岩棉钉数量应符合设计要求。岩棉板岩棉钉固定后进行牢固度检查，安装好岩棉板后再次检查牢固度，防止后期岩棉板脱落。

幕墙的保温材料可与金属板、石板结合在一起，但应与主体结构外表面有 50mm 以上的空气层。

2.10.4.4 防雷工程质量控制要点

（1）幕墙的金属框架应自上而下地安装防雷装置，防雷网格满足建筑防雷要求，并与主体结构的防雷体系可靠连接，连接部位应清除非导电保护层。

（2）玻璃幕墙的铝合金立柱，在不大于 10m 范围内宜有一根柱采用柔性导线上下连通，铜质导线截面积不宜小于 25mm²，铝质导线截面积不宜小于 30mm²。

（3）在主体建筑有水平均压环的楼层，对应导电通路立柱的预埋件或固定件应采用圆钢或扁钢与水平均压环焊接连通，形成防雷通路，焊缝和连线应涂防锈漆。

（4）兼有防雷功能的幕墙压顶板宜采用厚度不小于 3mm 的铝合金板制造。

2.10.4.5 防火工程质量控制要点

（1）玻璃幕墙与各层楼板、隔墙外沿间的缝隙，当采用岩棉或矿棉封堵时，其厚度不应小于 200mm，并应填充密实；楼层间水平防烟带的岩棉或矿棉宜采用厚度不小于 1.5mm 的镀锌钢板承托；承托板与主体结构、幕墙结构及承托板之间的缝隙宜填充防火密封材料。

（2）同一幕墙玻璃单元，不宜跨越建筑物的两个防火分区。

（3）镀锌板安装高度一致，牢固可靠，不松动。射钉锚固间距为 300～400mm，角码转接件安装保持水平，牢固不松动，受力均匀。

（4）横向相邻镀锌板安装时要求重叠 5～10mm。

（5）钢板边缘折弯部分与结构间通长注防火胶，相邻钢板接缝处注防火胶。

（6）防火岩棉板填塞密实，不得留有可视空隙。

2.10.4.6 石材面板工程质量控制要点

（1）幕墙石材宜选用火成岩，石材吸水率应小于 0.8%；花岗石板材的弯曲强度不应小于 8.0MPa；用于石材幕墙的石板，厚度不应小于 25mm，火烧石板的厚度应比抛光石板厚 3mm。石材面板连接部位应无崩坏、暗裂等缺陷；石板四周不得有明显的色差。

（2）石材幕墙中的单块石材板面面积不宜大于 1.5m²；石材表面应采用机械加工方式，加工后的表面应用高压水冲洗或用水和刷子清理，严禁用溶剂型的化学清洁剂清洗石材。

（3）短槽支承石板的不锈钢挂钩的厚度不应小于 3.0mm，铝合金挂钩的厚度不应小于 4.0mm。

（4）短槽式安装的石板加工，其开槽数量、尺寸和位置应满足规范要求。

（5）石板的转角宜采用不锈钢支撑件或铝合金型材专用件组装。

（6）石板经切割或开槽等工序后均应将石屑用水冲干净，石材幕墙金属挂件与石材间的粘结固定材料宜选用干挂石材用环氧胶粘剂（俗称 AB 胶），不应使用不饱和聚酯类胶粘剂（俗称云石胶）。

（7）石材挂件应通过不锈钢螺栓固定于龙骨，不得直接将挂件焊接在龙骨之上。

2.10.4.7 金属板材工程质量控制要点

（1）金属板幕墙面板与支承结构相连接时，应采取措施避免双金属接触腐蚀。

（2）幕墙用单层铝板厚度不应小于 2.5mm。

（3）根据防腐、装饰及建筑物的耐久年限的要求，对铝合金板材（单层铝板、铝塑复合板、蜂窝铝板）表面进行氟碳树脂处理时，应符合下列规定：

1）氟碳树脂含量不应低于 75%；海边及严重酸雨地区，可采用三道或四道氟碳树脂涂层，其厚度应大于 $40\mu m$；其他地区，可采用两道氟碳树脂涂层，其厚度应大于 $25\mu m$；

2）氟碳树脂涂层应无起泡、裂纹、剥落等现象。

（4）铝塑复合板应符合下列规定：

1）铝塑复合板的上下两层铝合金板的厚度均应为 0.5mm，铝合金板与夹芯层的剥离强度标准值应大于 $7N/mm^2$；

2）幕墙选用普通型聚乙烯铝塑复合板时，必须符合现行国家标准《建筑设计防火规范》GB 50016 的规定。

（5）蜂窝铝板应符合下列规定：

1）应根据幕墙的使用功能和耐久年限的要求，分别选用厚度为 10mm、12mm、15mm、20mm 和 25mm 的蜂窝铝板；

2）厚度为 10mm 的蜂窝铝板应由 1mm 厚的正面铝合金板、0.5~0.8mm 厚的背面铝合金板及铝蜂窝粘结而成；厚度在 10mm 以上的蜂窝铝板，其正背面铝合金板厚度均应为 1mm。

（6）单层铝板、蜂窝铝板、铝塑复合板和不锈钢板在制作构件时，应四周折边。铝塑复合板和蜂窝铝板折边时应采用机械刻槽，并应严格控制槽的深度，槽底不得触及面板。

（7）金属板应按需要设置边肋和中肋等加劲肋，铝塑复合板折边处应设边肋。加劲肋可采用金属方管、槽形或角形型材。加劲肋应与金属板可靠连接，并应有防腐措施。

（8）金属板材应沿周边用螺栓固定于横梁或立柱上，螺栓直径不应小于 4mm，螺栓的数量应根据板材所承受的风荷载和地震作用经计算后确定。

（9）金属幕墙的女儿墙部分，应用单层铝板或不锈钢板加工成向内倾斜的盖顶。

2.10.4.8 玻璃面板工程质量控制要点

（1）幕墙玻璃宜采用安全玻璃。点支承玻璃幕墙的面板玻璃应采用钢化玻璃。采用玻璃肋支承的点支承玻璃幕墙，其玻璃肋应采用钢化夹层玻璃。

（2）明框幕墙玻璃下边缘与下边框槽底之间应采用硬橡胶垫块衬托，垫块数量应为 2 个，厚度不应小于 5mm，每块长度不应小于 100mm。

（3）幕墙玻璃表面周边与建筑内、外装饰物之间的缝隙不宜小于 5mm，可采用柔性材料嵌缝。

（4）玻璃幕墙的单元板块不应跨越主体建筑的变形缝，其与主体建筑变形缝相对应的构造缝的设计，应能够适应主体建筑变形的要求。

（5）隐框或横向半隐框玻璃幕墙，每块玻璃的下端宜设置两个铝合金或不锈钢托条，托条应能承受该分格玻璃的重力荷载作用，且其长度不应小于 100mm，厚度不应小于 2mm，高度不应超出玻璃外表面。托条上应设置衬垫。

（6）玻璃室内侧的卷帘、百叶及隔热窗帘等内遮阳设施，与窗玻璃之间的距离不宜小于 50mm。

2.10.4.9　门窗工程质量控制要点

（1）幕墙开启窗的设置，应满足使用功能和立面效果要求，并应启闭方便，避免设置在梁、柱、隔墙等位置。开启扇的开启角度不宜大于 30°，开启距离不宜大于 300mm。

（2）门、窗用主型材基材壁厚公称尺寸除应满足相应规范要求外，尚应符合下列规定：

1）外门不应小于 2.2mm，内门不应小于 2.0mm；

2）外窗不应小于 1.8mm，内窗不应小于 1.4mm。

（3）铝合金型材表面处理厚度应满足规范要求。

（4）铝合金推拉门、推拉窗的扇应有防止从室外侧拆卸的装置。推拉窗用于外墙时，应设置防止窗扇向室外脱落的装置。

（5）铝合金门窗玻璃支承块、定位块安装应符合下列规定：

1）玻璃支承块长度不应小于 50mm，厚度根据槽底间隙设计尺寸确定，宜为 5～7mm；定位块长度不应小于 25mm。

2）支承块安装不得阻塞泄水孔及排水通道。

（6）玻璃采用密封胶条密封时，密封胶条宜使用连续条，接口不应设置在转角处，装配后的胶条应整齐均匀，无凸起。

（7）玻璃采用密封胶密封时，注胶厚度不应小于 3mm，粘结面应无灰尘、无油污、干燥，注胶应密实、不间断，表面光滑整洁。

（8）铝合金构件间连接应牢固，紧固件不应直接固定在隔热材料上。

（9）构件间的接缝应做密封处理（即组角胶）。

（10）金属附框固定片安装位置应满足：角部的距离不应大于 150mm，其余部位的固定片中心距不应大于 500mm；固定片与墙体固定点的中心位置至墙体边缘距离不应小于 50mm。

（11）铝合金门窗安装就位后，边框与墙体之间应做好密封防水处理，并应符合下列要求：

1）应采用粘结性能良好并相容的耐候密封胶；

2）打胶前应清洁粘结表面，去除灰尘、油污，粘结面应保持干燥，墙体部位应平整洁净；

3）胶缝采用矩形截面胶缝时，密封胶有效厚度应大于 6mm，采用三角形截面胶缝时，密封胶截面宽度应大于 8mm；

4）注胶应平整密实，胶缝宽度均匀、表面光滑、整洁美观。

2.10.4.10 单元式幕墙质量控制要点

幕墙分包的质量控制将遵循施工前技术交底、施工中工序控制和施工后逐步验收的基本思路，结合样板先行、首样验收，从设计、材料质量和工艺质量几个方面进行控制。

在设计方面，进场后通过参与图纸会审，协同业主、监理和设计单位对幕墙的深化图纸进行审核，并与主体结构图纸进行碰撞检查，从源头上保证方案正确性、可行性和合理性。

在材料方面，通过协同监理单位对幕墙进场材料、半成品和成品质量验收，做好首样验收并随机抽样进行检测复试，确保材料符合设计和规范要求。

在工艺方面，主要通过以下要点进行控制：

1. 单元板块加工质量控制要点

单元板块加工之前，应先检查铝合金型材、玻璃、金属板材等材料质量，确保符合质量要求后再开始加工。加工过程中，对材料加工尺寸、框架组装尺寸、面板安装尺寸和打胶质量进行检查验收，合格后才能运至施工现场。

2. 转接支座质量控制要点

（1）转接件与埋件采用螺栓连接时，不得少于 2 个螺栓。方垫片应方向一致、整齐划一，弹簧垫片应压平，螺母应拧紧，不许松动。

（2）转接件与埋件采用焊接方法连接时，不应少于 2 条焊缝，并且每个转接件有效焊缝总长度应依据设计计算确定。焊缝要求美观、整齐，不得有漏焊、虚焊、焊瘤、弧坑、裂纹等缺陷。

（3）转接件与埋件焊接时，相接部位及相关部位不得存在其他金属材料焊接。

（4）埋件、转接件、其他的防腐表面、非焊接区不得用焊弧破坏其防腐表面。

（5）转接件焊接后应清理，除锈除渣。构件除锈后应露出金属光泽，金属表面不得有灰尘、油渍、鳞皮、锈斑、焊渣、毛刺等附着物。

3. 板块周转运输控制要点

（1）周转运输时，应采用具有足够强度和刚度的周转架，垫弹性衬垫。保证单元板块间互相隔开并固定，不得互相挤压和串动，采取措施避免颠簸。

（2）单元板块应在室内或者室外设置专用场地摆放，依照安装部位和先出后进的顺序原则按编号排列放置。单元板块严禁直接叠层堆放，不许频繁装卸。

（3）单元板块不宜露天摆放，严禁直接放于地面上。露天摆放时必须做好防雨、防潮、防尘、防撞等保护措施。

（4）其他转接件、连接件等附件均应放置于架上。

（5）单元板块吊装前应采用专用平板车进行转运。

4. 单元板块吊装控制要点

（1）单元板块的起吊和就位

1）吊点和挂点应符合设计要求，吊点不应少于2个。必要时可增设吊点加固措施并试吊。

2）起吊单元板块时，应使各吊点均匀受力，起吊过程应保持单元板块平稳，工人控制好缆风绳，单元体沿着垂直方向缓缓上升。

3）吊装升降和平移应使单元板块不摆动、不撞击其他物体。

4）吊装过程应采取措施保证装饰面不受磨损和挤压。

5）单元板块就位时，应先将其挂到主体结构的挂点上初步固定。

（2）单元板块的校正和固定

1）单元板块就位后，应及时进行调整和校正，保证定位准确，并应及时与支座进行可靠固定，待单元板块彻底固定之后，才能拆除吊具。

2）及时清洁单元板块的型材槽口和排水孔，避免残胶、杂质等堵塞。在已安装单元板块端头处涂抹润滑油，并将铝合金插芯和挡水板、集水板（若有）固定于铝型材槽口部位。

3）按照上述步骤进行下一个相邻板块的安装，下一单元板块通过铝合金插芯的插接完成与已安装单元板块的连接和定位。

4）铝合金插芯两端单元板块都已安装就位且经过调整之后，在插芯两端与单元板块槽口部位进行打胶密封，并进行闭水试验，确定不漏水后进入下一层单元板块的安装。

2.11 装饰装修工程施工技术

2.11.1 装饰装修工程施工工艺

2.11.1.1 石材施工工艺

1. 石材干挂全流程解析

如图 2-11-1、图 2-11-2 所示。

（1）现场放线：根据施工图造型和节点做法策划出石材墙面的完成面厚度及基层做法，交底放线，放线完成后进行现场检查。

（2）材料下单：完成面复核，各节点及收口做法确认，设计人员绘制石材下单排版图、钢架排版图，材料下单。有条件的情况下，还应进行石材后场跟踪，避免下单或生产错误，监督生产质量和产能供给。

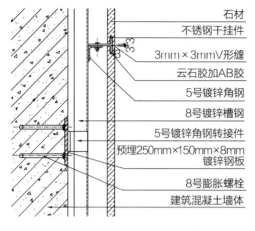

石材
不锈钢干挂件
3mm×3mmV形缝
云石胶加AB胶
5号镀锌角钢
8号镀锌槽钢
5号镀锌角钢转接件
预埋250mm×150mm×8mm
镀锌钢板
8号膨胀螺栓
建筑混凝土墙体

图 2-11-1 石材干挂竖剖

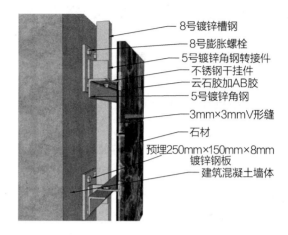

8号镀锌槽钢
8号膨胀螺栓
5号镀锌角钢转接件
不锈钢干挂件
云石胶加AB胶
5号镀锌角钢
3mm×3mmV形缝
石材
预埋250mm×150mm×8mm
镀锌钢板
建筑混凝土墙体

图 2-11-2 石材干挂三维示意图

（3）基层制作：根据确认的钢架排版图交底给施工班组，进行预埋件安装、横竖镀锌钢龙骨焊接。在焊接前需对角钢进行定尺开孔，方便固定干挂件。钢架调平调直后，先点焊固定，位置无误后再进行满焊，焊完后敲掉焊渣，焊缝处必须涂刷防锈漆避免钢材生锈腐蚀，防锈漆通常为银粉漆和丹红漆。干挂件中心间距不宜大于 700mm，干挂件中心距石材板边不得小于 100mm。

（4）石材开箱检查：石材进场开箱验收石材厚度、颜色等技术参数是否与设计签样一致，检查石材加工质量，对石材顺直度、石材背筋、背网及六面防护等进行检查，验收完成后，根据石材排版图的编号，对石材进行分区域放置，做好安装准备。

（5）石材安装：首先对石材进行开槽，石材板块上下两边各开两个短槽，槽长 100mm 左右，槽深度不宜大于 25mm；开完槽后，采用专用环氧树脂 AB 结构胶将每个石材开槽位补满；在开始干挂石材板块后，应当采用木楔子垫起最下方石材，并通过木楔子和其他辅助工具进行石材墙面的调平，边挂边调平。密封部位采用清洁剂进行清扫，最后用干燥清洁的纱布将溶剂蒸发后的痕迹拭去，保持密封面干燥，同时注意石材阳角保护。

2. 墙面石材粘贴

石材粘贴分为石材湿贴、石材干贴、石材湿挂。

（1）石材湿贴：是指用水泥砂浆或专用胶泥作为石材胶粘剂，基层用水泥类材料打底，再粘贴石材的做法。

（2）石材干贴：是指用干粉型胶粘剂作为胶粘材料，基层为水泥类材料或其他类型材料打底，再粘贴石材的做法，通常又称胶粘。

（3）石材湿挂：湿挂是指石材基层用水泥砂浆作为粘贴材料，先挂板后灌砂浆的石材安装方法，完成面较干挂法要薄，但费工费料成本高，且适用范围有限。

1）注意要点：墙面高度超过 3.5m，石材板面分格较大则不宜采用湿贴，宜采用干挂。如：大堂、建筑门厅、展示空间等。对完成面尺度有要求，且空间狭小，有需要控制成本的墙面和石材地面宜采用湿贴，如：过道、客房、卫生间等。

2）石材安装：采用水泥砂浆贴石材时，因为水泥砂浆中的水分会渗透进石材，最终导致石材产生返碱现象。采用石材胶粘剂来做石材粘贴，则能够起到防止石材返碱的作用，同时，石材胶粘剂的粘结强度也远远优于水泥砂浆，不易发生石材脱落与空鼓现象，铺贴中注意板块图案、花纹、方向、留缝设置等。

3. 地面石材铺贴

采用1∶3的干硬性砂浆对地面进行初找平，而后在干硬性砂浆找平层上进行地面石材铺贴。其中，注意找平层厚度控制，预留出粘结层和面层厚度。

2.11.1.2　瓷砖铺贴工艺

瓷砖施工方法与石材类似，分为湿贴、干挂。

1. 墙体湿贴瓷砖工艺

剪力墙和轻质隔墙的贴砖做法是相同的，若卫生间墙体为轻质隔墙，一定要做好防水处理再贴砖。在轻钢龙骨隔墙上贴瓷砖时需要注意根据瓷砖吸水率、面积及重量等因素，选择较为合适的瓷砖胶，而不是用水泥砂浆。墙体湿贴瓷砖工艺方法如图2-11-3、图2-11-4所示。

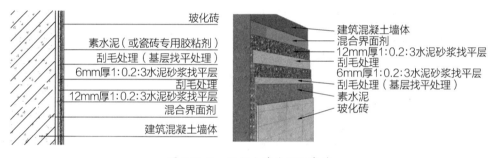

图 2-11-3　混凝土墙体湿贴瓷砖

（1）基层要求：对于铺砖的基层要求在2m靠尺下的平整度误差不得超过3mm，否则必须用砂浆找平。基层处理方法：用滚筒在墙面均匀涂刷，增加基层表面粗糙度和强度，从而达到提高瓷砖与基层的胶粘强度。

（2）预排砖：基层处理结束后，可以根据图纸进行预排砖，在墙面进行弹线找规矩。这样做就是为了把非整砖排在不明显的角落里；砖胶搅拌：面对不同的瓷砖我们选择的瓷砖胶也会不同，瓷砖胶搅拌时需要严格按照说明书上的加水比例，使用电动搅拌器搅拌均匀。注意：在搅拌过程中严禁加入水泥、砂子等材料。

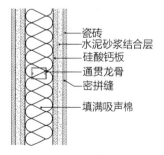

图 2-11-4　轻钢龙骨墙体湿贴瓷砖

（3）铺贴：找基点，贴砖墙前用水平尺测量出基准水平点，用墨盒线弹出基准水平线，这个步骤也是为了保证贴砖的垂直度和水平度。贴砖：贴砖时需要按照墙面控制线，先贴两端，从最下的上一层开始贴，用齿形抹刀直边将适量胶浆用力抹在基层表面打底，然后用齿形抹刀的另一边刮成条纹状。瓷砖上也适当涂抹胶浆，将瓷砖平放到已刮好的条纹基层上，对齐砖缝，按压后再用橡皮锤敲实。

（4）瓷砖卡扣：瓷砖铺贴时必须留缝，以防瓷砖热胀冷缩，出现起鼓、脱落等现象，同时也避免了瓷砖在施工过程中产生的误差，瓷砖留缝看上去也更加美观。

（5）清理面砖：瓷砖粘贴完成后，为了避免在铺贴过程中对瓷砖造成污染，影响美观，应及时对瓷砖表面进行清理，特别是要清理残余的胶浆。

（6）瓷砖填缝：瓷砖粘贴 24h 后，即可进行填缝处理，填缝剂的选择也可以根据用砖环境来决定。

（7）清洁养护：填缝完成 10～20min，填缝剂干燥后，用拧干的毛巾或海绵以画圆的方式清洗瓷砖表面，确保瓷砖表面填缝剂无残留。24h 后可用干布再次清理瓷砖表面。

2. 墙体干挂瓷砖工艺

墙体瓷砖干挂从基层处理开始，进行放线控制，挑选瓷砖，预排瓷砖，安装骨架，安装挂件，瓷砖开洞，瓷砖安装，表面清理。

2.11.1.3　木饰面施工工艺

木饰面的龙骨基层材料可分为：金属龙骨基层、木龙骨基层。

金属龙骨的特点：耐用性好，适用范围广，在湿度大、防火性要求较高，且造型不算复杂的情况下推荐使用。

木龙骨基层的特点：可塑性好，造价比金属龙骨低，工艺简单，但只适用于小空间以及对防火要求不高的空间。

基层板的选择有很多，比如：阻燃板、玻镁板、木工板、欧松板等。沿海或潮湿环境建议选用多层板等受潮不易变形的材料，不得用中、低密度板做基层材料。

木饰面的安装方式可分为：胶粘式、干挂式。

胶粘式是采用免钉胶（液体钉）将木饰面固定于基层板上。这种固定方式是目前国内最为常见的方式，适用于木饰面较薄（3～9mm）、面积较小的场合。

干挂式是采取干挂件（正反挂件）固定木饰面的一种安装方法，这种固定方式适用于面积较大、木饰面较厚较重（≥9mm）的情况。同时，采用干挂式做法时，更加便于后期的拆卸维修等操作；根据干挂件的不同，一般可以分为"木挂件"和"金属挂件"两类，目前 PVC 挂件也逐步被广泛使用。

根据《建筑设计防火规范》GB 50016，在 A 类建筑的装修中，吊顶材料是严禁大面积使用 A 级以下装饰材料的，因此可以使用木纹转印铝板来满足其防火规范的要求；也可使用薄木贴面板，贴在金属蜂窝铝板上，来提高材料防火性能。

2.11.1.4　地面板材施工工艺

1. 地毯

分为块毯、满铺毯和局部艺术地毯。其工艺流程如下：

（1）基层处理。铺设地毯的基层一般是水泥地面，也可以是钢制或木制地面，要求表面平整、光滑、洁净，基层含水率不大于8%，表面平整度不大于4mm。

（2）弹线、套方、分格、定位。地毯裁剪，注意精确测量房间尺寸，每段地毯长度要比房间长出2cm左右，宽度以裁去地毯边缘线后的尺寸计算，钉倒刺板挂毯条，沿着房间四周提交板边缘，用高强水泥钉将倒刺板钉在基层上，其间距约为40cm左右，倒刺板离开踢脚板8～10mm，以便于钉牢倒刺板，铺设衬垫，衬垫采用点粘法刷胶，注意要离开倒刺板10mm左右，缝合地毯，最后拉伸与固定。

2. 塑胶地板

常见的塑胶地板多为卷材，要求地板板面平整光滑、色泽均匀、无裂纹、厚薄一致，符合设计要求与技术规定。塑胶地板工艺流程：

（1）基层处理，注意室温保持在15～30℃，用打磨机清除基层表面的起砂、油污、遗留物等，地面彻底清理干净后，均匀滚涂一遍界面剂。

（2）自流平，自流平面层的表面不应有开裂、漏涂和泛水、积水等现象。

（3）放线，地板铺贴前预拼排版。

（4）安装地板，先清洁灰尘，将粘贴剂用齿形刮板均匀涂刷在基层面，将产品由里向外顺序铺贴，用滚筒加压密实，接缝方式分为三种：

1）密封拼接；

2）冷焊接，使用冷焊液或冷焊膏来连接；

3）热熔焊接，采用与被焊板材成分相同的焊条，用空气焊枪，温度保持在50℃，并加快焊枪行进速度焊接；焊条冷却后将高于板面多余的焊条铲切平整，注意不要铲伤地面；养护打蜡，铺贴完成后室温宜控制在15～30℃，湿度小于80%的环境中自然养护一般不少于24h；铺贴24h后，用布擦净表面，再用布包好已配好的止光软蜡，薄涂揩擦2～3遍，直至表面光滑、亮度一致为止。

3. 木地板

目前有如下几类铺设方式：悬浮式铺贴、木龙骨骨架铺贴、毛地板龙骨铺设、直接粘贴铺设。

（1）悬浮式铺贴：基层清理；防潮层铺装，注意防潮垫在墙边上翻50mm，人造板垫层与柱、墙等之间均应留不小于10mm的空隙；地板铺装，正式铺装前对地板进行预铺，地板铺设长度或宽度大于8m时，应在适当位置预留伸缩缝；靠近门边或与其他材料衔接时，安装扣条过渡。

（2）木龙骨骨架铺贴：在防潮层上安放垫木和木格栅，根据设计标高在墙面四周弹线，便于找平，格栅之前设置横撑，与格栅垂直，用铁钉固定，加强整体性。也可在木龙骨铺设完成后再增加一层防潮层。

（3）毛地板龙骨铺贴：此种方法可将毛地板直接固定在地面上，也可铺设龙骨后再将毛地板铺设在龙骨上，最后铺设地板，可根据现场实际情况制定做法。

（4）直接粘贴铺设：直接粘贴法则是在有完成面厚度要求的空间使用，基层处理后直接铺设地板的方法，此方法运用较少，对基层平整度和含水率要求很高。

4. 架空地板

架空地板同样需要做基层处理后涂刷防潮层，随后施工地面支架龙骨（设备间、监控室等弱电较多的空间，静电地板连接接地铁片），最后铺设面层地板。

2.11.1.5 油漆涂料施工工艺

以石膏板隔墙为例：

（1）基层处理：清理墙面的灰尘、黏附物，检查钉头是否有高出纸面；检查墙面平整度。

（2）钉眼、拼缝处理：用防锈漆或者水泥修补石膏板上自攻螺钉的钉眼，补眼时要饱满、平整。

（3）装护角条、贴绷带：为保障阴阳角挺拔，会在墙（顶）面的阴阳角处采用护角条对其加固，防止后期磕碰损坏。护角条采用胶粘剂固定，并通过腻子批嵌。腻子干透后，采用石膏板专用纸绷带补缝，均匀涂刷白乳胶后粘贴纸带，纸带不得起皱和空鼓。

（4）腻子打磨：待阴阳角的直角干透后，采用成品腻子对墙面进行满批嵌平处理。一般腻子层是分批三遍，依靠阴阳角，使用刮尺先上下一道进行刮平；若墙面过大，需根据完成面线进行冲筋；若墙面批嵌过厚，可先用粉刷石膏进行打底批嵌，防止墙面因批嵌滑石粉或腻子过厚而开裂；同时注意一点，每一次批刮腻子层的厚度不应大于 2mm，不然后期容易起皮脱落；当第一遍满刮腻子初凝后，用砂纸进行初次打磨，8h 左右进行二次打磨，直至平整，保证墙面平整不毛糙。基层用的腻子应与后期使用的涂料性能配套。坚实牢固，不得粉化、起皮、有裂纹，卫生间等潮湿处需要使用耐水腻子。打磨后检查阴阳角是否方正，墙面平整度、垂直度是否符合规范要求，是否边角收口未打磨到位，存在铁板印、波浪痕。

（5）底漆封闭：腻子层验收完毕后，即可进行底漆的涂刷。常规情况下，底漆按1：1添加清水，进行稀释，同时搅拌均匀无气泡后，即可开始涂刷；底漆干后，对细部发现的破损和瑕疵进行修补，用细砂纸打磨光滑平整，风干的涂饰面进行磨光，不能磨透漆膜。

（6）刷罩面漆：底漆做完后，开始涂刷第一遍面漆，采用底漆同样的涂刷方式，2～4h 后，检测墙面，对有缺陷处进行修补清扫，再进行第二遍面涂即可。面漆完工后，需做好其他面层材料的成品保护，防止交叉污染；成品乳胶漆墙面阳角用护角条进行保护，防止磕碰损伤。常规情况下，乳胶漆饰面需至少 7～14d 的干燥硬化，即可达到最佳状态。

2.11.1.6 玻璃施工工艺

室内装饰的玻璃安装方式主要分为：胶粘、干挂、点挂。

1. 胶粘式（最常见）

指在玻璃背部直接采用胶粘剂与基层材料进行连接的做法，安全性全靠胶粘剂的性能，胶粘法不宜作为单块玻璃大面积安装的做法。需要注意的是：胶粘式做法适用于玻璃厚度≤6mm，单块面积不宜过大的情况；可选用 AB 胶、玻璃胶、结构胶进行胶粘，而在收口处，宜采用密封胶收口；在通常情况下，玻璃采用胶粘式的安装方式需配合收边条一同使用；安装时，应注意选择材料的刚度以及所用胶的质量，并注意收口处的柔性连接及预留 1～2mm 伸缩缝。

胶粘式玻璃安装的工艺流程：

（1）放线：按照设计图纸及板块分格图纸，对应竖龙骨位置，用红外线放线仪将龙骨中线弹到墙面上，通常龙骨采用 50 轻钢龙骨，间距≤400mm。

（2）安装基层龙骨：龙骨通过 U 形支撑件与墙体连接，支撑件间距≤600mm，龙骨安装完毕，应保证龙骨外边缘的整体平整度，并进行验收。

（3）安装基层夹板：封板前应确保基层内机电等管路施工完毕，并通过验收；基层板宜采用 9mm 阻燃夹板；安装时从上往下或由中间向两头固定，要求布钉均匀，钉距 100～150mm，钉尾沉头；板与板拼接处留 3～5mm 缝。

（4）安装、粘贴玻璃镜面板块：粘贴玻璃板块应采用前面提到的专业用胶，玻璃与玻璃之间预留 1～2mm 缝隙。

2. 干挂式（用于大面积墙面）

玻璃干挂做法：

（1）放线：根据走道中心线测放完成面线，做好标记，预留好完成面厚度，确定主龙骨位置。

（2）主龙骨固定：固定上口封头板，考虑玻璃上口稳定性，沿玻璃顶部标高处固定通长封头板；固定根部铝合金 U 形槽；主龙骨定位固定，与 U 形铝合金上下槽固定。

（3）固定上下卡件：每根主龙骨上固定多个卡件，上下端部间距为 150mm，间隔 500mm。

（4）安装玻璃：在踢脚板或水平压条等搁置玻璃的凹槽内打胶，按照排版图玻璃编号，由一端往另一端逐块放置。一层玻璃安装完成后再安装水平压条，为了保证玻璃中部强度，水平压条中部用角码与墙面连接，最后安装顶部收边条。

3. 点挂式（多用于外墙或大面积玻璃饰面)

点挂式玻璃的安装方式，多用于外墙、室内栏杆或大面玻璃安装。优点：安装灵活、安全性高，缺点：不美观。点挂式玻璃稳定性主要靠爪件结构，是安全性很高的一种玻璃安装做法，要注意的是点挂式的玻璃具体使用多大的爪件是需要根据使用面积、玻璃厚度、使用部位进行结构计算的。

三种方式中，胶粘式在室内装饰中是最常用的安装方式，施工最方便；干挂式较安全美观；点挂式最安全但不够美观。

2.11.1.7 金属材料施工工艺

1. 不锈钢

不锈钢在室内装饰中，通常有三种常见形式：不锈钢条、饰面板材、独立框架。安装方式主要分为扣装、胶粘、螺栓固定、焊接、预留卡槽。

（1）扣装：预留好用于固定不锈钢的缝隙后，可以直接将不锈钢扣（粘、挂）在预留的缝隙上；

（2）胶粘：需要注意的是成品胶的质量；

（3）螺栓固定：主要是用于有翻边的不锈钢固定；

（4）焊接：金属材料都可以采用"焊接＋原子灰修补"的方式来实现无缝的效果；

（5）预留卡槽：这种方式适合用作隔断。

2. 铝板

铝板的安装方式分为：胶粘式、螺栓固定、干挂式，胶粘和螺栓固定与不锈钢区别不大，这里主要介绍干挂式。干挂式工艺详解：

（1）测量、弹线：按照设计图纸及板块分格图纸，对应竖龙骨位置，用红外线放线仪将龙骨中线弹到墙面上。

（2）固定角码：按照龙骨位置以及角码的间距，定位角钢角码位置，在墙体上用冲击钻钻眼，用膨胀螺栓固定角码，角钢角码提前用台钻进行钻眼。

（3）固定竖向龙骨：竖向龙骨与角码通过螺栓进行连接固定，竖向龙骨采用热镀锌方管，提前按照角码间距在龙骨上进行钻孔，安装完竖向龙骨后，螺栓初拧，待大面积竖向龙骨基本安装完毕，整体调直、调平，确认无误后，进行复拧。

（4）安装U形槽铝：根据金属板块的挂件槽口位置，确定槽铝的位置，用自攻螺钉固定槽铝，槽铝固定后，中间采用螺栓固定作为金属板挂点。

（5）安装铝单板：安装金属板时，自下而上进行安装，并调整金属板的垂直度、平整度，接缝高低差符合规范要求。

2.11.2　装饰装修工程质量通病解析

2.11.2.1　石材类质量通病

1. 阴角出现小黑洞

控制要点：前期策划应考虑拼接角度，图纸深化下单时应考虑到位（内切45°左右）。阴角采用搭接式，也可保证通缝。

2. 墙面石材腰线突出门套线，收口不合理

控制要点：提前策划，可考虑简化腰线或增大门套线的厚度，或在门套处进行倒角处理。

3. 墙面大理石纹理杂乱

控制要点：第一，应该整体排版，将排版的大理石编号；第二，大理石厂应根据编号排版切割；第三，切好的大理石严格根据排版的编号，装箱运送至现场，工人再严格按照编号进行安装。

4. 透光云石出现阴影

控制要点：重点部位须做大样确定具体施工做法，以保证透光造型的最终装饰效果。透光造型处做法须考虑：透光材料的透明度、是否有漏光；灯光的照度、基层材料的泛光效果、灯具密度、与透光饰面材料的距离、背后支撑骨架、挂点处的阴影对透光造型效果的影响，对于透光造型的阴影重点需考虑简化支撑骨架及挂点。

2.11.2.2 瓷砖类质量通病

1. 饰面层与粘结层之间脱落

控制要点：玻化砖粘结面将脱模剂清洗干净；涂刷玻化砖背胶或背胶养护充分（常规养护时间为 24h 后再贴砖）；使用质量合格的背胶（标准：双组分背胶，拉伸粘结强度应 ≥0.5MPa）。

2. 粘结层与抹灰层之间脱落

控制要点：成品粘结材料按厂家规定的配比施工，严禁在胶粘剂中掺入水泥、黄砂，使得粘结材料配比严重失调；基层需提前润湿，保持基层含水率，避免粘结层无法充分养护（水化反应），保证强度。

3. 粘结层与防水层之间脱落

控制要点：柔性防水层表面做界面处理（应"撒砂"或"界面剂拉毛"）；使用传统的薄涂法，控制粘结层满浆率（室内满浆率应 ≥85%，室外应 ≥95%）；控制粘结层厚度（小于 20mm），粘结层固化过程中产生收缩形变；玻化砖上墙后揉压密实。

4. 防水层与抹灰层之间脱落

控制要点：涂刷水泥基防水涂料（如 JS 防水涂料）前，基层提前润湿处理；涂刷溶剂型防水涂料（如聚氨酯防水涂料）前，控制基层含水率；防水层多遍薄涂，养护到位（防水层涂刷完干后再贴抹灰）。

5. 墙面瓷砖平整度较差

控制要点：铺贴玻化砖预留伸缩缝；玻化砖拆包装后，背面脱膜剂清理后再贴砖；瓷砖现场存放保护得当；使用的胶粘剂质量达标。

2.11.2.3 木饰面质量通病

1. 木踢脚与门套收口不合理，阴角漏缝等

控制要点：技术交底时，对现场尺寸及图纸要进行严格的复核，确保尺寸一致；在不同材质交接或转角处，可预留工艺槽或有造型的端部与平面板块处对接；针对门套与踢脚线收口，踢脚线凹陷 3mm 左右，用门套收踢脚线，或与门套平齐；如无法避免，踢脚线可斜切 45°收于木门套侧面。

2. 木饰面拼接处开裂

控制要点：严格控制木饰面、木料、基层板材的含水率；加强木质线条拼角处的整体性，使用适当方法加固。

3. 木饰面色差

控制要点：下单控制，同一空间下单控制在同一批次；后场控制，在成品木饰面出厂前，务必要求厂家对其进行预排，不符合要求的木饰面不予出厂。

4. 木饰面施工工序不合理，导致朝天缝

控制要点：先地面施工，后安装墙面木饰面板；先安装大面木饰面，后安装小面木饰面；先安装墙面木饰面，后安装门框、柱子、窗套等；先安装木饰面，后安装顶角线、腰线、踢脚线等。

5. 木饰面成品保护不到位

控制要点：与木饰面厂进行沟通，确保门套运输过程中无损坏；当门套完成后，应及时进行保护，防止门套被破坏；加强技术交底工作，加强现场监管力度。

2.11.2.4 地面板材质量通病

1. 地毯铺设质量通病

（1）踢脚线与地毯收口出现缝隙

控制要点：地毯及胶垫的厚度要提前确定，施工前和班组做好交底；铺地毯前检查地坪，复核地面水平标高，不平整的区域提前做好找平，确保地面整体平整。

（2）地毯起拱

控制要点：满铺地毯在铺设之前最好先展开平放 12h，让地毯内部伸缩后再铺设；沿墙边安装倒毛刺，倒毛刺的固定点间距不得超过 30cm，安装固定后用专用地毯撑，进行两头绷紧拉直定位；房间温度应在 18～35℃，湿度大于标准湿度时不得铺设地毯，清洗地毯时不能过分潮湿以防止起拱。

（3）地毯与石材平接处有落差，往往地毯面较低

控制要点：根据小样的厚度、尺寸浇筑地面，地毯毛高要高于石材完成面 3～4mm；石材地面平接时做好绒高找坡，拼接处可以用一根不锈钢条收口。

2. 塑胶地板质量通病

（1）塑胶地板起拱

控制要点：保证基层清理干净，无杂物；房间与房间连接处加装扣条，重新安装踢脚线；注意伸缩缝预留位置，保证间距。

（2）塑胶地板裂缝

控制要点：铺设前摊开塑胶地板静止 24h 再铺设；接缝处胶涂刷到位；加强管理，加强施工人员质量意识。

3. 木地板质量通病

（1）实木地板使用一段时间后出现起拱现象

控制要点：铺设前检查基层含水率、平衡含水率，安装不宜过紧，潮湿环境留缝 0.1mm 左右，干燥环境留 0.2mm 拼缝；地板四周踢脚板下留 10～15mm 的伸缩缝，或预埋同等宽度的 V 形弹簧卡件；地板与墙面（或隔断）无踢脚线处留 10～15mm 的间隙，

用收口条收边；地板应注意日常养护，避免潮湿遇水等现象。

（2）地板与石材交界处，地板被踩下去，出现高低差

控制要点：铺设地板时在靠近门槛石处需用木龙骨加固。

2.11.2.5　油漆涂料质量通病

1. 产生裂纹（开裂）

控制要点：①加强管理，施工温度控制在 5～30℃；②控制腻子厚度和各层涂刷间隔，加强施工管理；③控制基层含水率。

2. 变色及褪色

控制要点：①避免方法是乳胶漆和聚氨酯油漆二者不要同时使用；②同时控制墙面的湿度和避免长期的不均匀日照。

3. 起皮及剥落

控制要点：清理基层，弄清潮气来源。若是在卫生间旁边，严格控制防水施工质量，使用防水乳胶漆。若是因天气季节原因则用耐久性强且防水的弹性腻子对墙面作预处理，然后再按常规涂刷。

4. 出现流挂现象

控制要点：避免每次的涂层过厚，等漆膜干燥后用细砂纸打磨，清理饰面后再涂刷一遍。

5. 干燥后出现刷痕

控制要点：①使用高质量乳胶漆，它们通常含有可提高流平性的成分。因此，刷痕和辊印会容易"流开"形成平滑漆膜；②使用滚筒时，要确保滚筒的毛长符合所用油漆类型的要求。

6. 露出底色

控制要点：保证乳胶漆的质量，增加涂刷次数以及减少清水稀释的比例，提升乳胶漆的浓度。

7. 电管线槽部位的乳胶漆墙面产生裂缝

控制要点：预埋管线深度达到 15mm 以上，并使管卡固定牢固；管槽内垃圾必须清理干净，槽内粉刷前需浇水润湿，并冲洗干净；水泥砂浆补槽时应分层粉刷，待基层强度达到 50% 以上方可粉刷面层水泥砂浆，粉刷后，做界面剂贴网格布，然后贴纸胶带批腻子；按规范要求认真做好养护工作，一般在抹灰 24h 后进行湿润养护。

2.11.2.6　玻璃质量通病

1. 玻璃破碎

控制要点：①选择质量合格的材料，加强材料验收；②注意成品保护；③玻璃安装尽量安排在所有工序最后；④加强运输管理，玻璃码放、垫块、固定等有明确可靠的方法。

2. 边角不顺直，凹凸不平

控制要点：①加强后场跟踪，加工不到位的玻璃退回，重新下单更换；②加强技术交底，现场安装管理。

3. 玻璃加工不到位

钢化平板玻璃加工不到位，表面有气泡、刮痕、边角不顺直等。

底漆玻璃加工不到位，时常表现为：底漆不饱满、不均匀、有色差、存在色斑、容易掉漆等。

夹丝玻璃加工不到位，时常表现为：原片玻璃有刮痕、气泡，所夹材料不饱满、不密实，中部存在大量气泡等。

2. 11. 2. 7　金属质量通病

1. 板材安装不平整、不顺直

控制要点：不锈钢厚度不宜低于 1.2mm，并且在进场验收时需加强检查力度，以防供应商用劣质或厚度不满足要求的不锈钢进行以次充好，胶粘施工时胶体不宜过多，这样可以有效杜绝胶粘时过厚或过薄造成的表面不平整现象。

2. 不锈钢拼接处存在明显缝隙，灯光强烈之下可看见内部基层板

控制要点：基层放线到位，将全部尺寸、规格等放在墙面，核对施工图纸；基层板施工时及时跟踪、检测，严格把关，按照放线模型施工；缝隙较小的可以采取打胶处理，缝隙较大的需要更换板材。

3. 吊顶铝扣板边缘收口出现翘曲漏缝现象

控制要点：放线时要控制好 1m 水平线；根据排版尺寸，统一加工合格铝扣板；用配套边侧卡件进行受力固定或在边缘铝扣板背面加龙骨等型材压住板边缘。

2. 12　机电工程施工技术

2. 12. 1　机电工程概述

机电工程涵盖建筑安装工程、工业安装工程等。机电工程是按照一定的工艺和方法将管道、附件、设备、线缆等组合起来，满足功能需求的工程，过程中离不开建筑结构、装饰、幕墙等专业的配合。

一般建筑机电工程分为电气工程、建筑智能化工程、建筑给水排水及供暖工程（含消防水工程）、通风与空调工程、设备及管道防腐与绝热工程、电梯工程等。在常见项目机电安装施工过程中主要涉及电气工程、给水排水工程（含消防水工程）、通风空调工程、建筑智能化工程等。

机电工程需要前期做好深化设计和综合排布，在施工过程中需要控制好各个专业的施工要点，最终通过调试能高质量地达到设计的功能要求。

2.12.2　机电工程的深化设计及设备管线综合布置

1. 机电深化设计

机电深化设计，是结合各个专业施工图对机电图纸或原施工图的完善与优化，是对机电管线的优化布置。

机电工程项目深化设计分为专业工程深化设计和管线综合布置，专业工程深化设计是在确定初步设计及管线设备参数后，由专业施工单位按原设计的技术要求进行二次设计，完成最后的施工图。具体常用步骤如下：

（1）基于建筑结构、幕墙、装饰及机电专业的设计文件，理解机电专业设计意图。遇到设计表达不明确或有遗漏的，应进行校核计算，完善机电专业系统设计，向设计单位提出调整建议，并把最终设计解决方案反映到深化设计专业图纸中。

（2）工程上常用的计算校核工作的具体内容：空调设备选型计算、水泵扬程计算校核、风道截面积计算、水管管径计算、水管伸缩节计算、保温层计算、水系统水力平衡计算、电气负荷计算等。

（3）机电专业 BIM 模型

依据机电设计图纸和技术资料，结合结构、建筑和装饰等专业的 BIM 模型，在图纸深化的基础上，建立机电专业的原始 BIM 模型。

（4）机电管线综合

根据工程实际情况，进行机电综合深化设计。综合深化设计时，应综合考虑各类因素，结合规范因地制宜完成。

（5）机电综合 BIM 模型

根据各专业 BIM 模型，合成机电汇总 BIM 模型。结合机电管线综合图调整管线，考虑综合因素后形成较为完善的机电综合 BIM 模型。

2. 设备管线综合布置的原则

在充分理解原设计意图的基础上，依照各专业的设计、施工规范，满足集中布置、平行竖直、整齐美观的要求，并遵循以下原则进行：

（1）尽量利用梁内空间原则

绝大部分管道在安装时均为贴梁底走管，梁与梁之间存在很大的空间，尤其是当梁高很大时。在管道十字交叉时，这些梁内空间可以被很好地利用起来。在满足弯曲半径条件下，空调风管和有压水管均可以通过翻转到梁内空间的方法，避免与其他管道冲突，保持管路通畅，满足层高要求。

（2）便于检修原则

管线尽量错开、并排、紧凑安装，且必须预留足够的安装检修空间。在机电末端的布置过程中，应综合考虑送回风口、灯具、烟感探头、喷洒头等的安装，合理地布置吊顶区域机电各末端在吊顶上的分布，以及电气桥架安装后放线的操作空间以及日后的维修空间。

（3）有压让无压原则

有压管道避让重力流管道，有压管道在压力作用下，可以克服沿程阻力，沿一定方向流动，如给水管道、消火栓管道、喷淋管道、热水管道、空调水管等均为有压管道；重力流管道内介质仅受重力作用，由高往低流。如污水、废水、雨水、空调冷凝水等管道属于重力流管道，其主要特征是有坡度要求，因此，力求水平管线短，避免过多转弯，以保证建筑空间及排水畅通，管线交叉时，应将重力流管道对标高的要求作为首要条件给予满足。

（4）气体管道让水管道原则

水管道比气体管道造价高，水流动时动力损失较大。

（5）其他避让原则

管径小的让管径大的、易弯曲的让不易弯曲的、临时性的让永久性的等。

2.12.3　建筑给水排水及供暖工程（含消防给水工程）关注要点

建筑给水排水及供暖工程（含消防给水工程），施工过程中要重点关注屋面管道安装、水平管道安装等。

1. 屋面管道安装

（1）重点关注项目（屋面管道、雨水斗等）

1）屋面管道按照使用功能划分为给水管道、排水管道（含透气管）、消防管道等。

2）重点关注管道的安装质量、支架形式、防腐、保温及标识等。

3）重点关注屋面上安装的金属支架与管道接地。

（2）控制要点

1）屋面雨水斗安装

雨水斗主要分为虹吸式和重力式，安装各类型的雨水斗应按屋面构造材质采取不同的安装方式，可按照国家建筑标准设计图集《雨水斗选用及安装》09S302，最关键的要求是排水通畅，防止渗漏。

雨水斗安装时，将防水卷材弯入短管承口，填满防水密封膏后，即将压板盖上并插入螺栓使压板固定，压板底面应与短管顶面相平、密合。

2）屋面管道安装

屋面管道安装横平竖直，成排成线，支架、支墩间距设置规范合理；出屋面管道底部制作精细；管道油漆光泽均匀，保温严密。

出屋面管道根部按照防水要求做法，防水卷材卷起至少 250mm，上端用卡箍固定。混凝土墩与道之间填塞柔性防水嵌缝油膏，混凝土墩外侧可根据设计要求的颜色和材质涂刷防水型外墙涂料。

屋面管道支架根部在做找平层时先做好混凝土墩，防水卷材卷到混凝土墩上部。然后做砂浆保护层，保护层与管道支架之间填塞柔性防水嵌缝油膏。

屋面保温管道接口搭接应顺水，接缝设置宜在水平中心线下方的 15°~45°处，当侧面或底部有障碍物时，可移至管道水平中心线上方 60°以内。

3）屋面透气管安装

透气管应高出屋面 300mm，且应大于最大积雪厚度，透气管顶端应装设风帽或网罩；在透气管出口 4m 以内有门、窗时，透气管应高出门窗顶 600mm 或引向无门、窗一侧；在经常有人停留的平屋顶上，透气管应高出屋面 2m，若是金属透气管还应根据防雷要求设置防雷装置；屋顶有隔热层应从隔热层板面算起。

2. 标准层管道安装（给水排水、消防）

（1）重点关注项目

应重点关注综合管线（含吊顶内）、房间内管道及末端设备、消火栓及喷淋管道、喷头、卫生间、地漏等。

（2）控制要点

1）套管安装

穿楼板套管：套管外应清理干净，套管位置应正确，且固定牢固。

防水套管：防水套管制作应符合规范要求，安装要牢固平整，具体做法参考《防水套管图集》02S404。

穿墙密闭套管：套管一般采用钢套管，套管规格根据设计要求或者图集选择，一般比管道直径大 2 号，套管不能直接和主筋焊接，应采取附加筋形式，附加筋和主筋绑扎固定，使套管只能在轴向移动，套管内外表面及两端口需做防腐处理，端口要平整，并做好套管的防堵工作，穿越防火分区的应做好防火封堵措施，具体做法参考《防水套管图集》02S404。

管道穿过墙壁和楼板，应设置套管。套管间隙要均匀，安装在楼板内的套管，其顶部高出装饰地面 20mm；安装在卫生间及厨房内的套管，其顶部应高出装饰地面 50mm，底部应与楼板底面相平；安装在墙壁内的套管其两端与饰面相平。穿过楼板的套管与管道之间缝隙宜用阻燃密封材料填实，且端面应光滑。管道的接口不得设在套管内。

2）管道连接

管道连接常见有螺纹连接、法兰连接、焊接、承插连接、卡箍连接、粘结、热熔连接、沟槽连接等，具体连接工艺要点见相关图集及技术规程。

2.12.4 通风与空调工程关注要点

通风与空调工程在施工实践中主要关注屋面设备及管道安装、风管及风管部件安装、空调水管安装、空调设备安装等。

1. 屋面设备安装

屋面常见的通风与空调设备有冷却塔、多联空调室外机组、风冷式制冷（热泵）机组、通风机等。

（1）重点关注项目

屋面设备及其管线的整体布局、设备位置、成排设备的排列、设备基础、设备减振、设备安装及其配管、设备接地、设备管线穿越结构的细部处理等。

（2）控制要点

1）冷却塔

冷却塔安装位置应符合使用及维护、维修要求，进风侧距建筑物应大于 1m。

型钢底座制作规范、美观，面漆均匀一致；冷却塔与基础预埋件应连接牢固，固定螺栓有防锈蚀措施。

冷却塔隔振装置设置合理、有效，运行正常平稳，水量分配均匀合理，噪声及飘水符合要求。

2）风冷式制冷（热泵）机组

机组安装位置满足冷却风循环空间的要求。同规格机组成排安装，高度一致、间距均匀合理、整齐划一。机组隔振装置设置合理、有效，运行平稳。

3）屋面风机

通风机安装应横平竖直、牢固可靠。安装位置不得妨碍通风机的进风或者气体排出。屋面风机出口应增设向下 45°弯头，弯头咬口应顺水流方向。

露天安装的设备电动机、风阀执行机构等应采取可靠的防雨雪等防护措施。

通风机传动装置的外露部分以及直通大气的进、出口，必须采取装设防护网或其他安全设施。

4）屋面管道（风管、水管）及穿越屋面、外墙处理

管道安装顺直，排布有规律，布局规整划一。管道支架安装合理、牢固，落地的支架根部宜采用墩台等防护措施。

风管、管道穿屋面和外墙处处理严密，防水措施良好有效，宜进行打胶处理，且与建筑装饰面交界清晰美观。

2. 风管及风管部件的制作安装

（1）重点关注项目

各类空调送（回）风管、排风管、防（排）烟风管及附件的制作与安装，支吊架的制作与安装，风口安装等。

（2）控制要点

详见风管安装相关图集及质量验收规范。

3. 空调水管道安装

（1）重点关注项目

空调冷、热水管道的安装，冷却水管道的安装，冷凝水管道的安装，支架的制作与安装，阀门的安装等。

（2）控制要点

详见空调水管安装图集及质量验收规范。

4. 空调设备安装

（1）重点关注项目

制冷机组、水泵、空气处理机组、通风机、空调末端设备、静置设备等。

设备机房应通过综合排布，对设备、管道综合布局，要做到设备布置合理，固定可靠；各种管道排列有序，层次清晰。制冷机房、热交换机房、空气处理机房等应进行有组织排水。

（2）控制要点

1）制冷机组（压缩式制冷设备、吸收式制冷设备、水泵）

混凝土基础的规格和尺寸应与机组匹配，基础表面应平整，基础四周应有排水设施；基础位置应满足操作及检修的空间要求。

隔振装置采用弹簧隔振器时应设有防止机组水平位移的限位措施。安装在建筑楼层上的制冷机组，隔振措施应满足其上、下层位置无明显振感。

机组与管道连接应设置软接头，管道应设独立的支吊架。制冷机房内管道应有减振措施且有效。

2）空气处理机组

机组落地安装时，应安装在平整的基础上，基础高度能满足凝结水排放要求。多台机组安装时，排列整齐、层次分明。

机组悬挂安装时，吊架形式合理、安装牢固，并应采用隔振吊架等有效的隔振措施，吊杆与型钢、型钢与设备均应有可靠的防松动及固定措施。

机组配管（风、水）连接正确，严密、无渗漏。与机组连接的风管、水管，应设置独立支架，固定牢固。机组接管最低点应设泄水阀，最高点应设放气阀；阀门、仪表应安装齐全，规格、位置应正确，整齐一致。机组下部冷凝水排放管的水封高度符合要求。

3）通风机

通风机落地安装时应固定在隔振底座上，底座尺寸应与基础大小匹配，中心线一致。

通风机悬挂安装时，吊架形式合理且生根要牢固可靠，并应采用隔振吊架等有效的隔振措施，吊杆与型钢、型钢与设备均应有可靠的防松动及固定措施。

通风机进出口与风管之间柔性短管长度及松紧应适度。风机的进出风管、阀件应设置独立的支吊架。

通风机进风口或进风管路直通大气时，应采取加保护网或其他安全措施。

4）空调末端设备

常见的空调末端设备有风机盘管机组、变风量末端装置、诱导器、直接蒸发式室内机等。

空调末端设备应设置独立的吊架，宜采用4吊点悬吊安装，吊杆垂直，吊杆与机组连接处应采取防松动措施。风机盘管机组等有冷凝水产生的设备托盘宜设有坡度，坡向冷凝水管接口方向。

有振动产生的设备，如风机盘管机组、直接蒸发式室内机、风机动力型变风量末端装置等应采取隔振措施，宜使用隔振胶垫等方式。

机组与冷热媒水管的连接宜采用金属软接头，软接头连接应牢固，无扭曲和瘪管现象。风机盘管与凝结水管连接时应设置透明胶管，长度不宜大于 150mm，接口应连接牢固、严密，坡向正确，无扭曲和瘪管现象。

冷热媒水管上的阀门及过滤器应靠近风机盘管、变风量末端装置安装；调节阀安装位置应正确，排气阀应无堵塞现象。金属软接头及阀门均应保温。

与变风量末端装置进风口相连的风管要求有大于等于 4 倍管径长度的直管段，与变风量末端装置出风口相连的软风管的长度不宜超过 2m 且不应有死弯或塌凹。

5）静置设备

通风空调工程中常见的静置设备有：集（分）水器、热交换器、水软化设备、膨胀水箱、水处理器等。

静置设备安装平正、牢固，接管正确顺直，保温拼接严密、美观。基础平正美观，支架或底座无锈蚀、面漆光滑，设备支架或底座与基础接触紧密、固定牢固可靠。

冷冻水系统内的静置设备与支座间有可靠、牢固的防冷桥措施，绝热衬垫安装平正、贴实严密。型钢支座与设备本体直接接触时，型钢支架应采取有效的防冷桥措施。

分、集水器等容器配管合理，管道排列整齐、标识明确。集水器与分水器问有管道相连接，并设置平衡阀。冷冻水泄水管保温应过阀门 150mm 处。

热交换器安装平整牢固，同规格多台换热器安装时排列整齐，间距均匀，周边设有组织排水，板式热交换装置热交换肋片应平整光滑、无明显划痕及锈蚀。

软水处理装置安装平稳牢固，干净无污染，软化出水管上应设置水质检测用取水口。

2.12.5　建筑电气工程关注要点

建筑电气工程一般从基础施工开始贯穿整个建筑施工周期，主要关注要点为防雷接地及等电位联结、配电箱（柜）安装、桥架安装、电缆敷设、母线安装、末端安装调试等。

1. 防雷接地及等电位联结

（1）重点关注项目

重点关注接闪器支架安装、接闪器安装、屋面外露金属部分的接地、变配电室明敷接地干线安装、接地测试点、等电位联结等。

（2）控制要点

1）接闪器支架安装

避雷带支架应采用热镀锌件，卡子与避雷吻合安装，位置正确，间距均匀，不应弯曲。采用支架卡子固定，不得"T"焊，支架应有足够的强度且镀锌层良好。螺栓固定的防松件齐全，支架根部表面平整，防水措施得当。

2）接闪器安装（避雷带、避雷针）

避雷带宜用 ϕ10 以上镀锌圆钢，避雷带的镀锌层均匀，厚度一致，无灰浆污染，整体安装顺直。接头煨弯采用双面焊接，焊口在两侧，焊接搭接倍数不小于 6 倍直径，焊缝饱满无遗漏，并在焊痕外 100mm 内做防锈漆、银粉等防锈处理，引下线标识清晰，并整体编号。

支架直线段间距为 0.5~1m，支架高度为 150mm。避雷网转弯处圆滑过渡，固定支架均匀分布在拐弯处的两侧，距弯 300~500mm。避雷带跨越变形缝时，应做补偿。

避雷带应设置在屋面建筑物的突出部位，如屋脊、女儿墙的顶部，一般在中心位置，高度为 150mm。如女儿墙宽度小于 300mm 时，避雷带应设置在中心位置，高度为 150mm；如女儿墙宽度大于 300mm 时，避雷带距女儿墙外侧宜为 150mm。避雷带在转角处宜做成 Ω 形。

航空障碍灯高于避雷网时，应设置独立避雷针保护，避雷小针应与避雷引下线可靠连接。

3）屋面外露金属部分的接地

金属透气帽应与防雷网有可靠的连接，平垫、弹垫齐全。

透气管采用铸铁管时，每一节均应与防雷引下线连接成一体。采用焊接方式时要求焊缝饱满、不允许开裂。采用卡接，卡件与引上线直径匹配，卡件材质厚度不小于 1.6mm。

风机金属基座应与防雷引下线焊接或压接，并做好标识。

风机如果在防雷系统保护范围内，通风道应做等电位联结，风管软连接处应做跨接地线。

风机如果不在防雷系统保护范围内，通风道（非带电金属壳体）应与防雷网做有效连接，风管软连接处应做好跨接地线。

有高低跨度的金属爬梯应与女儿墙处的防雷网进行有效焊接。

4）变配电室明敷接地干线安装

接地干线应不可拆卸，沿建筑物墙壁水平敷设时，高度、与墙面的间距应满足要求，支架间距一致。水平敷设时，距地面高度 250~300mm；与建筑物墙壁间的间隙 10~15mm，引下线处有明显的接地标识。

接地干线的连接采用 3 面焊接，搭接长度为扁钢宽度的 2 倍。接地扁钢转弯应平滑顺直，不能出现死弯。预留接地专用螺栓应位于扁钢中心，变配电室内不少于 2~3 处。

在接地线跨越建筑物伸缩缝、沉降缝时，应设置补偿器，可将接地线本身弯成弧状作补偿器使用。

接地干线引入配电柜基础型钢时，应暗敷在地面内。当接地干线穿越门口时，宜暗敷在地面内。变配电室门口应设挡鼠板，高度不小于 400mm，不宜采用易燃材料。当挡鼠板为金属材料时，应采用铜编织线同接地干线连接。

竖井内接地扁钢的做法等同于变配电室内的做法，不可擅自变接地体的规格。穿楼板后应进行封堵。

基础槽钢要有明显可靠接地，最好用接地扁钢分叉直接焊在槽钢的可视部位。

槽钢接地不等于柜体接地，还应从 PE 排上引线压在柜体的专用接地点上。

5）接地电阻测试点

测试点宜暗设在专用箱、盒内，必须在地面以上按设计要求位置设置，安装端正，盒盖紧贴装饰面，标识清晰（白底黑字）且统一编号。内部接地扁钢无锈蚀，螺栓、螺母防松件齐全。在住宅小区等群体建筑群中，接地电阻测试点的设置应统一。

6）等电位联结（MEB）

等电位联结一般还有辅助等电位联结（SEB）、局部等电位联结（LEB）等，施工工艺较为简单，但需按照设计及规范要求及时做好预埋及等电位联结。

2. 配电箱柜安装

（1）重点关注项目

重点关注配电箱安装、配电柜安装、配管配线、标识等。

（2）控制要点

1）配电箱安装

配电箱的安装应横平竖直，固定牢靠。

导线分色一致，成排导线平行、顺直、整齐。分回路绑扎固定牢固，绑扎带间距均匀一致。

每个设备和器具的端子接线不应多于两根线，不同截面的两根导线不得插接于一个端子内。

箱内设 N 排、PE 排，N 线、PE 线经汇流排配出，标识清晰，导线入排顺直、美观。

进出线开口与导管管径匹配，并应套丝带根母（ϕ50 及以下管径）且有护口，不从侧面进线。

裸母线距金属门较近时，应加装防火绝缘挡板。

2）配电柜、控制柜安装

基础槽钢制作安装要下料准确，焊接牢固，油漆完整。

配电柜、控制柜和基础型钢用螺栓固定牢固，柜体及柜基础型钢应与 PE 排做有效连接，并应符合相关规定。

配电柜入柜的导管排列整齐，出地面的高度一致，管口光滑，护口齐全，管口在穿完线后封堵严密。

配电柜导线按相序或用途分色一致，接线牢固，柜内配线整齐，相色、标识清晰，有电气系统图。

金属线槽引入时，箱体开孔大小与线槽匹配，护口措施得当，且线槽与箱柜 PE 排做有效连接，并应做标识。

3）标识

开关、回路等标识清晰、规整，系统图清晰，粘贴牢固。配电柜标识牌清晰。

3. 桥架安装及电缆敷设

（1）重点关注项目

重点关注桥架安装、电缆敷设、防火封堵。

（2）控制要点

金属电缆桥架及其支架和引入或引出的金属电缆导管必须接地（PE）或接零（PEN）可靠。

金属电缆桥架不做设备的接地导体，当设计无要求时，全长不少于 2 处与接地（PE）或接零（PEN）干线连接。

非镀锌电缆桥架间连接板的两端跨接铜芯接地线，接地线最小允许截面积不小于 $4mm^2$；镀锌电缆桥架间连接板的两端不跨接接地线，但连接板两端应有不少于 2 个有防松螺母或防松垫圈的连接固定螺栓。

桥架穿越防火分区，应进行防火封堵。

桥架不应在楼板中连接，盖板应错开楼板 200～300mm，以便防火封堵。同时，穿越楼板时周围应加防水台保护，高度不小于 50mm。

当桥架经过建筑物伸缩缝或桥架直线长度大于 30m（铝合金及其他材料直线段长度大于 15m）时，应设置伸缩节，伸缩节应设置在伸缩缝位置或直线长度的中间。伸缩节两侧各设置一个支架，支架与伸缩节端部距离不大于 500mm。伸缩节补偿收缩衬板应设在伸缩节外侧，衬板螺栓孔应开成条形孔。衬板长度为两个连接板长度之和加 30mm，螺母应位于桥架外侧，且不能拧紧，以保证自由伸缩。伸缩节两端桥架应采用黄绿双色软铜线（铜编织软线）作接地跨接，接地线中间应留有余量。

托盘式桥架由室外引到室内时，宜在室外靠近墙体处的水平段改用一段电缆梯架，防止雨水顺托盘流入室内配电箱或配电柜内。

电缆应敷设整齐，标识清楚，固定牢固。穿越防火分区做好防火封堵。

4. 插接母线安装

（1）水平安装

插接母线组装前应对每段的绝缘电阻值进行测定，用 1000V 兆欧表摇测相间、相对地间的绝缘电阻值均应大于 20MΩ。

插接母线各段间连接应保持母线与母线对准、外壳与外壳对准，不应强行组装，不使母线或外壳受到额外应力。

插接母线的金属外壳及其固定支架均应接地或接零良好，且全长不得少于两处与接地或接零干线连通，有跨接要求的，两端应跨接地线可靠。

封闭式母线敷设长度超过 40m 时，应设置伸缩节；穿越防火墙、楼板时，采取的防火隔离措施要严格。

吊杆上下备母，且下备双母，平垫、弹垫齐全，母线与吊杆横担之间应采取压板固定的方式，以确保不移动。

（2）垂直安装

过楼板处设挡水台，挡水台口角方正，距地高度以 50mm 为宜。

垂直敷设支撑在楼板处应采取专用弹簧减振支撑，减振装置与插接母线垂直，安装应牢固。穿楼板处应进行防火封堵。

5. 灯具、开关、插座安装

（1）灯具安装

有吊顶时灯具位置布局合理、美观，如果单排，位于楼道中间；如果两排以上，平均分布，并横平竖直；有分格的吊顶板上安装灯具，灯具安装应取中心；异型顶上灯具安装，灯具沿弧线安装顺滑美观，间距一致。

高、低压配电设备及裸母线的正上方不应安装灯具。

质量大于 3kg 的灯具和镇流器不应装在吊顶的龙骨上。高度低于 2.4m 的金属壁灯的非带电金属壳体进行接地处理时，接地点不能与其他功能的同用（独立接地用），接地良好。

质量大于 10kg 的灯具，其固定装置应按 5 倍灯具重量的恒定均布载荷全数做强度试验，历时 15min，固定装置的部件应无明显变形。

花灯吊钩圆钢直径不应小于灯具挂销的直径，且不应小于 6mm 大型花灯的固定及悬吊装置，应按灯具重量的 2 倍做过载试验。

（2）开关、插座安装

开关安装的位置应便于操作，同一建筑物内开关边缘距门框（套）的距离宜为 0.15~0.2m。同一室内相同规格、相同标高的开关高度差不宜大于 5mm；并列安装相同规格的开关高度差不宜大于 1mm；并列安装不同规格的开关宜底边平齐；并列安装的拉线开关相邻间距不小于 20mm。

二联及以上开关安装时相线应做接头分别连接，不应串接。保护接地线（PE）在插座间不得串联连接。

2.13　电梯工程施工技术

2.13.1　电梯工程的组成

（1）从空间布置划分，电梯一般由机房、井道、轿厢、层站四大部位组成。

（2）从系统功能划分，电梯通常由曳引系统、导向系统、轿厢系统、门系统、重量平衡系统、驱动系统、控制系统、安全保护系统等八大系统构成。

（3）从建筑分部划分，它是由电力驱动的曳引式或强制式电梯安装、液压电梯安装和自动扶梯、自动人行道安装三个子分部工程组成：

1）电力驱动的曳引式或强制式电梯安装子分部工程是由设备进场验收、土建交接检验、驱动主机、导轨、门系统、轿厢、对重（平衡重）、安全部件、悬挂装置、随行电缆、补偿装置、电气装置、整机安装验收等分项工程组成。

2）液压电梯安装子分部工程是由设备进场验收、土建交接检验、液压系统、导轨、门系统、轿厢、对重（平衡重）、安全部件、悬挂装置、随行电缆、电气装置、整机安装验收等分项工程组成。

3）自动扶梯、自动人行道安装是由设备进场验收、土建交接检验、整机安装验收等 3 个分项工程组成。

2.13.2　电梯的施工程序

2.13.2.1　电梯安装前应履行的手续

（1）施工前书面告知。电梯安装的施工单位应当在施工前将拟进行安装的电梯情况书面告知工程所在地的特种设备安全监督管理部门，告知后即可施工。

（2）书面告知应提交的材料。包括：电梯安装告知书、施工单位及人员资格证件、施工组织与技术方案、工程合同、安装监督检验约请书、电梯制造单位的资质证件。

2.13.2.2　电梯安装的施工程序

（1）电梯设备进场验收。

（2）对电梯井道土建工程进行检测整定，以确定其位置尺寸符合电梯所提供的土建布置图和其他要求。

（3）对层门的预留孔洞设置防护栏杆，机房通向井道的预留孔设置临时盖板。

（4）井道放基准线后安装导轨等。

（5）机房设备安装，井道内配管配线。

（6）轿厢组装后安装层门等相关附件。

（7）通电空载试运行合格后负载试运行，检测各安全装置动作是否正常准确。

（8）整理各项记录，准备申报准用。

2.13.2.3　电梯准用程序

（1）电梯安装单位自检试运行结束后整理记录，并向制造单位报送，由制造单位负责进行校验和调试。

（2）检验和调试符合要求后，向经国务院特种设备安全监督管理部门核准的检验检测机构报验，要求监督检验。

（3）监督检验合格后电梯可以交付使用。获得准用许可后，按规定办理交工验收手续。

2.13.3　设计注意事项

电梯工程设计通常分为两部分：土建设计和电梯设计。设计单位根据业主要求提出电梯选型的技术参数，包括井道尺寸、门洞尺寸、轿厢尺寸、底坑深度、顶层高度、载重量和速度等；专业厂家根据土建图纸及上述参数进行电梯深化。

（1）设计填单前，按给定参数核对土建图纸，如顶层高度、底坑深度、井道断面尺寸、井道门口是否对中、对重的位置等。

（2）填写参数表。注意参数表中备注、电器配置中操纵盘的形式、附加功能中的相关要求、井道导轨支架的安装方式。

（3）残疾人操纵盘通常中分门设置在关门后的右手侧，双折门设置在关门侧。

（4）轿厢加重后应注意对重砣块的变化，对重架高度的变化，高度变化后对重行程是否满足要求，不满足要求时处理方式是什么。

（5）后砣设计改侧砣设计时注意导轨支架数量的变化，导轨支架与门机是否干涉，驱动装置曳引绳包角是否满足曳引能力。

（6）对重砣块距井道太近时注意驱动装置导向轮方向机座、减震胶垫与墙是否干涉。

（7）无机房电梯设计时要注意顶层高度低、速度高时门机与机座钢梁是否干涉、对重的行程是否足够。

（8）货梯速度大于等于 1m/s 时，轿架安全钳的选择是否满足要求，夹绳器选用系统质量是否满足要求。缓冲器选择的速度、质量范围是否满足要求。

2.13.4　对土建的配合要求

2.13.4.1　对机房的要求

（1）吊钩、预留洞、预埋件：定位、规格尺寸等应符合土建布置图的要求等。

（2）通风排气：机房应有温控设备，确保机房设备的温度在 5～40℃，相对湿度在 25℃时不超过 85%。除井道通过机房通风外，从建筑物其他处抽出的陈腐空气不得直接排入机房内。

（3）电力照明

1）机房设永久性电气照明，地面照度不小于 200lx，照明电源应与电梯主电源分开。

2）动力电源和照明电源应分开并送至机房，零线和接地线必须始终分开，供电电压波动应在 ±7% 范围内。

3）每台电梯设置独立的主电源控制开关，其容量可切断电梯正常使用情况下的最大电流，但该开关不应切断下列供电电路：轿厢照明和通风、轿顶电源插座、机房和隔音层照明、机房内电源插座、电梯井道照明、报警装置。

2.13.4.2　对井道的要求

（1）电梯井道应为混凝土结构，如采用砖墙结构，应按电梯土建布置图所示的导轨支架间距设置混凝土圈梁和门头过梁。

（2）当相邻两层门地槛间的距离大于 11m 时，其间应设置井道安全门。

（3）井道平面尺寸是用铅垂测定的最小净空尺寸，允许偏差值为：

电梯行程高度≤30m 的井道，0～+25mm；30m＜电梯行程高度≤60m 的井道，0～+35mm；60m＜电梯行程高度≤90m 的井道，0～+50mm；当电梯行程高度＞90m 的井道，符合土建布置图的要求。

2.13.4.3　对底坑的要求

底坑底部应光滑平整，并设有防水层，底坑不得渗水、漏水，不得作为积水坑使用，且应设排水装置。

为便于检修人员安全进入底坑地面，应在底坑内设置一个从层门进入底坑的永久性装置（爬梯），此装置不得凸入电梯运行的空间。

2.13.4.4　对层门的要求

（1）土建布置图应明确电梯厅门尺寸及定位、门垛尺寸、呼梯显示预留洞尺寸及定位等。

（2）厅门地槛前宜设置坡度，以防洗刷、洒水时水流进井道。

2.13.5　电梯工程施工

2.13.5.1　导轨支架及导轨安装

1. 导轨支架及固定方法

（1）导轨支架与井壁墙体常选用预埋钢板、直埋、预埋地脚螺栓或膨胀螺栓、共用导轨架、对穿螺栓固定的方法。

（2）支架直埋墙内深度不应小于120mm；采用预埋螺栓时其规格不应小于M16，埋深不小于100mm，且距混凝土边缘不小于200mm。

（3）支架应错开导轨接头200mm以上且安装水平，其水平度不应小于1.5‰。

2. 导轨架的安装

（1）测量导轨架压板螺栓孔距，刻上孔距中心线、校正线并用钢钉标记。

（2）安装时根据铅垂线对应架上的刻线，安装校正各导轨架使其水平。

（3）将底、顶两支架先安装好再放基准线，根据基准线安装校正中间各导轨架。

3. 导轨的安装

（1）轿厢两侧的导轨接头应相互错开1/2轨长。

（2）导轨的固定：将导轨竖立在地面的导轨座上，松开压导板上的螺栓并旋转90°，以便能够将导轨铺设在两个压导板之间并顶着半圆状背衬。然后将压导板重新放置并拧紧螺栓。注意压导板背面应与半圆状背衬接触，两个压导板与导轨凸缘的前边缘相啮合。

（3）导轨的连接：导轨之间的连接采用连接夹板进行，其端部采用凹凸榫头进行定位。

4. 导轨的校正

在每列导轨距中心端5mm处悬挂铅垂线，先用粗卡板自上而下地粗校导轨的3个工作面与铅垂线之间的距离，粗校调整后用精校卡尺对两列导轨的间距、垂直度、偏扭度进行检测和调整。调整时可采用加减垫片，局部用油石、锉刀等专用工具修整。

两列导轨顶面间的距离偏差应为：轿厢导轨0～2mm；对重导轨0～3mm。每列导轨工作面（包括侧面和顶面）与安装基准线每5m的偏差均不应大于下列数值：轿厢导轨和设有安全钳的对重导轨为0.6mm；不设安全钳的对重导轨为1.0mm。

2.13.5.2 缓冲器与对重安装

1. 缓冲器安装

缓冲器安装在底坑的槽钢或混凝土基础上。轿厢、对重的缓冲器撞板中心与缓冲器中心的偏差不应大于 20mm。液压缓冲器柱塞铅垂度不应大于 0.5%，弹簧缓冲器顶面水平度不大于 0.4%。

2. 对重安装

用手动葫芦将对重架吊起就位于对重导轨中，把对重架提升到要求的高度，装好对重导靴，再根据每一对重块的重量和平衡系数计算并装入适量的对重块。对重块要平放、塞实，并用压板固定。

2.13.5.3 承重梁安装

（1）当上缓冲距离符合设计要求时，承重梁可根据电梯安装平面图置于楼板下面，并与楼板连接一体，以使机房整洁和便于维修。

（2）当上缓冲距离不满足要求时，可将承重梁根据电梯平面布置图置于机房楼板面上，并在安装导向轮的地方留出十字形安装预留孔。

（3）当上缓冲距离不满足要求且机房有足够的高度时，为避免承重梁与其他设备在安装布局上相互冲突，可在机房楼板上构筑两个高出楼板的钢筋混凝土台，将承重梁架在台上。

（4）承重梁本身水平度不大于 0.15%，两相邻梁高度差不大于 0.5mm，平行度不大于 6mm，水平度不大于 0.05%。

2.13.5.4 轿厢、安全钳及导靴安装

1. 施工准备

轿厢在井道最高层内安装。在层门地槛对面的墙上平行开凿两个孔洞，孔距与门口宽度相接近。然后用两根方木作支撑梁，并将其调平加以固定。钢丝绳穿过机房楼板的曳引绳孔，借助楼板承重梁用手拉葫芦来悬吊轿厢架。

2. 下梁和轿底安装

将轿架下梁放在临时支撑梁上，使两端的安全嘴与两列导轨的距离一致，再把轿厢底放在下梁上支撑垫好并校正校平，然后竖立轿厢两边的立梁，用螺栓分别把立梁与下梁、轿底连接并紧固。

3. 上梁安装

用手动葫芦吊装上梁，将上梁与立柱用螺栓紧固连接，校正立柱的铅垂度。

4. 安全钳安装

把安全钳的楔块放入下梁两端的安全嘴内，装上安全钳的拉杆。使拉杆的下端与楔块连接，上端与上梁的安全钳传动机构连接，并使两边楔块和拉杆的提拉高度对称且一致。

5. 导靴安装

安装和调整导靴，使两边的导靴垂直，然后调整螺栓使两边上、下四个导靴的各部间隙值符合有关规定。

6. 限位开关安装

按平面布置图和随机技术文件的要求，在立梁上装好限位开关和极限开关打板、换速平层装置固定架和隔磁板等，并用铅垂线校正。

7. 组装轿厢

把电缆槽和操纵箱安装在轿壁上，用手动葫芦将轿顶吊挂在上梁下面。先装配轿厢的后壁，后装侧壁，再装前壁。将每面轿壁组装成单扇后与轿顶、轿底固定好。对设有轿门这一扇的轿壁应用弯尺校正，确定轿门套立柱的位置和尺寸。

8. 轿厢门

轿厢和轿门在拼装过程中，应边组装边调整，使每一部件都校正达到规定要求，全部机件装配完后再进行一次全面的检查校正，以确保安装质量。

2.13.5.5 层门

1. 左右支架滑门道轨

地槛、左右支架、滑门道轨用螺栓连成一体，并通过地脚螺栓把左右立柱和滑门道轨固定在井道壁上。滑门道轨的水平和铅垂度可通过地脚螺栓调整。

2. 门扇和门扇连接机构

门扇上端通过滚轮吊挂在门导轨上，下端通过滑块插入地槛槽内，使门在一个垂直面上左右运行。门扇与门扇、门扇与门套、门扇与门口处轿壁、门扇下端与地槛的间隙，乘客电梯不应大于 6mm，载货电梯不应大于 8mm。

3. 门锁

从轿门顶沿井道悬挂铅垂线，作为安装、调整、校正各层站的层门锁和机电连锁的依据。电梯安装完试运行时，应先使电梯在慢速运行状态下，对门锁装置进行检查调整，把各种连接螺栓紧固好。

2.13.5.6 驱动主机

1. 曳引机

（1）当承重梁在机房楼板下时，先做钢筋混凝土底座并预埋好固定曳引机的地脚螺栓。底座下面、承重梁上面应放置减振橡胶垫，曳引机紧固在底座上。

（2）当承重梁在楼板上面时，可将曳引机底盘的钢板与承重梁用螺栓或焊接连为一体，需减振时要制作减振装置。上面的钢板与曳引机用螺栓连接，下面的钢板与承重梁焊接。为防止位移，上钢板与曳引机底盘需设置压板和挡板。

（3）曳引轮安装位置的校正：在曳引机上方固定一根水平线，从该线悬挂两根铅垂线，一根对准轿厢架中心点，一根对准对重中心点。再根据计算的曳引轮节圆直径，在水平线上另悬曳引轮铅垂线，用以校正曳引轮安装位置。

2. 用于直流电机拖动电梯的直流发电机组

发电机组通常用地脚螺栓固定在混凝土台座上，台座与机房地板之间应设置减振垫。固定发电机组的混凝土台座应水平，其水平度不大于3mm。

2.13.5.7 导向轮、复绕轮

（1）导向轮：在机房楼板或承重梁上，对准对重中心点悬挂一铅垂线。在垂线两侧以导向轮宽度为间距，悬挂两条辅助铅垂线，用以校正导向轮水平方向偏摆。

（2）校正后的导向轮铅垂度应不大于0.5mm。导向轮端面与曳引轮端面的平行度应不大于±1mm。导向轮位置偏差：前、后方向应不超过±5mm，左、右方向应不超过±1mm。当不设导向轮时，曳引轮中心至轿厢架中心线和对重中心线的距离应近似。

（3）复绕轮：用于高速直流梯，安装方法除和导向轮相同外，必须将复绕轮与曳引轮沿水平方向偏离一个等于曳引绳槽间距1/2的差值，复绕轮经安装调整校正后，挡绳装置距曳引绳的间隙应为3mm。

2.13.5.8 限速装置

（1）限速器：限速器安装在机房楼板上时，把限速器垫高100mm，然后在限速器绳轮上悬挂下放一根铅垂线，使铅垂线穿过楼板的预留孔至轿厢架，并对准安全钳绳头拉手中心孔。以这时的铅垂线为依据校正校平后，在限速器的固定孔上穿好地脚螺栓，再制作基础模板和浇筑水泥砂浆，把限速器稳固在混凝土基础上。

（2）涨紧装置：限速器绳索的涨紧装置安装并紧固在底坑的轿厢导轨上，涨紧装置底面与底坑地面的距离 H 为：高速梯 750 ± 50mm；快速梯 550 ± 50mm；低速梯 400 ± 50mm。

（3）限速装置经安装调整后，位置偏差在前后和左右方向应不大于3mm，绳轮的铅垂度应不大于0.5mm。

2.13.5.9 曳引钢丝绳、悬挂装置

1. 曳引钢丝绳

将曳引钢丝绳由机房绕过曳引轮悬垂至对重，用夹绳装置把钢丝绳固定在曳引轮上，把靠在轿厢一侧的钢丝绳末端展开悬垂至轿厢。

2. 轿厢悬挂装置的安装（当曳引比为1：1时）

（1）将连接板紧固在上梁的两个支承板上，然后安装钢绳套结。根据绳的数目，将螺纹螺栓穿过板上相应的孔内。用弹簧、螺母和开尾销紧间隔套和松绳套，将整个松绳开关安装在板下面。

（2）通过手盘车将轿厢降下，使所有钢丝绳承受到负荷。把曳引轮上的夹绳装置拆除。用手盘车把对重向上提起约30mm，检查钢绳拉力是否均匀，然后重新将螺母锁紧。

当曳引比为 2：1 时，曳引绳需从曳引轮两侧分别下放至轿厢和对重装置，穿过轿顶轮和对重轮再返到机房，并固定在绳头板上。

绳挂好后可借助手动葫芦把轿厢吊起，再拆除支撑轿厢的方木，放下轿厢并使全部曳引绳受力一致。

2.13.5.10　调试及试运行

1. 电梯安全装置试验

电梯整机性能试验前的安全装置检验应符合现行国家标准《电梯制造与安装安全规范》的规定，如有任何一个安全装置不合格，则该电梯不能进行整机试验。

（1）限速器——安全钳装置试验

对瞬时式安全钳装置，轿厢应载有均匀分布的额定载重量，以检修速度向下运行进行试验。对渐进式安全钳装置，轿厢应载有均匀分布的 125% 的额定载重量，安全钳装置的动作应在平层速度或检修速度下进行试验。

在机房内人为动作限速器，使限速器开关动作，此时电机停转；短接限速器的电气开关，人为动作限速器，使限速器钢丝绳制动并提拉安全钳装置，此时安全钳装置的电气开关应动作，使电机停转；然后，再将安全钳装置的电气开关短接，再次人为动作限速器，安全钳装置应动作并夹紧导轨，使轿厢制停，且轿厢倾斜度不应大于 5%。试验完成后，各个电气开关应恢复正常，并检查导轨，必要时应修复到正常状态。

（2）缓冲器试验

蓄能型缓冲器：轿厢以额定载重量，对轿厢缓冲器进行静压 5min，然后轿厢脱离缓冲器，缓冲器应恢复到正常位置。

耗能型缓冲器：轿厢和对重装置分别以检修速度下降将缓冲器全部压缩，从轿厢和对重离开缓冲器瞬间起，缓冲器柱塞复位时间不大于 120s。

（3）极限开关试验

电梯以检修速度向上和向下运行，当电梯超越上、下极限工作位置并在轿厢或对重接触缓冲器前，极限开关应起作用，使电梯停止运行。

（4）厅门与轿厢门电气联锁装置试验

当厅门或轿厢门没有关闭时，操作运行按钮，电梯应不能运行。将厅门或轿厢门打开，电梯应停止运行。

（5）紧急操作装置试验

停电或电气系统安全故障时，应有轿厢慢速移动的措施，检查措施是否齐备和可用。

（6）急停保护装置试验

机房、轿顶、轿内、底坑应装有急停保护开关，逐一检查开关的功能。

（7）运行速度和平衡系数试验

电梯运行速度：使轿厢载有 50% 的额定载重量下行或上行至行程中段时，记录电流、电压及转速的数值。

平衡系数：宜在轿厢以额定载重量的 0、25％、40％、50％、75％、100％、110％时做上、下运行，当轿厢与对重运行到同一水平位置时，记录电流、电压及转速的数值（测量电流，用于交流电动机。当测量电流并同时测量电压时，用于直流电动机）。

平衡系数的确定：平衡系数用绘制电流-负荷曲线法，以向上、向下运行曲线的交点来确定。

（8）噪声试验方法

运行中轿厢内噪声测试：传感器置于轿厢内中央距轿厢底面高 1.5m，取最大值为依据。

开关门过程噪声测试：传感器分别置于厅门和轿厢门宽度的中央，距门 0.24m，距底面高 1.5m，取最大值为依据。

机房噪声测试：当电梯正常运行时，传感器距地面 1.5m，距声源 1m 外进行测试，测试点不少于 3 点，取最大值为依据。

（9）轿厢平层准确度检验方法

在空载和额定载重量工况下进行试验：当电梯的额定速度不大于 1m/s 时，测量方法为轿厢自底层端站向上逐层运行和自顶层端站向下逐层运行。

当电梯的额定速度大于 1m/s 时，还应测量达到额定速度时层站的平层误差：轿厢在两个端站之间直驶，当电梯停靠层站后，测量轿厢地槛上平面对层门地槛上平面在开门宽度 1/2 处垂直方向的差值。

2. 整机运行调试

（1）电梯的慢速调试运行

1）电梯运行前检查各层厅门确保已关闭，检测电机电阻值符合要求，电源、电压、相序与电梯相匹配，继电器动作与接触器动作及电梯运转方向确保一致。

2）在机房检修运行后才能在轿顶上使电梯处于检修状态。按动检修盒上的慢上或慢下按钮，电梯以检修速度慢上或慢下，逐层检查调整上、下端站的强迫减速开关、方向限位开关和极限开关，并使各开关安全有效。

（2）自动门机调试

1）电梯仍处在检修状态，在轿厢操纵盘上按开门或关门按钮，门电机应转动，且轿门运行方向应与开、关门按钮方向一致。若不一致，应调换门电机极性或相序。

2）调整开、关门减速及限位开关、安全触板光电开关，使轿厢门启闭平稳且无撞击声，并调整开关门时间。如带有关门力限装置，应测试关门阻力。

（3）电梯的快速运行调试

在电梯完成上述调试检查项目后，安全回路正常且无短接线的情况下，方可进行快速试运行。

1）在机房内进行快速试验运行时，继电器、接触器与运行方向完全一致，且无异常声音。

2）操作人员进入轿内逐层开、关门运行，开、关门无异常声音且运行舒适。

3）在电梯内加入 50% 的额定载重量，进行精确平层的调整，使平层均符合标准，即可认为电梯的慢、快速运行调试工作已全部完成。

2.13.6 电梯工程的检验

电梯工程的检验由特种设备安全监督管理部门依据《电梯监督检验和定期检验规则—曳引与强制驱动电梯》TSG T 7001—2009 或《电梯监督检验和定期检验规则—自动扶梯与自动人行道》TSG T 7005—2012 进行，检验合格后出具"电梯监督检验报告"和"特种设备检验意见通知书"。

2.13.7 电梯工程的验收

2.13.7.1 电力驱动的曳引式或强制式电梯验收要求

1. 设备进场验收

（1）电梯进场随机文件必须包括土建布置图、产品出厂合格证、门锁装置、限速器、安全钳及缓冲器的型式检验证书复印件、装箱单、安装使用维护说明书、动力电路和安全电路的电气原理图等。

（2）设备零部件应与装箱单内容相符，设备外观不应存在明显的损坏。

2. 土建交接检验收

（1）机房、井道土建结构及布置必须符合电梯土建布置图的要求。

（2）机房内设有固定的电气照明，电源零线和接地线分开，接地装置的接地电阻值不大于 4Ω。

（3）主电源开关应能够切断电梯正常使用情况下的最大电流，对有机房电梯的开关应能从机房入口处方便地接近，对无机房电梯该开关应设置在井道外工作人员方便接近的地方，且应具有必要的安全防护。

（4）当井道底坑下有人员能到达的空间存在，且对重（或平衡重）上未设有安全钳装置时，对重缓冲器必须能安装在平衡重运行区域的下边一直延伸到坚固地面上的实心桩墩上。

（5）电梯安装之前，所有厅门预留孔必须设有高度不小于 1200mm 的安全保护围封（安全防护门），保护围封下部应有高度不小于 100mm 的踢脚板，并应采用左右开启方式。

（6）当相邻两层门地槛间的距离大于 11m 时，其间必须设置井道安全门，井道安全门严禁向井道内开启，且必须装有安全门处于关闭时电梯才能运行的电气安全装置（当相邻轿厢间有相互救援用轿厢安全门时除外）。

（7）井道最小净空尺寸和电气照明应和电梯提资要求一致。

（8）底坑内不得有积水。轿厢缓冲器支座下的底坑地面应能承受满载轿厢静载 4 倍的作用力。

（9）每层楼面应有最终完成地面基准标识，多台并列和相对电梯应提供厅门口装饰基准标识。

3. 驱动主机的安装验收

（1）紧急操作装置动作必须正常。可拆卸的装置必须置于驱动主机附近易接近处，紧急救援操作说明必须贴于紧急操作时易见处。

（2）制动器动作应灵活，制动间隙调整，驱动主机，驱动主机底座与承重梁的安装应符合产品设计要求。

（3）驱动主机减速箱内油量应在油标所限定的范围内。

4. 导轨的安装验收

（1）导轨安装位置必须符合土建布置图要求。

（2）导轨支架在井道壁上的安装应固定可靠。锚栓固定应在井道壁的混凝土构件上使用，其连接强度与承受振动的能力应满足电梯产品设计要求。

（3）轿厢导轨和设有安全钳的对重（或平衡重）导轨工作面接头处不应有连续缝隙。

5. 门系统安装验收要求

（1）层门地槛至轿厢地槛之间的水平距离偏差为 $0\sim+3$mm，且最大距离严禁超过 35mm。

（2）层门强迫关门装置必须动作正常，层门锁钩必须动作灵活。在正式锁紧的电气安全装置动作之前，锁紧元件的最小啮合长度为 7mm。

（3）层门指示灯盒、召唤盒和消防开关盒应安装正确，其面板与墙面贴实，横竖端正。

6. 轿厢系统安装验收要求

（1）当距轿底在 1.1m 以下使用玻璃轿壁时，必须在距轿底面 $0.9\sim1$m 的高度安装扶手，且扶手必须独立地固定。

（2）当轿厢有反绳轮时，反绳轮应设置防护装置和挡绳装置。

7. 对重（或平衡重）的安装验收

当对重（或平衡重）架有反绳轮，反绳轮应设置防护装置和挡绳装置。

8. 安全部件的安装验收

（1）限速器动作速度整定封记必须完好，且无拆动痕迹。

（2）当安全钳可调节时，整定封记应完好，且无拆动痕迹。

（3）轿厢在两端站平层位置时，轿厢、对重的缓冲器撞板与缓冲器顶面间的距离应符合土建布置图要求。

9. 悬挂装置、随行电缆的安装验收

（1）绳头组合安全可靠，且每个组合必须安装防螺母松动和脱落的装置。

（2）钢丝绳严禁有死弯，随行电缆严禁有打结和波浪扭曲现象。

（3）当轿厢悬挂在两根钢丝绳或链条上，且其中一根钢丝绳或链条发生异常相对伸长时，为此装设的电气安全开关应动作可靠。

（4）随行电缆在运行中应避免与井道内其他部件干涉。当轿厢完全压在缓冲器上时，随行电缆不得与底坑地面接触。

10. 电气装置的安装验收

（1）所有电气设备及导管、线槽的外露可以导电部分应当与保护线连接，接地支线应分别直接接至接地干线的接线柱上，不得互相连接后再接地。

（2）导体之间和导体对地之间的绝缘电阻必须大于 $1000\Omega/V$，且其值不得小于：动力电路和电气安全装置电路为 $0.5M\Omega$，其他电路（控制、照明、信号等）为 $0.25M\Omega$。

（3）机房和井道内应按产品要求配线。软线和无护套电缆应在导管、线槽或能确保起到等效防护作用的装置中使用。护套电缆和橡套软电缆可明敷于井道或机房内使用，但不得明敷于地面。

11. 电梯的整机验收

（1）当控制柜三相电源中任何一相断开或任何二相错接时，断相、错相保护装置或功能应使电梯不发生危险故障。

（2）动力电路、控制电路、安全电路必须有与负载匹配的短路保护装置；动力电路必须有过载保护装置。

（3）限速器上的轿厢（对重、平衡重）下行标志必须与轿厢（对重、平衡重）的实际下行方向相符。限速器铭牌上的额定速度、动作速度必须与被检电梯相符。限速器必须与其型式试验证书相符。

（4）安全钳、缓冲器、门锁装置必须与其型式试验证书相符。

（5）上下极限开关必须是安全触点，在端站位置进行动作试验时必须动作正常。在轿厢或对重接触缓冲器前必须动作，且缓冲器完全压缩时保持动作状态。

（6）轿顶、机房滑轮间底坑停止装置位于轿顶、机房滑轮间底坑的停止装置的动作必须正常。

（7）限速器绳张紧开关，液压缓冲器复位开关等必须动作可靠。

（8）限速器与安全钳电气开关在联动试验中必须动作可靠，且应使驱动主机立即制动。

（9）当短接限速器及安全钳电气开关，人为使限速器机械动作时，安全钳应可靠动作，轿厢必须可靠制动，且轿底倾斜度不应大于 5%。

（10）厅门与轿厢门试验时，每层厅门必须能够用三角钥匙正常开启，当一个厅门或轿厢门非正常打开时，电梯严禁启动或继续运行。

（11）曳引式电梯的曳引能力试验时，轿厢在行程上部范围空载上行及行程下部范围载有125%额定载重量下行，分别停层3次以上，轿厢必须可靠地制停（空载上行工况应平层）。轿厢载有125%额定载重量以正常运行速度下行时，切断电动机与制动器供电，电梯必须可靠制动。当对重完全压在缓冲器上，且驱动主机按轿厢上行方向连续运转时，空载轿厢严禁向上提升。

（12）电梯安装后应进行运行试验：轿厢分别在空载、额定载荷工况下，按产品设计规定的每小时启动次数和负载持续率各运行 1000 次（每天不少于 8h），电梯应运行平稳、制动可靠、连续运行无故障。

（13）电梯运行中的噪声、平层准确度检验、运行速度检验等应符合产品说明书和标准规范的要求。

（14）电梯运行时，轿厢门带动厅门开、关运行，门扇与门扇、门扇与门套、门扇与门楣、门扇与门口处轿壁、门扇下端与地槛应无刮碰现象。

（15）门扇与门扇、门扇与门套、门扇与门楣、门扇与门口处轿壁、门扇下端与地槛之间各自的间隙在整个长度上应基本一致。

（16）对机房导轨支架、底坑、轿顶、轿内、轿门、层门及门地槛等部位应进行清理。

2.13.7.2 自动扶梯、自动人行道验收要求

1. 设备进场验收

（1）设备技术资料必须提供梯级或踏板的型式试验报告复印件，胶带的断裂强度证明文件复印件。对公共交通型自动扶梯、自动人行道应有扶手带的断裂强度证书复印件。

（2）设备进场随机文件应有土建布置图、产品出厂合证、装箱单、安装、使用维护说明书，以及动力电路和安全电路的电气原理图等。

（3）设备零部件应与装箱单内容相符，设备外观不应存在明显的损坏。

2. 土建交接检验

（1）自动扶梯的梯级或自动人行道的踏板或胶带上空，垂直净高度严禁小于 2.3m。

（2）在安装之前，土建施工单位应提供明显的水平基准线标识。

（3）电源零线和接地线应始终分开。接地装置的接地电阻值不应大于 4Ω。

3. 整机安装验收

（1）在下列情况下，自动扶梯、自动人行道必须自动停止运行，且第 4）～11）种情况下的开关断开的动作必须通过安全触点或安全电路来完成。

1）无控制电压。

2）电路接地的故障。

3）过载。

4）控制装置在超速和运行方向非操纵逆转下动作。

5）附加制动器动作。

6）直接驱动梯级、踏板或胶带的部件（如链条或齿条）断裂或过分伸长。

7）驱动装置与转向装置之间的距离（无意性）缩短。

8）梯级、踏板或胶带进入梳齿板处有异物夹住，且对梯级、踏板或胶带支撑结构产生破坏。

9）无中间出口的连续安装的多台自动扶梯、自动人行道中的一台停止运行。

10）扶手带入口保护装置动作。

11）梯级或踏板下陷。

（2）应测量不同回路导线对地的绝缘电阻。测量时，电子元件应断开。导体之间和导体对地之间的绝缘电阻应大于1000Q/V，动力电路和电气安全装置电路为0.5MΩ，其他电路（控制、照明、信号等）为0.25MΩ。

（3）整机安装检查应符合下列规定：

1）梯级、踏板、胶带的楞齿及梳齿板应完整、光滑。

2）在自动扶梯、自动人行道入口处应设置使用需知的标牌。

3）内盖板、外盖板、围裙板、扶手支架、扶手导轨、护壁板接缝应平整。接缝处的凸台不应大于0.5mm。

4）梳齿板梳齿与踏板面齿槽的啮合深度不应小于6mm。

5）梳齿板梳齿与踏板面齿槽的间隙不应大于4mm。

6）围裙板与梯级、踏板或胶带任何一侧的水平间隙不应大于4mm，两边的间隙之和不应大于7mm。当自动人行道的围裙板设置在踏板或胶带之上时，踏板表面与围裙板下端之间的垂直间隙不应大于4mm。当踏板或胶带有横向摆动时，踏板或胶带的侧边与围裙板垂直投影之间不得产生间隙。

7）梯级间或踏板间的间隙在工作区段内的任何位置，从踏面测得的两个相邻梯级或两个相邻踏板之间的间隙不应大于6mm。在自动人行道过渡曲线区段，踏板的前缘和相邻踏板的后缘啮合，其间隙不应大于8mm。

8）护壁板之间的空隙不应大于4mm。

（4）在额定频率和额定电压下，梯级、踏板或胶带沿运行方向空载时的速度与额定速度之间的允许偏差为±5%；扶手带的运行速度相对梯级、踏板或胶带的速度允许偏差为0～+2%。

（5）自动扶梯、自动人行道应进行空载制动试验，制停距离应符合标准规范的要求。

（6）自动扶梯、自动人行道应进行载有制动载荷的下行制停距离试验（除非制停距离可通过其他方法检验）。制动载荷、制停距离应符合标准规范的规定。

（7）上行和下行自动扶梯、自动人行道，梯级、踏板或胶带与围裙板之间应无刮碰现象（梯级、踏板或胶带上的导向部分与围裙板接触除外），扶手带外表面应无刮痕。

（8）对梯级（踏板或胶带）、梳齿板、扶手带、护壁板、围裙板、内外盖板、前沿板及活动盖板等部位的外表面应进行清理。

2.14 塔式起重机布置及基础施工技术

2.14.1 塔式起重机布置方法及注意要点

本节主要介绍塔式起重机固定基础形式，不涉及爬升式塔式起重机。

常见的塔式起重机基础形式包括：天然地基基础形式、桩基承台基础、组合式基础。

2.14.1.1　塔式起重机布设方案的总体任务

塔式起重机布设策划需解决以下问题，并对应编制表 2-14-1 所示方案文本。

塔式起重机布设策划内容　　　　　　　　　　表 2-14-1

序号	塔式起重机策划需解决的问题	对应的方案
1	塔式起重机定位、选型、覆盖范围等	塔式起重机选型与定位方案
2	塔式起重机基础设计	塔式起重机基础设计施工方案
3	安装	塔式起重机安装方案
4	塔式起重机附墙	塔式起重机附墙施工方案
5	群塔防碰撞安全措施	群塔作业防碰撞安全专项方案
6	拆除	塔式起重机拆除方案

2.14.1.2　塔式起重机布设策划前的准备工作

（1）准备底图

提取用于绘制施工总平面图的底图，该底图是从施工图的总平面图简化校对所得，需保留或提取以下内容：

① 所有待建建筑物轮廓、地下室轮廓；

② 所有待建建筑物最大标高、大屋面标高；

③ 沿建筑物轮廓绘出外脚手架边界，建议可以建筑物轮廓扩展 1.5m 为外脚手架边界；

④ 项目围墙或红线边界；

⑤ 周边现有道路；周边环境，尤其是周边可能存在的建筑物、架空管线、高耸物（如信号塔）、较高的树木等一切可能与塔式起重机发生触碰而需要显示平面位置关系的物体；

⑥ 用于对图中物进行定位的大地坐标标注及主要定位轴线。

上述底图信息校对齐全后，建议可利用 CAD 的"块"工具整合，既可以便于方案比对时的操作，又可防止误改。

（2）准备校对用图

需提取表 2-14-2 所列电子版图，用于准备参与塔式起重机布设方案的校对。

校对用图的内容及目的　　　　　　　　　　表 2-14-2

序号	用于校对的电子版图	校对目的
1	柱和墙的定位图	用于校对塔身对墙柱的避让，避免因墙柱被塔身占据，导致大范围水平结构长时间处于缺支座状态
2	工程桩的定位图	用于校对塔式起重机桩与工程桩是否保持一定间距，也可考虑在满足验算前提下，将二者位置功能合并

序号	用于校对的电子版图	校对目的
3	梁的定位图	在有条件的前提下，宜将塔身避让梁，以避免梁板缺支座，需要占用模架长时间支撑
4	边坡或基坑边界定位图	用于校对塔式起重机基础是否跨越边坡或校对其与边坡的安全距离
5	支撑体系平面布置图	用于校对塔式起重机塔身是否与内支撑体系有位置冲突。对于将承台顶撑伸出支撑体系之上的，则需校对承台下方桩与支撑体系是否冲突

2.14.1.3 塔式起重机布设的功能需求分析

塔式起重机作为项目生产的措施性布设，其功能在空间上和时间上满足需求是对方案进行分析优化的根本目的和方向。

（1）从平面空间维度分析塔式起重机功能需求，如表 2-14-3 所示。

从平面空间维度分析塔式起重机功能需求　　　　　表 2-14-3

序号	功能需求	分析简述
1	最大工作半径：宜最大化地覆盖待建建筑物、拟设堆场位置	保证材料顺利自堆场到达施工区
2	有较大起重量的工作半径：宜覆盖较重吊物的起吊点和卸物点	例如：拟用塔式起重机吊装的钢构件的起吊位置、吊装位置；成捆钢筋原材的卸车车位和配套堆场
3	最大工作半径：对于有提升架在标准层开始拼装的情况，提升架应全部被覆盖	提升架一般在非标准层以上拼装和拆除，若无塔式起重机覆盖，则可能导致安装和拆除不便

（2）从高度空间维度分析塔式起重机功能需求，如表 2-14-4 所示。

从高度空间维度分析塔式起重机功能需求　　　　　表 2-14-4

序号	功能需求	分析简述
1	塔式起重机最终安装吊钩高度	应高于其覆盖范围内待建建筑物最大高度超过 12m（注：此处 12m 是根据考虑吊物与建筑物顶能有足够的安全距离，视具体情况而定）
2	塔式起重机初始安装吊钩高度	因初装时不能附墙，则必须保证初装吊钩高度超过已有物 12m（注：12m 取值原理同上）

（3）塔式起重机功能在时间上的需求分析，如表 2-14-5 所示。

从时间维度分析塔式起重机需求时，可将塔式起重机自身的一系列环节作为工作任务，植入项目的总进度计划中，让其各个环节与项目的生产任务发生逻辑关系，随项目生产进度安排同步得出塔式起重机的时间需求，例如，可得出塔式起重机基础施工时间、安装时间、启用时间、遇特殊时节报停时段、最早拆除时间、运营总时长等。

序号	功能需求	分析简述
1	塔式起重机基础施工时间：对于有桩基的塔式起重机基础，宜在工程桩完工，其机械退场前完成桩施工	避免因塔式起重机桩而另外安排机械进出场，降低成本
2	塔式起重机的启用时间	此时间需求取决于施工总体部署中最早需要塔式起重机作业的工序，例如： ① 一般项目会以基层清底、小型基槽开挖为最早塔式起重机启用工序 ② 对于内支撑施工工程量大、时间紧的则以内支撑钢筋绑扎为最早塔式起重机启用工序
3	遇特殊时节报停时段	将塔式起重机运行作为一项工作列入总计划，则可一并得出塔式起重机报停时段
4	拆除时间和运营总时长	需根据项目情况，分析需塔式起重机运输的工序，并利用软件设置逻辑关系，则能随着施工生产任务安排自动得出此时间参数

（4）塔式起重机初步选型与定位

根据塔式起重机功能在空间上（包括平面上和高度上）的需求，可初步选择各个塔式起重机型号，并在图中进行初步定位。

2.14.1.4 塔式起重机得以安装运行的条件分析

为了使塔式起重机得以安装和运行，应从以下几个方面分析其所需要的条件，并进行方案设计：①塔式起重机基础设计；②塔式起重机附墙设计。

（1）塔式起重机基础设计分析，如表 2-14-6 所示。

塔式起重机基础设计方案分析表   表 2-14-6

序号	设计方案分析	分析简述
1	基础形式	根据土质情况选择塔式起重机基础形式，常见的如天然地基上的承台基础、桩+承台基础等
2	基础面标高	常见如塔式起重机承台与建筑物底板同高，或塔式起重机承台高于内支撑体系等
3	是否利用工程桩兼作塔式起重机桩，建筑物筏板或承台兼作塔式起重机所用，二者功能合并	在同时满足结构验算和塔式起重机基础设计验算情况下，可直接利用待建建筑物的桩基和筏板，兼作塔式起重机基础

现以较为常见的桩基承台组合基础形式为例，介绍塔式起重机基础设计中的关键验算要点，如表 2-14-7 所示。

序号	验算要点	主要原理
1	桩竖向极限承载力（抗压）	桩侧阻力及桩端阻力之和（标准值）≥桩顶竖向压力（标准值） 注意考虑是否有负摩阻力效应
2	桩竖向极限承载力（抗拔）	桩侧阻力（标准值）≥桩顶竖向拔力（标准值），单桩和群桩分别验算
3	桩身抗压承载力	桩纵筋强度及桩身混凝土强度之和（设计值）≥桩顶竖向压力（设计值）
4	桩身抗拔承载力	桩纵筋强度（设计值）≥桩顶竖向拔力（设计值）
5	承台受弯	承台截面与纵筋抵抗弯矩能力≥受弯最不利截面（桩集中力对塔身边缘处的承台截面）弯矩
6	承台配筋率	承台纵筋配筋率≥规范规定最小配筋率
7	承台斜截面抗剪	剪力最大截面（塔身边缘处承台截面）混凝土的抗剪能力≥此截面处剪力
8	承台受冲切	桩内边缘位于破坏锥体以内时，则不需验算；否则，冲切锥体面的抗冲切能力≥塔身对承台集中力

（2）塔式起重机附墙设计分析

在对塔式起重机进行大体上的定位后，则应分析寻求其是否需要附墙，以及附着点的位置。塔式起重机附墙设计的最终目的：是要确保塔式起重机从初装开始，经过使用运行过程，以及每次顶升加节后，直至所需要的最终立塔高度全过程，塔式起重机的附墙参数均满足说明书要求。附墙定位参数则包括第一道附墙的高度、各道附墙的高差、最后一道塔式起重机悬臂高度。

以某项目为例，解析塔式起重机附墙的设计要点。

1）塔式起重机附墙竖向总体分析

该项目共计建设三栋住宅楼和一个整体地下室，共计配置三台塔式起重机。其安装参数如表2-14-8所示。

塔式起重机安装参数表 表2-14-8

塔式起重机所服务区域	1号楼	2号楼	3号楼
建筑最大标高(m)	+99.000	+98.000	+144.800
大屋面标高(m)	+89.550	+89.550	+138.250
拟附墙点处混凝土墙（柱）最大标高(m)	+89.550	+86.750	+135.100
塔式起重机编号	TD1	TD2	TD3
型号	STT153	JC6016	STT153
臂长(m)	51.83	51.70	51.83
塔头高度	平头式	尖头式	平头式

塔式起重机所服务区域	1 号楼	2 号楼	3 号楼
塔式起重机基础面标高(m)	－ 9.100	－ 9.100	－ 9.100
吊钩最终安装相对标高(m)	＋117.500	＋110.700	＋159.500
吊钩最终安装高度(m)	60.6＋3.0×22 节 ＝126.600	44.8＋3.0×25 节 ＝119.800	60.6＋3.0×36 节 ＝168.600

注：1. 塔式起重机最终安装高度以塔基承台顶标高为基准计算。
　　2. 塔式起重机与建筑物最高点按 12m 安全高差预留，相交塔式起重机之间安全高差取 9m。
　　3. 各塔式起重机的高度排序如下：TD3＞TD1＞TD2。
　　4. 吊钩最终安装高度＝无附着时立塔最大吊钩高度＋标准节高×增补标准节个数。

方案编制中，应针对上述表格做表 2-14-9 所列校对。

核对内容及简述　　　　　　　　　　表 2-14-9

序号	校对项	分析简述
1	吊钩最终安装相对标高－建筑物最大标高≥安全高差	保证吊物超过其最高工作面，且有安全高差。 安全高差需结合具体影响因素取值，因素包括吊物和钢丝绳下垂长度、建筑物顶部是否有临时防护架等
2	吊钩最终安装相对标高－拟附墙点处混凝土墙最大标高≤说明书限制允许悬臂高度（以吊钩位置计）	此条有以下几点易忽视： (1) 拟附墙点宜优先选择竖向构件的侧面 因为很多塔式起重机的附墙框需安装在标准节某特定位置固定（例如，某型号各标准节中间高度处为附墙框的固定点），即附墙点的高度是与标准节模数有关的离散值，而非可以任选的。若选取附墙在梁侧面，则必须每个附墙点均保证与所在楼层梁位置同高，而由于层高与标准节高不同等因素，此两者能同高的概率较小。所以，选择竖向连续的墙柱构件作为附墙点更为可靠。 (2) 拟附墙点处的混凝土墙(柱)的最大标高 此项极容易直接误用大屋面标高。两个数据应分别进行查询后列出。因为，在方案编制中，一般会以结构平面投影直接选定附墙点，但忽视了附墙点处的墙柱未必一直到达大屋面，或部分楼层无该部位墙柱等情况，而导致无法按预定的高度位置进行附墙
3	吊钩最终安装高度＝吊钩最终安装相对标高－塔式起重机基础面标高(m)	用于计算出塔式起重机安装高度（以吊钩计）
4	吊钩最终安装高度＝初装立塔高度＋标准节高×增补标准节数	吊钩最终安装高度的准确值应是与标准节高模数有关的离散值，而非小于最大高度的任意值，此条结合其他限制条件一并校对，能提高防碰撞校对的准确性
5	吊钩最终安装高度≤说明书限制值	保证塔式起重机最大高度在说明书允许范围内
6	起重臂有交叉的塔式起重机的标高差≥安全高差	(1) 此条为防碰撞分析要素 (2) 应注意结合塔式起重机平面布置图，对每一对起重臂圆相交的塔式起重机应作上述校对

三台塔式起重机与主楼位置关系如图 2-14-1～图 2-14-3 所示。

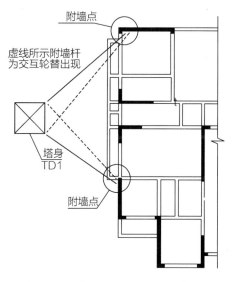

图 2-14-1 "TD1"与主楼位置关系图

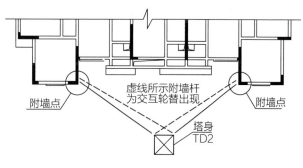

图 2-14-2 "TD2"与主楼位置关系图

2）塔式起重机附墙竖向定位的确定

塔式起重机附墙竖向定位设计，是具体确定附墙道数和各道附墙的具体标高位置。现以某项目为例，列出该项目编制方案过程中对塔式起重机高度定位的详解分析。

以该项目的塔式起重机"TD1"为例，其部分性能参数如表 2-14-10 及图 2-14-4 所示。

设定塔式起重机附墙处混凝土需达到 14d 养护强度（此天数应据所需强度

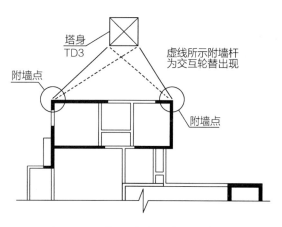

图 2-14-3 "TD3"与主楼位置关系图

或强度百分比、气温等因素预测），根据总进度计划，14d 施工四个结构层，总计 11.2m，另外吊钩高出施工层 12m。

塔式起重机"TD1"安装参数表 　　　　　　　　　　表 2-14-10

塔式起重机所服务区域	1 号楼	备注
塔式起重机编号	TD1	
型号	STT153	
标准节高	3.0m	
最大允许独立高度	60.6m	
最大允许附墙间距	36m（12 节）	塔式起重机附墙间距允许值是否为定值以说明书为准
最大悬臂段自由高度	42m（14 节）	
最大允许吊钩高度	198.6m	

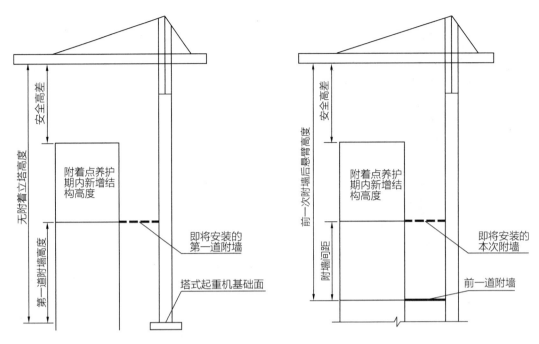

图 2-14-4　附墙竖向定位设计计算简图

则对于 TD1（STT153）：

① 塔式起重机允许独立最大高度 60.6m，设：第一道附墙高度＝h_1

h_1＋附着点养护期内新增结构高度＋安全高差≤塔式起重机允许独立最大高度

$$(2-14-1)$$

即：$h_1+11.2+12\leqslant60.6$m，计算得 $h_1\leqslant37.4$m。

式（2-14-1）的含义：在第一道附墙即将安装但尚未安装时，塔式起重机处于独立状态，其高度不得超过说明书限制的允许独立最大高度。

② 塔身悬臂自由段不超过 42m，设：附墙间距＝Δh_n

Δh_n＋附着点养护期内新增结构高度＋安全高差≤塔身悬臂自由段高度　　　（2-14-2）

即：$\Delta h_n+11.2+12\leqslant42$m，计算得 $\Delta h_n\leqslant18.8$m。

式（2-14-2）的含义：即在前一次附墙后，在本次附墙即将安装但尚未安装时，塔式起重机悬臂高度不得超过说明书限制的允许最大悬臂高度。

在满足上述不等式前提下，现取 TD1 第一道附墙位于 33.15m（即 7.65m＋8.5 个标准节处）；附墙间距 18m（6 个标准节）。

注意：由于本塔式起重机的附墙固定框必须在标准节的节高中点处固定，且其底部非标准节高为 7.65m，所以，第一道附墙间距＝底部非标准节高＋整数个标准节高＋0.5 个标准节高，附墙间距＝整数个标准节高。

从上述不等式可以看出，影响实际附墙间距的重要因素就是进度，即上述案例中的附墙点混凝土养护期内施工层上升的高度，若施工越快，则养护期内施工层上升高度越大，计算的第一道附墙高度和附墙间距就会越小。

另外，养护条件也会影响附墙定位，例如，季节气温也是影响附墙的因素，若气温越低，导致养护期长，则养护期内施工层上升高度越大，计算的第一道附墙高度和附墙间距就会越小。

3）塔式起重机附墙竖向定位细节校对

塔式起重机按照上述不等式关系计算出附墙位置后，还应作一些校对工作。例如，应校对每一道附墙杆从塔身伸向附着点处是否会遇到障碍。以塔式起重机"TD1"为例。

从该塔式起重机附墙平面图可见，附墙杆伸向位于墙侧面的附着点过程中，其与梁的投影有交叉，即附墙杆有可能受到梁的阻拦而无法伸向附着点，如图 2-14-5、图 2-14-6 所示。

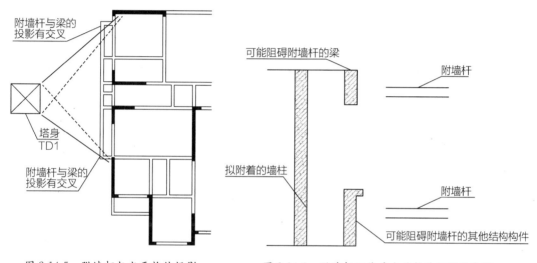

图 2-14-5　附墙杆与水平构件投影　　　　图 2-14-6　附墙杆可能受水平构件阻拦示意图
　　　　　　交叉示意图

为了对上述可能存在的对附墙杆阻拦的情况进行校对检查，编制人员应绘制出塔式起重机与建筑物组合的立面图，将每一道附墙杆按上述示意图进行校对，检查其是否受到构件阻拦。

一般情况下，可有以下几种方式解决：

① 在计算的附墙杆间距限制允许的情况下，调整附墙杆竖向定位。

部分塔式起重机附墙固定框可能需位于标准节上的特定位置，则对于标准节高与结构层高相等或极为接近的情况下，此方式无法解决上述矛盾，例如若标准节高与层高均为 3m，则无论如何调整将不能改变附墙杆与各层的相对高度关系。除非，直接调整塔式起重机基础顶面标高。

② 在其他要求允许的情况下，将阻拦附墙杆的构件留洞或留设施工缝，暂不浇筑。

4）附墙竖向定位设计主要成果

对于各台塔式起重机按照上述分析后，应在方案中列出附墙计划表，如表 2-14-11 所示。

塔式起重机附墙计划表 表 2-14-11

初装吊钩高度	初装吊钩标高	附墙道数	附墙标高	附墙高度	与前一次附墙高差	本次附墙顶升后吊钩标高	附墙顶升时间
		……					
		第五道					
		第四道					
		第三道					
—		第二道					
		第一道			—		
		基础顶面			—		

2.14.1.5 塔式起重机防碰撞安全专项分析

防碰撞是群塔作业必须进行的重要分析内容，群塔作业中的危险源一般按照起重吊装作业、群塔相互关系、塔式起重机与周边环境关系三方面进行识别。

起重吊装作业方面的危险源主要与各塔式起重机自身操作规程以及作业人员有关，属于各项目通用的注意事项，本书中不作介绍。

群塔相互关系、塔式起重机与周边环境的关系方面所识别的危险源将可能影响到塔式起重机的选型、定位、高度、附墙设计等参数的调整，本节则从这两方面对塔式起重机防碰撞安全分析进行详解。

（1）群塔相互关系防碰撞

1）塔式起重机起重臂相互竖向关系防碰撞分析

分析目标：当两塔式起重机起重臂圆相交时，则需分析判断其竖向高差是否足够安全（表 2-14-12）。

塔式起重机起重臂相互竖向关系防碰撞分析表 表 2-14-12

两塔式起重机起重臂相互交叉	两塔式起重机起重臂高度差	安全高差	对比结论
"是"或"否"。对于"否"则后面可不做分析	填写吊钩标高差	根据低塔式起重机是"尖头塔"还是"平头塔"（一般"尖头塔"起重臂上方有斜拉杆）、吊物和吊绳悬垂长度等因素取值	起重臂高度差≥安全高差时，满足要求

上述分析也可以两塔式起重机立面关系图表示，即图 2-14-7。

2）塔式起重机起重臂与平衡臂相互平面关系防碰撞分析

分析目标：使低塔平衡臂圆与高塔起重臂圆相离，且保持安全距离。

当低塔平衡臂与高塔起重臂圆相交，或安全距离不够时，低塔平衡臂处于司机视野盲

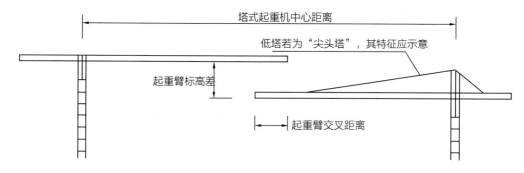

图 2-14-7 相邻塔式起重机起重臂竖向关系防碰撞分析图

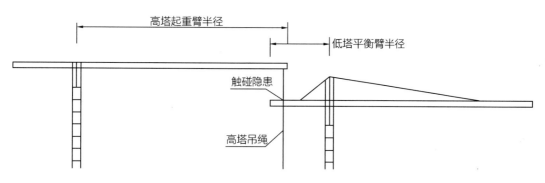

图 2-14-8 低塔平衡臂触碰高塔吊绳隐患示意图

区，容易发生低塔平衡臂触碰高塔吊绳的事故（表 2-14-13）。

低塔平衡臂触碰高塔吊绳隐患排查表

表 2-14-13

低塔平衡臂圆与高塔起重臂圆相离的距离 d	安全距离	对比结论
根据平面图量取 （注：准备工作中要求圆应按照说明书尺寸精确绘制）	一般取 2m，也可根据吊物体型、塔式起重机摆动幅度等因素取值	d≥安全距离时，满足要求

3）低塔起重臂与高塔塔身相互平面关系防碰撞分析

分析目标：使低塔起重臂圆与相邻高塔的塔身相离，且保持安全距离。此条不做详解。

（2）塔式起重机与环境关系防碰撞

通过排查塔式起重机与其所处环境之间的位置关系，校对其与环境中的物体发生碰撞的隐患点，并采取包括定位时留足安全距离、留足安全高差、限制塔式起重机旋转角范围、限制塔式起重机小车行走位置、搭设防护棚或防撞隔离设施等措施。

通过总结自己所从事的项目和一般工程经验，塔式起重机与环境中可能发生的触碰隐患包括施工围墙内外的物体，如表 2-14-14 所示。

碰撞隐患	应对措施
场内在建的建筑物（包括其外脚手架）	保持安全距离 施工中保持建筑物始终低于该塔式起重机一定安全高差
场内加工区	搭设防护棚
临建房	调整临建布置避开塔式起重机旋转区 搭设防护棚
场外邻近的建筑物	保持安全距离 初装高度高于该建筑物一定安全高差：对于高度不大的物体且起重臂圆无法与其保持水平安全距离时，可采取此措施降低风险
邻近其他工地施工建筑物（含外脚手架）及其塔式起重机、升降机等设备	
高耸物（如信号塔）、较高树木	
架空管道、线缆等	保持安全距离 初装高度高于该物一定安全高差 搭设防护棚或隔离围挡

其他常用辅助措施及注意事项

限制起重臂旋转角范围：
对于起重臂直接发生触碰的隐患，可能会因突然停电或者限制装置失灵而不可靠，则该措施不足以明显降低风险。
只有当起重臂与物体有足够的安全高差，例如较低的建筑物、场外道路等，且司机坚持先将吊物提升至顶后并收拢小车再旋转起重臂的方式，此措施有一定的辅助作用

（3）塔式起重机顶升加节或降节时免受碰撞措施

建议编制人员在绘制塔式起重机平面布置图时，将塔式起重机起重臂位置显示于预设的塔式起重机顶升加节或降节时的指向位置，以便在方案交底的同时向所有参与人员进行该要点的交底。

塔式起重机顶升加节或降节指向位置的确定原则：①该指向位置应首先确保其在降节拆除过程中，起重臂和平衡臂不受在建或已建建筑物干扰，包括附着于建筑物上较高的升降机、外脚手架等设备。②顶升加节方向应尽量避开其他塔式起重机的作业范围，以降低碰撞风险。

2.14.1.6　塔式起重机安装与拆除条件分析

（1）安装与拆除时，起重车辆的架设场地选择和准备。例如：塔式起重机基础位于基坑内时，是否需要起重车辆进入基坑；是否需要准备坡道；是否有塔式起重机零件的组装场地；当起重车辆需架设于基坑外侧或支护体系上时，是否已在基坑设计中考虑该荷载；塔式起重机拆除时起重车辆的架设位置准备；若拆除时起重车辆在地下室顶板时，是否需要对结构加固或顶撑；是否有塔式起重机零件拆解操作场地等。

（2）塔式起重机位于建筑物内时，是否有合适的起重角度和起重量的设备用于拆除塔式起重机。

2.14.2　塔式起重机基础经济性比选分析

塔式起重机基础有钢承台基础与混凝土承台基础，钢承台与传统钢筋混凝土承台比较，钢结构构件在工厂加工，安全质量可控；材料轻质高强且具有良好的抗震性能；现场拼装速度较快，不需要养护，有效缩短了工期；钢结构材料可周转使用，节约了材料，降低了工程施工成本，同时满足环境保护要求。混凝土基础作为传统基础，具有工艺成熟、取材方便、一次投入成本较低等特点。

以 TC7020 塔式起重机承台为例，采用钢承台与混凝土承台，成本对比如表 2-14-15、表 2-14-16 所示。

钢承台测算表　　　　　　　　表 2-14-15

序号	项目名称	单位	工程量（元）	劳务费（元）	材料费（元）	专业分包费（元）	单价（元）	合计（元）
1	钢平台	t	10.755			8000	8000	86040
2	拆除及残值回收	t	10.755			− 1900	− 1900	− 20434.5
3	不含税合计							65605.5
4	备注：钢承台十字梁采用 H600×600×30×30 型钢（长 6m）焊接而成							

混凝土承台测算表　　　　　　　　表 2-14-16

序号	项目	材料	单位	工程量（元）	劳务费（元）	材料费（元）	专业分包费（元）	单价（元）	合计（元）
1	混凝土浇捣	C40	m³	42.50	40	438.03		478.03	20316.28
2	钢筋绑扎	HPB235 级钢筋，直径 12mm	t	0.50	1180	4891.15		6071.15	3051.18
3		HRB400 级钢筋，直径 28mm	t	2.73	1180	4464.6		5644.6	15383.25
4	模板支拆		m²	34.00	78	40		118	4012.00
5	槽钢连接件	12.6 号槽钢与格构柱三面围焊	t	0.16			8000	8000	1261.47
6	钢筋混凝土破除		m³	42.50	350			350	14875.00
7	不含税合计								58899.18
8	备注：混凝土承台（C40 等级）尺寸 5m×5m×1.7m，面筋底筋均为双向⚁25@150，拉筋为 φ12@300								

两种承台成本对比分析，在不考虑周转情况下，钢承台成本略高于混凝土承台，考虑周转使用时，钢承台比混凝土承台具有明显成本优势。

2.14.3 塔式起重机基础设计与复核计算

2.14.3.1 塔式起重机基础 （四桩承台） 设计验算原理

本节内容主要参考《塔式起重机混凝土基础工程技术标准》JGJ/T 187—2019。

（1）基本信息，如表 2-14-17、表 2-14-18 所示。

表 2-14-17

说明书参数表

塔式起重机型号		最大自由状态吊钩高度 H	
塔身宽度		最大起重荷载	
塔机传递至基础顶面的荷载(以说明书中最大自由状态取值)			
塔式起重机对承台表面的荷载效应标准值			
工作状态		非工作状态下	
倾覆力矩标准组合：M_k 水平荷载标准值：F_{vk} 竖向荷载标准值：F_k		倾覆力矩标准组合：M'_k 水平荷载标准值：F'_{vk} 竖向荷载标准值：F'_k	

表 2-14-18

设计参数表

桩直径		桩身混凝土强度等级	
桩钢筋级别		基础承台宽度 B_c	
承台混凝土保护层厚度		基础承台厚度 H_c	
基础埋深 D		承台混凝土强度等级	
承台自重标准值		G_k＝容重×长×宽×厚	

（2）计算简图，如图 2-14-9 所示。

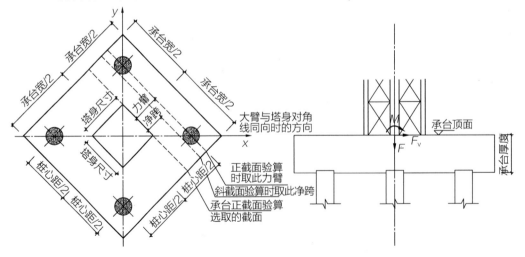

图 2-14-9　塔式起重机基础计算简图 （起重臂平行于承台对角线方向）

（3）验算项概要

对于四桩承台式的塔式起重机基础，其判定性的验算环节包括如下内容：

① 桩竖向极限承载力（抗压）

原理简述：

a. 轴心竖向力作用下，即不考虑弯矩以及水平力所产生的弯矩：

桩顶竖向压力（标准值）≤桩侧阻力及桩端阻力之和（特征值）。

$$Q_k \leqslant R_a$$

b. 偏心竖向力作用下：

桩顶竖向压力（标准值）最大值≤1.2×桩侧阻力及桩端阻力之和（特征值）。

$$Q_{kmax} \leqslant 1.2R_a$$

注意：考虑是否有负摩阻力效应。

② 桩竖向极限承载力（抗拔）

原理简述：

桩顶竖向拔力（标准值）≤桩侧阻力（特征值）。

$$Q'_k \leqslant R'_a$$

注意：单桩和群桩分别验算。

③ 桩身抗压承载力

桩纵筋强度及桩身混凝土强度之和（设计值）≥桩顶竖向压力（设计值）。

④ 桩身抗拔承载力

桩纵筋强度（设计值）≥桩顶竖向拔力（设计值）。

⑤ 承台受弯

承台截面与纵筋抵抗弯矩能力≥受弯最不利截面的弯矩。

注意：受弯最不利截面位于塔身边缘处的承台截面。

⑥ 承台配筋率

承台纵筋配筋率≥规范规定最小配筋率。

⑦ 承台斜截面抗剪

剪力最大截面处混凝土的抗剪能力≥此截面处剪力。

注意：剪力最大截面位于塔身边缘处承台截面。

⑧ 承台受冲切

冲切锥体面的抗冲切能力≥塔身对承台集中力。

注意：桩内边缘位于破坏锥体以内时，则不需验算。

（4）总体思路

如果能得知桩顶集中力 N（图 2-14-10）：

① 对于桩，则可用于基桩承载力和桩身承载力验算。

② 对于承台：以塔身侧面为支点，则两个桩的集中力对支点处形成"力×力臂"的弯矩，从而进行正截面配筋验算。同时求出剪力用于抗剪验算。

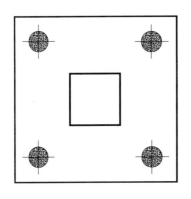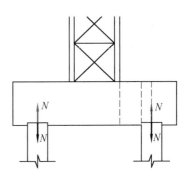

图 2-14-10　承台受力图

因此，直接加载于研究对象上的荷载可以围绕桩顶集中力展开。

（5）荷载计算

桩顶竖向力标准值：根据《建筑桩基技术规范》JGJ 94—2008 第 5.1.1 条

$$N_{ik} = \frac{F_k + G_k}{n} \pm \frac{M_{xk} y_i}{\sum y_j^2} \pm \frac{M_{yk} x_i}{\sum x_j^2}$$

式中：　　　N_{ik}——第 i 根单桩桩顶竖向力标准值；

　　　　　　n——单桩个数，$n = 4$；

　　　　　　F_k——荷载效应标准组合下，作用于承台顶面竖向力标准值；

　　　　　　G_k——桩基承台及承台上土自重标准值，稳定地下水位以下部分需扣除水的浮力；

　　M_{xk}、M_{yk}——荷载标准组合时，作用于承台底面，绕通过桩群形心的 x、y 主轴的力矩；

x_i、x_j、y_i、y_j——第 i、j 根单桩至 y、x 主轴距离。

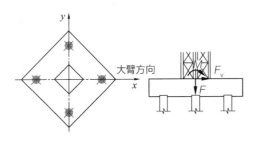

图 2-14-11　受力分析

图 2-14-11 中 x 轴的方向是随机变化的，根据设计计算时《塔式起重机混凝土基础工程技术标准》JGJ/T 187—2019 第 6.3.1 条按照起重臂平行于承台对角线方向进行。

以 y 轴为旋转轴，则 $M_{xk} = 0$，$M_{yk} = M_k + F_{vk} \times h$，且距轴最远的两根桩有最大和最小竖向力。

在工作状态和非工作状态分别求出最大和最小桩顶集中力，用 Q_{kmax}、Q_{kmin} 表示。当 $Q_{kmin} < 0$ 时需进行抗拔验算。

（6）桩竖向极限承载力验算（抗压）

根据《建筑桩基技术规范》JGJ 94—2008 的第 5.2.1 条：$Q_k \leqslant R_a$ 且 $Q_{kmax} \leqslant 1.2R_a$

R_a 为单桩竖向承载力特征值：

$$R_a = u \sum q_{sia} l_i + q_{pa} A_p$$

式中：q_{sia} ——桩侧第 i 层土极限侧阻力特征值；

$\quad\quad q_{pa}$ ——极限桩端阻力特征值；

$\quad\quad u$ ——桩身的周长；

$\quad\quad A_p$ ——桩端净面积，故取 $A_p = \dfrac{\pi}{4} d^2$；

$\quad\quad l_i$ ——第 i 层土层的厚度。

验算含义：土体抵抗由桩传递的压力的能力。一般情况下，上述能力由两部分提供：桩端阻力和桩侧阻力。

（7）桩竖向极限承载力（抗拔）

根据《建筑桩基技术规范》JGJ 94—2008 第 5.4.5 条，承受拔力的桩基，应同时验算群桩基础"呈整体破坏"和"呈非整体破坏"时的抗拔承载力：

$$N_{k拔} \leqslant T_{uk}/2 + G_p \quad 且 \quad N_{k拔} \leqslant T_{gk}/2 + G_{gp}$$

式中：$N_{k拔}$ ——标准组合的基桩拔力；

$\quad\quad T_{uk}$ ——群桩呈非整体破坏时基桩的抗拔极限承载力标准值；

$\quad\quad G_p$ ——基桩自重，地下水位以下取浮重度；

$\quad\quad T_{gk}$ ——群桩呈整体破坏时基桩的抗拔极限承载力标准值；

$\quad\quad G_{gp}$ ——群桩所包围体积的桩土总自重除以总桩数，地下水位以下取浮重度。

呈整体破坏时验算抗拔承载力：

$$Q_{k拔} = - N_{kmin}$$

根据《建筑桩基技术规范》JGJ 94—2008 第 5.4.6 条：

$$T_{gk} = \frac{1}{n} u_1 \sum \lambda_i q_{sik} l_i$$

$G_{gp} =$（群桩及土总重－水浮力）÷桩数，不易计算，可将桩土重按土重计算，值偏小，偏于安全。

抗力的标准值为 $\quad T_{gk}/2 + G_{gp} = \dfrac{1}{2} \times \dfrac{1}{n} u_1 \sum \lambda_i q_{sik} l_i + G_{gp}$

式中：u_1 ——桩群外围周长。

呈非整体破坏时验算抗拔承载力：$Q_{k拔} = - N_{kmin}$

根据《建筑桩基技术规范》JGJ 94—2008 第 5.4.6 条，$T_{uk} = \sum \lambda_i q_{sik} u_i l_i$

抗力的标准值为 $T_{uk}/2 + G_p = \dfrac{1}{2} \sum \lambda_i q_{sik} u_i l_i + G_p$

式中：u_i ——单桩桩身周长；

$\quad\quad q_{sik}$ ——第 i 层土的极限侧阻力标准值；

$\quad\quad \lambda_i$ ——抗拔系数（见《建筑桩基技术规范》JGJ 94—2008 表 5.4.6-2）。

（8）桩身抗压承载力验算

桩的轴向压力设计值：$N_{\max} = \gamma_Q Q_{k\max}$。

桩承载力计算依据《建筑桩基技术规范》JGJ 94—2008 的第 5.8.2 条。

桩顶轴向压力设计值应满足：$N \leqslant \psi_c f_c A_{ps} + 0.9 f'_y A'_s$。

式中：ψ_c——基桩成桩工艺系数，取 $\psi_c = 0.7$；

$\quad\quad f_c$——混凝土轴心抗压强度设计值；

$\quad\quad A_{ps}$——桩的截面面积；

$\quad\quad f'_y$——钢筋抗压强度设计值；

$\quad\quad A_{ps}$——柱纵向钢筋的截面面积。

本项验算含义：单独对桩身抵抗桩顶最大压力的能力。

桩身抗拔承载力验算：

桩的轴向压力设计值，$N_{拔} = -\gamma_Q Q_{k\min}$。

桩承载力计算依据《建筑桩基技术规范》JGJ 94—2008 的第 5.8.7 条：$N \leqslant f_y A_s$

（9）承台荷载效应计算

依据《塔式起重机混凝土基础工程技术标准》JGJ/T 187—2019 的第 6.4.2 条：

$$M_x = \Sigma N_i y_i,\ M_y = \Sigma N_i x_i$$

式中：$M_x,\ M_y$——绕 x、y 轴方向计算截面处的弯矩设计值；

$\quad\quad x_i,\ y_i$——单桩轴线至计算截面距离；

$\quad\quad N_{i1}$——扣除承台自重的单桩桩顶竖向力设计值。

$$N_{\max} = \gamma_Q Q_{k\max}$$

$$N_{i1} = N_i - G/n$$

（10）承台受弯

据《混凝土结构设计规范》GB 50010—2010 或混凝土结构设计原理，进行正截面承载力及配筋验算。

$$\alpha_s = \frac{M}{\alpha_1 f_c b h_0^2},\ \xi = 1 - \sqrt{1 - 2\alpha_s},\ \gamma_s = 1 - \xi/2,\ A_s = \frac{M}{\gamma_s h_0 f_y}$$

式中：α_1——系数，当混凝土强度不超过 C50 时，α_1 取为 1.0；当混凝土强度等级为 C80 时，α_1 取为 0.94；期间按线性内插法，则此处 $\alpha_1 = 1$；

$\quad\quad f_c$——混凝土抗压强度设计值；

$\quad\quad h_0$——承台有效高度；

$\quad\quad f_y$——钢筋抗拉强度设计值。

依次计算出：α_s、ξ、γ_s、A_s，与承台单方向底面配筋对比；另外配筋率 $>\max\{0.2,\ 45 f_t / f_y\}\%$。

（11）承台斜截面抗剪切计算

依据《建筑桩基技术规范》JGJ 94—2008 第 5.9.10 条。

验算混凝土本身的抗剪切能力，则斜截面受剪承载力满足下面公式：

$$V \leqslant \beta_{hs} \alpha f_t b_0 h_0$$

式中：V——不计承台及土自重的斜截面最大剪力值，$V = 2 \times N_{i1}$；

   f_t——混凝土轴心抗拉强度值；

   b_0——承台计算截面处的计算宽度；

   h_0——承台计算截面处的计算高度；

   α——承台剪切系数，$\alpha = \dfrac{1.75}{\lambda + 1}$；

   λ——计算截面剪跨比，$\lambda_x = a_x/h_0$，$\lambda_y = a_y/h_0$（a_x，a_y 为塔身边缘至桩边的水平距离，$a_x = a_y = 850mm$；当 $\lambda < 0.25$ 时，取 $\lambda = 0.25$；当 $\lambda > 3$ 时，取 $\lambda = 3$）；

   β_{hs}——受剪切承载力截面高度影响系数；当 $h_0 < 800mm$ 时，取 $h_0 = 800mm$；当 $h_0 > 2000mm$ 时，取 $h_0 = 2000mm$；其间线性插值，则此处 $h_0 = 1600mm$，$\beta_{hs} = \left(\dfrac{800}{h_0}\right)^{\frac{1}{4}}$。

若经过计算承台已满足抗剪要求，只需构造配箍筋！

斜截面抗剪一般由两部分贡献，先对混凝土贡献部分验算。

由式可知：混凝土抗剪能力与混凝土抗拉能力、截面、剪跨比有密切关系。

经验小结：一般项目中，由于基础厚度大，剪跨比小，混凝土自身抗剪基本满足。

（12）冲切验算

若四个桩均在塔身柱的冲切破坏锥体以内，则不需进行承台受角桩冲切承载力验算（图 2-14-12）。

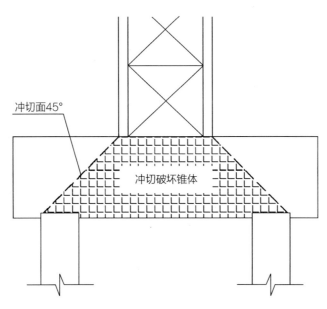

图 2-14-12　冲切验算

根据《建筑桩基技术规范》JGJ 94—2008 第 5.9.7 条：

冲切破坏锥体应采用自柱或墙（此处即为塔身）边或承台边界处至相应桩顶边缘连线所构成的锥体，锥体斜面与承台底面之夹角不应小于 45°。

受冲切承载力可按下列公式计算：

$$F_l \leqslant \beta_{hp} \beta_0 u_m f_t h_0$$

$$F_l \leqslant F - \sum Q_i$$

$$\beta_0 = \frac{0.84}{\lambda + 0.2}$$

式中：F_l——不计承台及其上土重，在荷载效应基本组合下作用于冲切破坏锥体上的冲切力设计值；

f_t——承台混凝土抗拉强度设计值；

β_{hp}——承台受冲切承载力截面高度影响系数，当 $h \leqslant 800mm$ 时，β_{hp} 取 1.0；$h \geqslant 2000mm$ 时，β_{hp} 取 0.9，其间按线性内插法取值；

u_m——承台冲切破坏锥体一半有效高度处的周长；

h_0——承台冲切破坏锥体的有效高度；

β_0——柱（墙）冲切系数；

λ——冲跨比，$\lambda = \frac{a_0}{h_0}$，$a_0$ 为柱（墙）边或承台变阶处到桩边水平距离；当 $\lambda < 0.25$ 时，取 $\lambda = 0.25$；当 $\lambda > 1.0$ 时，取 $\lambda = 1.0$；

F——不计承台及其上土重，在荷载效应基本组合作用下柱（墙）底的竖向荷载设计值；

$\sum Q_i$——不计承台及其上土重，在荷载效应基本组合下冲切破坏锥体内各基桩或复合基桩的反力设计值之和。

由上述可知，影响冲切破坏承载力的主要因素是：混凝土抗拉强度、承台厚度、冲切破坏面周长。

2.14.3.2 塔式起重机基础 （组合式基础） 设计验算原理

本节内容主要参考的依据：《塔式起重机混凝土基础工程技术标准》JGJ/T 187—2019。本节主要以灌注桩＋格构柱＋钢筋混凝土承台的组合形式为例，其中灌注桩及钢筋混凝土相关计算同前述内容。

格构式钢柱应按轴心受压构件设计。

格构式钢柱受压整体稳定性：$\dfrac{N_{max}}{\varphi A} \leqslant f$

式中：N_{max}——格构式钢柱最大轴心受压设计值；

A——构件毛截面面积，即分肢毛截面面积之和；

φ——轴心受压构件稳定性系数，根据构件的换算长细比 λ_{0max} 和钢材屈服强度，按照《钢结构设计标准》GB 50017 确定；

f——钢材抗拉、抗压和抗弯强度设计值。

格构柱的换算长细比应符合：$\lambda_{0\max}\leqslant[\lambda]$

式中：$\lambda_{0\max}$——取 $\lambda_{0\max}=\max\{\lambda_{0x},\lambda_{0y}\}$，其中 λ_{0x}，λ_{0y} 为格构式钢柱绕两主轴 x、y 的换算长细比；

$[\lambda]$——轴心受压构件允许长细比，取 120。

格构式钢柱分肢的长细比应符合下列要求
（图 2-14-13）：

当缀件为缀板时：$\lambda_1\leqslant0.5\lambda_{0\max}$ 且 $\lambda_1\leqslant40\varepsilon_k$

当缀件为缀条时：$\lambda_1\leqslant0.7\lambda_{0\max}$

式中：λ_1——格构式钢柱分肢对最小刚度轴 1-1 的长细比，其计算长度应取两缀件间的净距离；

ε_k——钢号修正系数，其值为 235 与钢材牌号中屈服点数值的比值的平方根。

格构式轴心受压构件换算长细比应按以下公式计算：

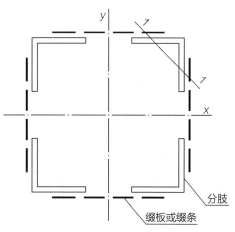

图 2-14-13　格构式柱分肢

当缀件为缀板时：$\lambda_{0x}=\sqrt{\lambda_x^2+\lambda_1^2}$，$\lambda_{0y}=\sqrt{\lambda_y^2+\lambda_1^2}$

当缀件为缀条时：$\lambda_{0x}=\sqrt{\lambda_x^2+40\dfrac{A}{A_{1x}}}$，$\lambda_{0y}=\sqrt{\lambda_y^2+40\dfrac{A}{A_{1y}}}$

式中：

$$\lambda_x=\frac{H_0}{\sqrt{\dfrac{I_x}{4A_0}}}, \quad I_x=4\left[I_{x0}+A_0\left(\frac{a}{2}-Z_0\right)^2\right]$$

$$\lambda_y=\frac{H_0}{\sqrt{\dfrac{I_y}{4A_0}}}, \quad I_y=4\left[I_{y0}+A_0\left(\frac{a}{2}-Z_0\right)^2\right]$$

$A_{1x}(A_{1y})$——构件截面中垂直于 x 轴（y 轴）的各斜缀条的毛截面面积之和；

A_0——格构式钢柱分肢的截面面积；

$\lambda_x(\lambda_y)$——整个构件对 x 轴（y 轴）的长细比；

H_0——格构式钢柱的计算长度，取混凝土承台厚度中心至格构式钢柱插入灌注桩 2m 的长度；当采用型钢平台时，取格构式钢柱顶端至格构式钢柱插入灌注桩 2m 的长度；

$I_x(I_y)$——格构式钢柱的截面惯性矩；

$I_{x0}(I_{y0})$——格构式钢柱的分肢平行于分肢形心 x 轴（y 轴）的惯性矩；

a——格构式钢柱的截面边长；

Z_0——分肢形心轴距分肢外边缘距离。

格构式轴心受压构件剪力计算。

将剪力视作沿构件全长不变，且由承受该剪力的缀件面分担，其值应按下式计算：$V = \dfrac{Af}{85}\sqrt{\dfrac{f_y}{235}}$

式中：A——格构式钢柱四肢的毛截面面积之和，$A=4A_0$，A_0 为格构式钢柱分肢的截面面积；

f——钢材的抗拉、抗压和抗弯强度设计值。

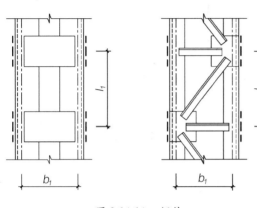

图 2-14-14　缀件

缀件设计，应符合下列规定（图 2-14-14）：

缀板应按受弯构件设计，弯矩和剪力值应按下列公式计算：

$$M_0 = \frac{Vl_1}{4}$$

$$V_0 = \frac{Vl_1}{2b_1}$$

斜缀条应按轴心受压构件设计，轴向压力值应按下式计算：

$$N_0 = \frac{V}{2\cos\alpha}$$

式中：M_0——单个缀板承受的弯矩；

V_0——单个缀板承受的剪力；

N_0——单个斜缀条承受的轴向压力；

b_1——分肢型钢形心轴之间的距离；

l_1——格构式钢柱的一个节间长度，即相邻缀板轴线距离；

α——斜缀条和水平面的夹角。

2.15　施工升降机配置技术

为保障施工生产的安全高效开展，一般工程在施工至 6F 或高度大于 30m 时，应选择安装施工升降机，负责人员、材料的垂直运输。施工升降机的一般选择原则：

（1）满足施工升降机的各项性能，确保施工升降机安装和拆卸方便；

（2）满足使用功能（运次分析），选择门窗洞口的位置以利于人员上下及零星材料的运送；

（3）降低费用，使施工升降机安装及拆除费用降至最低；

（4）减小材料的运距，选择材料运送方便的位置安装施工升降机；

（5）对外立面、地下室等结构施工影响最小。

结合以上原则及工程施工平面图、现场实地勘察，对工程所需使用的施工升降机数量和型号、位置进行确定。

2.15.1 施工升降机性能参数说明

结合目前施工升降机技术水平、市场应用情况和一般工程需求，主要施工升降机型号为 SC 系列，该系列采用齿轮齿条啮合方式驱动吊笼运行，实现高层和超高层建筑施工中人员和货物的快速运输，具有效率高、性能稳定、维护简单、安全可靠等特点，可方便自行安装和拆卸。为减少施工升降机对外立面施工的影响，方便精益建造各工序的快速穿插，井道式施工升降机的使用量正在逐步增加，井道式施工升降机主要型号有 FCSSD1600 曳引机驱动和 SC 系列齿轮齿条驱动两种形式，施工升降机具体性能参数如下。

2.15.1.1 SC 系列施工升降机性能参数（表 2-15-1）

SC200/200 施工升降机参数表 表 2-15-1

性能参数	单位	参数
额定载重量	kg	2×2000
额定安装载重量	kg	2×1000
提升速度	m/min	0~46
最大架设高度	m	99.45
自由端高度	m	≤7.5
防坠安全器型号	—	SAJ40-1.2
额定电压	V	380
变频器功率	kW	2×45
电机功率	kW	2×3×11
吊笼重量（含传动）	kg	2×2000
外笼重量	kg	1380
电缆导向装置重量	kg	2×300
标准节重量（壁厚 4.5mm）	kg	150
标准节重量（壁厚 6.0mm）	kg	170
标准节长度	mm	1508
标准节截面尺寸	mm	650×650
吊笼内部尺寸（长×宽×高）	m	3.2×1.5×2.5

2.15.1.2 FCSSD 系列施工升降机性能参数（表 2-15-2）

FCSSD1600 井道施工升降机参数 表 2-15-2

性能参数	单位	参数
额定载重量	kg	1×1600
最大升程高度	m	300
额定速度	m/min	60~90
曳引机电机功率	kW	11~19.4

性能参数	单位	参数
桥厢自重	kg	1100
吊笼自重轿厢尺寸	mm	1750×1800×2900
额定电压	V	380
平衡重	kg	1800
钢丝绳型号	—	8×19+NF-10mm
自重	kg	8000（100m 高度）

2.15.1.3 齿轮三传动施工升降机性能参数（表2-15-3）

齿轮三传动施工升降机性能参数　　　　　表2-15-3

性能参数	单位	参数
额定载重量	kg	1×2000
额定安装/拆卸载重量	kg	1000
额定提升速度	m/min	60（减速器速比1：10）
提升高度	m	197
吊笼空间	m	1.9×1.5×2.3
附墙架附墙间距	m	≤6
导轨架自由端高度	m	≤7.5
额定电压	V	380±5%
电机功率	kW	3×15（JC=25%）
额定工作电流	A	3×32
标准节重量	kg/节	101
整机自重	t	16200（197m）
标准节长度	mm	1508
标准节截面尺寸	mm	650×200×1508
安全器型号	—	SAJ50-1.6A

2.15.2 施工升降机基础说明

2.15.2.1 施工升降机基础计算

施工升降机基础应满足说明书基础图中的各项要求，此外，还必须符合当地的有关安全法规，施工升降机基础技术要求为：

基础所能承受的载荷不得小于 P。

基础拥有良好的排水系统。

基础必须坚实可靠，不允许为浮动基础。

总自重计算：

G＝吊笼重量(kg)＋外笼重量(kg)＋导轨架总重量(kg)＋电缆导向装置重量(kg)

基础承重 P 计算（应考虑动载、自重误差与风载对基础影响，取系数 $n=2$）：

$$P = G \times 2(\text{kg}) = G \times 0.02\text{kN}$$

地面承受的压力不得小于 0.15MPa。

2.15.2.2　施工升降机地面基础设置方案（表2-15-4～表2-15-6）

方案1
表2-15-4

形式	混凝土基础设在地面上
优点	不需要排水，不需要挖基础坑
缺点	门槛较高，需要搭建简单坡道
图示	

方案2
表2-15-5

形式	混凝土基础与地面相平
优点	排水较为简单
缺点	有门槛，需搭建简单坡道，需要较浅的基础坑
图示	

方案3
表2-15-6

形式	混凝土基础低于地面
优点	地面与吊笼间无门槛，无须搭建简单坡道
缺点	非常容易积水，必须采取严格的排水措施，以免腐蚀基础及其他安装部件，需要挖较浅的基础坑
图示	

2.15.2.3 施工升降机基础技术要求（表 2-15-7～表 2-15-10）

升降机基础（单笼带操作室）技术要求　　　　表 2-15-7

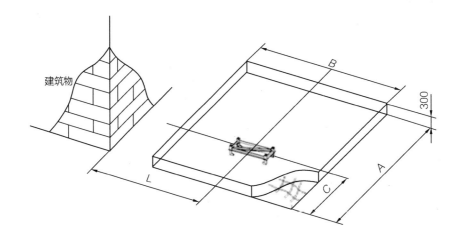

型号举例	吊笼规格	L（mm）	A（mm）	B（mm）)	C（mm）	
					左笼	右笼
SC100 SC110 SC120 SC130 SC200	2500×1300	Ⅱ型：2900～3600 Ⅲ型：1900～2300 Ⅳb型：1800～2500 Ⅴa型：1800～2100 Ⅴ型：2200～2500	3400	3200	2800	600
	3000×1300		3400	3600	2800	600
	3200×1500		3600	3800	3000	600

钢筋混凝土基础板制作的技术要求如下：

1）基础承受的载荷能力应大于 P。

2）混凝土基础板下地面的承载力应大于 0.15MPa。

3）混凝土基础板厚度 300mm，布置双层钢筋网；钢筋直径 12mm，间距 200mm。

4）基础中心与建筑物边缘的距离（L）根据所选的附墙型号而定。

5）基础座或基础预埋件应全部埋入混凝土板内。

6）基础周围须考虑排水措施。

7）混凝土的浇筑参照有关规定执行，要求基础表面平整，平面度≤1/1000。

8）混凝土浇筑前基础座应焊于钢筋网上，焊高不低于 5mm，要求焊缝无气孔、漏焊、热裂缝等焊接缺陷。

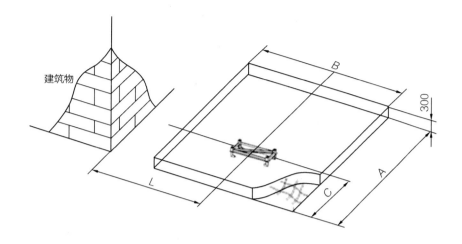

型号举例	吊笼规格	L（mm）	A（mm）	B（mm）	C（mm）	
					左笼	右笼
SC100 SC110 SC120 SC130 SC200	2500×1300	Ⅱ型：2900~3600 Ⅲ型：1900~2300 Ⅳb型：1800~2500 Ⅴa型：1800~2100 Ⅴ型：2200~2500	2600	3200	2000	600
	3000×1300		2600	3600	2800	600
	3200×1500		2800	4000	2200	600

钢筋混凝土基础板制作的技术要求如下：

1）基础承受的载荷能力应大于 P 。

2）混凝土基础板下地面的承载力应大于 0.15MPa 。

3）混凝土基础板厚度 300mm，布置双层钢筋网；钢筋直径 12mm，间距 200mm 。

4）基础中心与建筑物边缘的距离（ L ）根据所选的附墙型号而定。

5）基础座或基础预埋件应全部埋入混凝土板内。

6）基础周围须考虑排水措施。

7）混凝土的浇筑参照有关规定执行，要求基础表面平整，平面度≤1/1000。

8）混凝土浇筑前基础座应焊于钢筋网上，焊高不低于 5mm，要求焊缝无气孔、漏焊、热裂缝等焊接缺陷。

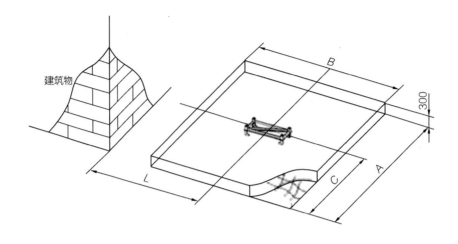

型号举例	吊笼规格	L（mm）	A（mm）	B（mm）
SC100/100 SC110/110 SC120/120 SC130/130 SC200/200	2500×1300	Ⅱ型：2900～3600 Ⅱa型：2900～3600 Ⅲ型：1800～2100 Ⅳb型：1800～2500 Ⅴa型：1800～2100、 2200～2500	5600	3200
	3000×1300		5600	3600
	3200×1500		6000	4000

钢筋混凝土基础板制作的技术要求如下：

1）基础承受的载荷能力应大于 P。

2）混凝土基础板下地面的承载力应大于 0.15MPa。

3）混凝土基础板厚度 300mm，布置双层钢筋网；钢筋直径 12mm，间距 200mm。

4）基础中心与建筑物边缘的距离（L）根据所选的附墙型号而定。

5）基础座或基础预埋件应全部埋入混凝土板内。

6）基础周围须考虑排水措施。

7）混凝土的浇筑参照有关规定执行，要求基础表面平整，平面度≤1/1000。

8）混凝土浇筑前基础座应焊于钢筋网上，焊高不低于 5mm，要求焊缝无气孔、漏焊、热裂缝等焊接缺陷。

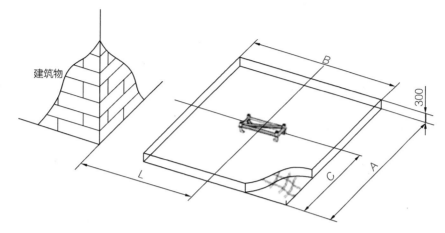

型号举例	吊笼规格	L（mm）	A（mm）	B（mm）
SC100/100 SC110/110 SC120/120 SC130/130 SC200/200	2500×1300	Ⅱ型：2900~3600 Ⅱa型：2900~3600 Ⅲ型：1800~2100 Ⅳb型：1800~2500 Ⅴa型：1800~2100、 2200~2500	4000	3200
	3000×1300		4000	3600
	3200×1500		4400	4000

钢筋混凝土基础板制作的技术要求如下：

1）基础承受的载荷能力应大于 P。

2）混凝土基础板下地面的承载力应大于 0.15MPa。

3）混凝土基础板厚度 300mm，布置双层钢筋网；钢筋直径 12mm，间距 200mm。

4）基础中心与建筑物边缘的距离（L）根据所选的附墙型号而定。

5）基础座或基础预埋件应全部埋入混凝土板内。

6）基础周围须考虑排水措施。

7）混凝土的浇筑参照有关规定执行，要求基础表面平整，平面度≤1/1000。

8）混凝土浇筑前基础座应焊于钢筋网上，焊高不低于 5mm，要求焊缝无气孔、漏焊、热裂缝等焊接缺陷。

2.15.3　施工升降机附墙架说明

2.15.3.1　施工升降机附墙作用于建筑物力 F 计算（图 2-15-1、 表 2-15-11）

计算公式：

$$F = (L \times 60)/(B \times 2.05)$$

式中：L——施工升降机中心与附墙结构的距离；

$\quad\quad B$——附墙支架之间的距离。

附墙架尺寸要求 表 2-15-11

型号	II	III	IVb	Va
L(mm)	2900~3600	1900~2300	1800~2500	1800~2100 2200~2500
B(mm)	1425	650	1000~1570	540

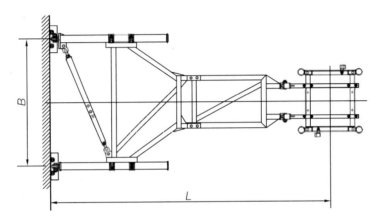

图 2-15-1　附墙架示意

2.15.3.2　附墙架与建筑物四种连接方式（图 2-15-2）

根据需要选择附墙架与建筑物之间的连接方式，其强度需能够承受公式计算出来的力 F。附墙撑杆平面与附着面的法向夹角不应大于 $\pm 8°$。

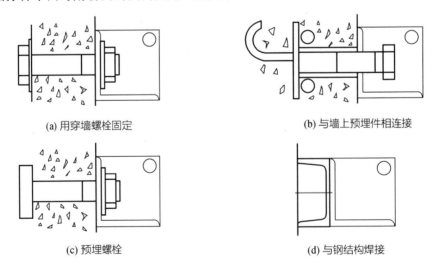

(a) 用穿墙螺栓固定　　　　　　　　(b) 与墙上预埋件相连接

(c) 预埋螺栓　　　　　　　　(d) 与钢结构焊接

图 2-15-2　附墙架与建筑物连接方式

2.15.3.3 常用各类附墙架简要说明

（1）Ⅱ型附墙架，如图 2-15-3、表 2-15-12 所示。

主要用途：适用于附墙距离比较远的情况。

主要组成：臂、主架、连接架、支撑管和附墙座等。

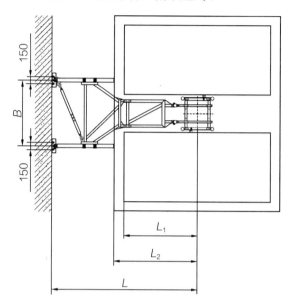

图 2-15-3　Ⅱ型附墙架示意

Ⅱ型附墙架尺寸要求（单位：mm）　表 2-15-12

吊笼规格	L	L_1	L_2	B
2500×1300	2900~3600	1285	1450	1425
3000×1300	2900~3600	1535	1700	1425
3200×1500	2900~3600	1635	1800	1425

（2）Ⅱa 型附墙架，如图 2-15-4、表 2-15-13 所示。

主要用途：适用于中远附墙距离的情况。

主要组成：臂、主架、连接架、支撑管和附墙座等。

Ⅱa 型附墙架尺寸要求（单位：mm）　表 2-15-13

吊笼规格	L	L_1	L_2	B
2500×1300	2400~3600	1285	1450	1425
3000×1300	2400~3600	1535	1700	1425
3200×1500	2400~3600	1635	1800	1425

（3）Ⅲ型附墙架，如图 2-15-5 及表 2-15-14 所示。

主要用途：适用于中近附墙距离的情况。

主要组成：主架、壁和附墙座等。

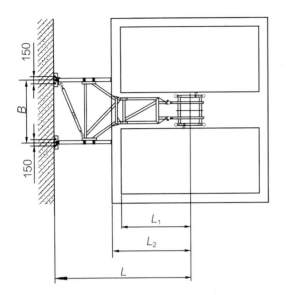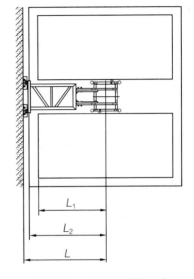

图 2-15-4　Ⅱa 型附墙架示意　　　　　图 2-15-5　Ⅲ型附墙架示意

Ⅲ型附墙架尺寸要求（单位：mm）　　　　　　　　表 2-15-14

吊笼规格	L	L_1	L_2	B
2500×1300	1900~2300	1285	1450	650
3000×1300	1900~2300	1535	1700	650
3200×1500	1900~2300	1635	1800	650

（4）Ⅳb 型附墙架，如图 2-15-6、表 2-15-15 所示。

主要用途：适用于附墙距离较近且吊笼尺寸较小、载重不大的单笼升降机。

主要组成：臂、连接管、转动板和附墙座等。

Ⅳb 型附墙架尺寸要求（单位：mm）　　　　　　　　表 2-15-15

吊笼规格	L	L_1	L_2	B
2500×1300	1800~2500	1285	1450	1000~1570
3000×1300	1800~2500	1535	1700	1000~1570
3200×1500	1800~2500	1635	1800	1000~1570

（5）Ⅴa 型附墙架，如图 2-15-7、表 2-15-16 所示。

主要用途：适用于附墙距离较近且吊笼尺寸较小、载重不大的单笼升降机。

主要组成：臂、主架、调节杆、支撑管和附墙座等。

Ⅴa 型附墙架尺寸要求（单位：mm）　　　　　　　　表 2-15-16

吊笼规格	L	L_1	L_2	B
2500×1300	1800~2100/2200~2500	1285	1450	540
3000×1300	1800~2100/2200~2500	1535	1700	540
3200×1500	1800~2100/2200~2500	1635	1800	540

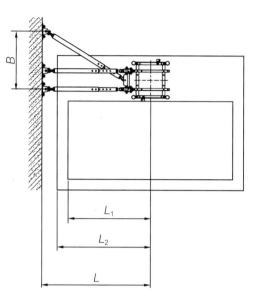

图 2-15-6　Ⅳb 型附墙架示意

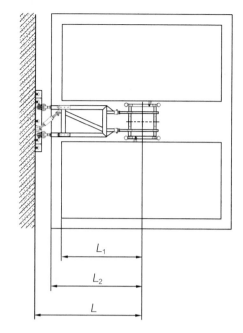

图 2-15-7　Ⅴa 型附墙架示意

2.15.4　施工升降机运力核算说明

施工升降机配置数量应结合实际施工进度情况，分阶段地统计人员、材料的运输量，根据需求进行阶段划分，特别是超高层建筑，需按照低区、中区、高区、超高区进行分析计算，对于各阶段计算梯笼数外，还应考虑一台备用梯笼。一般时间节点主要为主体施工（含二次结构）阶段、机电幕墙插入阶段、装饰装修阶段，同时施工升降机应考虑与正式电梯的接驳等问题。

对于人员上下班高峰期一般按照 3h 计算，分早中晚三个峰期，每个峰期 1h，且该段时间只运送人员，不运送货物。计算施工升降机的需求，需计算人员、材料运输的梯次，结合施工升降机上下的运行时间，计算所需施工升降机的数量。

专业材料梯次统计示例如表 2-15-17 所示。

专业材料梯次统计　　　　　　　　　　　　表 2-15-17

材料	规格	数量	电梯效率	梯次
装饰材料				
楼梯踏步砖	75×50L	20250（m）	25m/梯	810
挤压陶瓷地砖	300×300	6600（m²）	20m²/梯	330
釉面墙砖	300×300	15000（m²）	25m²/梯	600
离心玻璃棉	—	63000（m³）	5m³/梯	12600
地砖踢脚线	100×600	11985（m²）	30m²/梯	400

材料	规格	数量	电梯效率	梯次
防滑地砖	600×600/300×300	97500（m²）	25m²/梯	3900
穿孔水泥压力板	600×600	68004（m²）	25m²/梯	2720
石膏板	3000×1200	72461（块）	100块/梯	725
定尺龙骨	3.5m	14246（根）	185根/梯	77
定尺龙骨	4.1m	5208（根）	185根/梯	28
垫层	—	33413（m³）	5m³/梯	6683
土建材料				
加气混凝土砌块（砂加气）	600×250×100	1500（m³）	2m³/梯	750
加气混凝土砌块（灰加气）	600×250×100/200	330（m³）	2m³/梯	165
设备基础混凝土	C20	40（m³）	0.5m³/梯	80
采暖沟预制块	1000	10000（块）	50块/梯	200
巨型柱保温棉	—	600（m³）	2m³/梯	300
水泥砂浆	M5	500（m³）	0.5m³/梯	1000
构造柱钢筋	φ12	50（t）	0.5t/梯	100
构造柱圈梁混凝土	C20	180（m³）	2m³/梯	90
机电材料				
风管	多种尺寸规格	10000（m³）	10m³/梯	1000
水管	管径32~700mm不等	21606（m）	10m/梯	2161
桥架	1000×200等	50000（m）	40m/梯	1250
橡塑保温棉	—	150000（m³）	10m³/梯	15000
空调机组	—	72（台）	1台/梯	72
风机	—	159（台）	1台/梯	159
配电箱	—	500（台）	2台/梯	250
钢材	工字钢，高160~300mm不等	500（t）	1.2t/梯	417

一般施工升降机计算公式：

人员运输时间核算＝预计人数/（每梯人次×电梯数）×（往返×高度/速度＋进出时间）

材料最大运次核算＝月天数×（日工作小时－高峰期运入时间）×60min×可供运料笼数/（往返×高度/速度＋装卸时间）

对于施工升降机在使用过程中，计算人员、材料满足使用要求的情况，为减少使用压力及提升运输效率，使用过程中需考虑集中楼层上下、分时分段停靠、设置高层运输转运层等手段提升施工升降机运力。一般常规住宅工程，建筑高度100m以下，单体至少需1部施工升降机（2个梯笼）；对于大型综合性商业工程，建筑高度60m以下，按其单层面积计算，至少每6000~7000m²布置1部施工升降机（2个梯笼）；对于超高层商业综合体工程，其建筑整体面积每45000~50000m²需布置1部施工升降机（2个梯笼）。

第 3 章

工程总承包管理

3.1 工程总承包管理概述

3.1.1 工程总承包的定义

工程总承包是指承包单位按照与建设单位签订的合同，对工程项目设计、采购、施工或者设计、施工等阶段实行总承包，并对工程的质量、安全、工期和造价等全面负责的工程建设组织实施方式。

3.1.2 工程总承包的主要模式及其关系

工程总承包分为多种模式（图3-1-1），如EPC、EP（设计-采购总承包）、PC（采购-施工总承包）、DB（设计-建造方式）等，其中最基本的两种模式是EPC和DB。

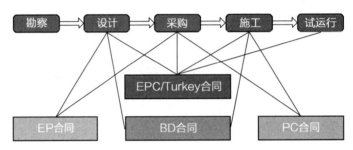

图 3-1-1　工程总承包主要模式

3.1.3 工程总承包模式的特点

工程总承包并不是一般意义上施工承包的重复式叠加，它是一种以向业主交付最终产品服务为目的，对工程实施整体构思、全面安排的承包体系，将过去分阶段分别管理的模式变为各阶段通盘考虑的系统化管理。具有以下特点：

（1）EPC模式有利于提高项目运作效率和效益。在EPC模式下，业主把工程的设计、采购、施工全部委托给工程总承包商来负责组织实施，业主只负责整体的、原则的、标准性的、目标的管理和控制。

（2）承包方和业主的责权明确。对业主而言，主要是提出设计构想、技术标准以及在项目实施过程中对总承包商进行监管。总承包商则承担了项目的所有工作责任，负责与各分包商的沟通、协调工作。

（3）总承包企业对分包商结果负责。分包商与总承包商签订分包合同，而不是与业主签订合同，分包商的全部工作由总承包商对业主负责。

3.1.4　工程总承包的主要优势

1. 有利于控制工程造价

工程总承包一般为固定总价合同，除政策性因素或业主要求变更引起的费用调整外，其他一律不得调整合同额。因设计深度不够、施工组织不当等引起的其他所有费用调整，都由工程总承包单位承担，工程总承包单位不得额外要求变更增加合同费用。这样业主从根本上规避了增加费用的风险，保证工程投资可控。

2. 有利于缩短工程建设周期

工程总承包方发挥整合和协调的作用，通过对设计、物资设备采购、施工的统筹安排，能够使工作效率显著提高，从而缩短建设工期。初步设计审查后施工图设计过程中，可提前组织施工单位进场开展"三通一平"等施工准备工作。通过科学合理地组织安排，保障项目设计、采购、施工有序衔接，缩短建设工期。

3. 有利于保证工程质量

工程总承包实现设计、采购、施工、竣工验收全过程的质量控制，能够在很大程度上消除质量不稳定因素。设计、施工在总承包方内部进行，设计、施工单位可以随时相互沟通和对接，能有效克服以往设计、施工分离而造成的相互制约和脱节的矛盾。同时，针对工程建设的重点难点问题，工程总承包单位可以主动组织项目设计人员、施工人员提前对接，施工人员的合理建议将纳入设计方案中，设计人员将对施工组织全过程进行配合和指导，确保项目建设质量。

3.2　组织管理

工程总承包管理是全面"总包总管"。面对不同的专业、不同的分包类型，如何实现全方位管理，总承包单位需组建适合的组织架构，以实现既定的目标。

3.2.1　组织结构设置的基本原则和流程

3.2.1.1　组织结构设置的原则

项目组织结构的设置应符合下列基本原则：目标一致性、效率性、管理跨度与层次统一、业务系统化管理、责任与权力对等、合理分工与密切协作、集权与分权相结合、不同阶段的动态调整以及与企业组织一体化。

3.2.1.2　组织结构设置的流程

（1）项目经理应根据项目规模、项目特点和合同要求拟定项目组织结构，包括设计、选定合理的组织模式，明确各职能部门、各人员岗位的权限和职责，规定项目中各部门的相互联系以及各部之间的协调原则和方法。

（2）在设置项目组织结构时，应从确定的目标和工作内容出发，根据目标和工作内容确定工作职责，根据工作职责确定部门，根据部门及职责确定岗位。

3.2.2　项目组织结构模式

EPC项目组织结构、各岗位的具体职责、人员配备等根据项目的技术要求、复杂程度、规模以及工期等因素而有所不同。项目组织是为了完成某个特定的项目任务而由不同部门、不同专业的人员组成的一个临时性工作组织，通过策划、协调、控制等过程，对项目的各种资源进行合理组织和集成，以保证项目各目标的顺利实现。

为确保项目总体安排顺利实施，EPC项目一般设置梯次管理机构，从企业决策层、总包管理层、项目执行层三个层次对项目实施总承包管理，充分发挥公司的技术、资源优势，实现企业后台与项目前台的管理体系协同。

1. 企业保障层

由企业总部对项目提供资源保障、服务支持以及目标监控与管理考核。统一调配项目所需的人、财、物等保障性资源，组织公司各专业资深专家顾问团为项目提供专业的技术、管理支持。同时，公司总部按内部管理制度要求监控项目合约执行情况，对项目进度计划、质量、安全等目标进行考核，全过程监督，动态管控，及时纠偏，确保本工程的顺利进行和履约。

2. 总包管理层

指EPC项目的实施主体——总承包项目部，总承包项目部的团队组建和资源配置由企业总部完成，代表企业根据总承包合同组织和协调各项资源，负责总承包层面的各项管理工作，实现项目目标。

3. 项目执行层

由各专业工程分包的项目部组成，根据分包合同完成分部分项工程。

3.2.3　项目管理模式

1. 总承包项目部组建模式

总包管理层，即总承包项目部的组建应精干高效，职能划分合理，基于项目合同内容和管理模式的不同，项目组织结构一般分为三种模式：A模式、B模式、C模式。三种模式的概念及适用范围详见表3-2-1。

三种模式的概念及适用范围　　　　　　　　　　表3-2-1

项目组织结构模式	概念	适用范围
A模式	项目总承包管理团队和施工管理团队分离的组织结构模式	EPC、DB等工程总承包模式项目，业主对总承包管理需求大并给予较大管理授权的施工总承包项目
B模式	项目总承包管理团队与自行施工管理团队融合的组织结构模式	A模式适用范围以外，且合同约定有总承包管理职责和责任的项目
C模式	专业施工项目的组织结构模式	A模式下的自行专业施工项目；承包的专业施工项目

2. 组织架构图

三种模式（A模式、B模式、C模式）的组织机构一般如图3-2-1～图3-2-3所示。

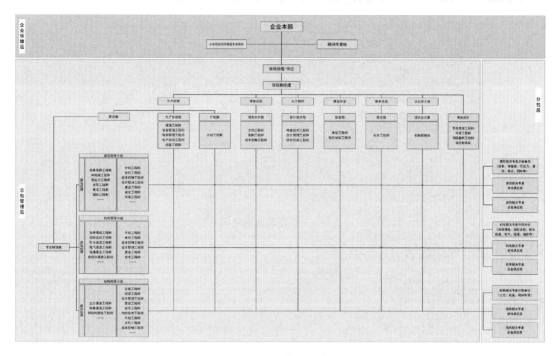

图 3-2-1　A模式组织架构图

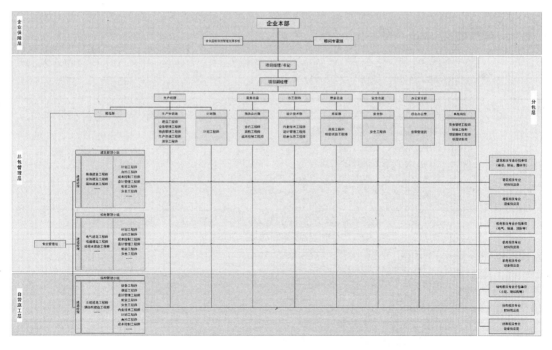

图 3-2-2　B模式组织架构图

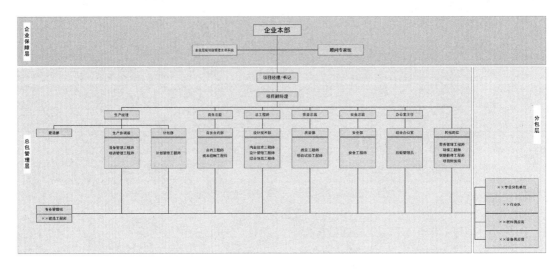

图 3-2-3　C 模式组织架构图

3.2.4　项目部门设置

3.2.4.1　部门设置

项目一般设置 7 个部门：建造部、设计技术部、质量部、安全部、计划部、商务合约部、综合办公室。

3.2.4.2　部门职责

项目部门职责定位参考表 3-2-2 所示。

项目部门职责定位　　　　表 3-2-2

部门	职责定位
建造部	1. 规划、实施、监控工程建造过程，确保工程按期竣工，并达成质量、安全与成本控制要求 2. 管理、组织、协调整个工程建造团队 3. 管理、协调、监控、考核专业工程分包商 4. 管理、协调施工现场公共资源 5. 负责公共设备、临时水电等资源的安装、维护与运行管理 6. 开展生产资源管理、协调、施工测量管理等工作
设计技术部	1. 提供设计、技术管理服务，负责施工方案审查、科研管理、工程资料管理 2. 管理设计过程，确保符合既定目标和标准，以及符合政府和业主的要求 3. 负责协调、解决各专业深化设计中专业内及专业间的矛盾 4. 负责各专业深化设计接口确定及界面划分 5. 负责材料（样品）送审、设备选型等工作
质量部	1. 建立并执行质量监督计划 2. 负责项目试验检测管理 3. 监控项目过程关键质量环节，确保其符合质量目标和规范要求 4. 监控分包商质量管理工作，确保项目达成质量管理目标

部门	职责定位
安全部	1. 建立并执行安全管理计划、环境管理计划 2. 审核专项施工方案，确保风险受控 3. 监控分包商安全、环保管理等工作，确保项目达成安全、环保管理目标
计划部	1. 负责总体、重大节点、年、季度、月计划的发布及工期风险管理 2. 组织编制设计、采购、施工相关接口策略计划，并提出控制建议 3. 组织编制各系统进度计划，并进行监控 4. 提供相关报告供项目经理决策 5. 负责考核月、季、年计划完成情况，并出具奖惩意见
商务合约部	1. 管理、组织商务合约团队，为项目管理团队提供合约服务 2. 负责项目资金策划管理 3. 在授权范围内，进行分包招标、合同管理 4. 在授权范围内，管理主要设备材料的招标、合同、采购过程 5. 管理总包及分包合同，进行成本分析，评估结算、变更索赔，控制项目预算达到预定目标
综合办公室	1. 负责项目部后勤保障，做好后勤人员管理工作 2. 负责项目部办公设备、办公用品的采购、保管、发放、回收、保养、报废等工作

3.2.5 项目岗位管理

3.2.5.1 岗位设置

在专业领域、工作层次、工作量三要素的大框架下，以因事设岗、职责稳定、规范化、管理跨度适宜为一般原则，以强化总承包管理职能、宽幅设岗、培养复合型人才为特殊原则，对项目岗位进行合并、撤销或增设。标准岗位设置如表 3-2-3 所示。

标准岗位设置   表 3-2-3

部门/岗位	标准岗位设置
项目管理层	项目经理、生产经理、总工程师、安全总监、质量总监、商务总监、办公室主任
建造部	建造工程师
	设备管理工程师、物资管理工程师、生产协调工程师、测量工程师
设计技术部	内业技术工程师、设计管理工程师、综合信息工程师
质量部	质量工程师、检验试验工程师
安全部	安全工程师
计划部	计划工程师
商务合约部	采购工程师、合约工程师、成本控制工程师
综合办公室	后勤管理员
其他岗位	劳务管理工程师
	环保工程师
	钢筋翻样工程师
	项目财务岗

3.2.5.2 岗位职责

如表 3-2-4 所示。

岗位职责 表 3-2-4

部门	标准岗位	职责定位
项目管理层	项目经理	负责项目全面管理,对项目实施全过程进行策划、组织、协调和控制
	生产经理	负责项目施工总承包全面协调(施工总体)管理,对工程施工的成本、工期、质量、安全、履约等全面负责
	总工程师	负责项目施工技术、设计协调和深化设计全面管理
	安全总监	项目安全全面管理,对工程安全、职业健康、环境保护的监督工作全面负责
	质量总监	项目质量全面管理,对工程质量的监督工作全面负责
	商务总监	项目商务全面管理
	办公室主任	负责项目信息沟通、公共关系、后勤等事务的全面管理
建造部	建造工程师	负责某一个专业或区段的施工(总包)全面管理,对本建造管理组所管理的施工工作负总责
	生产协调工程师	负责项目生产现场总平面管理及其他生产资源协调
	测量工程师	负责项目责任范围内的测量管理工作
	设备管理工程师	负责项目现场(总包责任范围内)施工、运输设备及临水临电设施的总体管理
	物资管理工程师	负责项目现场物资成本管理工作,或主管物资收发工作
设计技术部	内业技术工程师	负责图纸审查、设计变更管理、技术管理、创优报优和科技研发管理工作
	设计管理工程师	负责项目协调和设计监督管理工作
	综合信息工程师	负责项目文件、资料管理,及信息系统、信息安全管理
质量部	质量工程师	负责项目施工质量监管,组织对分包商质量管理的整体监督,力求达成总包质量目标,并对接业主、监理、政府相关部门的质量监管
	检测试验工程师	负责项目材料、半成品和成品的检验试验工作
安全部	安全工程师	负责项目施工安全,组织安全教育培训、现场安全管理监督检查,组织分包商现场安全管理状况的监督和统计,策划安全应急响应并组织准备,并对接业主、监理、政府相关部门的安全监管
计划部	计划工程师	项目工期计划执行情况的监管人,负责项目总体及各区段进度的监控和分析工作
商务合约部	采购工程师	在项目授权范围内组织开展项目采购工作,并组织监督分包商采购和物资管理工作
	合约工程师	负责项目合约管理,组织各类分包、采购合同的结算和付款申请,组织向业主报量和申请工程款,并做好商务策划、履约控制和签证索赔工作
	成本控制工程师	监督项目工程成本严格按预算进行控制
综合办公室	后勤管理员	负责项目行政、劳资、后勤、宣传、安保等综合事务的管理

部门	标准岗位	职责定位
其他岗位	劳务管理工程师	负责项目劳务分包商的协调管理工作
	环保工程师	负责项目环保监管，策划环境应急响应并组织准备，对接业主、监理、政府相关部门的环境监管
	钢筋翻样工程师	负责对现场钢筋翻样进行配料等技术指导
	项目财务岗	负责项目资金管理

3.3 总平面管理

3.3.1 总平面管理概述

根据《建筑施工组织设计规范》GB/T 50502—2009 中的定义，施工现场平面布置是在施工用地范围内，对各项生产、生活设施及其他辅助设施等进行规划和布置。

具体来说，施工总平面布置是要根据现场实际情况以及拟采取的施工部署，对施工现场生产、生活设施及其他辅助设施进行合理规划和布置，使其更加便于进行"三控三管一协调"。同时，施工总平面布置也是一个动态的管理过程，必须根据不同阶段的实际情况进行统筹调整，并非策划完成后就一成不变。

根据项目总体施工部署，对不同阶段总平面进行合理规划布置，通常包含以下几个阶段：

（1）桩基施工阶段总平面布置；

（2）土方开挖阶段总平面布置；

（3）地基与基础施工阶段总平面布置；

（4）主体结构施工阶段总平面布置；

（5）装饰装修施工阶段总平面布置；

（6）室外工程施工阶段总平面布置；

（7）临时用水、临时用电、临时消防总平面布置。

施工总平面布置应包括下列内容：

（1）项目施工用地范围内的地形状况。

（2）全部拟建的建（构）筑物和其他设施的位置。

（3）项目施工用地范围内的加工设施、运输设施、存贮设施、供电设施、供水供热设施、排水排污设施、临时施工道路和办公、生活用房等。

（4）施工现场必备的安全、消防、保卫和环境保护等设施。

（5）相邻的地上、地下既有建（构）筑物及相关环境。

3.3.2 总平面管理要点

3.3.2.1 施工总平面布置总体原则

（1）平面布置科学合理，施工场地占用面积少。

（2）合理组织运输，减少二次搬运。

（3）施工区域的划分和场地的临时占用应符合总体施工部署和施工流程的要求，减少相互干扰。

（4）充分利用既有建（构）筑物和既有设施为项目施工服务，降低临时设施的建造费用。

（5）临时设施应方便生产和生活，办公区、生活区和生产区宜分离设置。

（6）符合节能、环保、安全和消防等要求。

（7）遵守当地主管部门和建设单位关于施工现场安全文明施工的相关规定。

（8）平面分区原则：即办公区、生活区、加工区和施工区分开布置。

（9）立体分段原则：即根据进度分为主体结构、砌体及装修施工等阶段。

（10）集中管理布置原则：场地由总包单位统一划分布置，统一协调和管理。

（11）合理高效利用原则：充分利用现有的施工场地，紧凑有序，减少场内二次搬运。

（12）专业工种分区原则：按专业、工种划分施工用地，避免用地交叉、相互影响干扰。

（13）安全文明施工原则：现场布置符合相关安全文明施工技术规范要求。

（14）主要工序优先原则：优先满足钢结构运输、吊装和混凝土浇筑运输组织要求。

（15）道路畅通原则：保证场内交通运输畅通和人行通道的畅通。

（16）灵活机动原则：根据工序的插入及时合理地调整场地布置，满足施工需要。

3.3.2.2 施工平面布置影响因素

（1）相邻的地上、地下既有建（构）筑物及相关环境（大门开设、环形道路、塔式起重机高度、周边堆载、堆场布置等）。

（2）重要施工部署（顺作法和逆作法、施工分区及施工流水、工期等）。

（3）施工工艺（钢支撑与混凝土支撑、干成孔与泥浆护壁等）。

（4）工程体量（机械数量、机械型号、临时道路、堆场数量等）。

（5）项目定位影响现场临时设施及 CI（企业形象识别系统）设置标准。

（6）临水临电接口影响水、电及消防布设。

3.3.2.3 办公、生活临建布设要点

（1）办公、生活临建布设本着"安全、经济、适用、紧凑、干净、整洁"的原则开展。

（2）临时用房尽可能采用集装箱式，便于吊装及周转，布置尽量整齐、规则，充分利用场地空间。

（3）场地内尽可能多地设置绿化，减少硬化，打造花园式工地。

（4）以人为本，生活区充分考虑员工生活休闲设施，如篮球场、羽毛球场等，但尽可能紧凑，采取多功能结合，避免铺张浪费。

（5）做好场地内总体找坡及排水措施，避免积水。

（6）做好场内排污、卫生及防疫措施，营造安全、整洁的环境。

（7）做好场地内消防通道布设及消防设施配备，确保消防安全。

3.3.2.4　施工生产临建布设要点

（1）施工生产临建主要包括：主出入口、道路、堆场、加工棚、洗车槽、临时水电及消防等。

（2）施工阶段主出入口尽可能与后期正式道口一致，减少后期二次开道口的费用。

（3）现场首要保证交通流线顺畅，便于施工组织协调，考虑不同分区道路运输压力，预留错车平台。

（4）各类堆场位置合理、大小合适。结构施工阶段各大区堆场尽可能集中设置，并减少跨区；装饰阶段堆场需求大的专业重点考虑，如：幕墙玻璃、石材、铝板、型材等，精装修石材、铝板、地砖等，电梯整箱堆场及拆箱堆场，机电安装集中加工场等。

（5）临时用水、用电及消防管道敷设应注意管道穿路提前预埋，避免后期返工。

（6）现场应考虑足够的临时加压蓄水箱，确保施工、生活、消防供水压力足够。

（7）临时用电应注意一级箱位置及数量合理，控制供电回路长度（减少压降），确保电压充足。

（8）临时消防栓（箱）的布设注意控制间距，确保生产、生活区消防覆盖范围全面。

3.3.2.5　大型设备布设要点

（1）大型设备选型主要考虑设备的负载能力，应按照设备最不利负载下的工况，尤其是钢构件、装配式构件等大型构件以及幕墙板块、装修材料板块、超长构件等特殊尺寸构件，且应考虑设备额定负载的安全系数折减，不可按满负荷计算。

（2）大型设备定位时应综合考虑覆盖（服务）范围、附墙、拆装、周边碰撞、基础定位等因素，经反复模拟、调整后方能确定。

（3）设备基础设置时如具备条件，塔式起重机基础宜尽可能与底板、顶板结构共用设置，以节约成本。

（4）塔式起重机覆盖范围，应最大程度覆盖施工区域及材料堆场、加工区，减少吊运盲区。

（5）大型设备服务的范围有一定的经验数据可参考。地下室阶段每台塔式起重机覆盖范围不宜超过 $5000m^2$，若有较多钢构件、装配式构件等占用塔式起重机时间较多的构件时，应进一步考虑塔式起重机降效影响，或减小其覆盖范围，或增设汽车式起重机辅助大型构件吊运。施工升降机的布设应根据工期、运输量、建筑高度、建筑面积等因素综合考虑，通常一台双笼梯可服务 10 层 1500～2000m² 的面积，若工期紧、装修材料量大或超高层建筑，则需考虑另增加施工升降机数量。

（6）大型设备布设时还应提前考虑劳务分区划分，尽可能使每台设备仅服务于一家劳务分包单位，减少使用过程中两家或多家单位争抢设备的情况。

（7）特殊设备的应用。随着建筑结构造型越来越多样化、建筑高度不断刷新，一些特殊建筑无法使用常规大型设备的情况越来越多，可考虑选用市场上一些特殊设备，例如：可考虑采用空中造楼机平台一体化安装塔式起重机、井道自爬升塔式起重机、外附墙自爬升塔式起重机等；施工升降机可考虑采用井道电梯、旋转电梯、斜爬电梯等。设备厂家须提供特殊设备的合格性证明，确保设备使用安全性。

（8）设备使用安全性保障。大型设备安全管理是项目管理的重点，要充分、全面地考虑群塔作业、设备安拆、建筑结构承载力、恶劣天气应急预案等因素。

3.3.2.6　总平面转换注意事项

（1）总平面设计时应综合考虑各施工阶段的需求，在开工阶段一次性策划并实施到位，避免各阶段总平面转换时反复拆改，既浪费成本又影响施工部署。

（2）施工现场宜减少硬化，一方面减少资源的浪费，另一方面便于后期总平面转换调整。

（3）总平面转换后若需要用地下室顶板作为运输通道、材料堆场、加工厂时，应注意顶板承载力的复核，避免承载力不足导致顶板开裂甚至结构损坏。

（4）室外工程插入施工阶段，将导致现场总平面转换偏于混乱，管理难度大。因此，应提前做好室外工程施工部署策划及现场总平面调整规划，室外工程宜考虑分段、分片区有序施工，使室外工程施工不影响现场总平面正常运转，避免堆场、加工区反复转移。

3.3.2.7　总平面永临结合策划

现场施工总平面规划时，宜充分运用"永临结合"思维，将一些永久设施提前施工完成兼作施工所需临时设施使用，例如：室外道路、围墙、管网、绿化等。

3.4　计划管理

3.4.1　总承包计划管理概述

项目计划管理采用以建造线为主线的"三级四线"管理体系，"三级"指计划的分层级管理体系，包括项目总进度计划、年度进度计划以及季度/月/周进度计划三个层级，"四线"指计划的主线管理体系，包括报批报建、设计（含深化设计）、招采、建造计划四条主线（表 3-4-1）。

工期计划节点分类

表 3-4-1

节点类型	节点要求
里程碑节点	项目实施过程中具有标志性特征的节点工作项构成的节点计划，里程碑节点设置在主要的分部、子分部完成节点及合同约定的关键节点
一级计划节点	项目总计划节点，基于合同约定的工期条款和"项目策划书"制定
二级计划节点	项目年度进度计划的关键节点，基于一级计划分解制定。二级计划必须确保一级计划
三级计划节点	项目季度/月/周进度计划的关键工作项构成的节点计划，基于二级计划分解制定。三级计划节点原则上必须确保二级计划

3.4.2　总承包计划编制要点

项目进度控制以实现施工合同约定的竣工日期为最终目标，如何实现这一管理目标的具体计划安排就是项目进度计划。

进度计划是将项目所涉及的各项工作、工序进行分解后，按各工作开展顺序、开始时间、持续时间、完成时间及相互之间的衔接关系编制的作业计划。通过进度计划的编制，使项目实施形成一个有机的整体，同时，进度计划也是进度控制和管理的依据。

项目进度控制总目标应进行分解。可按单位工程分解为分期交工分目标，还可按承包的专业或施工阶段分解为阶段完工分目标；亦可按年、季、月时间段将计划分解为更具体的时间段分目标。

3.4.2.1　进度计划的编制依据

（1）项目施工合同中对总工期、开工日期、竣工日期的要求。

（2）建设单位对阶段节点工期的要求。

（3）项目技术经济特点。

（4）项目的外部环境及施工条件。

（5）项目的资源供应状况。

（6）施工企业的企业定额及实际施工能力。

3.4.2.2　进度计划的编制原则

（1）应充分了解项目实际情况，落实对施工进度可能造成重大影响的各种因素的风险程度，避免过多的假定而使进度计划失去指导意义。

（2）应研究企业自身情况，根据工艺关系、组织关系、紧前紧后关系等，对工程分期、分批提出相应的阶段性进度计划，以保证各阶段性节点目标与总工期目标相适应。

（3）进度计划的安排必须考虑项目资源供应计划，保证劳动力、材料、机械设备等资源投入的均衡性和连续性。

（4）进度计划应与质量、经济等目标相协调，不仅要实现工期目标，还要有利于质量、安全、经济目标的实现。

3.4.2.3　进度计划内容

（1）编制说明；

（2）进度安排；

（3）资源需求计划；

（4）进度保证措施。

3.4.2.4　进度计划的编制步骤

（1）确定进度计划目标；

（2）进行工作结构分解与工作活动定义；

（3）确定工作之间的逻辑关系；

（4）估算各项工作投入的资源；

（5）估算工作的持续时间；

（6）编制进度计划图（表）；

（7）编制资源需求计划；

（8）审批并发布。

3.4.2.5　进度计划的表现形式

进度计划的表现形式有很多，根据不同层级的计划，其表现形式也应有所区分，以便于计划执行者更全面、清晰、形象地理解进度计划的内容。表 3-4-2 列举出一些常见的进度计划表现形式及其优缺点以供参考。

计划编制常用软件及优缺点分析　　　　　　　　表 3-4-2

计划形式	常用软件	优点	缺点
横道图（甘特图）	Project、Primavera P6、斑马梦龙、Excel、Word	1. 应用最为广泛，通用性强 2. 易于编制和理解 3. 时间节点及工期清晰 4. 工序齐全，逻辑关系清晰	1. 工作量大，修改较困难 2. 不能直观、明确地展示各项工作之间错综复杂的相互关系 3. 不能明确地反映出影响工期的关键工作和关键线路 4. 不能反映出工作所具有的机动时间
网络图	斑马梦龙、Pert	1. 逻辑性强，能清晰表达工作之间的逻辑关系 2. 能够明确关键工作和关键路径 3. 非关键工作的机动时间清晰，有利于资源的优化配置 4. 计划的优化和调整相对较简单、方便	1. 每个工序开始、完成时间表达不清晰 2. 需考虑各种紧前紧后逻辑关系，编制难度大

计划形式	常用软件	优点	缺点
地铁图	Visio、亿图图示、AutoCAD	1. 对主控关键节点的显示简单直观 2. 易编制、易懂 3. 多条主线同步显示并关联，利于领导决策层使用	1. 仅显示关键节点，对工作持续时间、工序逻辑关系体现甚少 2. 显示信息较粗，信息量相对较小
斜线图	AutoCAD、Excel	1. 专业集成，各工种、专业均有体现 2. 直观、易懂 3. 将空间和时间维度统一到一张图，便于施工管理	1. 显示篇幅相对较大，不易于编制和调整 2. 工序逻辑关系体现相对较弱

注：以上仅列举了目前常用、较普及、较合适的软件。

3.4.3 总承包计划管理要点

3.4.3.1 影响项目进度的主要因素

1. 影响项目建设进度的总体因素

影响项目进度的因素很多，大致可以分为三大类，项目管理者应根据影响项目进度的各类因素提前制定预防措施，若进度已受不利影响，可根据表 3-4-3 所列因素找寻原因，并制定相应的纠偏措施。

影响项目进度的因素　　　　表 3-4-3

种类	影响因素描述
项目内部因素	1. 施工组织不合理，人力、材料、机械调配不当，解决问题不及时 2. 施工技术措施不当或发生事故 3. 质量不合格引起返工 4. 与相关单位关系协调不善 5. 项目部管理水平低下
相关方因素	1. 设计图纸提供不及时或有误 2. 建设单位要求设计变更 3. 实际工程量增减变化 4. 材料供应、运输等不及时或质量、数量、规格不符合要求 5. 水电通信等部门、分包单位没有认真履行合同或违约 6. 资金没有按时拨付等
不可预见因素	1. 施工现场水文地质状况比勘察设计文件预计的复杂得多 2. 严重自然灾害 3. 战争、政变等政治因素

2. 影响前期设计及报批报建进度的因素

近几年，国家大力倡导绿色建筑与装配式建筑，目前新建项目根据各地的政策与建筑物的性质对装配式比例、绿色建筑等级、海绵城市等都有不同的要求，且不同等级对施工成本均有较大影响，在施工图设计前通过与相关部门沟通完成对相关重要指标的确定工作，从而更好更快地推动项目报批报建工作（表 3-4-4）。

序号	项目	内容
1	日照要求	住宅、商业、教育、医院等对日照时长要求不同，日照不满足会影响整体方案的调整
2	海绵城市	不同性质建筑对海绵城市年径流量要求不同
3	绿色建筑	绿色建筑分为一星、二星、三星，星级越高对设计与材料要求越高，对应的造价越高
4	装配式	不同建筑装配率要求不同，装配率越高，造价成本与施工周期都会增加
5	强辐射、强污染设施	确定项目设计方案中包含强辐射、强污染设施，此类设施环评要求较高，且环保部门审查时间较长
6	人防面积、人防设施及人防等级	人防设施审批时间跨度长，且施工难度较大
		确定人防等级，人防核五等级施工成本高于核六，且人防工程中不同的功能对人防施工难度都有影响
7	车位比例及充电车位占比	明确项目机动车车位与充电车位比例、非机动车位比例等，避免后期方案审查阶段车位配比不够
8	航空限高	方案高度超过航空限高
9	宗地图与总平图一致	核查宗地图与方案设计总平图是否一致
10	相关配套	明确物业用房、社区用房等公共配套设施配建比例，以及地上地下比例

3.4.3.2 进度计划管理程序

项目进度计划管理程序大致可分为施工进度计划、施工进度实施和施工进度控制三个阶段。

施工进度计划阶段包括：明确项目目标和内容，进行工作结构分解，确定工作关系和时间，编制施工进度计划。

施工进度实施阶段包括：落实相应保证措施，进度计划实施。

施工进度控制阶段包括：收集、整理、分析进度信息，进行计划与实际进度的比较分析，进度计划调整与再实施，实现进度目标。

1. 计划管理总体思路

计划是可调的，目标是不变的。计划管理遵循 PDCA 循环的原理进行滚动更新，以始终保持计划的活力，达到项目控制的目标。

在计划管理中，PDCA 按照如下思路进行。

（1）计划（Plan）：确定项目履约目标和整体实施路径，将目标进行分解，明确总计划，并编制具体的实施步骤及计划。

（2）执行（Do）：实施具体计划，按照原定策略协调相关资源，落实相关实施前置条件，实现计划中的内容。

（3）检查（Check）：总结计划实施的结果及效果，分析总计划制定过程中考虑的策略与实际情况的偏差，以及实施过程中计划纠偏的情况，查找问题。

（4）行动/修正（Action）：对检查的结果进行处理，对于成功的经验进行肯定和明确，对于失败的教训也要总结，以免重现，并进行标准化处理，如在规章制度中修订、进入企业知识库供类似项目参考等。对没有解决的问题，应交给下一个项目按照 PDCA 循环去解决。

2. 计划管理的四个阶段、八个步骤和七种工具

如表 3-4-5、表 3-4-6 所示。

PDCA 计划管理的步骤及方法   表 3-4-5

阶段	步骤	主要方法
P	1. 分析现状、提出问题	排列图、直方图、控制图
	2. 分析各种影响因素或原因	鱼骨图（因果图）
	3. 找出主要影响因素	排列图、相关图
	4. 针对主要原因，制定措施计划	回答"5W1H" 为什么制定该措施（Why）？ 达到什么目标（What）？ 在何处执行（Where）？ 由谁负责完成（Who）？ 什么时间完成（When）？ 如何完成（How）？
D	5. 执行、实施计划	—
C	6. 检查计划执行结果	排列图、直方图、控制图
A	7. 总结成功经验，制定相应标准	制定或修改工作规程、检查规程或其他相关规章制度，完善知识库、数据库等
	8. 把未解决或新出现的问题转入下一个 PDCA 循环	

常用进度分析图列表   表 3-4-6

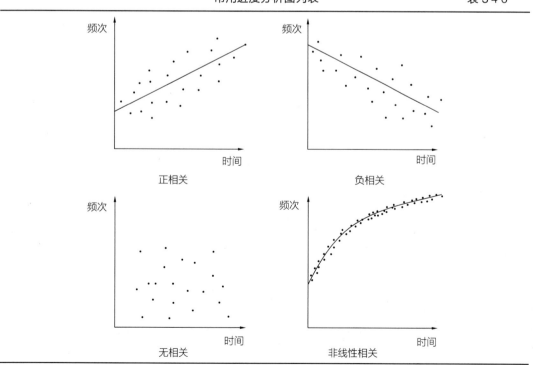

正相关　　　　　　　　　　　　　　　　　负相关

无相关　　　　　　　　　　　　　　　　　非线性相关

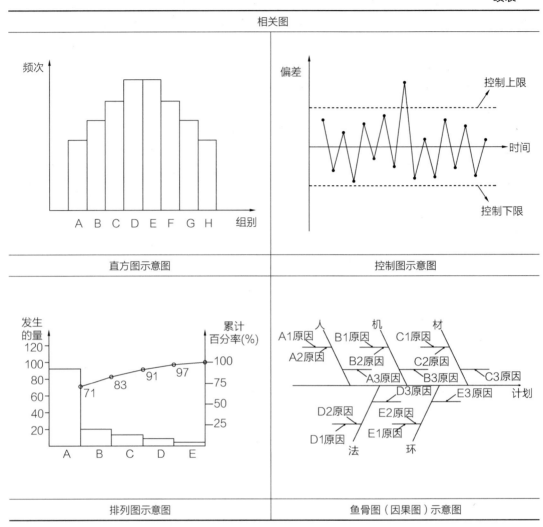

相关图

直方图示意图 | 控制图示意图

排列图示意图 | 鱼骨图（因果图）示意图

3.4.3.3　进度计划的执行和分析

进度计划在执行过程中应定期进行执行情况的信息收集及分析，便于下一个阶段对进度计划进行优化调整，以实现总体进度目标（表 3-4-7、图 3-4-1～图 3-4-5）。

几种常用的进度计划分析方法　　　　　　　　　　　表 3-4-7

分析方法	具体描述
横道图比较法	将在项目施工中检查实际进度收集的信息，经整理后直接用横道线并列标于原计划的横道线处，进行直观比较的方法
S 形曲线比较法	以横坐标表示进度时间，纵坐标表示累计完成任务量，绘制出一条按计划时间累计完成任务量的 S 形曲线，将施工项目的各检查时间实际完成的任务量绘在 S 形曲线图上，进行实际进度与计划进度相比较的一种方法

分析方法	具体描述
香蕉形曲线比较法	任何一个施工项目的网络计划，都可以绘制出两条曲线：其一是以各项工作的计划最早开始时间安排进度而绘制的 S 形曲线，称为 ES 曲线；其二是以各项工作的计划最迟开始时间安排进度而绘制的 S 形曲线，称为 LS 曲线。两条 S 形曲线都是从计划的开始时刻开始和完成时刻结束，因此两条曲线是闭合的。其余时刻，ES 曲线上的各点一般均落在 LS 曲线相应点的左侧，形成一个形如香蕉的曲线，故此称为香蕉形曲线。在项目的实施中，进度控制的理想状况是任一时刻按实际进度描出的点，均应落在该香蕉形曲线的区域内。 香蕉形曲线比较法的作用： (1) 利用香蕉形曲线合理安排进度； (2) 将施工实际进度与计划进度进行比较； (3) 确定在检查状态下，后期工程的 ES 曲线和 LS 曲线的发展趋势
前锋线比较法	从检查时刻的时标点出发，首先连接与其相邻的工作箭线的实际进度点，由此再去连接该工作相邻工作箭线的实际进度点，依此类推。将检查时刻正在进行工作的点都依次连接起来，组成一条一般为折线的前锋线，按前锋线与箭线交点的位置判定施工实际进度与计划进度的偏差。简言之，前锋线法就是通过施工项目实际进度前锋线，比较施工实际进度与计划进度偏差的方法
列表比较法	记录检查时正在进行的工作名称和已进行的天数，然后列表计算有关参数，根据原有总时差和尚有总时差判断实际进度与计划进度的比较方法

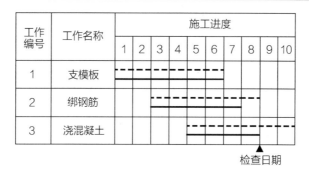

图 3-4-1　横道图比较法示意图

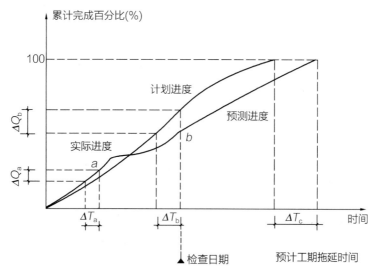

图 3-4-2　S 形曲线比较法示意图

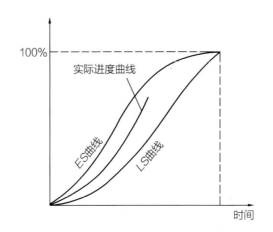

图 3-4-3　香蕉形曲线比较法示意图

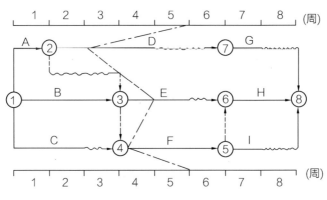

图 3-4-4　前锋线比较法示意图

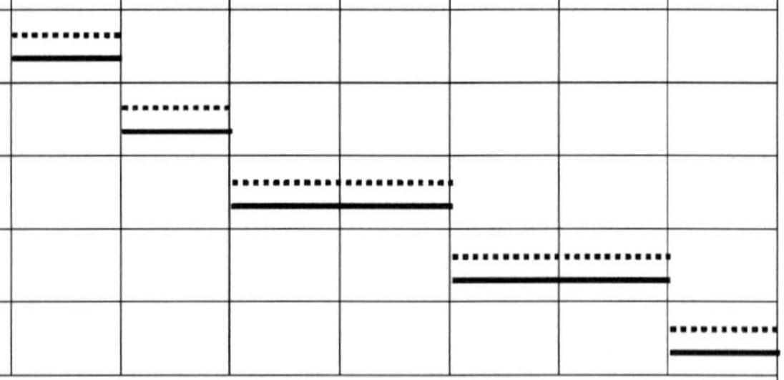

序号	主要工作内容	8.15	8.16	8.17	8.18	8.19	8.20	8.21
		周二	周三	周四	周五	周六	周日	周一
1	五层顶板支模	▪▪▪▪▪						
2	五层顶板绑钢筋		▪▪▪▪▪					
3	五层顶板混凝土浇筑			▪▪▪▪▪				
4	六层满堂架搭设					▪▪▪▪▪		
5	六层顶板支模							▪▪▪▪▪
—	▪▪▪▪▪ 计划完成　　━━━━ 实际完成							

图 3-4-5　列表比较法示意图

3.4.3.4　进度计划纠偏

在对实施的进度计划分析的基础上，应确定调整原计划的方法，一般主要有以下几种：

1. 改变某些工作间的逻辑关系

若检查的实际施工进度产生的偏差影响了总工期，并且有关工作之间的逻辑关系允许改变，可以改变关键线路和超过计划工期的非关键线路上的有关工作之间的逻辑关系，达到缩短工期的目的。这种方法用起来效果是很显著的。例如，可以把依次进行的有关工作改变为平行的或互相搭接的以及分成几个施工段进行流水施工的工作，都可以达到缩短工期的目的。

2. 缩短某些工作的持续时间

这种方法是不改变工作之间的逻辑关系，只缩短某些工作的持续时间，使施工进度加快，以保证实现计划工期的方法。这些被压缩持续时间的工作是位于因实际施工进度的拖延而引起总工期增长的关键线路和某些非关键线路上的工作。同时，这些工作又是可压缩持续时间的工作。这种方法实际上就是网络计划优化中的工期优化方法和工期与成本优化的方法。

3. 调整资源供应

对于因资源供应发生异常而引起进度计划执行的问题，应采用资源优化方法对计划进行调整，或采取应急措施，使其对工期影响最小。

4. 改变工作的起止时间

起止时间的改变应在相应的工作时差范围内进行，如延长或缩短工作的持续时间，或将工作在最早开始时间和最迟完成时间范围内移动。每次调整必须重新计算时间参数，观察该项调整对整个施工计划的影响。

3.5 设计管理

3.5.1 设计管理体系建立

1. 设计管理架构与机制

项目启动后，对项目内外部环境进行识别，制定项目设计管理组织架构、职责分工、设计例会制度、设计沟通机制等设计管理制度。项目设计管理组织架构注重强化针对专业的组织管理，将部门资源和职责转移到专业，统一归属专业组管理。典型EPC项目设计管理组织架构示例见图3-5-1。

设计相关会议主要包含设计启动会、设计例会、评审会、交底会、协调会、专题会、方案比选会、论证会和专项汇报会等。

为顺利推进设计工作，以招标文件、合同文件以及相关管理规定为依据，梳理出在设计阶段的一些关键管理活动，明确对应的沟通机制，推动相关方高效沟通协作（表3-5-1）。

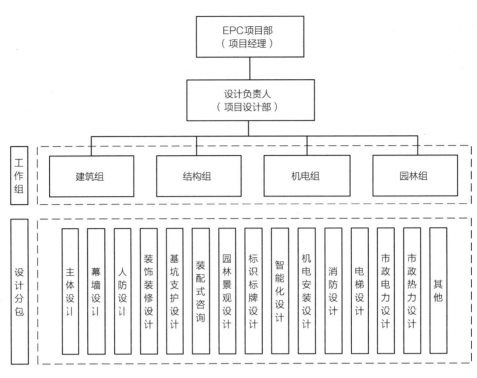

图 3-5-1　典型 EPC 项目设计管理组织架构示例

设计沟通机制工作项及主要内容　　　　　　　　　　　　表 3-5-1

序号	工作项	设计沟通机制主要内容
1	各参建方人员	设计部负责统计建设方、设计方、总包方等各设计参与方人员名单，明确设计各参与方的主要负责人和资料对接人，主要负责人为设计管理工作展开的主要沟通对象，资料对接人为所有书面文件的发送人和接收人
2	设计任务分工	各设计分包应及时向总包方报送设计任务分工表，便于设计部确认相应专业设计人员的数量和能力满足设计进度要求；设计任务分工表应列明设计绘图人、各专业设计组成员、专业负责人、校对人、审核人和审定人；设计部可直接通过绘图分工表上的信息与相应专业设计人员进行沟通，保证沟通效率和信息传达的准确性
3	文件传递	一般以邮件为主要书面文件传递方式，设计成果和技术资料等文件以书面形式进行收发，各方统一邮件格式、邮件名称和分类编码，规定邮件回复时限；所有邮件、函件建立收发台账，跟踪邮件内容落实情况，定期组织核对
4	设计指令	除报批报建外，设计指令统一由设计部负责下达。建设方、设计分包方、EPC 项目部任何关于设计的意见和建议均需经过设计部。设计部作为设计指令的唯一出口，以避免重复、矛盾的设计指令，减少对设计人员工作的干扰；设计方接到任何设计指令，须首先通知设计部，未经设计部同意的文件不能作为相应的设计依据
5	工作联系	设计各参与方对于设计工作的要求，应按统一格式的工作联系单发至设计部，作为设计修改的依据，也可作为设计指令下达的追溯文件，方便设计过程中的资料管理和归档，使设计指令有据可依，有源可查，工作联系单应及时建立和更新台账

2. 设计管理流程建立

项目设计管理工作总体流程，按设计阶段一般分为设计准备、方案设计、初步设计和施工图设计四个阶段。四个阶段的工作无明显区分界限，部分工作贯穿设计管理全过程。典型 EPC 项目总体设计管理流程示例见图 3-5-2。

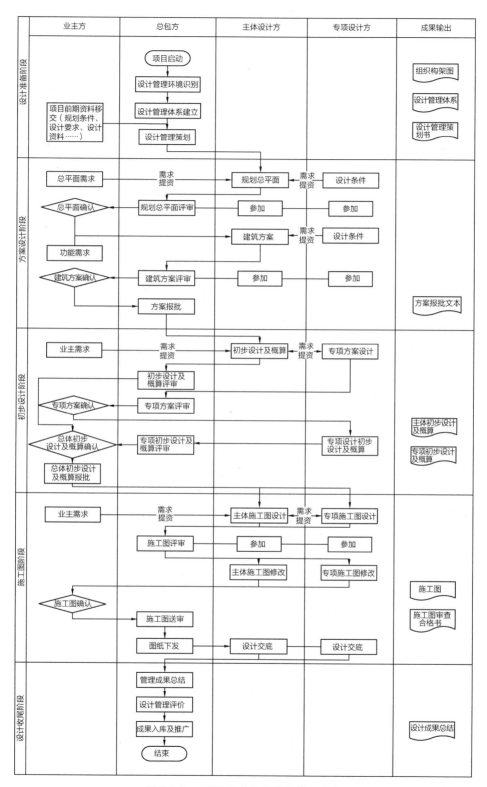

图 3-5-2 EPC 项目总体设计管理流程

3.5.2 设计准备阶段工作

1. 设计定义文件管理

设计定义文件是定义特定项目功能要求和目标的控制性文件，是项目设计管理工作的根本依据，包含建设单位的需求及指令、项目批复文件、标准及规范、设计限额指标、设计任务书、技术规格书、交付标准等。

在设计准备阶段，设计部根据建设单位移交的前期资料和合同等文件，准确分析识别建设单位需求，整理和编制设计定义文件，作为设计输入条件和定义设计成果的控制性文件，并对设计基础资料实时更新，进行资料管理台账的动态调整。

设计定义文件编制完成后组织项目内部评审，项目经理审批通过后方可执行。交付标准等需报建设单位确认的文件，经建设单位确认后方可执行。项目执行期间，如功能要求、相关标准、规范、法律、法规要求或其他影响项目定义的要素出现变更时，项目设计部应及时组织内部评估，必要时组织项目各相关部门进行评估确认，需建设单位确认的变化应在内部评估完成后，提请建设单位确认。

2. 设计合约包划分

设计准备阶段，为便于开展设计招标工作，项目设计部应根据总承包合同要求全面梳理设计任务，编制设计任务清单。依据设计任务清单和项目实际情况，设计部配合招采部门，进行设计合约包的划分，为设计分包招标启动提供条件。同时，考虑设计限额划分的要求和设计工作开展的便利性，明确设计工作界面，以保证实施阶段设计工作的顺利展开。设计合约包划分完成后，项目设计部组织项目相关部门对设计合约包的划分进行内部评审，评审通过后，报项目经理审批（表3-5-2）。

典型EPC项目设计合约划分示例 表3-5-2

序号	一级框架	二级框架	三级框架	合约内容
1	勘察设计	工程勘察	地质初勘	现场钻探及取样、工程物探、技术工作、管线测量、地形勘测、抗浮水位检测、地质勘察报告及后期服务等
2			地质详勘	
3			工程测量	
4		建筑工程设计	规划方案	总体规划及方案设计
5			方案设计	建筑方案设计及报批报建阶段的配合
6			初步设计	全专业的初步设计
7			施工图设计	施工图设计、各专项及施工配合服务
8		常规专项设计	人防工程设计	人防配套工程的施工图设计
9			基坑支护设计	基坑支护方案及施工图设计
10			园林景观设计	园林景观方案设计、初步设计及施工图设计、施工现场服务配合
11			幕墙设计	幕墙系统方案及施工图设计
12			室内装饰设计	装饰装修方案、施工图设计及现场服务配合

序号	一级框架	二级框架	三级框架	合约内容
13			供配电设计	供配电及施工图设计
14			泛光照明设计	泛光照明方案及施工图设计
15			弱电智能化设计	弱电智能化系统方案及施工图设计
16			导向标识系统设计	导向标识系统概念方案、方案深化及施工图设计
17		常规专项设计	燃气设计	燃气规划及施工图设计
18			通信设计	通信工程方案及施工图设计
19			厨房设备与工艺	食堂备餐工作区方案、深化设计及厨房设备选型等
20	勘察设计		电梯工程	电梯设计参数选型及资料提供
21			综合管网及市政道路	场地内部给水排水、电气、暖通专业的综合管网设计与场地内部道路设计
22			绿色建筑设计咨询	绿色建筑设计技术咨询及绿色建筑设计标识认证申报服务
23				
24			BIM 设计咨询	BIM 设计及咨询服务
25		设计咨询	装配式设计咨询	装配式设计研究、装配式设计优化及图纸审查咨询服务
26			幕墙设计咨询	幕墙方案及深化图咨询、优化，幕墙材料及施工效果把控，幕墙深化及施工分包招标咨询
27			设计审查咨询	设计图纸审查，优化建议

备注：本表仅根据常规项目所涉及的设计范围进行设计合约划分示例，项目需根据总承包合同内实际情况进行设计合约的具体划分。

3. 设计管理策划

设计管理策划作为项目策划的一部分（表 3-5-3），在设计准备阶段完成，用于指导设计管理工作。设计管理策划应简洁、实用、易于理解，具有针对性，减少通用型文字描述，不同项目根据项目特点适当调整。

设计管理策划项及重点内容示例　　　　　　　　　　　表 3-5-3

专业	策划项	策划要点
建筑	建筑总图布置优化	规划功能的合理性与整合，道路与绿化的比例，消防登高场地的设置范围，覆土厚度与地下室结构构件大小对比，建筑物室内外标高差选取等
	外立面整体设计优化	外立面形体的虚实处理，材料的使用，地下室与地面各层层高的比对与确定
	工程做法面层材料选择优化	墙面、楼地面、顶面、踢脚线、墙裙等面层材料选择
	构造节点整体设计优化	建筑外立面线脚、屋顶檐口的整体设计与取舍
	节能保温方式优化	内保温、外保温、自保温方式的选择与策划

专业	策划项	策划要点
建筑	设备及机房需求优化	电梯选型，台数、尺寸、速度、载重量，扶梯台数、宽度、速度、倾角等；各类设备、功能用房面积、位置优化等
结构	抗震设防标准	根据业态及规模，选取合理的抗震设防标准
	抗震等级选择	根据高度、结构体系等规范要求选取合理的抗震设防等级
	结构体系优化	根据建筑概况、业态选择合理的结构体系
	结构规则性优化	控制结构不规则项，尽量避免超限结构
给水排水	给水排水系统选择优化	根据建筑类型、规模、高度、业态分布及当地政策要求等选择合适的给水排水系统，太阳能、雨水回用、中水系统等设计规模满足政策基本要求即可
	消防系统选择优化	根据防火规范、消防给水规范、喷淋规范及当地消防部门要求等，结合建筑性质优选既满足规范要求又节约造价的消防系统，系统尽量简洁
	管材优化	在满足规范、设计技术参数要求的前提下进行给水排水、消防水管及保温材料的优化比选，选择经济适用的相关材料
	设备选型优化	在满足规范、设计技术参数要求并兼顾节省造价的前提下进行给水排水、消防系统设备优化比选，合理确定设备用房分布和面积
暖通	暖通空调系统选择优化	根据建筑类型、业态及所处不同地区选择合适的空调冷热源系统及空调末端
	空调设备容量选型优化	负荷指标选择应根据地区及建筑功能类型选取，必要时进行初步计算
	通风、防排烟系统设计优化	根据防火规范及防排烟规范，优选既满足规范又节约造价的通风、防排烟系统
	机房及管井布置优化	机房及管井尽量靠近负荷或系统中心，以方便设备及管道选型
	风管、水管及保温防腐材料优化	在满足规范、设计技术参数要求的前提下进行风管、水管及保温防腐材料的优化比选，选择经济适用的相关材料
电气	变配电房位置及数量优化	遵循配电房基本的设计原则情况下，合理设置变配电房位置及数量，提高项目的经济性和合理性
	变压器型号及安装容量优化	选用低损耗、低噪声的节能型变压器；在负荷密度不超出当地用电规划要求，并符合国家及地方相关规定的情况下，合理确定变压器容量
	消防系统设计优化	根据项目需求，合理设置火灾自动报警系统形式和系统组成，减少设置冗余系统
	消防兼安防控制室优化	考虑项目需求和物业管理，合理合并消防兼安防控制室，减少投资
	消防控制室位置及大小优化	根据项目建筑体量及消防需求，合理设置消防控制室位置及大小

专业	策划项	策划要点
园林景观	景观方案的风格和定位	满足建筑和整体项目定位,简化景观风格,合理定位,优化整体成本
	园建与绿化配比优化	合理减少硬质园建占比,增加绿化面积,提高绿地率,达到协调配合比的目的
	景观整体竖向优化	整体竖向,减少土方量的开挖回填,满足经济性及施工便利性,实现土方平衡
	景观节点的数量及分布优化	节点合理分布,简化和重点化景观节点处理
	景观水电方式优化	景观水采用一般即插给水方式,利用自然排水减少排水设施,采用满足优化目标的景观照明方式
	植物群落形式与空间优化	结合整体方案,采用合理植物群落配置方式,合理采用大面积草坪和开放空间
智能化	方案定位及系统设计优化	根据建筑特性及整体目标定位,按照最新标准和规范,在满足设计任务书、建设方相关意见的基础上选择成熟、稳定、可靠、可扩展同时经济合理的智能化子系统
	系统架构及功能要求优化	对各子系统功能、控制中心、组成、结构、主要性能指标、路由组织、点位布置逻辑进行优化,减少系统架构及功能冗余,设计清晰合理,性价比最优
装饰装修	装修风格及定位	装修档次定位优化、空间单体、平立面效果
	软硬装优化	材料选择、装饰造型防火设计、公共家具、软装、标识导引等优化
幕墙	幕墙形式优化	玻璃幕墙、铝板幕墙、石材幕墙等幕墙形式体系优化
	选材优化	玻璃尺寸、型材厚度等建筑材料选型优化
装配式	装配率或预制率指标优化	根据地方政策要求,制定合理可行的实施方案
	平立面预制构件部位优化	非标层是否预制、非结构构件是否预制等
	构件预制体系优化	主要结构构件的设计方案选型,包括是否选择叠合体系、模壳体系、预应力构件等

3.5.3 设计过程管理要点

1. 设计进度管理

设计进度计划包括主体设计进度计划和专项设计进度计划。设计进度计划应紧密结合报批报建计划、现场建造计划和商务招采计划三条主线。

设计进度实行分级管控。在项目建设总体计划框架下编制设计总控计划,对设计关键节点的设计条件、设计周期及达成目标等进行总体描述。在设计总控计划框架下编制一级设计计划，包括方案阶段进度计划、初步设计进度计划、施工图设计进度计划。二级设计计划在一级计划框架下，编制各专业各阶段的设计进度计划，并包括专业间互提资、过程成果审查、成果提交等节点计划。三级设计计划为设计过程中的周工作计划，将一、二级计划的工作任务进行细化分解到具体时间，制定具体的进度管控节点计划。设计进度管控要点主要包括：

（1）加强内外部沟通联络，把控进度要求，对外与政府部门、建设单位、设计单位及时对接，对内与项目部门、各专业间有效协调。

（2）同步开展主体设计与专项设计，通过流水组织、合理穿插加快设计进度，过程中各专业相互提资，降低设计错漏风险，并同步实现全专业精准预算。

（3）严控里程碑节点，监测实际进度是否满足进度计划要求，对进度滞后情况及时预警与分析，并采取有效措施进行纠偏。

（4）进度管控落到实处，将计划管理责任分配到具体单位与个人，对进度滞后情况进行评价考核，及时督促相关方化解设计进度风险。

2. 设计质量管理

设计质量管理贯穿项目方案设计阶段、初步设计阶段、施工图设计阶段及专项设计阶段，各设计阶段的质量控制有不同侧重点。设计分包合同及设计任务书中应有对设计质量的约定，设计进场启动会上，项目设计负责人对设计质量约定进行交底，并在设计过程中进行监督。

项目设计负责人组织项目各相关部门对主体和专项设计各阶段的设计成果进行审核，形成审查意见或图纸会审记录。EPC项目的关键设计成果还需报总承包单位设计管理部门进行审查审批。项目设计部负责督促设计单位落实审查意见，完成图纸修改，并及时跟踪复核设计修改情况。

项目设计过程中需开展多方案经济技术比选，严格控制设计质量。通过建筑方案优化、结构选型、机电设备及系统选型等设计措施，助力项目高效建造，降本增效。

3. 设计提资管理

设计提资工作贯穿设计阶段全过程，根据设计接口组织体系，建立固定的提资机制及流程，并向各设计分包单位进行交底，保证相关方需求的提出与反馈畅通。设计部作为设计提资管理的归口部门，负责跟踪监督设计单位的提资执行情况，并建立相应台账，保证最终的提资成果在规定的时间内得到资料需求方的确认。设计分包单位严格按照设计提资流程进行设计提资工作，提资应以书面文件的方式进行传递。

同时，通过提前协调各专业分包厂家提供相关设计参数与技术要求，提出设计优化建议，据此向设计单位进行相应提资，促进各项设计提资工作的顺利推进（表3-5-4）。

4. 设计风险管理

设计风险作为项目风险的组成部分由设计部进行识别，设计部根据项目运行的内外部环境、设计前期阶段关于设计基础资料的分析、总承包合同模式等按设计风险分类方法逐项识别，形成全过程设计风险登记簿。

序号	管理工作项	主要内容
1	编制提资与接口需求计划及清单	（1）设计单位进场后，项目总工程师或设计负责人组织各设计分包单位编制设计输入资料需求清单和资料需求计划，各设计单位的资料需求计划应与总体设计进度相匹配 （2）项目总工程师或设计负责人组织对设计分包单位提交的资料需求清单进行识别，确定资料提供方，并组织资料需求方和资料提供方就提资事宜达成一致意见，明确各阶段设计提资的内容深度和时间节点，由相关设计单位签字确认
2	提资文件审核	各设计单位之间的提资和反提资是一个逐步迭代深化的过程，项目总工程师或设计负责人应组织相关单位对各阶段提资文件的合理性进行审查
3	提资下发及交底	各阶段最终提资文件经项目设计负责人批准后，方可下达至资料需求方，必要时由项目设计负责人组织资料提供方对资料需求方进行交底
4	提资变更	因设计条件发生变化导致提资文件发生变化的，由资料提供方发起提资变更

设计风险类别分为设计技术风险、设计合规风险、设计进度风险、设计商务风险等。设计部在对设计风险进行识别后，可根据危害大小、发生的可能性等对设计风险进行评估。一般可分为非常严重、比较严重、一般严重三个等级。风险的分级管理有助于把控主要风险、分配资源对风险进行控制。风险的评估应按照一定周期进行，以便对设计风险进行动态跟踪。设计部对梳理完成的风险识别清单进行逐一分析后，针对设计风险制定不同的应对措施，明确责任人进行动态管控，化解项目设计风险，并建立设计风险管理台账，台账内容包括风险类别、状态、应对措施等。

5. 设计文件报审管理

项目部与建设单位确定设计文件的审批程序，规范报审制度，统一报审流程。项目设计负责人负责组织设计方编制设计文件报审计划，设计方按照设计文件报审计划报送设计成果文件。设计方提交的最终设计成果，应保证通过设计院内部审查，设计图纸上的各级签字、签章完整。

所有送外部报审的设计成果文件必须完成项目内部和企业内部的审查流程，之后方可报送建设单位。项目部各阶段报建设单位审批的设计文件，应获得建设单位书面批准。建设单位批复意见涉及需求改变的，项目部应履行相应的变更手续。设计文件经建设单位同意后，方可报送图审机构进行审查和审批。

6. 材料设备报审管理

项目部与建设单位确定材料设备报审程序及"材料设备报审清单"。项目设计负责人负责组织分包方编制材料设备报审计划。若建设单位对材料设备技术参数有审核要求，项目设计部应编制"材料设备技术参数表"。项目设计负责人组织项目各部门及各专业分包按计划节点进行材料设备的报审，按要求将材料设备的品牌、功能、技术等参数，报建设单位审核和批准，以保证材料设备品质和功能满足建设单位需求。需要报审的材料设备包括：

（1）合同要求报审的材料设备；

（2）项目定义文件包含的材料设备；

（3）涉及外观效果、重要功能或单位成本差异较大的材料设备。

3.5.4　设计管理评价与总结

设计工作完成后，项目设计负责人组织开展对设计单位进行后评价。评价采取评分制，从图纸质量、成本控制、设计进度及设计服务等方面评价并打分。

项目设计负责人应及时组织进行设计管理成果总结，总结工作应贯穿项目设计管理的全过程，主要针对设计管理过程中取得的有代表性、指导性、推广性的做法与措施，筛选出典型的优秀成果进行推广。

3.6　采购管理

3.6.1　概述

通常来讲，狭义的项目采购活动主要指设备、材料的采购，其主要包含采买、催交、检验、运输与交付等环节，而更广义的采购应该是对项目生产所需资源的买进，其不只包含材料和设备的采购，还应包括对分包商的招标。

项目采购管理工作是项目管理中的核心内容，它直接关系到整个工程项目建设的投资控制和进度控制。分包计划就是项目采购管理的基石，其制定的基本原则包括有利于实现长周期订货设备的提前订货；有利于提前展开部分工程施工工作，以争取到宝贵的可利用时间；有利于实现最大限度地降低工程造价的愿望；与目前国内承包商、供应商的实际能力相适应；有利于现场施工的协调和控制；方便运行维护（售后服务）的管理。

根据上述原则，总承包单位自行承包范围内的分包计划自行制定，但对甲直分包，在项目初期总承包商需会同建设单位共同进行分包计划的制定，并随着项目的实施动态调整。在分包计划基础上，总承包单位制定相应的采购流程、合同管理办法，是项目采购控制管理的实施性文件。总承包单位依据此计划对自有分包进行招采及配合协助建设单位招采团队对甲直分包的采购实施，保证分包计划的有效推进。总承包单位制定的采购流程、合同管理全过程要在项目经理、建设单位控制下进行。

3.6.2　目标控制

实施分包计划并确保采购程序符合法规和建设单位要求，确保所采购设备、材料等在品牌、质量、进场时间、后期维护服务、降低成本等方面满足规范及建设单位和实际工程进展的需求。合同内容考虑全面，避免纠纷及索赔。

3.6.3 采购基本流程

1. 材料设备采购程序

（1）负责采购的部门提出材料、设备总计划，根据生产进度一般提前 35d 以上（进口材料、设备一般提前 5 个月以上），并根据总承包企业材料设备采购招标授权额度，确定招标形式，编制材料设备招标计划表并报批。

（2）工程主要材料设备的招标文件由商务部门负责编制，技术、机电/动力部门提供标的物性质、范围、技术参数等要求。其他由各部门采购的零星材料，由相应部门自行编制招标文件。

（3）拟参与投标的单位在领取并阅读招标文件、图纸和有关技术资料及勘察现场后提出质疑问题，项目部应组织相关人员以书面形式进行解答回复，并将答疑文件同时通知所有获得招标文件的投标单位。

（4）物资、工程、机电/动力等部门根据总招采计划，结合现场进度提出进场需求，组织材料、设备按时进场。

2. 分包商招标程序

（1）招标计划申报

项目负责采购的部门应根据总进度计划编制项目总体招标计划，根据生产进度一般提前 35d 以上（需要深化设计的专业分包一般提前 2 个月以上）申报招标计划。

（2）招标策划

招标策划分为整体招标策划和专项招标策划。

整体招标策划需组织相关部门一起讨论形成策划初稿，经项目部研究讨论后最终形成，主要包括：招标模式、标段划分等。专项招标策划以相应归口管理部门为主，组织其他部门相关人员一起讨论形成策划初稿，经项目部研究讨论后最终形成。主要包括：招标模式、标段划分、材料品牌及品质要求、清晰明确的技术要求、责任成本测算价格、收入价格、收支对比分析等。

（3）招标文件编制

由归口管理部门编制招标文件初稿（明确招标清单及分包模式、招标图纸目录及图纸、技术规范和技术要求、招标界面划分等），并由项目部相关部门评审。招标文件应由项目部依据需求计划，填写标的物性质、范围、工程量、要求等内容，并按要求在招标文件中明确评标规则、投标保证金及履约保证金（履约保函）的收取等条款。

（4）发起招标

在招标公告发布 3 日内发出招标文件。

网上报名或电话、邮件报名的投标单位经审批后发给招标文件。

（5）踏勘现场、问题澄清

根据具体情况，项目部可以组织潜在投标单位踏勘项目现场。潜在投标单位依据总承包单位澄清的内容做出判断和决策，由投标单位自行负责。对已发出的招标文件进行必要的澄清或修改，该澄清或修改的内容为招标文件的组成部分。

（6）开标、评标

总承包单位成立评标小组，根据评标规则对投标文件进行评议。如有特殊工艺的，根据需要可邀请相关工程技术专业人员参与评标。与投标单位有利益关系的，不得进入评标小组。

根据评标记录及评标规则，推荐拟中标单位（或投标单位排序），评标人员现场会签后形成评标结论。

（7）合同签订

由总承包商项目部归口管理部门拟定合同初稿，经项目部各部门评审补充后报总承包单位主管部门审批，形成合同终稿后与分包商签订。对分包商的工作范围和权利义务应在合同内描述清楚。

3.6.4　精细化招采

1. 确保招标内容

设计内容的确定即招标内容的确定，其确定过程不是一蹴而就的，需要反复比选推敲，需重点做好以下几个环节：

（1）识别建设单位需求。结合设计方案、图纸、交付标准、技术规格书及需求清单等资料分析建设单位的功能需求。

（2）功能配置。分析各系统包含的细分功能，明确必备项和选配项，综合各功能的客户敏感程度、对造价的影响及相应利润水平，筛选确定项目采用的功能配置。

（3）方案比选。在满足功能需求的基础上，对技术可行的方案进行技术经济比选，选择适合项目实施的最佳方案。

（4）确定技术要求。结合各系统的功能配置情况，确定各分包商和材料、设备的相关技术参数及要求。

2. 招标文件的编制

招标文件是招标单位与投标单位沟通的基础，其完备性和准确性直接影响招标效果和后期履约，招标文件中需将后期可能遇到的问题交代清楚，即做好招标文件的精细化，重点从以下几个方面着手。

（1）招标清单准确齐全，避免错项、漏项或工程量差。对每条清单对应的主要特征及包含工作内容进行详细完整的描述，严禁含糊其辞或模糊不清、多层含义的理解出现。

（2）分包工程界面划分。明确总包与分包界面，分包与分包之间的界面划分，减少甚至避免错漏交叉、分包推诿扯皮的情况。

（3）技术规格书。明确分包单位的技术要求、劳动力需求，设备产品的规格型号、尺寸、性能参数等（表3-6-1）。

电梯名称	病人电梯	医护电梯	污物兼消防电梯	手术专用电梯
编号	1 号	2 号	3 号	4 号
载重量(kg)	1600	1000	1600	1600
速度(m/s)	2.5	2.5	2.5	2.5
控制方式	一体机控制、全集选或并联			
驱动方式	交流变压、变频、变速(VVVF)			
门机驱动方式	交流变压、变频、变速(VVVF)			
开门方式	旁开	中分	1 号旁开、11 号中分	旁开
井道尺寸（mm）	2400×3000	2200×2200	2400×3000	2400×3000
门洞尺寸（mm）	1400×2200	1100×2200	1400×2200	1400×2200
轿厢门尺寸（mm）	1100×2100	1000×2100	1100×2100	1100×2100
轿厢尺寸（mm）	1400×2400	1600×1400	1400×2400	1400×2400
轿厢净高（mm）	2300	2300	2300	2300
底坑深度（mm）	2100	1750	2100	2100
层楼高度（m）	-3F: 4.8；-2F: 4.8；-1~1F: 5.1；2F: 3.6；3~4F: 4.5；5F: 5.1；6F: 3.6；7F: 4.2；8~14F: 3.55；15F: 3.9；16F: 4.2；17~22F: 3.55；23F: 3.9；24~25F: 3.6；26F: 5.0			
顶层至井道顶高度（m）	5	5	5	5
机房高度（m）	3	3	3	3

（4）材料设备品牌、质量要求（表 3-6-2）。根据系统组成分类明确，也可根据分部分项工程类别明确。如精装修工程的吊顶、地砖、墙砖、涂料、洁具、地胶等，幕墙工程的玻璃、铝板、百叶等，电气的电缆电线、灯具、桥架、配电箱等。

某项目的材料设备品牌要求 （示例）　　　　　　　　　　表 3-6-2

序号	名称	规格型号	品牌 1	品牌 2	品牌 3
一	设备（泵、压缩机等）				
1	无油旋齿空气压缩机	功率:18kW、重:920kg 排气量:2.7m³/min	阿特拉斯空压机	英格索兰	伯格
2	水环式真空泵	功率:11kW、重:194kg 排气量: 400m/h	佶缔纳士	斯特林	佛山水泵厂
3	冷冻式干燥机	处理量:≥2.7m³/min；压力露点：露点水平符合《压缩空气　第 1 部分：污染物和纯度等级》ISO8573-1 等级 5 的要求	阿特拉斯空压机	英格索兰	伯格
4	真空罐	2m³，直径×高=φ1000×2992 材质:Q235-B	国标		
5	储气罐	2.0m³，直径=φ1000；材质:Q235B	国标		

（5）样板范围及要求。提前分析质量管控重点，明确样板范围，提供比对参照，避免分包不提供样品或擅自降低标准，减少相关争议及索赔。同时有利于与建设单位认样认价工作的开展。

3.6.5 采购设备材料入场检查、到货验收、移交

1. 采购设备材料入场检查工作内容

为确保采购设备材料的工期、性能满足合同的要求，需对重要的设备材料进行入厂检查。入厂检查根据采购设备材料的制造阶段分为：制造过程中的检查及制造完成后的检查。

（1）设备材料制造过程中的检查

制造过程中的检查为随机检查，是否进行制造过程中的检查视供应商对制造过程的报告情况、施工工期对产品到货时间的紧迫性而定。如果有供应商报告制造进度有延迟或不能给出进度的报告、产品交期无任何延迟的机会或需要有提前供货的要求、其他导致对如期交货产生疑问的情形，则及时安排制造过程中的检查。

设备材料制造过程中的检查重点包括核实供应商报告的制造进度信息是否属实；与制造商商讨如期完工或提前完工的方案和计划；制造商材料准备情况和生产线生产情况；检查制造商的试车台和质量管理体系。此项工作由总承包商组织商务、工程、技术等部门参与，检查完成后形成检查报告。如果检查报告指出在制造环节有进度和质量方面的重大隐患，总承包商需提高检查的频率和检查人员的级别，与供应商沟通协调，以消除隐患。

（2）设备材料制造完成后的检查

制造完成后的检查亦即发货前检测。目的：进行商务性质的核实工作（如果有发货前货款支付条款）；进行发货前的外观检查和性能检测，以便及时发现问题，避免货到现场或调试运行时才发现问题而对项目带来重大影响。发货前检测主要是对拟出厂产品进行随机抽检，利用供应商的试车台进行产品的性能测试，并与设计要求和国家标准进行比对。如果检查发现在性能上存在不满足，总承包商项目经理应立即组织商务部、技术部、质检部与供应商召开紧急会议，以确定此性能能否改正以及是否能接受供应商的改正时间以及商务上如何处理等。

2. 采购设备材料到货检查、移交工作内容

甲供货物到场检查应做到：货物到场后，由总承包单位商务部门组织，总承包单位、建设单位、监理单位、供应商、承包商五方，对到场货物进行开箱检查，完成后填写"甲供材料（设备）货物检查表"，并由五方共同签字确认，原件留存总承包商，其余各方留存复印件。

甲供货物到场接收移交应做到：货物检查通过后，需办理接收移交工作的，由总承包单位商务部门组织，总承包单位、建设单位、监理单位、供应商、承包商五方共同见证移交，并填写"甲供材料（设备）接收移交单"后五方签字确认，原件存总承包商，其余各方留存复印件。

3.7 合约管理

3.7.1 合同管理

1. 合同管理流程

（1）建设单位（业主）合同管理流程，如图 3-7-1 所示。

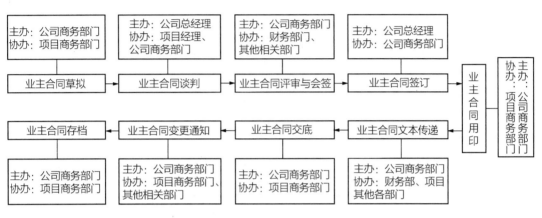

图 3-7-1　建设单位（业主）合同管理流程图

（2）独立分包合同管理流程，如图 3-7-2 所示。

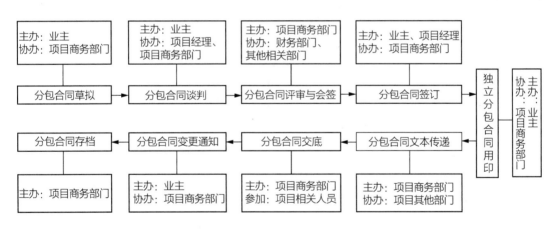

图 3-7-2　独立分包合同管理流程图

（3）总承包单位自行分包合同管理流程，如图 3-7-3 所示。

（4）材料设备采购合同管理流程，如图 3-7-4 所示。

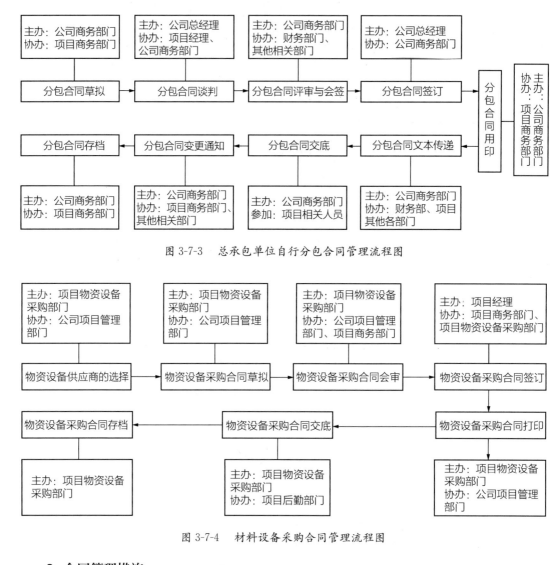

图 3-7-3　总承包单位自行分包合同管理流程图

图 3-7-4　材料设备采购合同管理流程图

2. 合同管理措施

如表 3-7-1 所示。

合同管理措施　　　　　　　　　　　　　　　　表 3-7-1

序号	管理项	内容
1	合同管理内容	对工程签署的所有合同（以下简称"合同"），包括但不限于总承包合同及补充协议、分包合同、物资采购合同、设备租赁合同、借款合同、担保合同等进行标准化程序管理，使总承包商能够进行有效的管理、协调，确保工程施工顺利进行
2	合同草拟	1. 项目商务部门在办理相关业务时应使用合同标准文本，并视实际情况在标准合同文本基础上进行完善后使用 2. 合同文本包含通用条款与专用条款两部分。通用条款由项目商务部门拟订，合同草拟人不得增加、删减、更改；合同草拟人可根据实际情况对专用条款部分做相应调整

序号	管理项	内容
2	合同草拟	3. 总承包单位未就相关业务发布分包、采购合同文本时，项目商务部门的主办人应与物资部门协商确定业务要点（必要时总承包单位招采部门应参与谈判），由商务部门根据实际情况草拟合同文本，保证文本的有效和适用
3	合同评审与会签审批	合同评审可以视评审合同的复杂性，采用传阅、书面评审和会议评审方式，并由参加评审的人员填写"合同评审表"
4	合同签订	所有合同（除初始总承包合同外）必须经过项目经理审批后方能签订
5	合同文本传递	1. 总承包合同签订后，由商务部门保存正本，并负责向总承包企业主管部门、总承包项目部及合同中相关各方传递合同副本，如遇副本不足情形，即采用复印文本传递 2. 分包合同签订后，由商务经理负责向商务部门传递合同正本，并由项目商务部向总承包企业主管部门传递合同副本，如遇副本不足情形，即采用复印文本传递 3. 物资、设备采购、租赁以及临建设施合同等签订完毕后，采购部门保存合同文本原件，并负责向总承包企业主管部门传递合同副本，如遇副本不足情形，可采用复印文本传递
6	合同交底	1. 总承包合同及分包合同的交底由商务部门组织向项目经理、项目现场管理人员、项目财务人员等进行交底。物资、设备采购、租赁合同以及临建设施合同等由采购部门组织向项目经理、项目商务人员、现场管理人员、项目财务人员等进行交底 2. 合同交底应采用书面方式进行，并不得少于以下 10 个方面内容：项目投标背景；签约双方合同负责人、参与人职权范围；合同造价条款缺陷；工程目标的约定；合同变更方式约定；竣工验收与移交约定；合同结算期限与结算工程款支付约定；合同保修金以及保修金返还约定；争议解决约定；其他合同缺陷约定
7	合同变更	当设计变更、工程变更、洽商内容超出合同约定工程范围和造价范围时，商务部门应组织项目相关人员，针对变更进行评审会签，并完成合同修订（变更）评审记录
8	合同文本保管	1. 合同文本包括中标通知书、各类合同、合同变更、合同会签单、合同会签文本、用印申请单等文件 2. 商务部门负责合同文本（除物资采购合同、技术服务类合同以外）的保管工作并汇总台账，采购部门负责建立物资采购合同台账和采购合同文本的保管。台账内容应至少包括：合同类别、项目名称、合同名称、工程范围、合同金额、签订日期、履行效力期间等 3. 物资采购、设备采购合同的原件正本由采购部门保管，合同会签单以及会签合同文本的复印件由商务部门保管。采购合同变更文本由物资及设备部门负责保管正本 4. 商务经理负责项目有关全部合同文件的保管和合同台账的建立、维护和更新

3.7.2 合约规划

1. 合约规划的概念

项目合约规划是在项目确定中标后，对项目从开始到完成过程中（主要包括报批报建、勘察、设计、建造、交付、运营等阶段）所需发生的所有合约关系进行统筹规划，指导项目有计划地开展招采工作，有效地控制项目目标成本，达到策划组织在前、落实调整在后，促进总承包管理能力提升。通过合约规划可以将目标成本与合同联动，对动态成本进行实时管控。

2. 合约规划路径

可以由"一图四表"来进行表达，主要有合约框架图、界面划分表、成本规划表、招采计划表以及动态成本控制表。

合约框架图：从整体上明确分包的发包思路及分包合约结构。

界面划分表：针对各分部分项工程、各分包单位之间的施工范畴进行界定，明确工序交接、工作界面及相关责任主体。

成本规划表：市场分供资源调研，测定采购成本控制价，对项目材料设备采购、分包商招采具有指导意义。

招采计划表：以合同工期为依据，通过工期计划倒排编制每个采购项的招采时间控制节点，确保项目所需各项生产资源能够及时跟进到位。

动态成本控制表：施工过程中动态分析项目分包预计总成本，事中控制变更成本。

3. 合约包的划分

（1）合约包划分需遵循促进履约、提升效率、降低成本的原则进行，以总承包项目部的管理能力和分包商的履约能力为评判依据，确定分包商的组合与拆分形式及施工范围大小。如项目部的幕墙专业管理能力不足，则幕墙分包商应以包工包料包深化设计的专业承包形式发包更为合适；精装修投标的分包商实力不足或进度需求较高，则将精装修工程拆分成两个标段进行发包更能满足现场施工需求；劳务分包也可根据其自身实力强弱，划分不同的施工面积。

（2）合约包划分的要点

1）全面梳理，合约事项不遗漏。在前期阶段就要全面梳理工程项目从开工至竣工阶段所需的资源类别，包括但不限于实体工程所需的材料、设备、劳动力，保证安全生产的防护措施、消防措施，保证质量的检验试验，保障后勤的临建、临时水电等，确保整体合约的完整性，避免后期疲于应对临时性、紧急性的采购需求。

2）咨询单位的需求。综合分析项目专业工程特点、复杂程度及团队管理能力，判断是否需要咨询单位协助，需要哪些咨询服务及相应的能力要求。

3）综合新技术、新材料、新工艺及新设备使用情况。如选用外墙装饰保温一体化材料、屋面保温防水一体化材料，保温、防水可合为一项。

4）摸清建设单位特殊需求。如有一些特殊工艺，需较为专业的分包单位施工的，需合理划分界面，避免施工组织不畅或出现返工。

5）特殊资源重点考虑。特殊资源需提前启动资源调研分析工作，避免准备不充分，影响招标顺利开展，重点关注甲分包和暂估价工程，如：专项设计、医疗专业工程、高低压配电工程、净化工程、军民融合工程、特有专业工程、冷链工程制冷设备等。

6）掌握属地化资源情况。如：自来水、燃气、供配电、土石方、砂石、混凝土、PC

构件等属地化情况。

7）施工组织安排。包括场平布置、进度安排、工序穿插等。如：场地紧张需控制合约包数量，保障分包需要的加工场地；塔式起重机吊运效率满足分包需要；幕墙与泛光合为一个包利于高效建造等。

8）现有资源情况分析。综合资源数量、擅长领域、类似经验及履约能力，保证资源能力与合约包要求相匹配。对材料、做法可能存在变更或需要变更的内容更要提前考虑，以保证合约包具有相应的资源和供应能力，避免变更后产生再次招标的情况。

4. 招采计划的制定

（1）项目部制定总体招采计划，由各部门协同，对招标相关事项进行细化梳理，明确各事项间逻辑顺序及时间间隔，以施工开始时间倒排招采工作计划。招采计划必须服从于工程总体进度计划。

（2）项目招采总体时间流程如图 3-7-5 所示。

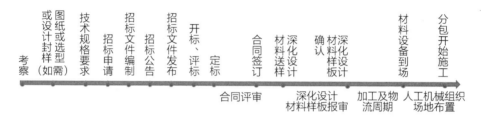

图 3-7-5　项目招采总体时间流程

在招标之前应严格把控招标前置条件所需时间，确保后续工作按计划开展。对设备、材料还应考虑加工生产周期，同时对于进口货物还要考虑海运及报关时间，以免计划延误。

（3）招采计划制定要点

项目工作开展需要资源保障作为支撑，考虑招采工作的流程长、招标效果难以保证等情况，招采要合理前置，满足以下几个方面的需求：

1）保障设计需求。满足专项设计协同、设计提资、设计各专业交互检查、设计优化、四新技术市场行情了解等需要。

2）满足策划需要。借助分包的专业优势，助力项目管理策划。

3）满足施工需求。资源确定时间满足各工序穿插要求。

4）符合商务需求。满足商务成本测算、认质认价等需要。

（4）招采前置

招采前置并非是所有的招标采购工作一定要提到最前，而是以符合项目整体进度和市场行情的合理提前。招采前置需满足以下几点：

1）不滞后。整体安排有序，各工作节点合理，不存在滞后而影响其他事项推进的情况。

2）不过度追求提前招采。过度提前，若后期施工材料设备价格上涨较多，易出现分包争议及索赔，同时总承包单位定价主导权会减弱；若后期施工材料设备价格下降较多，则会造成较大的利润损失。

3）不一定非要定标。如：设计阶段只需要分包提供一些技术指导或服务，不存在具体施工工作，可采用模拟招标方式获得相应的服务。

招采前置时常提到无图招采，需正确理解"无图招采"的概念：

1）非盲目招采。不是在设计要求、设计标准等什么都不清楚的情况下进行的招采。

2）尽量采用先设计后招标方式。进行详细设计，明确具体设计做法及技术规格要求，实施精细化招采，锁定招采成本，减少后期的争议索赔和变更。

3）全面罗列设计做法下的模拟清单招标。详尽分析所有可能的设计做法，编制模拟清单，设定合理的评标办法，以规避清单的不平衡报价，从而有效控制成本，规避后期争议索赔和变更。

3.7.3　合约界面划分

界面划分属于合同界面管理的一部分，合同界面管理是以工程项目合同界面空间位置、工作内容为基础，划分相关组织关系，协调合同之间工期、质量、技术上的矛盾与冲突，减少无谓的争执，降低成本，实现合同界面动态管理，以此来保证工程项目的顺利实施。项目上的合约体系一般采用的是"土建总包＋专业分包＋分供商＋甲供材料设备分包"，必然会使得总承包单位与专业分包、专业分包与专业分包、总承包/专业分包与甲供材料设备分包之间存在较多的合同关系，各合同之间相互依赖和制约。为此必须明确各合同之间的相互关系、交叉位置、前后工作的搭接关系等内容。

1. 界面划分的原则

（1）保证界面清晰，工作内容覆盖完整，既无缺漏也无重叠，避免出现工作无单位负责或有多个单位负责的情况。

（2）各包商之间的职责、权利相统一，避免出现分包价格与工作范围不对等的情况。

（3）利于项目质量、进度和成本的控制目标。多个单位均可负责的界面事项，综合分析利弊。可从前后工序交接、成本等方面综合考虑确定。

2. 界面划分步骤

（1）分解工作事项。对各部位、各专业系统的工作内容进行分解，明确项目实施过程中涉及的具体工作事项。

（2）梳理交叉界面。综合分析各个专业之间的相互影响、依赖和制约的关系，确定相关交叉界面，筛选合约间接口关系。重点关注哪些地方容易引起分包扯皮，哪些地方容易遗漏导致无单位施工的情况。

（3）划分交接界面。分析各合约方相关权责义务，明确各工作界面的相关责任主体。

3. 界面划分的形式

常见的界面划分形式分为四种：按分包工程划分、按工程部位划分、按总分包交界面划分、按具体工作内容划分。

（1）按分包工程划分主要明确该分包单位的具体工作内容及与其工序相交接的相关分

包接口点（表3-7-2）。

按分包工程划分示例

表3-7-2

序号	分包工程	分包合约工作内容	交接界面描述		
			相关分包1	相关分包2	相关分包3
示例	强电	1. 电气套管、线管及线盒预埋，电气预留洞复核，防雷接地系统施工 2. 桥架、母线以及电缆（线）敷设及安装，照明箱及动力箱的安装调试 3. 应急照明（含灯具）、开关插座及灯具（含精装和非精装区）安装 4. 电气系统调试、第三方检测及验收	1. 发电机到低压柜间的母线及控制柜由高低压配电单位负责 2. 暖通和给水排水等设备的电缆接入由强电单位完成 3. 与电梯的交界面为其电源箱、电源箱出线及以下由电梯单位完成	1. 与高低压配电的交界面为低压柜出线 2. 变压器预留中性接地点由强电单位负责 3. 变配电室的柜间母线由高低压配电单位负责 4. 高低压配电设备基础安装接地由强电单位施工	吊顶区域灯具开口由精装单位完成，强电单位提供开口位置和尺寸

（2）按工程部位划分更为细化，具体到某一个位置由哪个分包进行施工。

（3）按总分包交接界面划分可以是某一项工程前置工序完成到哪，后续工作从哪开始，也可以是某一项工程总包完成哪些内容，后续分包完成哪些内容的形式（表3-7-3）。

按总分包交接界面划分示例

表3-7-3

序号	工程名称/分部工程	总承包完成内容		指定分包或其他承包商完成内容	
		完成单位	工作界面/完成工作内容	完成单位	工作界面/完成工作内容
示例	消防工程	总承包	1. 图纸范围内所有孔洞预留、预埋套管、电气管道及接线箱/盒的预留 2. 消防施工完毕后的孔洞、管槽封堵(含防火或防水封堵)及抹灰等土建收口工作 3. 消防设备所需混凝土基础、预留螺栓孔、各类预埋件等工作及设备安装完毕后基座的接地	消防分包	供应及安装设计蓝图中所有消防系统，包括消火栓系统、自动喷淋系统、火灾自动报警系统、气体灭火系统（含灭火器挡烟垂壁）、消防送风与排烟系统，以及各类设备的钢制基础、屋面稳压水箱

按具体工作内容划分与按工程部位划分类似，不同的是一个明确工程部位，一个明确工作内容。

4. 界面划分的职责

界面划分不单纯是一个部门的工作，需各部门共同参与，对不熟悉的专业工程可以邀请企业相关专家参与讨论，重点对标段划分、工序交接、工作面移交、技术条件等信息进行明确。

工程、技术管理部门：主要施工方案的确定，包括"四新技术"的应用。

商务、物资管理部门：提供常见的分包结算争议问题及解决方式建议。结合分包争议问题及各部门意见确定具体界面及合同条款约定。根据资源供应能力，提供标段建议。

质量管理部门：提出界面管理中常见的质量问题，并提出解决建议。

其他管理部门：根据施工部署、具体工艺要求等提出有利的意见和补充建议等。

5. 界面划分要点

（1）各专业与总承包单位之间的界面：措施界面。包括垂直运输设施的提供、脚手架的提供、临水临电的提供、文明施工的范围、安全防护责任的划分、道路清扫的责任等，需根据不同专业特点与项目现场条件进行合理划分。

（2）各专业之间的工作界面：专业工序的搭接以及收口责任的界定。如门窗收口、幕墙与室内吊顶等精装面层搭接、装饰与机电末端的交接、室外工程与机电的工序交接等。

（3）预留、预埋、塞缝、封堵工作界面：主要明确预留预埋工作由谁施工更合适。包括幕墙埋件、电梯埋件、机电套管预埋、桥架等与墙体间塞缝封堵等。

（4）通过招采前置，协助界面划分准确、完整。让分供方提前参与界面划分，复核界面划分的准确性、完整性。

3.8 技术管理

3.8.1 总承包技术管理的内容

建筑工程项目管理中"三控三管一协调"是指：成本控制、进度控制、质量控制、职业健康安全与环境管理、合同管理、信息管理和组织协调，其中并未包括技术管理，然而我们在项目管理中又常说"技术先行"，这是为何？

事实上，"三控三管一协调"中虽然未提到技术管理，但技术管理却渗透在项目管理的方方面面，这体现了技术管理在项目管理中的基础地位，技术管理是服务于项目各方面管理工作的。同时，又体现了技术管理在项目管理中极其重要的作用，所有管理工作均需要以技术管理为依托，因此，才有"技术先行"一说（图 3-8-1）。

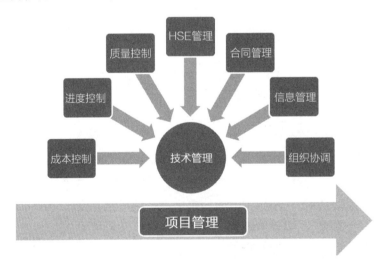

图 3-8-1　技术管理与项目管理各方面的关系

总承包技术管理涉及面广，内容细且杂，对技术管理人员综合能力的要求高，技术管理工作总结归纳为4个重要方面：方案及交底管理、深化设计管理、图纸及变更管理、资料管理。

1. 方案及交底管理主要内容

（1）施工方案的编制；

（2）施工方案的审核、审批；

（3）组织安全专项方案的专家论证；

（4）组织施工方案的技术交底；

（5）施工方案技术复核；

（6）施工方案根据现场具体条件变化予以更新并重新交底。

2. 深化设计管理主要内容

（1）总承包单位协调与该专业深化设计相关的其他专业提资；

（2）根据原设计院图纸组织施工图的深化设计；

（3）总承包单位协调处理该专业与其他专业深化设计存在的问题；

（4）总承包单位组织深化设计图纸内部评审；

（5）深化设计图纸提交参建各方审核、审批；

（6）深化设计图纸修改完善并定稿，完善签章手续；

（7）深化设计图纸交底；

（8）深化设计图纸根据现场具体条件变化予以更新，重大变化办理设计变更；

（9）绘制各专业竣工图。

3. 图纸及变更管理主要内容

（1）要求建设单位组织图纸的设计交底，各参建方参与交底会；

（2）总承包单位研读图纸，发现问题并组织图纸会审，形成图纸会审记录；

（3）专业分包研读本专业图纸并发现问题，由总承包单位组织图纸会审，形成图纸会审记录；

（4）图纸的收取、发放并形成图纸管理台账；

（5）变更的收取、发放并形成变更管理台账；

（6）设计变更、洽商的提出及手续办理；

（7）图纸及变更落实情况的技术复核，形成技术复核台账；

（8）竣工图绘制。

4. 资料管理主要内容

（1）工程原始资料的收集、归档，例如：工程规划许可证、建设用地规划许可证、合同、地质勘察报告等；

（2）工程过程资料编制、收集、整理、归档；

（3）总承包单位对分包单位过程资料编制情况的监督及审核；

（4）工程竣工资料整理、装订成册；

（5）竣工资料交档；

（6）总承包单位与参建各方、各分包单位来往文件的处理及归档。

3.8.2　总承包技术管理程序

总承包单位技术部是总承包技术管理的主体，应牵头做好各分包单位的技术管理工作，督促并指导分包单位按照合法、合规、合理的程序组织技术管理，高质、高效地推动项目建设工作。

1. 方案及交底管理程序

流程如图 3-8-2 所示。

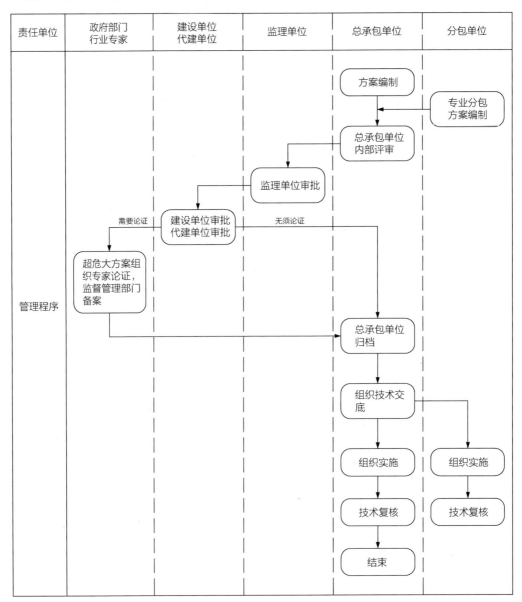

图 3-8-2　方案及交底管理流程

2. 深化设计管理程序

流程如图 3-8-3 所示。

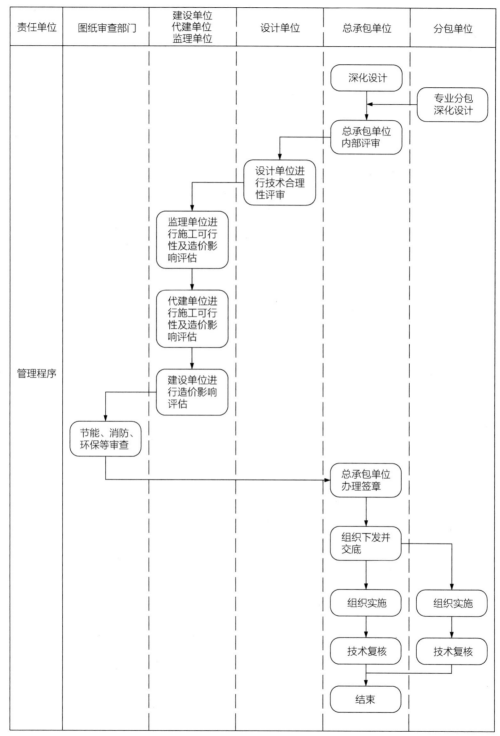

图 3-8-3 深化设计管理流程

3. 图纸管理程序

流程如图 3-8-4、图 3-8-5 所示。

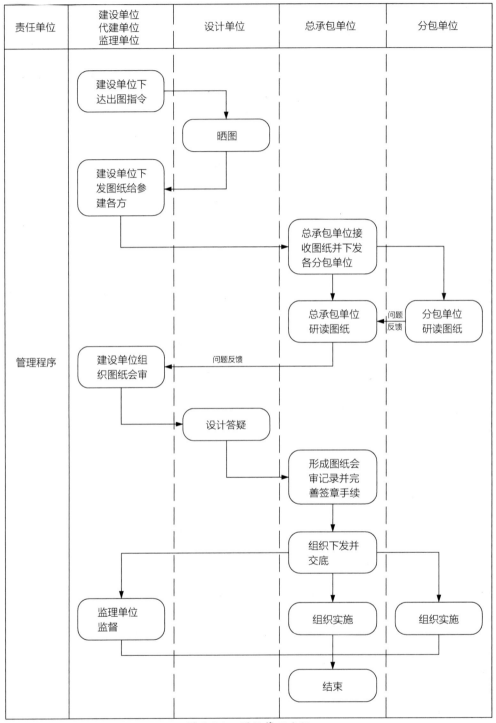

图 3-8-4 图纸管理流程

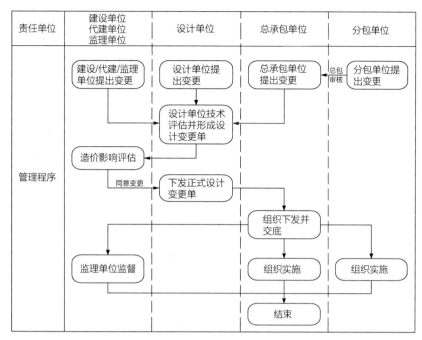

图 3-8-5　设计变更管理流程

4. 资料管理程序

流程如图 3-8-6 所示。

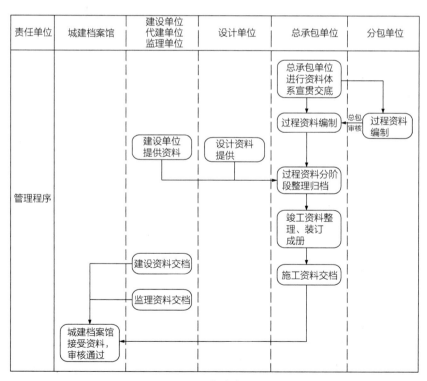

图 3-8-6　资料管理流程

3.8.3 总承包技术管理要点

1. 方案管理要点

（1）总承包单位编制施工组织设计及施工方案时要考虑专业分包施工工艺、施工工序、施工措施需求等因素，以便能够更好地为专业分包提供良好的总承包管理服务，例如：外脚手架方案需考虑幕墙施工需要、塔式起重机选型需考虑钢结构吊装工况、施工电梯设置需考虑后期装饰装修等专业的材料工程量等。

（2）专业分包编制施工方案应以总承包单位的总体施工组织设计及施工方案为基础，同时踏勘现场实际情况后再行编制方案。

（3）专业分包编制的施工方案应首先进行分包企业内部审批，再提交总承包单位审核、审批，总承包单位应做好审核把关工作，不能将审批流于形式。

（4）专业分包编制的安全专项施工方案应经过分包企业内部审批、总承包企业审批、监理及建设单位审批流程，并由总承包单位组织专家论证会，后期施工应严格按审批通过的方案执行。

（5）施工工艺、部署发生改变的要及时修改更新施工方案，使其与现场实际施工保持一致，若方案发生重大变更，应重新组织审批程序。

2. 技术交底管理要点

（1）施工方案应严格落实"三级交底"制度，各级交底须切实落实到位，不得流于形式。

（2）技术交底的形式宜多样化，除书面交底外，还宜采取会议交底、现场交底等形式，交底形式越可视化、形象化、具体化，越能够让操作人员理解质量、安全管理要点。

（3）技术交底内容不应空泛，应具有针对性，针对关键施工部位、关键施工工序、施工部署、质量标准、安全管理要点等内容具体讲述。

（4）技术交底后，技术人员应定期对现场施工情况进行技术复核，确保现场施工符合施工方案及交底要求。

（5）施工方案发生调整的应重新组织交底。

3. 深化设计管理要点

（1）深化设计应遵循原设计的理念、要求开展，总体原则、方向不应偏离原设计。

（2）作为有经验的承包商，在深化设计时应当对原设计提出合理化建议，经原设计单位认可后落实到深化图纸中。

（3）图纸深化设计完成后应及时办理审批手续并签章，无完善手续的深化设计图纸原则上不得作为施工依据。

（4）部分深化设计图纸需要办理图纸审查手续，例如：幕墙工程、精装修工程、供配电工程等，确保深化设计工作的合法、合规。

（5）现场交底应以深化设计图纸为准，前提是保证深化设计图纸的准确性、完善性、时效性。

（6）当现场条件发生变化时，深化设计图纸应根据实际情况予以调整，若为重大变更，则应办理相关变更手续。

（7）总承包单位作为深化设计管理的主体责任单位，应做好各分包单位深化设计图纸的收集、归档工作，形成清晰的台账。

（8）深化设计图纸作为竣工图的一部分应按规范标准归档。

4. 图纸管理要点

（1）图纸的接收应做好图纸版本的区分，应以最新版图纸为施工依据，以最终版本作为交档依据。

（2）图纸发生变更、升版时，应及时将最新图纸下发给各施工单位，并应将老版图纸收回，以免发生误用。

（3）工程设计变更应第一时间进行下发交底，并督促施工现场按照最新设计变更执行。

（4）工程图纸及设计变更应以正式下发的纸质版图纸为施工依据，原则上电子版图纸不作为施工依据，特殊情况下确需以电子版图纸作为施工依据的需与建设单位办理好相关确认手续。

（5）总承包单位作为图纸管理的主体责任单位，应统筹做好图纸及设计变更的管理，形成详细管理台账，及时更新，并告知各分包单位，保持信息的畅通、及时。

（6）竣工图由总承包单位牵头编制、整理、装订成册，并由总承包单位负责交档。

5. 资料管理

（1）总承包单位是工程资料管理的主体责任单位，资料管理工作量大，应配备专职资料员负责资料管理工作。

（2）总承包项目部应设置专门资料室，资料室应做好防火、防潮、防盗措施。

（3）总承包单位应制定详细的资料管理制度，并对各分包单位做好交底，监督并帮助分包单位做好过程资料编制、整理工作，确保资料的规范性。

（4）资料管理应注重过程管理，切忌工程竣工前补资料，一方面无法保证资料的准确性、真实性，另一方面工作量过大、时间跨度过长难以及时完成，在资料签章方面也会遇到障碍。

（5）工程资料宜分阶段整理归档，避免资料积压导致资料混乱或丢失现象，分阶段整理归档可减轻竣工资料交档的压力，便于资料快速、顺利交档。

3.9 工程资料管理

工程资料是建设单位对建设项目提出至项目竣工投产的每道程序中各个环节形成的文件资料、影像资料等各种形式信息的总和。工程资料不仅体现建设程序的合规性，更是建设项目各参建方是否依法、依规完成项目建设中本职工作的有力证据。

依据工程建设程序及各阶段相应的资料工作，可将工程资料管理分为工程资料前期策划管理、工程资料过程管理、工程资料组卷及移交管理。

3.9.1　工程资料前期策划管理

工程资料前期策划管理是工程资料管理的重要一环，既是施工过程中工程资料及时性、准确性、完整性的重要保障，也为项目相关各方在工程资料的要求、划分、标准等方面提供重要依据。

项目技术员应具备指导项目相关人员编制工程资料管理规划的能力，能够对工程资料管理规划中与施工组织设计、施工图纸、勘察设计文件相关的内容提出指导性建议，并且对工程资料管理规划中提出的质量验收标准参考依据以及采用的施工工艺标准等内容负责。

工程资料前期策划管理的工作主要包括：统一工程建设基本信息、划分各岗位人员资料管理责任、制定检验批及试验检测计划。

1. 统一工程建设基本信息

明确工程名称，各责任主体单位名称及备案负责人名字，建筑、结构及机电安装工程的概况信息等，可避免工程资料编制过程中，重要工程信息填写不统一或不准确。

2. 划分各岗位人员资料管理责任

按单位工程、分部、专业、资料类别列出编制资料名称，每项资料后面注明编制责任人、完成时间、编制份数等信息，可保证工程资料不漏项、可追溯、满足套数要求。

3. 制定检验批划分方案

检验批是工程质量验收的基本单元，是施工过程中条件相同并由一定数量的材料、构配件或安装项目汇总起来供检验用的项目。

检验批的划分应按照过程控制的原则，与施工工艺流程一致，按施工次序、便于质量验收和控制关键工序的需要划分。检验批划分方案的编制应在单位工程、分部工程、分项工程的基础上，按工程量、楼层、施工段、变形缝进行划分。检验批应明确工程部位，比如轴线＋层数＋构件名称，同一道工序产生的相关资料都统一填写该工程部位，比如同一道工序产生的检验批质量验收资料和隐蔽工程验收资料的工程部位应填写一致。检验批的划分可确保工程资料的闭合性，不留死角、不漏项。

4. 制定试验检测计划

施工试验检测是指按照设计及国家规范标准的要求，在施工过程中对涉及结构安全和使用功能的各种试验及检测的统称。

试验检测计划应按单位工程、分部、子分部工程列出进场材料和现场实体检测内容，进场材料列出材料名称、规格型号、计划进场数量、送检批次、送样组数、复试项目、试验参数（必须达到设计要求）；现场实体检测列出检测内容、要求、数量。试验检测计划的编制可确保施工中试验检测内容不漏项，是工程质量控制的重要内容。

3.9.2 工程资料过程管理

3.9.2.1 工程文件的分类

工程文件可分为工程准备阶段文件、监理文件、施工文件、竣工图和竣工验收文件 5 类。在每一大类中，又依据资料的属性和特点，将其划分为若干小类。

工程准备阶段文件可分为立项文件、建设用地拆迁文件、勘察设计文件、招标投标文件、开工审批文件、工程造价文件、工程建设基本信息 7 类。

监理文件可分为监理管理文件、进度控制文件、质量控制文件、造价控制文件、工期管理文件、监理验收文件 6 类。

施工文件可分为施工管理文件、施工技术文件、进度造价文件、物资出厂质量证明及进场检测文件、施工记录文件、施工试验记录及检测文件、施工质量验收文件、施工验收文件 8 类。

工程竣工验收文件可分为竣工验收与备案文件、竣工决算文件、工程声像资料 3 类。

工程资料包含了工程进度控制、质量控制、工程造价、工程声像等资料内容，所以，工程资料过程管理应纳入工程建设管理的各个环节、相关单位及相关人员。

3.9.2.2 工程资料各阶段划分

依据工程建设程序，将工程资料的形成过程划分为三个阶段：

第一阶段为工程准备阶段，从项目申请开始，到办完开工手续为止；在这个阶段，建设单位应负责形成工程准备阶段文件，EPC 项目根据工程总承包合同中报批报建职责划分形成该阶段文件。

第二阶段为工程实施阶段，从监理单位、施工单位进场开始，到完成竣工验收为止；在这个阶段，监理单位履行各项监理职责，形成监理资料；施工单位按照合同施工，形成施工资料。

第三阶段为工程竣工阶段，从工程竣工验收开始，到工程档案移交为止；在此阶段，形成工程竣工文件和竣工图。

项目技术员应熟悉工程实施的各个关键程序之间的逻辑关系和应形成的主要文件，理清各阶段各参建单位相应的职责，并了解当地监管部门对项目实施的各个阶段的特殊要求，而且能够在相关法律、法规及规程修订时，对相应工程资料的逻辑关系及相关编制依据及时调整，保持对新政策掌握和运用的敏感性。

3.9.2.3 工程资料编制要求

项目技术员应对工程资料的同步性和真实性有充分的认识。工程资料应与工程建设过程同步形成，并应真实反映建筑工程的建设情况和实体质量。工程建设进展到哪个环节，工程资料的形成和管理就应当跟进到哪个环节，只有这样，才能够使资料的真实性得到基本保证，发挥资料在工程建设过程中的作用，起到提高建筑工程管理水平、规范工程资料管理，从而确保工程质量的目的。

工程资料编制、审核、审批、签认涉及的单位应及时完成相关工作；各单位应对编制资料的真实性、完整性、有效性负责，由多方形成的资料，应各负其责；不得随意修改工程资料，当资料需修改时，应在修改处划改，并由划改人签字；工程资料的文字、图表、印章应清晰。

工程资料应为原件，原件是原始记录，能够真实反映资料的原始内容，能有效保证资料的真实性。但部分资料的份数较多，很难保证都为原件，因此当工程资料采用复印件时，提供单位应在复印件上加盖单位印章，并签有经办人名字及日期，提供单位应对资料的真实性负责。

工程资料需要几方责任主体负责人签字时，相关负责人签字的同时要加盖执业印章，未加盖执业印章的，一律视为无效文件。

单位（子单位）工程、地基与基础分部工程、主体结构分部工程、建筑节能分部工程及专业分包项目验收应使用企业法定公章，其他分部或项目验收视地方要求使用企业法定公章或项目部符合相应授权的公章。

3.9.2.4　工程施工资料管理

技术人员应熟悉工程施工资料的组成，了解工程资料涵盖的主要内容，应具备独立完成编制并整理相关工程施工资料的能力。根据第 3.9.2.1 节所述，工程文件大致可以分为 5 大类、24 小类，工程施工资料主要指施工文件类资料，主要包括如下内容：

（1）施工管理文件是在施工过程中形成的反映施工组织及监理审批等情况资料的统称。主要包括：工程概况、施工现场质量管理检查记录、施工检测计划及施工日志等。

（2）施工技术文件是在施工过程中形成的，用以指导正确、规范、科学施工的技术文件及反映工程变更情况的各种资料总称。主要包括：施工组织设计及施工方案、技术交底记录、图纸会审记录、设计交底记录、设计变更通知单、工程洽商记录等。

（3）施工物资资料是指反映工程施工所用物资质量和性能是否满足设计和使用要求的各种质量证明文件及相关配套文件的统称，主要内容有：各种材料的质量证明文件、材料及构配件进场检验记录、设备开箱检验记录、设备及管道附件试验记录、设备安装使用说明书、各种材料的进场复试报告等。

（4）施工记录是施工单位在施工过程中形成的，为保证工程质量和安全的各种内部检查记录的统称。主要内容有：隐蔽工程验收记录、工序交接检查记录、地基验槽检查验收记录、地基处理记录、施工检查记录、工程定位测量记录、楼层平面放线记录、楼层标高抄测记录、建筑物垂直度、标高观测记录、沉降观测记录、混凝土浇筑申请书、预拌混凝土运输单、混凝土养护测温记录、大型构件吊装记录、焊接材料烘焙、防水工程试水检查记录、预应力筋张拉记录、有粘结预应力结构灌浆记录、钢结构施工记录等。

（5）施工试验记录及检测文件是指按照设计及国家规范标准的要求，在施工过程中所进行的涉及结构安全和使用功能的各种检测及试验资料的统称。主要内容有：地基承载力、桩基性能、土工击实、钢筋连接、混凝土（砂浆）性能、埋件（植筋）拉拔、饰面砖拉拔、钢结构焊缝质量检测及水暖、机电系统运转测试报告或测试记录。

（6）施工质量验收文件指参与工程建设的有关单位根据相关标准、规范对工程质量是否达到合格做出确认的各种文件的统称，主要包括：检验批质量验收记录、分项工程质量验收记录、分部（子分部）工程质量验收记录等。

技术人员在清楚工程施工资料的组成和主要内容的基础上，更要清楚工程施工资料编制关注的重点，即工程施工资料的准确性和完整性，能够真实反映现场施工管理。施工资料不仅是施工过程的真实记录，也是工程质量的重要组成部分。工程质量是否合格，是否存在隐患，不可能简单地反映在工程的外表，而施工资料可全面、准确地反映结构的安全性、功能的可靠性、工程的耐久性是否符合规范和设计要求。所以，施工资料管理对于施工单位来说，是一项重要的工作内容。

1. 施工资料的准确性

施工资料的编制可查阅各地区发布的建筑工程施工资料表格的填写范例与指南。若项目施工内容的验收项目未有相关资料体现，可依据《建筑工程施工质量验收统一标准》GB 50300 及相关专业验收规范的要求，施工单位应与行政主管部门、监理单位协商确定相关的施工记录或质量验收资料。

施工资料内容填写应满足相关设计、规范及施工方案等要求，工程部位填写准确、唯一。

每道施工工序形成的各相关资料应与现场进度同步，且时间逻辑性应合理。

资料的相关单位、人员填写、检查结果、验收结论应真实、完整，资料签字、盖章齐全、有效。

2. 施工资料的完整性

施工单位可根据企业要求或项目各岗位工作内容，确保各项施工资料责任到岗、责任到人，确保资料不漏项。

在专业分包入场时，施工单位应对施工资料的内容做交底，要求分包单位安排专职资料员，做到定期检查分包资料，督促分包及时编制、收集、整理施工资料。

3.9.2.5 工程造价资料管理

工程造价资料是反映工程造价组成、变化的依据性资料，包括从投标到工程结算全过程，是项目过程审计和工程结算的重要基础资料。项目商务部是工程造价资料管理的责任归口部门，但其中涉及的技术资料、设计文件、验收资料等文件资料，项目技术部是原件归口部门，该部分资料是工程造价资料的重要支撑，对工程技术人员而言，也是至关重要的。

1. 工程造价资料组成

工程造价资料主要包括两部分：一是用于组卷、归档并移交的工程造价资料，主要包括工程投资估算材料、工程设计概算材料、招标控制价格文件、合同价格文件、结算价格文件等；二是项目与业主之间进行工程造价核定的有关所有经济技术资料，该部分资料为商务管理内控资料，主要包括：现场草签单、中间交工证书、计量台账（计量金额、计量工程量）、签证索赔资料、设计变更资料、二次迁改资料、其他计量结算资料等。

上述两部分工程造价资料中，第一部分由项目相关人员完成后，项目资料员负责整理、组卷、归档，属于工程准备阶段的商务文件由建设单位提供；第二部分工程造价资料为商务基础资料，由项目商务部负责收集、整理、管理工作。

2. 工程造价资料编制要求

测量资料、试验检测资料、地勘报告、隐蔽资料、工序资料、影像资料，均为项目施工过程中应及时办理的资料，与现场施工进度保持一致。

对于测量资料及现场签证单要及时办理签认。

对于现场地质情况与地勘资料或施工图不符的应及时办理现场确认单并需要地勘负责人签认。

对于隐蔽资料、工序资料要保持与方案、变更及签证等资料口径一致。

对于影像资料要做到时时更新，配套签证的照片需3个阶段，施工前原貌照片、施工过程中照片及签证工程完工后照片。

3. 工程造价资料管理

工程造价资料是真实反映工程实际情况的第一手依据，必须与工程同步收集、整理。为避免结算纠纷等情况发生，工程造价资料应为原件，对仅有复印件的资料，要求在复印件上注明原件持有人，并请原件持有者签字认可。项目商务部有责任向有关部门催要相关资料。

3.9.2.6　施工影像资料管理

施工影像资料包括重要活动及事件、原始地形地貌、建设过程中的工程形象进度、隐蔽工程、关键节点工序、重要部位、地质及施工缺陷处理、工程质量、安全事故、重要芯样等，应形成照片和音频文件。这些影像资料不仅是部分施工资料的重要附图，也为追溯项目各项施工内容提供直观依据。

项目部建立施工影像资料管理制度，指定专职管理人员进行收集、管理和归档。施工进度影像按工区或作业面实际施工拍摄；公共关系影像按项目部公共关系要求拍摄；工程定点整体照片在项目开工前指定拍摄点，按预定时间间隔等距离拍摄。

项目影像资料保存实行备份制度，重要影像资料应当异地异质备份。在计算机软、硬件系统更新前或数据格式淘汰前，应将项目影像资料迁移到新的系统或进行格式转换，保证其真实、完整和在新环境中完全兼容。

影像资料失去保存价值后，应在履行销毁审批手续后，采取有效技术措施进行信息清除工作，属于保密范围的资料，其销毁应按国家保密法规实施。

3.9.2.7　项目文书文件管理

项目部应从法律证据角度对项目实施管理活动中发生的可能对外〔指工程所在地政府部门、建设单位、监理单位、设计院、分包（供货）商等〕产生权利义务的文书进行管理，主要有履约资料、会议纪要、签证变更、往来函件等。文书资料对外报送前，应经项目法律顾问或法务经理或法务联络员审核。文书资料为后期查询项目生产活动提供重要线索和证据。项目文书文件具体管理如下：

（1）项目部指定专人负责文件的接收、传阅、督办、归档。

（2）项目收到文件后，按照"收文登记表"登记造册，由项目部负责人签署拟办意见，根据拟办意见传阅、传办。

（3）文书资料负责人对需要回复的文件，要催办、督办相关部门、人员及时回复。

（4）项目部对外部单位报送文件、函件时，应按照企业要求的格式编写，由项目经理审批，并加盖项目部印章后报送。

（5）文书资料负责人应对项目接收、报送的文书资料分类登记存档，项目完工后，按照企业要求归档、留存。

3.9.3　工程资料组卷及移交管理

1. 工程资料的组卷应符合下列规定

（1）建设单位负责工程准备阶段文件和工程竣工文件的组卷，监理单位负责组卷监理资料，施工单位负责组卷施工资料和竣工图。

（2）工程文件应按不同的形成、整理单位及建设程序，按工程准备阶段文件、监理文件、施工文件、竣工图、竣工验收文件分别进行组卷，并可根据数量多少组成一卷或多卷。

（3）工程资料组卷应编制封面、卷内目录及备课表，其格式及填写要求可按现行国家标准《建设工程文件归档整理规范》GB/T 50328 的有关规定执行。

（4）声像资料应按建设工程各阶段立卷，重大事件及重要活动的声像资料应按专题立卷，声像资料与纸质文件应建立相应的标识关系。

2. 工程资料的归档、移交

工程资料移交归档应符合国家、地方现行有关法规和标准的规定，并应满足承包合同的要求。根据建设程序和工程特点，归档可分阶段分期进行，也可在单位或分部工程通过竣工验收后进行。勘察、设计单位应在任务完成后，施工、监理单位应在工程竣工验收前，将各自形成的有关工程档案向建设单位归档。

建设单位应按国家有关法规和标准的规定向城建档案管理部门移交工程档案，向城建档案管理部门移交的工程档案应为原件，工程资料移交时应及时办理相关移交手续，填写工程资料移交书、移交目录。

3.9.4　工程资料的总承包管理

专业分包单位的工程资料档案是项目工程资料的重要组成部分，项目实施过程中必须将工程资料管理纳入项目总承包管理的范畴，因此，项目技术员应该懂得专业分包资料的管理，能够在过程中对专业分包单位的资料进行有效的管控，保证专业分包资料的真实性、完整性和时效性。

无论是甲指分包、甲方直接分包还是总承包单位自行发包专业分包的工程资料管理，全部都应纳入项目总承包管理范围。总承包单位应结合项目工程资料前期策划和工程资料编制要求对新进场分包单位进行交底，实施过程中负责对专业分包单位资料进行核查，对于甲指和甲方直接分包单位工程资料核查记录抄送发包方和监理单位，督促专业分包单位进行整改。

专业分包单位的工程资料在交档前由各分包单位自行整理完善并自存一份，向施工总承包方提交规定份数后由总承包方在工程竣工验收后统一移交给发包方、城建档案馆。各分包单位必须积极做好工程技术档案的编制及整理工作，如因分包单位原因，造成档案不能顺利移交的，由分包单位负全责。工程技术资料的收集与整理应与工程进度同步，总承包方项目总工对工程技术资料的生成、汇集、积累、整理全面负责，项目部的专职资料员协助项目总工进行工程资料的总承包管理。

3.10　测量管理

本节是测量管理，旨在让技术员掌握测量施工主要工作内容，熟悉测量控制点交接及测量控制网测设要求，了解施工测量、变形监测对项目施工及安全健康运营的指导意义等。

3.10.1　测量方案管理

（1）资料收集：收集业主移交的测绘成果、设计图纸、变更文件及图纸核对计算等资料，形成测量内业记录。

（2）方案编制：按工程实际情况、项目实施计划书及收集的测量资料编制工程测量施工方案。

（3）方案报审：先提交项目技术总工及项目经理审核，按审核建议修正后报监理单位审批。

3.10.2　测量人员及仪器管理

（1）项目部按建设工程体量及项目实施计划书提出的测量人员及仪器配置计划，由公司各级技术部负责调配。

（2）项目测量人员分工明确，相互协作，由项目技术部统一管理。

（3）测量仪器严格按说明书操作，固定专人使用和保管，随测量员调动。

（4）测量仪器按规定进行计量检定和校准，确保性能完好。收集仪器校准及检定等资料，每季度更新仪器管理台账并报公司技术部。

3.10.3 控制测量

3.10.3.1 测量控制网布设及用途

测量控制网分为平面控制网和高程控制网。平面控制网布设分为一级（首级）控制网、二级控制网、内控（三级）控制网。首级控制网点位要覆盖整个场区，点位稳固，首级控制点不宜过多，布设3～5个即可，首级控制网是工程施工和监测的依据。二级控制网是场地内建筑物施工控制网，依据一级控制网测设。高层和超高层建筑还要从二级控制网引测建筑物内控（三级）网，内控（三级）网用于指导高层和超高层建筑测量施工。

3.10.3.2 基准点交接

（1）工程进场后，建设单位应向工程总承包单位移交工程测量基准点，并做好交接手续。

（2）在监理单位见证下，按照《工程测量标准》GB 50026对基准点进行复核，若基准点精度超限，建设单位应重新组织交接。

3.10.3.3 控制网测设

（1）基准点经复核精度满足《工程测量标准》GB 50026技术要求后，可以布设工程测量控制网。

（2）平面控制网可以采用卫星定位测量或导线测量方法，用GPS静态测量或全站仪导线测量。控制网精度等级根据建筑工程规模大小、造型难易程度选择，平面不低于二级控制网精度要求，高程控制网不低于四等水准测量精度要求，控制网等级及精度技术指标详见表3-10-1。

控制网技术要求   表3-10-1

序号	控制网	精度等级	主要技术要求					
			平均边长（km）	测角中误差（"）	测距中误差（mm）	测距相对中误差	方位角闭合差（"）	导线全长相对闭合差
1	平面控制网	一级	0.5	5	15	≤1/30000	$10\sqrt{n}$	≤1/15000
		二级	0.25	8	15	≤1/14000	$16\sqrt{n}$	≤1/10000

序号	控制网	精度等级	主要技术要求				
			每千米高差中数中误差		测段、区段、路线往返测高差不符值	附合线路或环线闭合差	检测已测段高差之差
			中误差(mm)	全中误差(mm)			
2	高程控制网	四等水准网	≤±3	≤±10	≤±20$\sqrt{L}$	≤±20$\sqrt{L}$	≤±30$\sqrt{L}$

3.10.4　施工测量

3.10.4.1　地形测量

（1）根据建设单位移交的测量基准点，测设工程建筑物用地范围红线，并在实地标定。

（2）按照工程场区占地面积大小，确定地形方格网间距尺寸。地形测量时，需通知建设单位、监理单位代表同时在场见证，测设完成及时形成正式地形方格网报验资料，三方签字盖章确认。

3.10.4.2　建筑物施工测量

（1）土方施工测量：按技术部门提供的放坡系数和预留工作面尺寸，计算土方开挖（回填）控制线。

（2）施工测量放线：按照图纸要求，进行桩基点位放线、垫层定位放线、承台定位放线、基础底板定位放线、地下室结构控制轴线和标高测设、地上结构控制轴线和标高测设、钢结构控制轴线和标高测设。

（3）测量控制移交：在装饰施工单位进场后，要与各装饰合作单位测量员进行控制轴线和标高移交，并签字确认。

（4）变形监测：设计图纸对建筑物有变形监测要求或建筑物施工对周边已有构筑物可能产生安全隐患的，需要对建筑物基坑和主体进行安全健康监测。变形监测选用等级和精度技术要求详见《建筑变形测量规范》JGJ 8。

3.10.5　测量施工管理

（1）各分包（安装、电梯、幕墙、门窗、钢构、消防、室外园林等）单位进场后，按进场时间分批次组织测量控制点移交，人员包括项目技术员、质检员、各分包单位测量员，并完善移交记录。

（2）明确要求各分包单位测量员负责按照总承包项目部测量员移交的平面和高程控制点，完善分包单位合同内的细部施工测量放样工作。每层施工完成后，各分包单位测量员应恢复原有控制轴线和标高，并在墙柱上清晰标识。

（3）督导各分包单位测量人员负责完善承包范围内的竣工验收配合工作。

3.10.6 测量竣工资料

（1）每分部分项工程测量外业完成后及时完善测量报验资料。

（2）工程竣工，收集测量竣工资料，报项目技术总工审核后，办理资料移交，完善交接记录。

3.11 试验与检测管理

3.11.1 试验与检测管理概述

1. 试验与检测管理的定义

试验与检测管理的主要任务是配合技术和质量管理的需要，完成进场的各种材料、产品的检验复试（见证取样），开展施工企业的技术鉴定，形成一系列重要工程材料的进场检测以及现场施工质量情况证明的资料。

见证取样是指在建设单位或工程监理单位人员的见证下，由施工总承包单位的现场试验人员对工程中涉及结构安全的试块、试件和材料在现场取样，并送至有相应资质的检测机构进行检测，检测机构出具材料试验合格的证明报告。国家要求实施见证取样不低于30%，目前各地方上一般实行100%见证取样。

2. 试验与检测管理的意义

试验与检测管理是现场质量控制的一个重要手段，是技术及质量管理的重要组成部分，委托权威检测机构，针对施工现场采用的大批量重要的材料、重要的施工工艺进行试验和鉴定，对现场已完成的实体进行相应的现场检测，并出具相应的检测报告，确保合格、优质的原材、产品用于工程，确保现场的施工工艺、既成的施工实体满足图纸及规范要求。

3.11.2 管理机构与制度

施工单位对工程整体的施工质量负责，对试验与检测管理当中试件的代表性、真实性负责。总承包单位应负责施工现场试验与检测工作的整体组织管理和实施。分包单位应纳入总承包管理中，且对其施工合同范围内的试验与检测管理负责。

1. 相关管理机构与职责

如表 3-11-1 所示。

相关管理机构与职责

表 3-11-1

序号	单位	职责	备注
1	建设单位	委托有资质的第三方检测机构对工程实体材料进行检测	委托单位

序号	单位	职责	备注
2	监理单位	对施工总承包单位的制样、取样过程进行旁站见证，确保材料的真实性。对现场检测进行旁站，确保抽样符合规范要求	见证单位 由见证员见证
3	施工总承包单位	对进场原材料、半成品按照规范要求见证取（送）样	取样单位 由取样员进行取样
4	第三方检测机构（试验室）	对接收到的材料，以及现场的施工实体根据国家相应材料的检测规范进行检测，并出具检测试验结果，对检测结果负责	检测单位
5	质量监督站	对工程参建单位的见证取样行为进行监督，对试验室的检测结果进行监督	监督单位
6	劳务分包/专业分包	每个劳务（专业）队伍须配备专职试验员配合项目试验工作。服从总承包单位对试验与检测的要求，并对其合同范围内的检验与试验结果负责	服从总承包 单位的管理

其中项目部内部的职责与分工见表 3-11-2。

项目部内部的职责与分工　　　　　　　　表 3-11-2

序号	岗位	职责分工
1	项目经理	1. 负责项目工程试验的牵头管理，是项目工程试验与检测管理的第一责任人 2. 负责审批项目"工程检测管理方案"，并组织实施 3. 负责督促项目各分包单位、部门开展试验与检测管理工作
2	项目技术质量负责人	1. 负责项目工程试验的日常管理，是项目工程试验与检测管理的直接责任人 2. 负责审核"工程检测管理方案"，并组织交底与实施，监督方案的实施 3. 负责审核见证取样委托单上的检测项目的齐全性（符合规范、设计要求） 4. 负责组织项目试验工作的自查、整改、落实，审核第三方检测单位的试验报告检测内容的正确性、完整性 5. 负责组织项目部试验资料员、质检员、施工员定期检查分包单位的试验与检测管理情况 6. 统筹协调管理分包单位的试验与检测
3	生产负责人	负责督促分包单位按合同配备试验员，配合项目开展试验工作
4	试验员	1. 负责对所有进场材料的品种、规格、外观和尺寸进行验收并形成进场验收记录 2. 负责工程材料取（送）样工作，见证取样委托单填写、见证取样报审工作 3. 负责编制"工程检测管理方案" 4. 检验试验工程师领取试验报告、收集分包单位的试验报告，并将试验结果及时反馈给项目技术质量工程师。试验报告送交内业技术工程师存档。督促分包单位对其施工范围内的检测报告进行归档

序号	岗位	职责分工
5	技术质量工程师	1. 负责协助试验员对钢结构、幕墙、节能、实体结构、室内环境检测等专项检测工作 2. 对取样及送检批次、数量进行核实 3. 定期对项目试验进行自查并进行通报
6	施工员	1. 需要将取样送检的过程产品及时通知检验试验工程师，如钢筋直螺纹接头、回填土、拆模试块等与施工进度密切相关的现场过程产品的送检 2. 督促分包队伍试验员完成现场取样及试验相关的工作
7	材料员	负责将所有进场材料的产品合格证书、中文说明书及相关性能的检测报告和质量保证书、进口产品商检报告提交给项目试验员，应复试的物资材料应及时通知项目试验员

2. 试验与检测管理制度与流程

见证取样流程，如图 3-11-1、图 3-11-2 所示。

现场实体检测，如植筋拉拔、结构检测、室内环境检测、屋面现场检测等需试验室携试验设备至施工现场进行检测的内容，如图 3-11-3 所示。

1）见证员、取样员应取得相应的见证员证书、取样员证书。如当地省份地市有要求，应在相应的质监站备案。

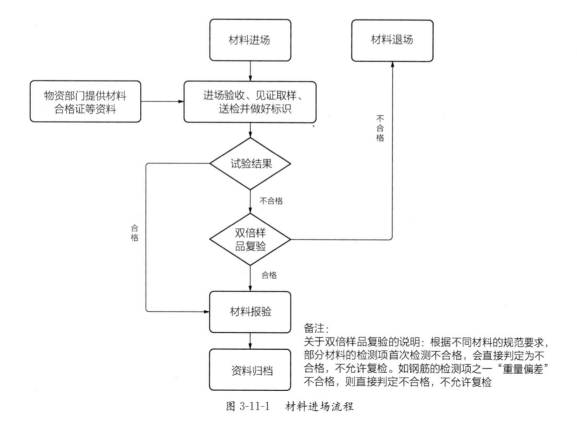

备注：
关于双倍样品复验的说明：根据不同材料的规范要求，部分材料的检测项首次检测不合格，会直接判定为不合格，不允许复检。如钢筋的检测项之一"重量偏差"不合格，则直接判定不合格，不允许复检

图 3-11-1　材料进场流程

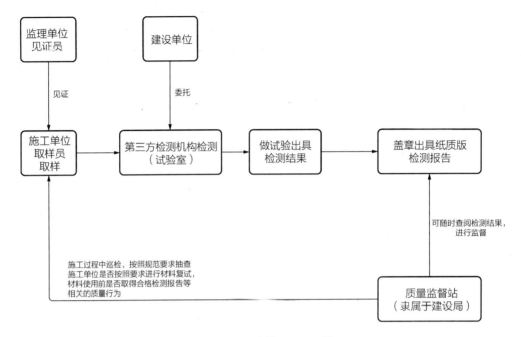

图 3-11-2　材料的见证取样

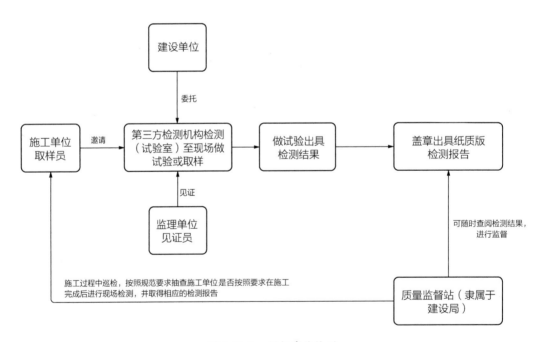

图 3-11-3　现场实体检测

2）建设单位或监理单位应向工程受监质监站和检测单位递交"见证单位及见证人员授权书"。授权书应写明本工程现场委托的见证单位和见证人员姓名，以便质监站和检测单位检查核对。

3）检测单位在接受委托检验任务时，须由送检单位填写委托单，取样人员和见证人员应在检测委托单上签名，同时见证员与取样员进行刷脸验证（不同地区要求不同，按照当地要求进行委托）。

4）检测单位应在检测报告单备注栏中注明见证单位和见证人员姓名，发生试样不合格情况，首先要通知工程所在地质监站和委托单位。

3. 检测单位的确定及合同

因工程开工即涉及材料进场及部分试验工作，需在项目进场后尽快确定第三方检测单位。

（1）检测单位的确定

检测单位应由建设单位确定。检测单位所具备的资质应尽可能涵盖所有的材料及施工内容，如幕墙检测资质、人防检测资质、钢结构检测资质等，尽量避免同一个项目出现两家检测单位。

（2）合同的签订

一般采用试验室的固定模板或企业自有合同模板，常规材料按照建筑面积收费，个别检测项可具体约定，合同约定付款时间及相应的付款比例，一般按照工程进度付款。

3.11.3 试验与检测管理工作具体内容

1. 方案与计划

现场材料多种多样，需要检测的参数多种多样，开工前需对项目涉及的所有材料建立台账和检测计划。保证检测试验工作能够正常推进。

进场后由项目专职试验员进行试验方案与计划的编制。根据工程的楼层、后浇带或施工缝进行分区。

方案内容涵盖编制说明及依据、工程概况、试验准备工作、项目主要材料的试验取样计划（涵盖混凝土、钢筋、防水材料、焊接材料、砂石水泥、砂浆砌块等），试验计划应与工程进度计划匹配。按照规范要求的批量，结合工程量进行见证取样。分包单位的检测项及要求也应纳入施工总承包单位的方案中。方案经监理（建设）单位审批后组织实施。

2. 原材料试验与检测管理

所有投入工程使用的材料，或涉及结构安全，或涉及节能环保、消防安全及舒适性。不仅需要厂家提供质量证明文件，同时也应见证取样，由专业检测单位进行复试，从而佐证材料的质量。原材料是否合格，直接关系到工程能否正常使用。

主要材料如结构用材钢筋、混凝土、钢结构、砌体墙等，以及非结构用材如幕墙、防水材料、装饰材料等，需按照材料相应的技术规范所要求的批量，进行见证取样送检。

3. 施工过程检验管理

施工过程检验管理即现场的施工过程质量或施工完成后的实体质量，需要有专业资质的检测单位至现场进行实体查看或采用仪器检测，来进一步确保其满足国家规范、图纸要求。比较常见的有土壤氡检测、桩基检测、结构检测、植筋拉拔、节能取芯、焊缝探伤、室内环境检测等。

施工总承包单位应根据工程进度及工程建设要求，统筹试验与检测管理，及时提醒建设单位委托有资质的单位进行现场检测。

4. 试验与检测资料管理

（1）施工日志

试验员在施工现场制取试样时，要详细记录施工环境、部位、使用材料、制取试样的方法数量等与试验检测相关的有效信息。

（2）试验与检测台账、汇总表

可按照单位工程及专业类别建立台账和记录。台账内包括但不限于材料名称、代表部位及批量、设计要求、取样日期等，不同的材料、不同省市地区的台账有所区别。当检测结果出来后，应在台账上进一步完善其检测结果、报告编号等。对不合格、错误的报告应及时分析原因，并立即向技术质量负责人报告；重大问题应向项目经理报告，及时采取相关措施。

资料组卷移交时，制作见证试验汇总表，整体作为档案移交。

开工前，施工总承包单位尽量统一所有分包的资料格式，便于最终归档。所有分包单位的试验与检测资料，最终应移交至施工总承包单位档案室，由资料人员进行整理归档。

5. 标养室管理

（1）标养室的定义及要求

混凝土标准养护室是一种具备特定温度和湿度（温度 $20\pm2℃$，湿度为 95% 以上），用于养护混凝土试块的房间。标养室可以现场砌筑，也可以采用具有保温性能的集装箱改造。标养室设备主要有恒温恒湿控制设备、温度计、电子感温器、振动台、货架等主要设备。标养室应建立健全的管理、使用、维护制度，确保施工期间的正常运转。

（2）标养室的设置

标养室的位置，应根据现场总平面布置动态图，放置在不影响现场施工生产的位置，且保证交通便利（方便试块制作、进出标养室、送检）、通水通电。

3.12 品质管理

对于项目管理来说，工程品质管理是其中的重要组成部分，EPC 项目品质管理和控制应是对项目设计、采购和施工的全过程、全方位的管控，进而有效实现质量管理的全面控制，从而实现 EPC 合同质量目标，实现总承包商的价值。

3.12.1 品质管理体系

总承包单位项目部应建立品质保证体系，成立品质管理领导小组，由总承包单位项目领导班子成员、分包商项目经理等相关人员组成，通过项目实施过程各个环节的质量控制，来实现总承包项目的质量目标。

各岗位品质管理职责如表 3-12-1 所示。

各岗位品质管理职责 表 3-12-1

项目经理	工程品质的第一责任人，保证国家、地方及行业标准规范以及企业工程质量管理规定在项目实施中得到贯彻落实。负责组织工程品质的策划编制，制定工程品质目标，并监督项目各职能部门及分包单位执行
生产经理	参与工程品质策划，组织项目品质计划的编制，并指导工程品质管理部工作。制定阶段品质实施目标，并对阶段目标的实施情况定期监督、检查和总结
总工程师	根据工程品质策划和品质计划，组织专项施工方案、工艺标准、操作规程的编制，提出品质保证措施。 对品质负有第一技术责任；负责组织编制项目品质计划；贯彻执行技术法规、规程、规范和涉及品质方面的有关规定等，具体领导品质管理工作，领导组织开展 QC 小组活动；根据工程编制专项施工方案、工艺标准、操作规程，提出品质保证措施；对设计质量全面负责
质量总监	参与工程品质策划和品质计划的编制，指导和监督项目品质工作的实施。监督进场原材料、半成品、建筑构配件、机械设备的检验、抽样和取样工作；并核查其出厂合格证和现场见证取样检测报告
商务总监	严格按采购程序进行采购，对购入的各类生产材料、设备等产品负责

3.12.2 品质管理各项措施

3.12.2.1 设计质量

设计环节作为整个工程的龙头，不仅影响着项目建设工程的质量，而且直接影响着除设计环节以外的各业务板块的进展。设计环节的质量情况在每个后续环节都会得到体现。因此，做好工程各设计环节质量管理对整个项目建设有着毋庸置疑的重要性和必要性。

1. 总体原则

根据项目的相关定位、规模情况，组建专业化的设计管理团队。以建筑为主，统筹设计管理；以界面为线，打造精准设计；以报审控制，保障工程品质。

2. 质量控制要点

严格三段设计管理，保证设计质量。一般情况下，工程设计分为方案、初步设计阶段、施工图设计阶段和深化设计阶段三个阶段，应根据各个设计阶段特点，抓住关键环节，求得最佳效果，达到各阶段设计标准和要求。

（1）方案、初步设计阶段的管理

1）方案、初步设计审查

方案设计是工程设计的灵魂，创意新颖、布局合理、满足使用的方案设计，是市场竞争中取胜的保证，因此，必须加强方案设计的投入，努力创作具有较高水平的建筑方案。通过对设计任务书的全面解读，理解业主设计意图。进行详细的现场实地踏勘，掌握地形地貌，在分析已知条件的基础上，准确把握环境、把握方案主题。形成方案阶段全专业的配合机制。建筑方案设计过程中，进行方案结构可行性评估，机电等专业确定负荷等级，说明系统概貌，并估算最大负荷用量，确定功能用房位置、面积及对建筑的要求等。保证方案的完整、全面、可靠、可行。初步设计是工程设计的基础，是工程建设的纲领性文件，也是确保实施的关键阶段，要做深做细，达到国家规定的初步设计深度。

总承包单位应建立设计成果文件审查管理流程，并明确管理流程中各相关方的职责。组织相关部门对建筑、规划方案（初步设计图纸）的项目整体效果、建筑使用功能、分项范围划分和质量要求等进行审查，保证设计文件在满足国家规范以及地方标准控制指标的前提下，满足设计任务书和建设标准的要求。

2）方案、初步设计成果报审管理

① 总承包规定设计成果文件报审管理流程，明确各相关方提交方案、初步设计文件的时间节点以及深度要求。

② 建立以总承包为核心的业主、设计、专业分包单位、政府审查部门的正式沟通流转机制。

③ 各专业初步设计方案确定后，由总承包组织各专业分包单位结合建设标准对本专业预算进行评估，并报总承包设计部和商务部审核，协同确定各专业限额。

④ 总承包商作为该流程中的枢纽，设计文件均由设计单位完成后提交总承包商审核，通过后交由业主审批，审批意见再由总承包商以书面形式下发。

⑤ 建立方案、初步设计成果报审台账和成果确认文件。

3）方案、初步设计外审

项目建立以总承包为核心的业主、设计、政府审查部门的正式沟通流转机制；如需进行专家论证的项目，需组织专家评审；根据项目所在地建委要求，确定审查标准。

（2）施工图设计阶段管理

施工图是工程建设的指导性文件，是工程设计的最终产品，是施工操作的依据，也是初步设计进一步深化实施的过程。要求施工图设计严密、周到、合理、可靠、切实可行。

1）施工图设计范围审查

设计专业范围包括总平面、建筑、结构、建筑电气、给水排水、供暖通风与空气调节、热能动力等专业。总平面设计包括设计说明、总平面图、竖向布置图、土石方图、管道综合图、绿化及建筑小品布置、详图。

建筑专业设计包括设计总说明、平面图、立面图、剖面图、详图、建筑节能、绿色建筑设计。

结构专业设计包括设计总说明、基础平面图、基础详图、结构平面图、钢筋混凝土构件详图、混凝土结构节点构造详图、其他（楼梯图、预埋件、特种结构和构筑物）、钢结构设计施工图。

建筑电气专业设计包括设计总说明、电气总平面图、变配电站设计图、配电及照明设计图、建筑设计部控制原理图、防雷接地及安全设计图、电气消防图、智能化各系统设计图、主要电气设备表。

给水排水专业包括设计总说明，给水排水总平面图，室外排水管道高程表或纵断面图，自备水源取水工程、雨水控制与利用及各净化建筑物、构筑物平剖面及详图，水泵房平面和剖面图，水塔水池配管及详图，循环水构造物的平面剖面及系统图，污水处理、室内给水排水图纸，设备及主要材料表。

通风与空调专业包括设计说明和施工说明、设备表、平面图、通风空调制冷机房平面图和剖面图、系统图立管或竖风道图、通风空调剖面图和详图、室外管网设计。

总承包商作为施工图设计流程中的核心枢纽，需主持各专业合约界面划分，要求各专业分包单位参与配合。

2）施工图设计深度及标准审查

为保证施工图设计文件的质量和完整性，使施工图的设计深度及标准满足法定和业主方的运营功能要求、规范及现场施工要求，总承包商负责对施工图设计深度及标准进行审查。

在施工图绘制过程中及绘制完成后（可根据设计合同或商议决定），设计院应将图纸发送总承包部，然后由总承包勘察设计部对所接收的图纸进行设计深度审查。

3）施工图技术性审查

为确保建筑工程设计文件的质量符合国家的法律法规、强制性技术标准和规范，确保工程设计质量以及国家财产和人民生命财产的安全，总承包设计技术部根据规范条文、政府相关部门颁发的关于本行业勘察设计的批准文件、当地政府相关部门下发的对于本建筑工程的意见或要求等依据对施工图进行技术性审查。

（3）深化设计阶段管理

根据输入图纸和合约要求中明确的需深化的内容，开展深化设计工作。

1）深化深度及标准审查

① 计算书：检查计算结果是否满足规范要求以及招标要求。

② 设计依据的审查：检查原有设计图纸中所依据的相关规范、深化设计中所涉及的规范是否符合当地要求。

③ 设计参数的审查：检查是否满足原设计的相关数据，新增的设计数据是否满足相关规范的要求。

④ 设计内容的审查：主要检查深化设计内容，关注边边角角的问题。如：材料的相容性、节点的合理性、力学传递关系（材料的受力特性）、材料的耐候性、材料与材料之间的连接、材料与材料之间的附着、材料与材料之间热膨胀系数的不同所造成的相对位移、各个系统/体系的独立与相关性等。

⑤ 其他要点：图纸各部分尺寸、标高是否统一、准确；设计说明是否与图纸一致；各专业图纸之间是否有冲突。

2）深化设计图报审管理

根据项目总体控制计划，组织编制深化设计报审计划。

建立、更新深化设计图报审报备记录台账，定期与业主、分包单位核对并签署确认记录。组织相关部门、分包单位审核深化设计文件，必要时组织会议评审。

深化设计文件经各方审核通过，分包单位报送蓝图，业主、总承包商书面确认。

3.12.2.2 采购质量

（1）物资部负责物资统一采购、供应与管理，并根据 ISO9000 质量标准和企业相关要求，对本工程所需采购和分供方供应的物资进行严格的质量检验和控制。

（2）采购物资时，须在确定合格的分供方厂家或有信誉的商店中采购，所采购的材料或设备必须有出厂合格证、材质证明和使用说明书。

（3）加强计量检测。采购的物资（包括分供方采购的物资）、构配件，应根据国家和地方政府主管部门的规定及标准、规范、合同要求，按质量计划要求抽样检验和试验，并做好标记。当对其质量有怀疑时，加倍抽样或全数检验。物资采购流程详见图 3-12-1。

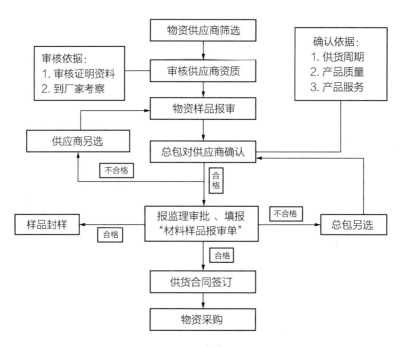

图 3-12-1　物资采购流程图

3.12.2.3 施工质量

1. 质量监控事前预防，施工操作事先指导

（1）施工准备阶段做好项目施工组织设计、施工技术方案、措施、质量计划和设备、材料供应采购计划等工作。

（2）项目全过程设置质量控制点。

（3）做好设计交底和图纸会审工作，了解设计意图及施工重点，做好施工图纸管理以及设计变更管理工作。

（4）对工程所需的原材料、半成品的质量进行检查和控制。

（5）实行机具设备进场报验制度。

（6）严格把好隐蔽工程的签字验收关，发现质量隐患及时提出整改。

2. 动态控制，事中认真检查

（1）实行多级施工技术交底及全过程巡检制度；

（2）实行工序交接检查，避免不同工序、工种交接时，将质量问题和隐患带入下一道工序中。

3. 事后验收

通过事后验收，对施工中存在的质量缺陷或重大质量隐患进行整改。

3.12.2.4 对分包商的全面质量管理

1. 质量管理体系的总体要求

（1）质量总监协助项目经理，建立全面质量管理体系，负责项目相关部门的协调，组织协调、督促、检查各分包商的质量管理工作。

（2）质量总监应督促分包商建立相应的质量管理体系，并形成文件，接受项目质量部的审核，同时接受业主、监理的监督和审核。

（3）商务合约部应在合约中明确分包商的质量管理体系建立、运行和审核等约定条款。

2. 分包商"质量管理实施计划"的内容与要求

质量总监根据项目"质量管理实施计划"对分包商进行交底。质量工程师监督分包商编制分包商"质量管理实施计划"。有创优目标的项目，要求分包商编制质量创优策划书。

（1）分包商"质量管理实施计划"的编制依据：

1）项目质量管理体系文件及项目"质量管理实施计划"；

2）分包商企业质量管理体系文件；

3）合同中有关产品（或过程）的质量要求；

4）与产品（或过程）有关的其他要求；

5）分包商针对其分包项目的其他要求。

（2）分包商"质量管理实施计划"的内容：

1）分包商项目质量目标和要求；

2）分包商项目质量管理组织和职责；

3）项目（或过程）所要求的检查、验证、确认、监视、检验和试验活动，以及质量关键绩效指标；

4）要求"质量管理实施计划"更新的记录；

5）过程改进计划；

6）所需的过程、文件和资源。

（3）分包商"质量管理实施计划"的批准：

分包商"质量管理实施计划"编制完成后，按照相关的流程提交，经批准后，报项目质量部备案。

（4）分包商"质量管理实施计划"的更新：

如项目发生特殊需要或重大变更，质量工程师督促分包商对"质量管理实施计划"进行更改，呈报项目质量部备案。主要有以下几种特殊情况：

1）项目施工过程中，项目"质量管理实施计划"进行了变更。

2）项目部/业主对分包商合同的质量目标和要求发生了变化。

3）分包商合同发生重大工序、工艺、设计变更时，应及时告知项目设计技术部及建造部，在得到项目部相关部门同意后，分包商"质量管理实施计划"需进行对应内容的更新和调整。

3. 分包商质量管理的过程控制

（1）施工前，建造工程师/质量工程师监督分包商按项目要求进行过程控制。

1）建立完善的质量管理组织机构，规定相关人员的质量职责。

2）施工前，编制"物资（设备）进场验收计划""工艺试验及现场检（试）验计划""检查与测试计划"，报总包质量部审核。相关计划根据项目实际进展定期更新。

3）组织向相关施工人员进行各类专项方案交底，确保其技术要求和质量标准交底到每位相关的施工人员。

（2）施工中，建造工程师/质量工程师监督分包商按项目要求进行过程控制。

1）工序报验：分包商自检合格后，根据已批准的"检查和测试计划""工程检验批划分及验收计划"，填写"检查/测试报验单"，提出现场工程报验请求。

2）实测实量：分包商开展实体实测实量工作，并对检查结果进行统计分析，统计分析结果上报项目部。

3）场外工厂制造：在涉及场外或外地制造及装配过程时，分包商负责提供产品的检验和测试合格完成记录，以及所有材料的合格证书。

4）材料进场：分包商对进入施工现场的材料检验合格后，根据"物资（设备）进场验收计划"向总包质量部提出进场验收申请，审批通过后，分包商组织材料进场，并在现场进行适当标示。

5）分包商根据"工艺试验及现场检（试）验计划"对取样和送检数量进行核实，收集试验结果。确保受检的材料按计划送检，且检验和测试报告时间不影响工程进度。

6）样板管理：分包商结合专业工程特点编制样板方案并报项目部审核。分包商根据项目要求提供样板（包括材料、成品、半成品、自制产品及工艺样板）后，向项目部提出验收申请。

7）成品保护：分包商结合专业工程特点编制分包成品保护方案并报项目部审核，依据"谁施工谁保护"原则，做好成品保护，对进场原材料和半成品、中间产品、已完工序、分项工程、分部工程及单位工程的保护工作进行监督检查。

8）不符合项处理：分包商对于施工过程中发现的不符合项，建立不合格品（不符合项）台账，分包商需配合总承包商对不符合项报告进行处理，制定相关措施并落实现场的实施。

9）质量投诉与质量事故：收到质量投诉后，分包商应进行现场核实，出具处理方案，处理完成报项目部核实；当发生质量事故时，按项目相关规定进行处理。

10）记录管理：对施工进行的各阶段的监控和测量，都要按建设主管部门相关规定和项目部记录管理与归档的规定记录、收集、整理、归档。

4. 分包商"质量管理实施计划"的维护

质量工程师应监督分包商的"质量管理实施计划"的维护，确保分包商按以下要求执行。

（1）在质量控制的过程中，跟踪收集实际数据并进行整理。并应将实际数据与质量标准和目标进行比较，分析偏差，并采取措施予以纠正和处置，必要时对处置效果和影响进行复查。

（2）定期对质量状况进行检查、分析，向项目部提出质量报告，报告应包括目前质量状况、项目部及相关方满意度、产品要求的符合性以及质量改进措施。

5. 分包商质量考核

（1）建立质量关键绩效指标（KPI）

分包商质量管理绩效指标包括策划阶段质量管理绩效指标、过程控制阶段质量管理绩效指标、结果评价阶段质量管理绩效指标。

（2）质量管理 KPI 的考核

1）项目部成立质量管理绩效考核组，由由业主代表、监理、项目领导班子、分包商项目经理等相关人员组成。

2）质量绩效考核内容：根据合同约定、工程建造特点、项目部的规定、绩效考核指标，把各项绩效指标分解、量化，确定各项绩效考核标准及考核权重，质量管理绩效考核标准由项目部制定，经考核组会议审查通过。

3）分包商自我考核：分包商每月进行一次质量考核，形成书面报告，连同分包商月度报告提交。

4）考核组对分包商考核：质量管理绩效考核组每月对分包商进行一次考核，在分包商自评的基础上，对绩效指标的真实情况和执行情况进行复核，形式书面报告，报业主、监理、项目部和分包商。

5）缺陷整改：在质量关键绩效指标方面存在任何不足之处，质量工程师应要求分包商提出相应的整改措施予以纠正。

6）商务合约部确保在分包商合同中将分包商质量绩效考核结果和质量抵押金制度、合约进度款挂钩。

7）分包商质量绩效考核结果应纳入企业的供应商系统记录，便于日后合格分包商的选择，从而逐渐培养出有良好的合作伙伴关系的分包商。

3.12.3 成品保护措施

3.12.3.1 成品保护管理小组

成品保护管理组织机构是确保成品保护得以顺利进行的关键。为确保成品保护工作的落实，由总承包单位组织，各分包单位参与，成立以项目经理为领导的成品保护管理小组，制定针对性的成品保护制度，协调各专业、各工种的施工，有纪律、有序地进行穿插作业。

成品保护管理小组将从成品保护的事前策划、事中控制、事后检查等方面全过程进行科学管理。

成品保护小组职责分工如表 3-12-2 所示。

成品保护小组职责分工　　　　　　　　　　　　　表 3-12-2

序号	角色/职务	职责
1	总承包管理层	依据与建设单位所签订的合同，对整个工程的保护方案进行整体策划，对各分包的成品保护措施进行审查，并及时报送给合同中明确的单位进行审批。总包在与分包签订合同时，将成品保护的要求纳入分包合同中，并负责提供总包在成品保护方面的规章制度或工作程序。总包负责对各分包的工作顺序、作业时间、资源投入进行审查指导，并力争使各分包作业做到科学、有序、高效，加强分包交叉作业和前后作业时的协调管理工作
2	分包商	积极编制自己承包范围的施工方案。在总包的组织部署下，分包商主动对本分包工程的上道工序的保护要求进行了解；也主动了解下道工序对本分包工作的可能致损因素。在上述调查了解的基础上，配合上道工序做好保护，同时将自己分包范围内的已完产品的保护措施编制好，使其在下道工序中得到很好的贯彻，真正做到"谁施工谁保护"
3	总工程师和生产经理	制定成品保护措施或方案；对保护不当的方案制定纠正措施；督促有关人员落实保护措施
4	材料员	对进场的原材料、构配件、制成品进行保护
5	班组负责人	对上道工序成品进行保护；本道工序产品交付前进行保护

3.12.3.2 成品保护管理制度

1. 施工进度计划统筹安排与现场协调制度

总包方分阶段、分平面协同所有分包商编制合理的进度计划，根据实际情况进行计划调整，并由专人负责对进度计划落实情况进行考核和评价。重点对交叉作业时各参与方进入或退出的时间和空间进行统筹安排。建立进度计划交底及进度计划考核常规会议制度。

根据工程施工工序并在需要时根据实际情况进行调整，事先制定好成品保护措施，避免或减少后续工序对前一工序成品造成的损伤和污染。一旦发生成品的损伤或污染，要及时采取有效措施处理，保证施工进度和质量。

2. 工序交接检查制度

各分包的交叉作业或流水施工做到先交接后施工，使前后工序的质量和成品保护责任界定清楚，便于成品损害时的责任追究。

在作业前各分包商必须向总包呈报"进入作业区域申报表"；在某区域完成施工任务后，须向总包方书面提出作业面申请，批准后办理作业面移交手续，移交工作应列入计划。

3. 成品和设备保护措施的编制和审核制度

规定总包和分包在不同施工阶段（包括施工技术准备期和工程完成到一定程度时）成品和设备保护措施的编制内容和相关要求。

4. 成品和设备保护措施执行状况的过程记录制度

坚持谁施工谁负责的惯例，各分包或作业队应及时如实记录相应施工时段的产品保护情况。

5. 成品和设备保护巡查制度

定期对各类成品进行检查，发现有异常情况立即进行处理，不能及时处理的马上上报项目经理部，研究制订切实可行的弥补措施。

6. 成品和设备损害的追查、补偿、处罚制度

成品造成破坏后，成品保护责任单位必须即刻到总包进行登记。分包方需向总包方提供造成成品损坏的责任人，总包确认后，由分包自行协商解决或由总包取证裁决，责任方需无条件接受。未提供损坏责任人的，责任自负。

7. 成品和设备保护举报与奖罚制度

项目现场将设置举报电话和举报箱。对于署名举报者且能够及时真实举报的，一经查实将给予一定的经济奖励。

8. 垃圾清运与工完场清制度

各专业在作业过程中造成的垃圾及多余材料需在当天清理。

9. 主要设备物资进场的验收或代管交接制度

总包将对建设单位或其他指定分包，以及自身采购的设备、物资实行进场验收或代管交接制度。

3.12.3.3 成品保护措施

半成品、工序产品及已完分部分项工程作为后续工程的作业面，其质量的保护必将影响整个工程的质量，忽视了其中任一工作均将对工程顺利开展带来不利影响，因此制定表3-12-3所列成品保护措施。

工作内容	成品保护措施	
测量定位	定位桩采取桩周围浇筑混凝土固定，搭设保护架，悬挂明显标志以提示，水准引测点尽量引测到永久建筑物或围墙上，标识明显，不准堆放材料遮挡	
钢筋工程	在浇筑梁板混凝土前用特制的钢筋套管或塑料布将钢筋保护好，高度不得小于 500mm，以防止墙柱钢筋被污染。如有个别污染应及时清理混凝土浆，保证钢筋表面清洁。 结构柱、剪力墙钢筋绑扎完成后，放置专用定位框对主筋位置进行定位保护，防止钢筋偏位 混凝土浇筑时，不得随意踩踏、搬动、攀爬及割断钢筋，钢筋有踩弯、移位或脱扣时，及时调整、补好。楼板混凝土浇筑时的主要通道设铁马镫。 在后浇带两侧砌筑三皮砖，砖上覆盖钢板及一层塑料布，砖外侧抹防水砂浆，防止上部雨水及垃圾进入后浇带而腐蚀钢筋，减少后浇带处垃圾清理的难度	
模板及混凝土工程	工作面已安装完毕的墙、柱模板，不准在吊运其他模板时碰撞，不准在预拼装模板就位前作为临时倚靠，以防止模板变形或产生垂直偏差。已安装完毕的平面模板，不可作临时堆料和作业平台，以保证支架的稳定，防止平面模板标高和平整度产生偏差。 施工时要保证模板表面层清洁，满刷隔离剂以防止粘结。 混凝土结构浇筑、拆模后应立即用塑料薄膜覆盖、裹严，开展混凝土养护工作 楼梯、剪力墙棱角用胶合板或 PVC 板做护角保护，并设置明显提示、提醒标识	
装饰吊顶	吊顶轻钢骨架的吊杆、龙骨不准固定在通风管道及其他设备上 防止材料受潮生锈变形，罩面板安装必须在吊顶内管道、试水、保温等一切工序全部验收后进行	
饰面工程	贴面砖时要及时清擦残留在门框上的砂浆，特别是铝合金门窗，塑料门窗宜粘贴保护膜，预防污染、锈蚀，施工人员应加以保护，不得碰坏	
精装饰工序成品保护	对已装饰完毕的柱面、地面面层，采用塑料薄膜和柔性材料进行覆盖保护，以防表面被划伤	对于栏杆扶手的保护，在施工完毕时，采用柔性材料进行绑扎保护，以防其表面划伤
	油漆粉刷时不得将油漆喷滴在已完的饰面层上，先施工面层时，完工后必须采取措施，防止污染	施工完的墙面，用木板（条）或小方木将口、角等处保护好，防止碰撞造成损坏
楼地面工程	地面石材或地砖在养护过程中，应进行遮盖、拦挡和湿润，不应少于 7d。后续工程在石材或地砖面层上施工时，先将其表面清扫干净，再用软垫及夹板进行覆盖保护	
	不得在完成面上直接拖拉物体，应将物体抬离地面进行移动。 完成面上使用的人字梯四角设置橡皮垫	
电缆	电缆施工过程中，应加强巡视，防止丢失或损坏。在电缆钢带上焊接地线时，电烙铁温度要适中，注意不要将电缆绝缘层烫伤。端部用彩条布保护，以防潮防污	
空调机组	施工完后用彩条布保护，以防止污染；并用层板临时保护防止撞击；机房安装临时门，防止其他人员进入损坏机组	

工作内容	成品保护措施
柴油发电机组	设备运到现场后，暂时不能安装就位，应及时用苫布盖好，并绑扎牢固，防止设备风吹、日晒、雨淋，如有设备库，最好将设备存放在库房内设专人看管。发电机及辅助设备安装完后，应保持干燥、清洁，机房门应加锁
水泵	清理泵房积水，保持干燥，防止电机受潮；施工完后用彩条布保护防止污染；机房安装临时门防止其他人员进入损坏机组
风机	施工完后用彩条布保护防止污染
不锈钢水箱	施工完后用彩条布保护防止污染；并用层板临时保护防止撞击
电梯	曳引机：安装完后用防雨布保护，以防止污染、防水
	轿厢：如提前供施工使用，须用细木工板保护内壁、顶、门槛、门框等，防止碰擦
	电梯井道：井道安全门保护、井道防火保护、井道照明保护
自动扶梯	安装完后用彩条布保护防止污染
擦窗机	安装前：混凝土轨道基础、预留孔覆盖保护，就位安装前的主机设置防雨棚布遮挡保护；安装后：屋面水平直线轨道（或屋面立式轨道）围栏保护、卷扬机遮挡保护
防雷接地	明敷设施工时，不得损坏结构，不得污染建筑、装饰及设备表面。焊接时，注意保护墙面，且要有保护措施。避雷网敷设后，避免砸碰。安装避雷带与均压环后拆除脚手架或搬运物件时，不得碰坏接地干线
管道	水平管道在顶棚抹灰粉刷后施工，提前交叉施工部位用彩条布保护防污；未施工完管口，尤其是卫生间楼板短管用布条包扎封口，防止堵塞
	管道安装完成后用彩条布或塑料薄膜及时包裹保护，已完成的工序成品部位设置"保护成品，请勿乱动"标识牌
	安装好的管道及支托架卡架不得作为其他用途的受力点
	管道安装完成后，应将所有管路封闭严密，防止杂物进入，造成管道堵塞。各部位的仪表等均应加强管理，防止丢失和损坏
阀门	施工完后用彩条布保护防止污染
地漏	安装完后要清理屋面杂物防止造成堵塞
雨水斗	安装完后要清理屋面杂物防止造成堵塞
机电竖井	井道安装临时简易保护门或护栏，竖井楼板临时封堵，用彩条布保护防止污染和撞击；电气竖井要求优先施工挡水板，防止竖井进水电气设施受潮
信息弱电系统	安装到位的产品在未调试前，产品表面要覆盖一层保护板或保护膜，把外因碰坏的隐患减少到最小。结合弱电系统本身要求，做好产品的安装次序安排。完成的区域交由业主签字，实行房间交钥匙交接制度
消防系统	消防系统施工完毕后，各部位的设备组件要有保护措施，防止碰动跑水，损坏装修成品。报警阀配件、消火栓箱内附件、各部位的仪表等均应加强管理，防止丢失和损坏。喷淋头安装时不得污染和损坏吊顶装饰面

工作内容	成品保护措施
电气工程	暗敷电管剔槽打洞时,不要用力过猛,以免造成墙面周围破碎。洞口不宜剔得过大、过宽,不要造成结构缺陷。 在混凝土结构上剔洞时,注意不要剔断钢筋,剔洞时应先用钻打孔,再扩孔。严禁用大锤在板上砸孔洞。 现浇混凝土楼板上配管时,注意不要踩坏钢筋,土建浇筑混凝土时,电工应留人看守,以免振捣时损坏配管及盒、箱移位。遇有管路损坏时,应及时修复。 管路敷设完后注意成品保护,特别是在现浇混凝土结构施工中,电工配合土建施工关系密切,浇灌混凝土时,应派人看护,以防止管路移位或受机械损伤,在支模和拆模时,应注意保护管路不要有移位、砸扁或踩坏等现象出现
	管内穿线使用高凳及其他工具时,应注意不得碰坏其他设备和门窗、墙面、地面等。不得污染设备和建筑物品,应保持周围环境清洁。在接、焊、包全部完成后,应将导线的接头盘入盒、箱内,并用纸封堵严实,以防污染。同时应防止盒、箱内进水
	安装开关、插座、灯具时不得碰坏墙面,要保持墙面的清洁。开关、插座、灯具必须在喷浆作业完成后进行安装,如遇特殊情况再次进行喷浆时,必须对开关、插座、灯具加以遮盖,以防止污染
	安装箱(盘)面板,应注意保持墙面整洁。配电箱(盘)安装后应采取保护措施,避免碰坏、弄脏电具、仪表
	配电箱、柜、插接式母线槽和电缆桥架等有烤漆或喷塑面层的电气设备安装在抹灰工程完成之后进行,其安装完成后采取塑料膜包裹或彩条布覆盖保护措施,防止污染
通风空调	机电安装施工时,严禁对结构造成破坏,对粗装修面上的变动应先征得总承包商的同意。在精装修完成后,电气安装施工必须采取有效措施防止地面、墙面、吊顶、门窗等可能受到的损坏。电缆敷设应在吊顶、精装修工程开始前进行,防止电缆施工对吊顶、装饰面层的破坏
	施工完成的风口等部位用塑料薄膜进行包裹。空调设备要用包装箱包起来,加强保护,防止损坏、污染。安装完的风管要保证表面光滑洁净,室外风管应有防雨措施。暂停施工的系统风管,将风管开口处封闭,防止杂物进入
	风管伸入结构风道时,其末端安装上钢板网,以防止系统运行时杂物进入金属风管内。风管与结构风道缝隙封堵严密
	设备层内交叉作业较多的场地,严禁以安装完的风管作为支、托架,不允许将其他支吊架焊在或挂在风管法兰和风管支、吊架上
	保温材料应放在库房内保管。保温材料应合理使用,节约用材,收工时未用尽的材料应及时带回保管或堆放在不影响施工的地方,防止丢失和损坏
给水、排水工程	报警阀配件、消火栓箱内附件、各部位的仪表等均应重点保管,防止丢失和损坏
	管材和管件在运输、装卸和搬动时应轻拿轻放,不得抛、摔、拖。塑料管材、管件应存放于温度不大于40℃的库房内,距离热源不得小于1m,库房应通风良好
	PVC管材应堆放在平整的地面上,不得不规则堆放,不得曝晒。当用支垫物支垫时,支垫宽度不得小于75mm,其间距不得大于1m,外悬的端部不宜大于500mm,叠置高度不得超过1.5m

续表

工作内容	成品保护措施
给水、排水工程	管道安装完后，应将所有管口封闭严密，防止杂物进入，造成管道堵塞
	安装好的管道不得用作支撑或放脚手板，不得踏压，其支托卡架不作为其他用途的受力点
	洁具在安装和搬运时要防止磕碰，装稳后，洁具排水口应用防护用品堵好，镀铬零件用纸包好，以免堵塞或损坏
	地漏封堵管道在喷浆前要加以保护，防止灰浆污染管道
室外管线	室外开挖土方时，注意不要损坏接地体。安装接地体时，不得破坏散水和外墙装修。不得随意移动已经绑好的结构钢筋
	安装支架剔洞时不应损坏建筑物的结构。支架固定后，不得碰撞松动
	防雷引下线明敷设安装保护管时，注意保护好土建结构及装修面。拆架子时不要磕碰引下线
	避雷网敷设：遇坡顶瓦屋面，在操作时应采取措施，以免踩坏屋面瓦。不得损坏外檐装修。避雷网敷设后，应避免砸碰
	接地干线安装时，不得磕碰及弄脏墙面。喷浆前必须预先将接地干线包裹好。拆除脚手架或搬运物件时，不得碰坏接地干线。焊接时注意采取保护墙面措施

3.13 HSE 管理

HSE 管理体系是健康（Health）、安全（Safety）和环境（Environment）三位一体的管理体系，是一种事前通过识别与评价，确定在活动中可能存在的危害及后果的严重性，从而采取有效的防范手段、控制措施和应急预案来防止事故的发生或将风险降到最低程度，以减少人员伤害、财产损失和环境污染的有效管理方法。

3.13.1 HSE 管理体系要求

HSE 管理体系包含七个要素：领导与承诺，健康、安全与环境方针，策划，组织结构、职责、资源和文件，实施和运行，检查与纠正措施，管理评审。七个要素中"领导与承诺"是健康、安全与环境管理体系建立与实施的前提条件；"健康、安全与环境方针"是健康、安全与环境管理体系建立和实施的总体原则；"策划"是健康、安全与环境管理体系建立与实施的输入；"组织结构、职责、资源和文件"是健康、安全与环境管理体系建立与实施的基础；"实施和运行"是健康、安全与环境管理体系实施的关键；"检查与纠正措施"是健康、安全与环境管理体系有效运行的保障；"管理评审"是推进健康、安全与环境管理体系持续改进的动力。

3.13.2 HSE 管理方针

项目始终坚持"以人为本，重在预防，遵章守纪，确保安康"的安全管理方针和"绿色施工，生态协调"的环境管理方针，保障项目建设过程中的职业健康、安全与环境保护。

3.13.3　HSE 管理策划

（1）项目初始阶段总承包单位项目部应组织各部门识别项目职业健康、安全及环境的风险，进行风险管控。

（2）对于施工过程中的职业健康、安全及环境的风险，由安全环保工程师组织分包商编制"危险源清单""项目环境因素清单"，制定相应的应对措施。

3.13.4　HSE 组织结构

（1）项目部应成立项目健康安全环境管理委员会，由业主、监理、项目部领导班子和主要分包商项目经理等相关人员组成。

（2）项目健康安全环境管理委员会每周组织对现场进行检查，召开定期会议和紧急会议处理现场的职业健康与安全事宜。

3.13.5　HSE 领导小组工作制度

（1）贯彻落实国家、地方和公司有关安全生产、职业健康和环境保护的法规及标准；

（2）组织制定项目 HSE 管理制度并监督实施；

（3）组织制定项目的安全工作总体目标和年度、月度工作计划；

（4）组织制定并实施本项目 HSE 事故应急救援预案；

（5）组织定期召开 HSE 领导小组会议，分析存在的问题及解决办法，部署下阶段安全生产工作；

（6）保证项目 HSE 费用有效使用；

（7）组织编制危险性较大工程安全专项施工方案；

（8）开展项目 HSE 教育；

（9）督促检查本项目的安全生产、职业健康和环境保护的排查和隐患整改工作；

（10）建立项目 HSE 管理档案；

（11）组织岗位 HSE 责任月度考核，落实考核结果与个人绩效挂钩；

（12）及时、如实报告 HSE 事故。

3.13.6　对分包商的 HSE 管理

项目应根据 HSE 管理体系的需要，指导分包单位建立 HSE 管理体系，作为建立健全项目 HSE 管理体系的重要组成部分。

（1）各分包单位按规定及合同要求配设满足要求的专职（或兼职）安全监督管理人员，由其担任该分包单位在本项目的 HSE 管理员，在项目 HSE 管理部统一办公，按照项目要求开展 HSE 管理工作。

（2）分包单位专职安全员配置须满足合同和政府相关文件要求并取得安全生产考核合

格证书，专职从事分包安全生产管理工作和环境管理工作。

（3）分包单位项目部必须建立以班组为单位的安全管理网络体系，明确委任班组长，对班组的安全管理全面负责，同时负责班组的环境管理工作。

3.14 沟通与信息管理

3.14.1 沟通管理

3.14.1.1 沟通的目的

总承包单位项目部应建立项目相关方沟通管理机制，健全项目协调制度，确保组织内部与外部各个层面的交流与合作。沟通管理应纳入日常管理计划，以便沟通信息、协调工作，避免和消除在项目运行过程中的障碍、冲突和不一致。

3.14.1.2 沟通管理计划

（1）项目管理机构应在项目运行之前，由项目负责人组织编制项目沟通管理计划。

（2）项目沟通管理计划编制依据应包括下列内容：

1）合同文件；

2）组织制度和行为规范；

3）项目相关方需求识别与评估结果；

4）项目实际情况；

5）项目参建各方之间的关系；

6）沟通方案的约束条件、假设以及适用的沟通技术；

7）冲突和不一致解决预案。

（3）项目沟通管理计划应包括下列内容：

1）沟通范围、对象、内容与目标；

2）沟通方法、手段及人员职责；

3）信息发布时间与方式；

4）项目绩效报告安排及沟通需要的资源；

5）沟通效果检查与沟通管理计划的调整。

（4）项目沟通管理计划应由授权人批准后实施。项目管理机构应定期对项目沟通管理计划进行检查、评价和改进。

3.14.1.3 沟通程序与方式

（1）项目管理机构应制定沟通程序和管理要求，明确沟通责任、方法和具体要求。

（2）项目管理机构应在其他方需求识别和评估的基础上，按项目运行的时间节点和不同需求细化沟通内容，界定沟通范围，明确沟通方式和途径，并针对沟通目标准备相应的预案。

（3）项目沟通管理应包括下列程序：

1）项目实施目标分解；

2）分析各分解目标自身需求和相关方需求；

3）评估各目标的需求差异；

4）制定目标沟通计划；

5）明确沟通责任人、沟通内容和沟通方案；

6）按既定方案进行沟通；

7）总结评价沟通效果。

（4）项目管理机构应当针对项目不同实施阶段的实际情况，及时调整沟通计划和沟通方案。

（5）项目管理机构应进行下列项目信息的交流：

1）项目各相关方共享的核心信息；

2）项目内部信息；

3）项目相关方产生的有关信息。

（6）项目管理机构可采用信函、邮件、文件、会议、口头交流、工作交底以及其他媒介沟通方式与项目相关方进行沟通，重要事项的沟通结果应书面确认。

1）信函管理

项目函件类型主要包括业主函件、总承包函件、设计函件、分包商函件及其他函件。

① 各方往来应以书面形式为准，双方往来函件统一由双方指定人员收发登记，明确签收的具体时间并建立好收发台账。另遇突发情况，不能书面收发时，可将邮件发送到指定的邮箱，也具有相同的法律效力，应注意过程中邮件的保存。

② 业主发函须盖公章或技术章方为有效，对外报审需业主盖章的有效图纸、资料盖业主公章或技术专用章为有效，业主须存档一份盖章资料。

③ 收到函文应在规定的时间内给出回复意见。

2）会议管理

项目会议类型主要分为业主例会、监理例会、周例会、生产例会、计划协调会及其他会议。本书仅对常规项目的例会罗列，也可根据项目实际情况增减相关专题例会，会议频次周期、参会单位、会议地点根据实际情况灵活调整。

3.14.1.4　组织协调管理

（1）应制定项目组织协调制度，规范运行程序和管理。

（2）应针对项目具体特点，建立合理的管理组织，优化人员配置，确保规范、精简、高效。

（3）项目管理机构应就容易发生冲突和不一致的事项，形成预先通报和互通信息的工作机制，化解冲突和不一致。

（4）各项目管理机构应识别和发现问题，采取有效措施避免冲突升级和扩大。

（5）在项目运行过程中，项目管理机构应分阶段、分层次、有针对性地进行组织人员之间的交流互动，增进了解，避免分歧，进行各自管理部门和管理人员的协调工作。

（6）项目管理机构应实施沟通管理和组织协调教育，树立和谐、共赢、承担和奉献的管理思想，提升项目沟通管理绩效。

3.14.2 信息管理

3.14.2.1 信息管理概述

（1）应建立项目信息与知识管理制度，及时、准确、全面地收集信息与知识，安全、可靠、方便、快捷地存储、传输信息和知识，有效、适宜地使用信息和知识。

（2）信息管理要求：

1）应满足项目管理要求；

2）信息格式应统一、规范；

3）应实现信息效益最大化。

（3）信息管理主要内容：

1）信息计划管理；

2）信息过程管理；

3）信息安全管理；

4）文件与档案管理；

5）信息技术应用管理。

（4）项目管理机构应根据实际需要设立信息与知识管理岗位，配备熟悉项目管理业务流程，并经过培训的人员担任信息与知识管理人员，开展项目的信息与知识管理工作。

（5）项目管理机构可应用项目信息化管理技术，采用专业信息系统，实施知识管理。

3.14.2.2 信息管理计划

（1）项目信息管理计划应纳入项目管理策划过程。

（2）项目信息管理计划主要内容：

1）项目信息管理范围；

2）项目信息管理目标；

3）项目信息需求；

4）项目信息管理手段和协调机制；

5）项目信息编码系统；

6）项目信息渠道和管理流程；

7）项目信息资源需求计划；

8）项目信息管理制度与信息变更控制措施。

（3）项目信息需求应明确实施项目相关方所需的信息，包括：信息的类型、内容、格式、传递要求，并应进行信息价值分析。

（4）项目信息编码系统应有助于提高信息的结构化程度，方便使用，并且应与组织信息编码保持一致。

（5）项目信息渠道和管理流程应明确信息产生和提供的主体，明确该信息在项目管理机构内部和外部的具体使用单位、部门和人员之间的信息流动要求。

（6）项目信息资源需求计划应明确所需的各种信息资源名称、配置标准、数量、需用时间和费用估算。

（7）项目信息管理制度应确保信息管理人员以有效的方式进行信息管理，信息变更控制措施应确保信息在变更时进行有效控制。

3.14.2.3 信息过程管理

（1）项目信息过程管理应包括：信息的采集、传输、存储、应用和评价过程。

（2）项目管理机构应按信息管理计划实施下列信息过程管理：

1）与项目有关的自然信息、市场信息、法规信息、政策信息；

2）项目利益相关方信息；

3）项目内部的各种管理和技术信息。

（3）项目信息采集宜采用移动终端、计算机终端、物联网技术或其他技术进行及时、有效、准确地采集。

（4）项目信息应采用安全、可靠、经济、合理的方式和载体进行传输。

（5）项目管理机构应建立相应的数据库，对信息进行存储。项目竣工后应保存和移交完整的项目信息资料。

（6）项目管理机构应通过项目信息的应用，掌握项目的实施状态和偏差情况，以便于实现通过任务安排进行偏差控制。

（7）项目信息管理评价应确保定期检查信息的有效性、管理成本以及信息管理所产生的效益，评价信息管理效益，持续改进信息管理工作。

3.14.2.4 信息安全管理

（1）项目信息安全应分类、分级管理，并采取下列管理措施：

1）设立信息安全岗位，明确职责分工；

2）实施信息安全教育，规范信息安全行为；

3）采用先进的安全技术，确保信息安全状态。

（2）项目管理机构应实施全过程信息安全管理，建立完善的信息安全责任制度，实施信息安全控制程序，并确保信息安全管理的持续改进。

3.14.2.5 信息技术应用管理

（1）项目信息系统应包括项目所有的管理数据，为用户提供项目各方面信息，实现信息共享、协同工作、过程控制、实时管理。

（2）项目信息系统宜基于互联网并结合下列先进技术进行建设和应用：

1）建筑信息模型；

2）云计算；

3）大数据；

4）物联网。

（3）项目信息系统应包括下列应用功能：

1）信息收集、传送、加工、反馈、分发、查询的信息处理功能；

2）进度管理、成本管理、质量管理、安全管理、合同管理、技术管理及相关的业务处理功能；

3）与工具软件、管理系统共享和交换数据的数据集成功能；

4）支持项目文件与档案管理的功能。

（4）项目管理机构应通过信息系统的使用取得下列管理效果：

1）实现项目文档管理的一体化；

2）获得项目进度、成本、质量、安全、合同、资金、技术、环保、人力资源、保险的动态信息；

3）支持项目管理满足事前预测、事中控制、事后分析的需求；

4）提供项目关键过程的具体数据并自动产生相关报表和图表。

3.14.3 文件与档案管理

3.14.3.1 文件与档案管理概述

（1）项目管理机构应配备专职或兼职的文件与档案管理人员。

（2）项目管理过程中产生的文件与档案均应进行及时收集、整理，并按项目的统一规定标识，完整存档。

（3）项目文件与档案管理宜应用信息系统，重要项目文件和档案应有纸介质备份。

（4）项目管理机构应保证项目文件和档案资料的真实、准确和完整。

3.14.3.2 报批报建文件

报审文件包括：报规划局与指标校核单位总平方案、全套建筑专业图纸，报消防审核单位建筑图纸及各专业图纸，报人防站人防专业图纸，报房管局建筑专业图纸，均需业主审核。

3.14.3.3　进度、验收计划文件

包含总进度计划、专项计划、纠偏计划（包含纠偏措施）等。

影响使用功能或者使用效果的所有深化、优化及专项设计的方案、变更和施工图。

3.14.3.4　施工组织设计、方案文件

施工组织设计、超过一定规模的危险性较大的分部分项工程施工方案及其余施工方案报监理审批即可。

3.14.3.5　工程材料文件

工程材料方面：总承包方自行采购的材料、设备除符合国家有关规范标准外，必须符合协议约定的品牌、品质、产地、规格、型号、质量和技术规范等要求，必须向业主提供厂家批号、出厂合格证、质量检验书等证明资料。

3.14.3.6　工程资料管理

工程资料是工程建设和工程竣工交付使用的必备条件，也是对工程进行检查、验收、管理、使用、维护的依据。工程资料的形成与工程质量有着密不可分的关系。

在工程资料的组织协调管理工作中，总承包方将严格按照市建委、监督站、城建档案馆的规定以及国标系列工程质量检验评定标准的要求进行。

3.15　验收与移交管理

3.15.1　检测与调试

3.15.1.1　检测与调试进度计划

（1）总承包单位项目部应组织成立项目检测与调试小组，项目相关部门及各专业分包商参与；

（2）总承包单位项目部应根据合同要求组织各专业分包编制"检测与调试进度计划"；

（3）总承包单位项目总工程师负责审核各个分包商的"检测与调试进度计划"；

（4）总承包单位负责监控项目检测调试进度，并根据实际情况对检测与调试进度计划进行调整。

3.15.1.2　建造阶段检测验收制度

（1）总承包单位项目部负责从分包商的材料、设备计划表中，确定需要进行场外检验的主要材料设备；

（2）检测完成后一周内，由项目技术部负责编制、更新检验概要并由生产经理审查；

（3）总承包单位项目生产经理负责制定需要书面确认并放行发往现场的材料或设备，并签发"物资进场验收单"。

3.15.1.3　检测与调试实施

（1）总承包单位项目生产经理负责牵头组建由各分包商、监理、业主参加的联调测试工作小组，并明确工作小组的成员及管理职责；

（2）由总承包单位项目总工程师负责组织各分包商编写"联调测试方案"，方案必须明确相应的准备工作、联调测试计划、联调测试步骤、应急预案等内容；

（3）总承包单位应及时跟进调试工作整体进度，全程参加分包商的调试管理工作，及时填写"调试进度计划及完成情况台账"；

（4）总承包单位针对调试过程中出现的问题及时督促分包商做好"问题日志"的记录，项目建造部对"问题日志"进行汇总，建立"问题日志管控台账"；

（5）总承包单位负责组织相关方在联调测试前对现场进行系统检查，做好联调准备；

（6）联调测试工作小组成员对联调测试全过程进行旁站，并形成过程资料，如隐蔽记录、闭水试验、压力检测等；

（7）总承包单位负责监督分包商系统联调后存在的缺陷，制定联调缺陷清单，并督促分包商按照计划进行缺陷整改；

（8）在联调测试满足要求后，由总承包单位组织相关单位办理移交证书及接管证书；

（9）在工程交付运维阶段，项目根检测与调试团队应编制涵盖问题日志汇编、施工清单汇编、调试记录汇编、调试结论等关键文件的"调试报告"，作为调试成果和工程一同移交给业主。

3.15.1.4　检测与调试记录

（1）总承包单位应监控所有检测与测试工作的数据库，并在调试阶段进行更新，应保留以下记录：

1）"现场检查与调试的测试记录"；

2）"检测与调试报告"；

3）场外、工厂检测与调试工作的检验报告；

4）带有缺陷清单的经完整签发的"检验测试申请单"；

5）"问题日志"及"问题日志监管台账"。

（2）项目调试小组应审查分包商对解决不符合项问题的建议，并确认是否要通过替换、整改或让步等措施来解决任何不符合项问题。

3.15.1.5　过程检测验收

常规验收项目包括地基与基础、主体结构、节能等分部验收，以及人防、消防、节能、通风检测、水电检测等。具体详见表3-15-1。

常规验收项目 表3-15-1

序号	重大验收	单位/分部/专项验收	验收单位	说明
1	单位工程竣工验收	单位工程验收	业主、使用方、监理、勘察、设计、总包	原始验收记录、竣工验收报告
2	建筑工程质量验收	地基与基础工程	业主、监理、勘察、设计、总包	分部工程验收
3		主体结构工程	业主、监理、设计、总包	分部工程验收
4		建筑装饰装修工程	业主、监理、设计、总包	分部工程验收
5		屋面工程	业主、监理、设计、总包	分部工程验收
6		建筑给水、排水及采暖工程	业主、监理、设计、总包	分部工程验收
7		通风与空调工程	业主、监理、设计、总包	分部工程验收
8		建筑电气工程	业主、监理、设计、总包	分部工程验收
9		智能建筑工程	业主、监理、设计、总包	分部工程验收
10	专项验收	建筑节能工程	业主、质监站、监理、设计、总包	专项工程验收
11		电梯工程	业主、特种设备检验检测机构、监理、设计、总包	专项工程验收
12		幕墙工程	业主、监理、设计、总包	专项工程验收
13		钢结构工程	业主、监理、设计、总包	专项工程验收
14	建筑工程检测	水、电检测	业主、监理、设计、总包	重要功能检测
15		通风空调检测	业主、监理、设计、总包	重要功能检测
16		二次供水检测	有资质的检测机构	检测报告
17		设备检测	有资质的检测机构	检测报告
18		节能检测	有资质的检测机构	建筑能效测评报告
19		室内环境质量检测	有资质的检测机构	重要功能检测
20		避雷检测（安装）	有资质的检测机构	重要功能检测
21		特种设备检验	特种设备检验院	重要功能检测
22		电梯监督检验	特种设备监督检验院	重要功能检测
23		规划条件核实	有资质的检测机构	工程竣工测量报告
24		建筑消防设施检测	有资质的检测机构	消防检测报告
25		人防检测	有资质的检测机构	人防检测报告
26		防雷装置检测	有资质的检测机构	检测报告
27		洁净室洁净度检测（若有设计要求）	有资质的检测机构	检测报告
28		防辐射检测（若有设计要求）	有资质的检测机构	检测报告

3.15.1.6 各项验收条件及注意事项

1. 节能验收

在国家"双碳目标"持续影响下，节能验收愈发重要，各地方出台不同的政策，要求设计、图审、施工、监理、检测执行建筑节能相关规范的各项设计要求。在可行性研究报告、建设方案和初步设计文件中应包含建筑能耗、可再生能源利用及建筑碳排放的分析报告。节能验收涉及建筑节能（包含建筑结构、装饰装修、幕墙、再生能源利用、机电安装）、绿色建筑、装饰建筑等内容。过程中完成节能设计审查、节能信息备案、节能施工、节能验收等环节。

施工过程中收集各项工程所使用的保温材料，且必须有相关出厂报告、厂家资质和付款凭证、材料合格证以及材料复检报告、过程影像资料等。

2. 防雷检测

检测条件：在主体工程基本完工（门窗、栏杆安装完成并做好防雷接地工作后），所有电器设备安装完成以后（是否需要电气检测报告，视情况而定），可请气象局的工作人员进行现场验收。

此项检测由总包单位负责，建设单位和监理单位配合。

3. 室内空气质量检测

（1）检测条件

室内墙地面工程施工完成、门窗工程施工完成（达到密闭条件）。

（2）注意事项

在检测前，附近楼层必须没有对空气质量产生影响的工种在施工（腻子工程、油漆工程、酸水清洗外墙等）。

此项检测由建设方联系，总包单位配合完成。

4. 水质、水压检测

（1）检测条件

现场达到供水条件后。

（2）注意事项

水质检测前应进行室内外管道冲洗工作（可通过防水试水完成此项工作），水压检测前应将房间内管道串联在一起。

此项检测由建设方联系，总包单位配合完成。

5. 通风单项验收备案

（1）申报条件

消防验收后将相关资料准备齐后报于质检站。

（2）注意事项

玻璃、钢管等材料必须有复检报告。

3.15.2 工程竣工联合验收

3.15.2.1 联合验收概述

联合验收是指工程建设单位申请，住房和城乡建设、规划自然资源、人防、市场监管、水务、档案、交通、城市管理、通信等主管部门精简优化并协同推进工程竣工验收相关行政事项，督促协调市政服务企业主动提供供水、排水、供电、燃气、热力、通信等市政公用服务，规范、高效、便捷地完成工程验收，推动工程项目及时投入使用的工作模式。

2019年3月26日，印发《国务院办公厅关于全面开展工程建设项目审批制度改革的实施意见》（国办发〔2019〕11号），实行联合审图和联合验收。制定施工图设计文件联合审查和联合竣工验收管理办法。实行规划、土地、消防、人防、档案等事项限时联合验收，统一竣工验收图纸和验收标准，统一出具验收意见。

3.15.2.2 验收事项

如表3-15-2所示。

验收事项 表3-15-2

序号	规划验收	行政确认	配合、参与验收	市规划局
1	规划验收	行政确认	配合、参与验收 （以建设单位为主）	市规划局
2	消防验收	行政许可	配合、参与验收 （实际以消防单位为主）	区或市城建局 （根据工程规模）
3	人防验收	行政许可	参与人防验收 （实际以总包单位为主）	区民防办
4	园林验收	其他	配合、参与验收 （实际以园林单位为主）	市园林局
5	档案验收	行政确认	收集整理好工程资料，报送档案馆 （实际以总包单位为主）	市档案馆
6	竣工验收	其他	参与竣工验收 （实际以总包单位为主）	市质监站

3.15.2.3 验收依据

如表3-15-3所示。

序号	验收名称	审批依据
1	规划条件核实	（1）《城乡规划法》 （2）《湖北省城乡规划条例》 （3）《武汉市城市规划条例》
2	建设工程消防竣工验收或备案抽查	（1）《消防法》 （2）《建设工程消防监督管理规定》 （3）《湖北省消防条例》
3	人民防空工程竣工备案	（1）《人民防空法》第二十三条 （2）《湖北省实施〈中华人民共和国人民防空法〉办法》第九条、第十二条 （3）湖北省人民政府令第185号第二十四条 （4）《武汉市人民防空条例》第十条 （5）湖北省人民政府令第358号第二十七条
4	园林绿化工程竣工验收备案	（1）《武汉市城市绿化条例》第五十五条 （2）《武汉市建设工程项目配套绿地面积审核管理办法》（2015年市政府令第260号） （3）2017年市政府令第282号
5	建设工程竣工档案验收	（1）《建设工程质量管理条例》（国务院令第279号）第十七条 （2）《湖北省建筑市场管理条例》第四条 （3）《武汉市档案管理条例》第十三条 （4）《城市建设档案管理规定》（建设部令第90号）第八条、第九条 （5）《城市地下空间开发利用管理规定》（建设部令第58号）第二十三条 （6）《湖北省城市建设档案管理办法》第十二条 （7）《武汉市档案管理条例》第十三条
6	房屋建筑工程竣工质量验收监督	（1）《建筑法》 （2）《房屋建筑和市政设施工程竣工验收规定》(建质〔2013〕171号)

3.15.2.4　验收注意事项

1. 规划验收

（1）申报条件

1）主体工程建设完成，外墙装修完毕。

2）配套工程建设完成，地面硬化，车库（位）建成并标示。规划范围内完成相应建构筑物的拆除。

3）存在违法建筑的，违法建筑处理完毕。

4）室外道路、园林绿化、海绵城市、室外管网施工完成。

（2）申报材料（具体以窗口一次性告知为准）

1）《建设工程竣工验收规划条件核实申请表》；

2）竣工测量成果报告书；

3）经红线放线、灰线检测及红线验线合格后的建设工程红线定位图册（网上调取）；

4）建设工程规划许可证及其附图（网上调取）；

5）规划方案总平面图（网上调取）；

6）营业执照或组织机构代码证（网上调取）；

7）法定代表人居民身份证（网上调取）；

8）委托人及受委托人居民身份证（网上调取）；

9）不动产权证书等土地权属证明文件（网上调取）。

（3）注意事项

1）房间布局、建筑面积、绿化率、停车位、充电桩数量等指标和图纸保持一致；

2）各地方政策不一致，如，武汉市东湖高新区试行将规划验收、园林绿化验收、海绵城市验收、人防验收一同交由规划窗口办理；

3）施工红线和规划红线是否不一致？如果不一致，还需要从窗口拿函件到规划局进行复核缴费；

4）相对于报规版图纸新增或者减少的施工内容，需要由设计院出具相关说明。

2. 消防验收

（1）申报条件

在消防设施、设备全部安装施工完成并调试合格后。

（2）申报材料（具体以窗口一次性告知为准）

1）建设工程竣工图纸：

消防设计专篇：含封面、扉页、设计文件目录、设计说明书，Word 文档存光盘（设计院提供并盖章）；

纸质竣工图纸：工程概况、建筑总平面（以规划最终确认的为准）和建施（平面、立面、剖面）；

电子版消防竣工图纸：建筑总平面（以规划最终确认的为准）、建施（平面、立面、剖面）、水施、电施、暖通，应为 dwg 格式，存光盘。

2）消防产品质量合格证明文件，具有防火性能要求的建筑构件、建筑材料、装修材料符合国家标准或者行业标准的证明文件及与消防工程有关的隐蔽工程记录（原件，1份）。

3）消防设施检测合格证明文件（原件，1份）。

4）施工、工程监理、检测单位的合法身份证明和资质等级证明文件（复印件，1份）。

5）法律、行政法规规定的其他材料：

施工、监理及消防技术服务单位将建设工程信息录入湖北省建设工程消防管理系统并打印截屏（复印件，1份）；

所在建筑原有消防设计审核或竣工验收、备案抽查（复印件，1份）；

建设工程消防竣工验收（备案）统计表，建设工程消防竣工验收基本情况登记表（原件，1份）；

施工（消防、装修、保温、检测）合同和消防产品（保温材料、装修材料）购销合同，高压供电合同（复印件，1份）；

建设、施工、监理、消防技术服务机构人员身份证及相关的执业证明文件复印件，单位盖章或本人签字确认（复印件，1份）；

消防设施维修保养合同（装修改造工程提供，复印件，1份）。

3. 人防验收（部分地区同规划统一进件办理）

（1）申报条件

人防地下室相关设施、设备施工完成后（防爆密闭门、防爆波地漏、人防封堵框、防排烟系统、正压送风系统等）。

（2）申报材料（以武汉市为例，具体以窗口一次性告知为准）

1）监理单位出具的人防工程监理报告（原件，1份）；

2）人防工程全套竣工图（原件，1份）；

3）防护设备质量验收表（原件，1份）；

4）临战转换技术措施（原件，1份）；

5）人防工程登记表（原件，1份）；

6）人防工程隐蔽工程验收会议纪要及检查记录；

7）施工单位出具的人防工程竣工验收质量自评报告；

8）人防工程竣工验收中间验收的报告、意见书、整改意见、措施、回复；

9）人防工程质量保修书、人防防护设备保修书、已安装人防防护设备清单及暂缓安装人防防护设备清单、由第三方检测机构出具的人防防护设备质量安装检测综合报告。

4. 园林验收

（1）申报条件

室外道路、园林绿化、室外管网施工完成。

（2）申报材料（具体以窗口一次性告知为准）

1）专业测绘机构出具的绿地测量成果图（dwg格式）（原件，1份）；

2）配套绿化工程竣工验收材料：配套绿化工程施工合同（复印件，1份）、竣工验收报告（原件，1份）、竣工总平面图（原件，1份）；

3）风景园林设计资质证书及加载法人和其他组织统一社会信用代码的设计企业、园林绿化施工企业营业执照（复印件，1份）。

5. 档案验收

申报材料（具体以窗口一次性告知为准）：

1）建设工程档案验收通知单（原件 1 份）；

2）建设工程竣工档案文件要录（按单位工程分别填报，提交原件 1 份）。

6. 工程质量竣工验收

（1）申报条件

建筑结构、装饰、外立面、机电安装施工完成。

（2）申报材料（具体以窗口一次性告知为准）

1）建筑工程竣工验收报告（建设单位提交，现场核查）；

2）施工单位提交的工程质量竣工报告（现场核查）；

3）监理单位提交的工程竣工质量评估报告（委托监理的项目）（现场核查）；

4）勘察、设计单位提交的工程质量检查报告（现场核查）；

5）住宅工程类别项目需提交"住宅工程分户验收记录"及"住宅工程分户验收汇总表"，同时，提交正式的"住宅质量保证书"和"住宅使用说明书"（现场核查）；

6）工程验收相关资料：单位工程质量竣工验收记录、单位工程质量控制资料核查记录、单位工程安全和功能检验资料核查等资料（现场核查）；

7）建设单位与施工单位签订的工程质量保修书（现场核查）；

8）工程质量终身责任信息表（现场核查）。

3.15.2.5　竣工备案

（1）验收条件

1）联合验收完成；

2）结算备案完成；

3）按照合同要求完成全部施工任务。

（2）申报材料（具体以部门一次性告知为准）

1）房屋建筑工程竣工验收备案表（一式两份，拟收原件 1 份）；

2）工程竣工验收报告（拟收原件 1 份）；

3）规划部门出具的认可文件或者准许使用文件（核查原件，拟收复印件 1 份，复印件加盖建设单位公章，注明原件存放处）；

4）消防验收合格证明文件或者竣工验收消防备案受理凭证（核查原件，拟收复印件 1 份，复印件加盖建设单位公章，注明原件存放处）；

5）城建档案馆出具的工程档案资料认可文件或者验收意见书（拟收原件 1 份）；

6）工程造价管理机构对工程竣工结算文件出具的审查备案文件（拟收原件 1 份，复印件注明原件存放处）；

7）工程质量监督报告（由质量监督机构提供原件 1 份）；

8）环境验收证明文件、用户使用说明书、保修书；

9）施工许可证副本，图纸审查合格书。

3.15.3 移交管理

3.15.3.1 移交原则

项目竣工后，由项目经理组织工程技术人员编制工程移交方案，明确移交工程范围、移交顺序、移交时间，组织向业主（物业）交付。工程移交业主（物业）管理部门应具备的条件：

（1）项目存在的质量问题全部整改完毕，并已通过竣工验收。

（2）建设工程竣工资料齐全。

3.15.3.2 移交流程

（1）在竣工验收完成后，项目部以书面形式通知业主（物业）管理部门准备接收。

（2）组织业主（物业）管理部门、监理单位、分包单位参加工程验收移交会议，逐户逐房检查现场实体。

（3）填写"工程整改通知书"，对检查房间的各有关部位质量问题进行统计。

（4）通知和督促分包单位组织对验收提出的问题在规定的时间内处理完毕。

（5）整改完毕后，邀请业主（物业）管理单位进行复核，无误后进行移交，并完善书面移交手续。

3.15.3.3 移交标准

1. 工程资料归档与移交

总承包单位应将以下资料移交业主（物业）管理单位，并在"资料移交清单"上签字确认。

（1）工程所有承包商和供应商的工作范围和保修联系电话清单；

（2）工程涉及保修部分的承包商和供应商的合同复印件；

（3）工程竣工资料和竣工图；

（4）工程验收通过文件；

（5）工程交房标准；

（6）所有的设备清单和使用说明；

（7）房屋使用说明书、质量保证书；

（8）工程质量保修卡。

2. 工程实体移交

工程实体移交包括工程实体本身、配套家具、配套设备等。

（1）实体移交验收重点是检查工程是否满足业主（物业）管理要求和使用要求，由业主（物业）公司指定专人填写"实体移交清单"，并经验收小组成员代表签字确认。

（2）若验收发现问题，总承包单位应组织进行整改并书面回复。

（3）整改完成后，邀请业主（物业）进行验收，若验收合格，由业主（物业）和总承包单位在"实体移交清单"上签认，同时向业主（物业）公司移交房间钥匙。

3. 管理权限移交

工程资料及实体移交完成后，工程的管理权限和保管责任也移交至业主（物业），但不免除总承包单位对工程质量的保修义务和质量职责。

3.15.3.4 工程保修

（1）承包人应制定工程保修期管理制度。

（2）发包人与承包人应签订工程保修期保修合同，确定质量保修范围、期限、责任与费用的计算方法。

（3）承包人在工程保修期内应承担质量保修责任，回收质量保修资金，实施相关服务工作。

（4）承包人应根据保修合同文件、保修责任期、质量要求、回访安排和有关规定编制保修工作计划。

第 4 章

科技研发与
新技术应用

4.1 科技研发

科技创新工作对企业健康发展、提高核心竞争力具有重要作用。近几年，国务院、各级地方政府和科技、财政、税务、知识产权、经贸等系统都出台相应文件，从政策、资金和税收等渠道大力鼓励和扶持企业科技创新发展。为推动工程建设行业高质量发展，建设工程企业也在不断开展科技创新工作的探索。

作为建设项目工程技术人员，应对国家、地方、行业的科技政策，企业科研的组织、流程与研发路径有一定的了解，并逐步具备一定的科技创新能力，为项目高质量履约提供技术支撑。

4.1.1 国家、地方、行业科技研发相关政策

4.1.1.1 国家政策

2018 年 1 月，国务院印发《关于全面加强基础科学研究的若干意见》，明确提出要加强基础研究顶层设计和统筹协调，建立基础研究多元化投入机制，进一步深化科研项目和经费管理改革，推动基础研究与应用研究融通，促进科技资源开放共享，完善符合基础研究特点和规律的评价机制，加强科研诚信建设，弘扬科学精神与创新文化。

2019 年 9 月，为进一步加大国家设立的中央级研究开发机构、高等院校科技成果转化等有关国有资产管理授权力度，落实创新驱动发展战略，促进科技成果转化，支持科技创新，财政部发布《关于进一步加大授权力度 促进科技成果转化的通知》，提出加大授权力度，简化管理程序、优化评估管理、明确收益归属、落实主体责任，加强监督管理和鼓励地方探索，支持改革创新等举措。

2020 年 2 月，科技部印发《关于破除科技评价中"唯论文"不良导向的若干措施（试行）》，为改进科技评价体系，破除国家科技计划项目、国家科技创新基地、中央级科研事业单位、国家科技奖励、创新人才推进计划等科技评价中过度看重论文数量、影响因子、忽视标志性成果的质量、贡献和影响等"唯论文"不良导向，按照分类评价、注重实效的原则，经商财政部，提出强化分类考核评价导向、对国家科技计划项目（课题）评审评价突出创新质量和综合绩效以及对国家科技创新基地评估突出支撑服务能力等多项举措。

2020 年 10 月，为贯彻落实党中央关于持续解决困扰基层的形式主义问题、减轻基层负担的决策部署和中央领导同志指示精神，科技部、财政部、教育部、中科院联合印发《关于持续开展减轻科研人员负担激发创新活力专项行动的通知》，积极推动了科技管理职能转变，让科研单位和科研人员从繁琐、不必要的体制机制束缚中解放出来。

2021 年 3 月，《中华人民共和国国民经济和社会发展第十四个五年规划和 2035 年远景目标纲要》发布，明确要坚持创新驱动发展，全面塑造发展新优势。提出强化国家战略

科技力量、提升企业技术创新能力、激发人才创新活力和完善科技创新体制机制等。

2021年8月，为健全完善科技成果评价体系，更好地发挥科技成果评价作用，促进科技与经济社会发展更加紧密结合，加快推动科技成果转化为现实生产力，国务院办公厅发布《关于完善科技成果评价机制的指导意见》。提出全面准确评价科技成果的科学、技术、经济、社会、文化价值，健全完善科技成果分类评价体系和加快推进国家科技项目成果评价改革等多项举措。

2021年9月，中共中央、国务院印发了《知识产权强国建设纲要（2021—2035年)》。该纲要面向知识产权事业未来15年发展，为统筹推进知识产权强国建设，全面提升知识产权创造、运用、保护、管理和服务水平，充分发挥知识产权制度在社会主义现代化建设中的重要作用指明了方向。

2021年9月，国家税务总局发布《关于进一步完善研发费用税前加计扣除政策的公告》，进一步激励企业加大研发投入，支持科技创新，完善企业享受研发费用加计扣除的政策。

2021年12月，《中华人民共和国科学技术进步法》由中华人民共和国第十三届全国人民代表大会常务委员会第三十二次会议修订通过，自2022年1月1日起施行。明确国家坚持新发展理念，坚持科技创新在国家现代化建设全局中的核心地位，把科技自立自强作为国家发展的战略支撑，实施科教兴国战略、人才强国战略和创新驱动发展战略，走中国特色自主创新道路，建设科技强国。

4.1.1.2 地方政策

2021年3月，为加强和规范湖北省揭榜制科技项目管理，提高财政补助资金使用效益，湖北省科学技术厅和湖北省财政厅联合发布《湖北省揭榜制科技项目和资金管理暂行办法》。面向国内外公开征集技术解决方案和重大创新成果，突破重点产业发展的国内空白、战略性、共性或公益性技术瓶颈，实现湖北省科技创新高质量发展。

2021年10月，广东省人民政府印发《广东省科技创新"十四五"规划》，规划突出"四个面向"，围绕"建设更高水平的科技创新强省"一条主线，开展十个方面的目标设置和七个方面的任务部署，并提出实施"科技创新十大重点行动计划"，对未来五年广东科技创新工作进行了系统全面的布局安排。

2021年12月，浙江省科学技术厅发布《浙江省重点企业研究院建设与管理办法》，明确了重点研究院的主要任务为围绕企业发展需求组织关键核心技术攻关，突破具有核心自主知识产权的技术产品，打造产业链重要环节的专业化单点技术创新优势，增强企业的产业链话语权，为重大科技成果转化提供适宜的配套技术、标准、工艺和装备，加快创新成果示范应用和产业化，带动一批科技型中小企业发展壮大等。

2022年3月，江苏省人民政府办公厅发布《关于改革完善江苏省省级财政科研经费管理的实施意见》，从扩大科研经费管理自主权、增强科研人员获得感、减轻科研人员事务性负担、优化财政科研经费支持方式、加强科研经费绩效考核与监督管理和政策衔接与落实等多个方面提出了财政科研经费管理意见。

2022 年 4 月，山东省人民政府办公厅发布《关于印发"十大创新""十强产业""十大扩需求"2022 年行动计划的通知》，其中，《科技研发创新 2022 年行动计划》明确要持续提高科技研发投入、强化科技平台载体赋能、培优做强科技创新主力军和优化创新成果转化环境。

4.1.1.3 行业政策

2020 年 7 月，住房和城乡建设部等部门发布《关于推动智能建造与建筑工业化协同发展的指导意见》，提出要大力提升企业自主研发能力，掌握智能建造关键核心技术，完善产业链条，强化网络和信息安全管理，加强信息基础设施安全保障，促进国际交流合作，形成新的比较优势，提升建筑业开放发展水平。

2020 年 8 月，住房和城乡建设部等部门发布《关于加快新型建筑工业化发展的若干意见》，提出要强化科技支撑，明确要培育科技创新基地、加大科技研发力度和推动科技成果转化。

2021 年 10 月，国务院办公厅印发《关于推动城乡建设绿色发展的意见》，提出要加大科技创新力度。加强国家科技计划研究，系统布局一批支撑城乡建设绿色发展的研发项目，组织开展重大科技攻关，加大科技成果集成创新力度。建立科技项目成果库和公开制度，鼓励科研院所、企业等主体融通创新、利益共享，促进科技成果转化。建设国际化工程建设标准体系，完善相关标准。

2022 年 1 月，住房和城乡建设部印发《国家城乡建设科技创新平台管理暂行办法》，明确科技创新平台是住房和城乡建设领域科技创新体系的重要组成部分；是支撑引领城乡建设绿色发展，落实"碳达峰、碳中和"目标任务，推进以人为核心的新型城镇化，推动住房和城乡建设高质量发展的重要创新载体。

2022 年 3 月，住房和城乡建设部印发《"十四五"建筑节能与绿色建筑发展规划》，在保障措施中强调，要突出科技创新驱动，加速建筑节能与绿色建筑科技创新成果转化，推进产学研用相结合，打造协同创新平台，大幅提高技术创新对产业发展的贡献率。

2022 年 3 月，住房和城乡建设部印发《"十四五"住房和城乡建设科技发展规划》，提出到 2025 年，住房和城乡建设领域科技创新能力大幅提升，科技创新体系进一步完善，科技对推动城乡建设绿色发展、实现碳达峰目标任务、建筑业转型升级的支撑带动作用显著增强。

4.1.2 建设工程企业科技研发组织与程序

4.1.2.1 研发组织

建设工程企业应根据自身发展需求和定位，制订相适应的科技研发制度。一般而言，建设工程企业技术部和财务部为科技研发管理部门。达到一定规模的建设工程企业，应组建专业的研发团队，并建立一定规模的专职研发机构，研发机构的组织架构应与企业战略方向相匹配，同时，应配备专项研发经费。

研发任务应由项目技术团队或企业专职研发机构承担，其中，项目技术团队主要针对项目技术难题，企业专职研发机构主要针对企业面临的普遍技术问题或前沿技术问题。

4.1.2.2　研发程序

建设工程企业科技研发活动主要以课题形式开展。一般由企业技术部发布或转发课题立项通知，由项目技术团队或企业专职研发机构组成的课题组进行申报课题立项。另外，针对行业技术难点，企业也可采取"揭榜挂帅"的形式进行课题立项。课题立项成功后，课题组开展课题研究，企业技术部和财务部组织课题中期检查及课题验收。

4.1.3　研发路径

4.1.3.1　课题立项

企业立项课题的形式主要包括：发布或转发课题立项通知；发布重点研发清单，采取"揭榜挂帅"制。通知或清单发布后，由项目技术团队或企业专职研发机构组成的课题组撰写课题申报资料，由课题管理单位组织专家评审会，评审通过的课题与课题管理单位签订课题研发合同，课题获得正式立项。

4.1.3.2　课题研究

课题实施前，应对课题任务进行分解，明确 3～5 项待研发关键技术。应查阅大量科技文献，做好关键技术背景调研，形成行之有效的科技研发技术路线，明确课题组人员职责分工，及时形成实施过程资料，如：论文、专利、工法以及产品试验、检测、监测、测量等方面的数据，同步收集影像资料，有序开展课题研发活动。

4.1.3.3　过程检查

课题承担单位和课题组应对课题研究进展、经费使用等情况进行阶段性的总结，接受课题管理单位中期检查。课题承担单位中期检查汇报内容一般包括：研发内容实施进度、考核指标完成情况、计划安排调整及原因、成果内容及应用情况、预算执行情况、配套资金落实情况、目标实现的预期、存在问题及建议等。

4.1.3.4　课题验收

课题研究工作全部结束后，课题负责人向上级单位提出验收申请，由上级单位提前向所属课题管理单位提出验收申请，由课题管理单位开展课题验收工作。课题验收提交的资料一般包括：工作报告，研究报告，研究成果汇编，经济、社会效益分析报告及证明材料等。

4.1.3.5 成果评价

科技成果评价按各省、市科技成果评价管理办法执行。课题组一般需向成果评价组织单位提供课题成果评价申请表、课题研究报告等资料，成果评价组织单位组织专家对课题成果进行评价，成果评价级别一般包括国际领先、国际先进、国内领先和国内先进等。成果评价等级为国内领先及以上成果一般可申报行业内各级科技奖。

4.2 科技成果管理

4.2.1 科技成果类别

科技成果主要涵盖科学技术奖、标准规范、专利、工法、论文等。

科学技术奖含国家级、省部级、行业协会、厅局级等；标准规范含国家标准、行业标准、地方标准、团体标准、企业标准等；专利含发明专利、实用新型专利等；工法含国家级、省部级等；论文含 SCI、EI、国家核心期刊、一般期刊等。

4.2.2 科学技术奖管理

国家科学技术奖共设立 5 个奖种：国家最高科技奖、国家自然科学奖、国家技术发明奖、国家科学技术进步奖、国际科学技术合作奖。省部级科学技术奖包含省政府科学技术奖、华夏建设科学技术奖、詹天佑奖等。行业协会科学技术奖包含中国施工企业管理协会科技创新成果奖、中国建筑业协会奖、中国钢结构协会奖、中国公路学会奖等。

4.2.3 专利管理

专利包含三大类：发明专利、实用新型专利、外观设计专利。

专利申请资料包括：说明书摘要、摘要附图、专利要求书、说明书、说明书附图。

4.2.4 论文管理

按照等级的高低，论文分为 SCI、EI、国家核心期刊、地方期刊、行业协会期刊等等。建筑施工类论文常见期刊：《施工技术》《建筑施工》《岩土工程学报》《建筑结构》《土木工程学报》等。

4.2.5 工法管理

工法是指以工程为对象、以工艺为核心，运用系统工程的原理，把先进技术和科学管理结合起来，经过工程实践形成的综合配套的施工方法。按工法的级别，分为国家级、省（部）级和企业级。

工法含以下章节：前言、工法特点、适用范围、工艺原理、工艺流程及操作要点、材料与设备、质量控制、安全措施、效益分析、应用实例。

4.2.6 标准管理

《标准化工作指南 第1部分：标准化和相关活动的通用术语》GB/T 20000.1—2014
条目5.3中对标准描述为：通过标准化活动，按照规定的程序经协商一致制定，为各种活
动或其结果提供规则、指南或特性，供共同使用和重复使用的一种文件。

标准分为国际标准、国家标准、行业标准、地方标准、团体标准、企业标准。中国国
家标准制定程序划分为九个阶段：预研阶段、立项阶段、起草阶段、征求意见阶段、审查
阶段、批准阶段、出版阶段、复审阶段、废止阶段。

标准的编制主要参考《标准化工作导则 第1部分：标准化文件的结构和起草规则》
GB/T 1.1—2020。导则确立了标准化文件的结构及其起草的总体原则和要求，并规定了
文件名称、层次、要素的编写和表述规则以及文件的编排格式。

4.3 新技术

4.3.1 中心岛多级支护施工技术

4.3.1.1 中心岛多级支护技术

1. 中心岛法

当受周边环境限制，不能采用锚杆而采用内支撑又不经济时，可以考虑采用中心
岛支护方案。即在支护桩（墙）施工完毕后，先放坡开挖，预留土台，基坑开挖到底
后进行中心区域主体结构施工，主体结构施工至自然地面以上后进行预留土台的二次
开挖，在支护桩（墙）与已完成的主体结构之间安装水平支撑，挖除留下的土
体(图4-3-1)。

中心岛法在超大超深基坑工程中已得到广泛的应用，一方面具有全逆作法基坑变形
小、总体工期短、节省支撑等优点，同时改善
了全逆作施工难度大、节点构造复杂等缺点，
是一种简单实用的施工方法，用于面积较大的
深基坑更显优势。

2. 多级支护

多级支护或称为梯级支护，是通过设置两排
或多排桩体（墙），实现基坑侧壁的变形控制，从
而避免大面积环境中水平支撑的使用（图4-3-2）。

根据基坑开挖深度及各级支护分担的支挡
高度不同，支护结构可以分别选择重力式挡

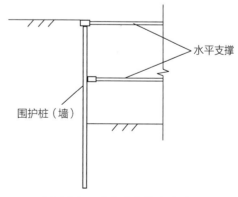

图4-3-1 有水平支撑典型剖面

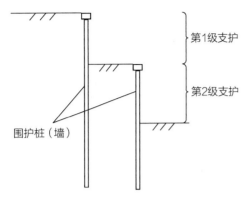

图 4-3-2　多级支护典型剖面

墙、单排桩、双排桩、地连墙等刚度不同的围护形式（图 4-3-3）。

3. 中心岛多级支护

中心岛多级支护体系可以根据现场环境条件和地层情况，结合工程施工的特点和实践经验，通过采用单排桩、双排桩、SMW 工法桩、地连墙、重力式挡墙等多级支护结构，同时结合边跨留土＋钢支撑结构的中心岛方式，组成新型组合支护体系。采用这种新型组合支护体系，在基坑开挖初期，中部土方可采用大开挖施工，不涉及支撑架设和交叉施工等问题，挖土条件较好，施工方便。开挖后期，水平钢支撑的安装和拆除效率高于混凝土内支撑，可以明显加快施工进度。这种支护体系在面积超大的深基坑工程中经济效益良好，值得研究和推广。

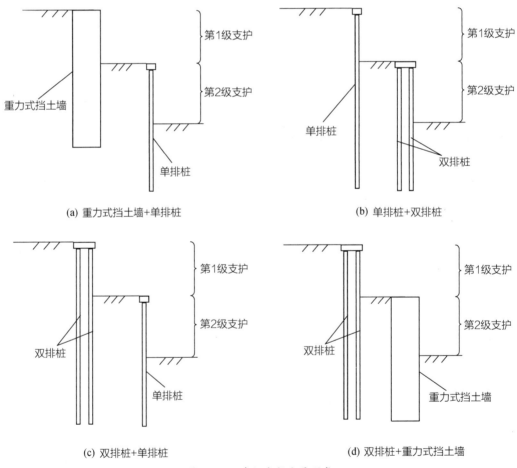

(a) 重力式挡土墙+单排桩

(b) 单排桩+双排桩

(c) 双排桩+单排桩

(d) 双排桩+重力式挡土墙

图 4-3-3　多级支护主要形式

4.3.1.2 中心岛多级支护体系适用条件

中心岛多级支护体系一般适用于：

(1) 面积超大的超深基坑；

(2) 周边环境限制，不能采用锚杆而采用水平内支撑又不经济的基坑；

(3) 工期紧张，塔楼需优先施工的基坑；

(4) 单独使用中心岛多级支护技术时，留土空间不足的基坑。

中心岛多级支护体系在面积超大的深基坑工程中有着较好的经济效益，同时可以缩短工期，特别是针对塔楼优先施工的结构，可提供广阔的坑内施工空间，让施工部署和变更更加灵活。该支护体系保证了塔楼优先施工，缩短了总工期，降低了支护造价，可有效控制基坑变形，保证周边道路安全，达到了安全、高效、经济、合理的使用要求。

4.3.1.3 中心岛多级支护施工工艺

以某深基坑工程为例，详细介绍采用双排桩与单排桩组合形成的多级支护体系以及采用双排桩与加固体组合形成的多级支护体系。

1. 工程概况

工程位于武汉市汉口古田二路，拟建工程基坑开挖深度为 $14.40 \sim 16.10\mathrm{m}$，基坑周长为 $1005\mathrm{m}$，呈近似正方形，基坑开挖面积约为 6.5 万 m^2，属于超深超大基坑，基坑重要性等级为一级。

2. 基坑工程特点

本基坑大面积采用双排桩结合坑内留土的方式进行布设，在留土空间不足的南侧与西侧局部区域使用第一级支护为双排桩、第二级支护为加固体（图 4-3-4）或者单排桩（图 4-3-5)组成的多级支护结构。

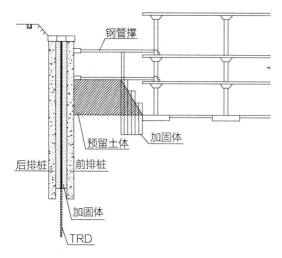

图 4-3-4　中心岛法多级支护形式 1

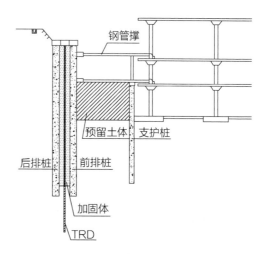

图 4-3-5　中心岛法多级支护形式 2

3. 基坑关键技术

（1）竖向双排桩支护体系

本基坑工程第一级竖向支护体系选用双排桩支护体系，双排桩前后桩和连梁形成门式框架结构，整体刚度较大，悬臂形式适用于 10m 以内的基坑。为提高双排桩整体刚度，采用高压旋喷桩桩间加固，同时在桩间施工 TRD 止水帷幕，高压旋喷桩既作为桩间加固体，同时又作为止水帷幕。

（2）坑内预留土体

基坑整体采用中心岛盆式开挖的形式，并在基坑周边预留 5m 厚的预留土体，为双排桩提供水平支撑反力。预留土体采用两种形式，一般区域预留土体宽度 15m，前缘采用 1：1 放坡，并对坡体进行加固；而塔楼区域预留土体采用垂直形式，前端 5m 范围内采用三轴搅拌桩加固，并采用悬臂桩支护（图 4-3-6）。

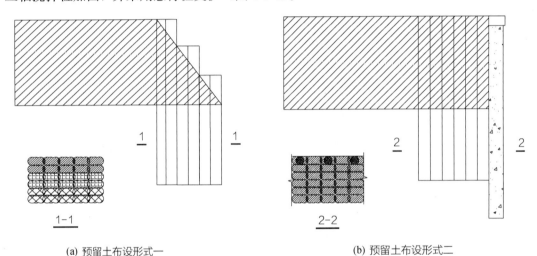

(a) 预留土布设形式一　　　　　　　　(b) 预留土布设形式二

图 4-3-6　预留土布设形式

（3）水平钢支撑与主体结构连接

在基坑最后开挖预留土阶段，需要为双排桩支护体系提供水平内支撑力，以起换撑作用。本设计采用 $\phi609$ 的钢管作为水平内支撑体系，钢管的另一端支撑在地下室结构楼板的梁上，共设两道水平钢管支撑（图 4-3-7）。

4. 施工工况及流程

（1）工况一：基坑施工完双排桩桩间加固土体、TRD 止水帷幕以后，基坑内部整体由地面标高开挖至双排桩顶标高，对基坑周边 2m 高的 1：1 放坡进行喷锚加固，同时施工双排桩间冠梁及前后排桩之间的连梁。

（2）工况二：基坑内施工预留土前端的三轴搅拌桩加固体或者单排桩，同时坑内大面积开挖至预留土顶标高。

（3）工况三：基坑坑内开挖中心岛盆式区域土体至坑底，并对基坑周边预留土体边坡进行喷锚加固。

图 4-3-7　现场钢支撑布设图

（4）工况四：施工中心岛区域地下室主体结构至地下室顶标高，施工两道混凝土腰梁及水平钢支撑。

（5）工况五：开挖基坑周边预留土体或者破除单排桩，同时加强基坑钢支撑及结构梁的内力监测。

（6）工况六：施工地下室周边结构，再次换撑，拆除水平钢支撑。

施工工艺流程如图 4-3-8 所示。

5. 基坑监测结果

（1）双排桩内力监测

根据监测结果，双排桩前后桩位移在 35mm 左右，满足规范一级基坑要求，同时前后桩桩身位移随深度变化规律相似；桩底端几乎不存在微小位移，桩身在基坑底面以上才发生变形、存在水平位移；在预留土区段双排桩位移变化明显，预留土很好地起到了水平内支撑的作用。

（2）预留土体监测

根据监测结果，土体水平位移随深度基本呈线性变化，预留土体整体位移不大，说明预留土体大部分处于稳定状态，未发生大的塑性变形；在土方开挖时，预留土体位移明显增加，在土方开挖的间歇期，预留土体位移会有微小的回弹。

（3）支撑内力监测

本工程监测了基坑预留土体开挖前后两道钢支撑的内力变化情况，在预留土开挖前后钢支撑内力突变，预留土开挖完成一段时间后，钢支撑内力渐渐减小并趋于平缓。

4.3.2　倾斜支护桩施工技术

传统的悬臂支护桩在 6～12m 深度基坑工程中难以有效地控制基坑变形（强度高土层

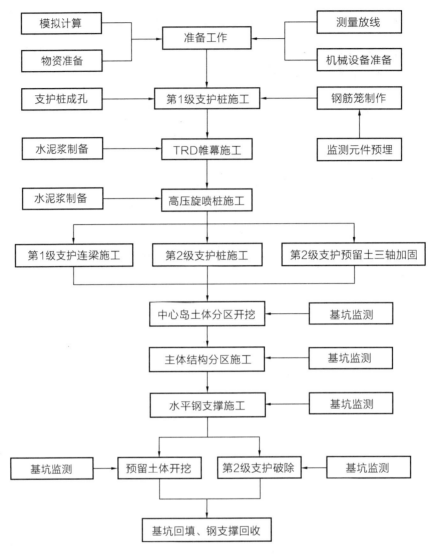

图 4-3-8　施工工艺流程

除外），必须通过设置水平锚杆或内支撑结构才能满足基坑稳定性和变形控制的要求。内支撑支护技术存在施工速度慢、工序繁琐、造价高、不环保、不可回收等缺点和局限。而倾斜支护桩技术通过将竖直悬臂支护桩倾斜一定角度后形成倾斜桩（图 4-3-9），成功取消了水平支撑体系。该技术利用了基坑倾斜支护桩的刚架效应、斜撑效应和重力效应，可以有效控制基坑变形及减小桩身内力，条件适当时，地下一～二层（或更深）基坑能实现无支撑支护。

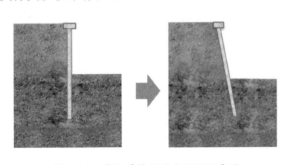

图 4-3-9　基坑单排倾斜支护桩示意图

为进一步控制变形，可将倾斜支护桩与竖直桩组合形成系列支护形式，从而形成倾斜桩组合支护结构，包括外斜内直、外直内斜、"人字形""个字形"等形式，如图 4-3-10 所示。

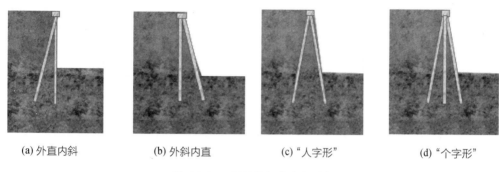

| (a) 外直内斜 | (b) 外斜内直 | (c)"人字形" | (d)"个字形" |

图 4-3-10　倾斜桩组合支护结构

通过不断地对倾斜支护桩技术的研究与应用，目前已经总结出干作业成孔倾斜钻孔灌注桩施工技术、泥浆护壁倾斜钻孔灌注桩施工技术、全套管倾斜钻孔灌注支护桩施工技术。

4.3.2.1　干作业成孔倾斜钻孔灌注桩施工技术

1. 技术内容

干作业旋挖钻机成孔工艺的施工原理，主要是利用旋挖钻机特有的后倾角度调节功能，在自稳性能较好的土层中干式取土成孔、钻进取土和提钻卸土循环进行至桩底；钢筋笼内外分别设置半圆形花架和弧形定位筋，采用斜向吊装技术将钢筋笼和导管按倾斜角度吊装，利用滑槽式导向架下滑及安装到位（图 4-3-11）。

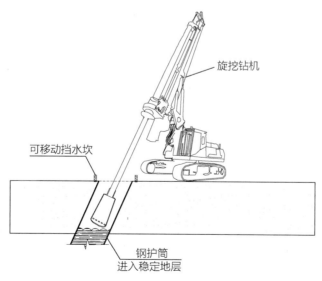

图 4-3-11　干作业旋挖机斜向取土施工原理图

2. 适用范围

干作业旋挖钻倾斜成桩施工工艺，充分利用桅杆油缸可灵活调整桅杆后倾角的特点，综合考虑钻机受力稳定要求以及提钻卸土高度要求等，可满足倾角15°范围内倾斜桩成孔施工，无须对钻机进行倾角改造或设置倾斜基座。干作业旋挖钻倾斜成桩施工工艺可应用于无地下水的硬塑黏土层、坚硬密实土层及岩层施工，实现0.6~1.5m桩径的斜向成孔。

3. 工艺流程及操作要点

（1）施工工艺流程

如图4-3-12所示。

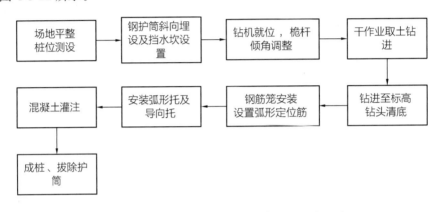

图 4-3-12　干作业旋挖钻机斜向成孔施工流程图

（2）机具选择与改进

倾斜支护桩钻孔设备优先采用旋挖钻机，为更好地传递轴压，选用机锁钻杆，通过钻杆上的凹形键条互扣，形成硬性连接，可更有效地传递轴压，避免采用摩阻杆，因依靠钻斗负载传递轴压，可能会增加钻进取土时对孔壁的扰动。为防止钻杆钻进过程中过度摩擦，对钻头进行适当改进，旋挖钻头添加圆状凸起，使之在孔内钻进取土时可支撑于孔壁上，形成支点，解决斜桩施工时钻杆钻头向下弯曲的问题，减少钻头对孔壁的扰动。

（3）保护层厚度控制

1）钢筋笼应采取一定的构造措施，以保证成桩的保护层厚度满足要求，并减少下放过程中产生的卡、挂现象（图4-3-13）。为避免钢筋下放时完全贴附在套管上以及套管接头凸起对钢筋笼下放的阻挡，在钢筋笼的定位筋上设置环形钢滚轮，间距不大于2m，滚轮高5cm，外径5cm，厚2cm，并保证钢滚轮在同一侧面位置，既可使钢筋笼沿倾斜套管顺利下滑至桩端，也可保证保护层的有效厚度。

2）钢筋笼可采用内外双笼的形式，以确保导管能顺利居中下放；内外层钢筋笼之间通过钢筋连接在一起，连接筋间距不宜大于2m；其中内笼导向钢筋宜采用8号圆钢固定在内笼的内部，内笼大小以满足导管下放为宜。

（4）混凝土灌注导管控制

倾斜灌注桩浇筑混凝土时，混凝土因自重作用而偏向下方，如没有导向定位器，浇筑

(a) 钢筋笼防卡挂构造

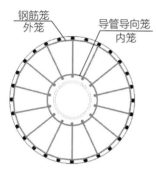
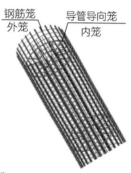

(b) 双层钢筋笼构造

图 4-3-13　钢筋笼构造措施

导管不能下放到桩底且会卡住钢筋笼，因而必须采用导管导向定位器。对于倾斜桩，需要在保证导管灌浆提升的过程中不挂钢筋笼，且又能满足导管处于中心位置的要求，可以在底端导管处设置导向构造。导向构造采用 3mm 厚的钢板制成，其两端内径等于导管外径，中部采用鼓状导管。导管法兰用 60mm 等边角钢弯曲焊成，法兰间垫橡皮圈。

4.3.2.2　泥浆护壁倾斜钻孔灌注桩施工技术

1. 技术内容

泥浆护壁旋挖钻机成孔工艺的施工原理，主要是利用膨润土泥浆在钻孔时形成有韧性的泥皮，起到孔壁支护效果，钻机在提前设置的导向基础上取土钻进，提钻弃土的同时孔内补浆，两者循环进行至桩底，始终保持孔内泥浆液面高度，保证孔壁稳定；钢筋笼外侧焊接弧形定位筋保证钢筋保护层厚度，钢筋笼内侧焊接半圆形花架确保导管在钢筋笼中顺利下放和拔出，利用滑槽式导向架确保钢筋笼和导管安装就位。

2. 适用范围

泥浆护壁旋挖钻机斜成桩施工无须设置钢套管，相比采用冲击钻或液压钻机的斜成孔工艺减少了钢套管循环跟进的施工工序，单位作业时间内有效取土钻进施工更多，成孔效率高。泥浆护壁旋挖钻机斜成桩施工工艺适用于有地下水的密实地层施工。

3. 工艺流程及操作要点

（1）施工工艺流程

如图 4-3-14 所示。

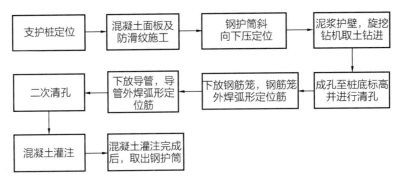

图 4-3-14　泥浆护壁旋挖斜向成孔施工流程图

（2）斜向钻孔

钻孔过程中，钻机操作手应通过显示器的桅杆工作界面实时监测桅杆的位置状态，确保成孔的倾斜角度符合要求，成孔倾斜角度偏差不大于 1°。

（3）钢筋笼及导管制作

钢筋笼及导管均可参照干作业倾斜灌注桩施工方法，对钢筋笼和导管采用一定构造措施，防止卡、挂、上浮等不利施工影响。

4.3.2.3　全套管倾斜钻孔灌注支护桩施工技术

1. 技术内容

全套管回转钻机结合旋挖钻机成孔工艺的施工原理，主要是采用全回转钻机下压全套管，形成孔壁支护；下压一节套管后，于套管内采用改进的旋挖钻机进行套管内取土；在下笼与混凝土灌注中，形成全套管支护；利用套管节间凸起，确保钢筋笼斜向顺利吊装与下滑；采用双层钢筋笼，设置导管导向内笼，确保导管顺利下放；混凝土灌注过程中，不断回拔回收套管（图 4-3-15）。

2. 适用范围

采用各种角度的混凝土斜向导向垫层，可形成多种角度，可施工 10°～25° 内的各种倾角的钻孔灌注桩，因此，全套管施工倾斜灌注桩宜用于不同桩长或桩径情况下的黏性土、砂土、粉土、填

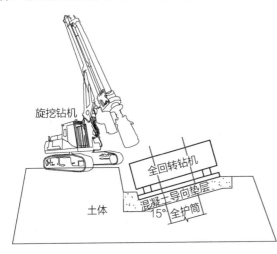

图 4-3-15　全套管倾斜桩施工原理

土、碎石土及风化层。

3. 工艺流程及操作要点

（1）施工工艺流程

如图 4-3-16 所示。

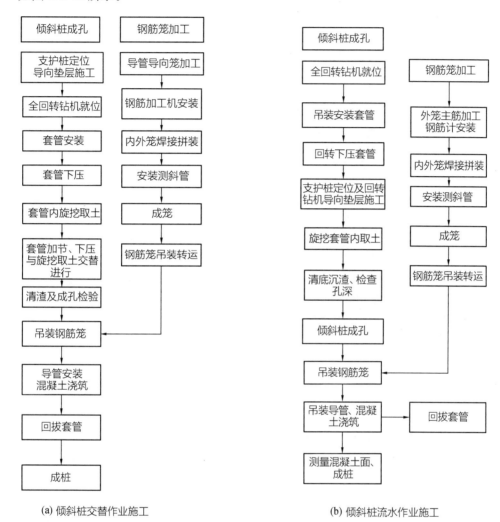

(a) 倾斜桩交替作业施工　　　　　(b) 倾斜桩流水作业施工

图 4-3-16　回转钻机与旋挖机交替或流水作业施工流程

（2）全回转钻机斜向混凝土导向垫层

为保障全回转设备稳定性，采用反力叉和反力架，并进行反压负重。全回转钻机置于稳定地层，宜施工不小于 10cm 厚的钢筋混凝土板面平台，混凝土面板也可采用预制板，以便重复使用。必要情况下，全回转钻机作业面板平台铺设钢板后再放置回转钻机，并保证角度满足斜桩角度设计要求。

设置预制倾斜导向混凝土垫层，提前定位倾斜桩孔位，设置固定环与固定牛腿，用于固定全回转钻机，使其在斜向回转下压套管时，有足够的反力。本导向垫层不仅起设备固定和使设备成角度的作用，同时起地面硬化作用。

（3）套管下压及角度控制

护筒的主要作用是保护孔口和施工钻进过程中导向圈的安全，确保斜桩成孔的倾斜度没有偏差，并维持正常的孔壁稳定。采用全套管回转钻机进行全程导向钢护筒下放，两端处制作成喇叭口，以方便钻头的起落。成桩角度的控制方法主要通过全回转钻机套管的角度控制来实现，而第一节套管的下放角度是重中之重。

（4）倾斜桩取土旋挖设备改进

进行倾斜钻孔灌注桩施工，在采用旋挖钻机进行斜向全套管内取土时，需对旋挖钻机钻杆和钻头进行改进（图4-3-17、图4-3-18）。

图 4-3-17 旋挖钻机倾斜　　　　　　图 4-3-18 钻头改进

因斜向取土时，钻杆斜向受力，需采用刚度较高的摩阻杆，同时选用直径大的钻杆型号，以提高钻杆刚度；缩短单节钻杆长度，采用短钻杆，以便钻杆和钻头进入套管内。对钻头进行改进，旋挖钻头添加圆状凸起，使之在套管内可支撑于套管上，形成支点，解决斜桩施工时钻杆钻头向下弯曲、成桩中心线为曲线的问题。

（5）倾斜桩全套管内斜桩取土施工

全回转全套管倾斜桩取土技术总结为：硬质地层"短钻杆、短套管、旋挖引孔、钻头超前"；软弱地层"长钻杆、长套管、套管超前、提前支护"（图4-3-19）。

（6）倾斜桩钢筋笼设计专项施工技术

钢筋笼采用内外双笼的形式，以确保导管能顺利下放，并且居中放置。内外层钢筋笼之间通过连接钢筋连接在一起。其中内笼导向钢筋采用8号圆钢，固定在内笼的内部，在混凝土导管吊装过程中，导管随内笼导向钢筋向下滑动。

在全回转钻机的全套管中，节与节之间有内部凸起，以便于套管加节。套管端部有20mm的钻齿外凸，因套管端齿外凸及套管厚度，成孔直径大于内径，在套管提起后，混凝土会下沉，形成保护层。

图 4-3-19　正常取土时钻头与套管状态

（7）倾斜桩混凝土灌注施工

倾斜桩混凝土灌注主要技术指标按常规垂直桩施工工艺控制，不同点在于灌注一节套管高度，需进行一节套管的回转回拔，进行套管逐节全回收。套管节与节之间拔出时，必须采用主副吊以确保安全；同时，在拔套管时，建议吊车（主吊吊车）在套管处倾斜向一侧，有利于吊车增加起吊力。

4.3.3　跳仓法施工技术

4.3.3.1　技术内容

跳仓法是充分利用混凝土在 5～10d 期间性能尚未稳定和没有彻底凝固前容易将内应力释放出来的"抗与放"特性原理，将建筑物地基或大面积混凝土平面机构划分成若干个区域，按照"分块规划、隔块施工、分层浇筑、整体成型"的原则施工，相邻两段间隔时间不少于 7d，以避免混凝土施工初期部分激烈温差及干燥作用，因此，可取消留设后浇带。

根据跳仓法的施工原理，其具备以下优势：

（1）后浇带留置期间，钢筋将锈蚀，混凝土面会结垢污染，凿毛、清理、除锈异常艰难，后浇带极易成为渗漏点和结构安全隐患，取消后浇带将保证质量并节省大量清理费用。

（2）取消后浇带，一次浇筑成型，减少后期封堵工序，消除后浇带对后期二次结构、装饰、装修等专业施工的影响，节约工期。

（3）后浇带贯穿于整个地下、地上结构，所到之处梁板均断开，给施工带来很多不便，悬挑处需要大量模板支撑，后期处理工艺繁琐，取消可减少剔凿、支撑等工序，节约工期，节省人工、钢管扣件租赁费用。

（4）取消后浇带，可最快地形成整体结构，避免后浇带部位出现降水不及时产生的底板隆起，破坏附加防水层。

（5）取消后浇带，可最快地形成整体结构，可良好地整体传递围护结构传来的水平力，减小支护结构位移，节省后浇带中换撑施工费用。

（6）取消后浇带可最快地形成整体工作面，极大方便现场材料堆放与运输，节省后浇带保护费用（覆盖模板或钢板）。

4.3.3.2 适用条件

跳仓法适用于各种超大、超长混凝土结构施工。

4.3.3.3 施工工艺

1. 仓块划分

仓块划分以有利于应力释放和易于流水作业为原则，根据基础筏板面积大小沿纵向和横向分仓，仓格间距不宜大于40m，跳仓平面采用间隔式跳仓或棋盘式跳仓方式布置。底板、楼板（顶板）及墙体的施工缝位置可以错开。

仓格间距大于40m的筏板，应通过温度收缩应力计算后确定分仓尺寸。

2. 混凝土配合比

水泥用量宜控制在 $220\sim240\mathrm{kg/m^3}$；外加剂类仅允许添加此类抗冻等类型的外加剂，禁止增加膨胀抗裂剂等外加剂；掺合料以掺粉煤灰为主，矿粉宜少掺或不掺，掺合料的总量占胶凝材料总量的 $30\%\sim50\%$；其他材料应尽量降低其温度，从而降低混凝土的出机温度。混凝土出机温度的增减，直接影响结构混凝土的温度。

3. 混凝土浇筑

（1）在混凝土浇筑前，应先将基层和模板浇水湿透。

（2）浇筑时采用"退泵"的方式布置浇筑路线，采用"分层浇筑、分层振捣、一个斜面、连续浇筑、一次到顶"的推移式连续浇筑施工。要确保已浇混凝土在初凝前被上层混凝土覆盖，不出现"冷缝"。

（3）跳仓缝处振捣要小心细致，不要踏撞坏钢丝网，振捣细致可保证混凝土与收口网的粘结质量。注意浇筑速度与安排，避免出现施工冷缝。

（4）注意控制混凝土入模温度不高于30℃。

（5）相邻仓块间浇筑时间差宜为 $7\sim10\mathrm{d}$，最短不得小于7d。

4. 混凝土养护

（1）底板浇筑完后，摊平混凝土，进行第一次抹面和收光；混凝土初凝时，使用电抹刀进行二次抹面，在柱子、内墙等构件部位的顶面混凝土，应人工二次抹压。二次抹压后，用塑料薄膜覆盖，不出现空鼓和漏盖。

（2）温度过高时，应采用工业毛毡覆盖并浇水养护，养护水与混凝土表面温差不应大于20℃。

（3）超长大体积混凝土结构跳仓施工的拆模时间，应满足国家现行有关标准对混凝土的强度要求，且混凝土浇筑体表面以下50mm处与大气温差不应大于20℃。

5. 施工缝处理办法

（1）基础底板、地下室外墙及覆土区顶板分仓缝处应设置止水钢板，底板止水钢板的凹口朝下，侧墙止水钢板的凹口朝向结构外，钢板设置在混凝土板或墙中间位置。

（2）在现浇板处预留施工缝的部位，用钢丝网作立挡，采用直径 12mm 的钢筋焊制钢筋支架，钢丝网和钢筋支架绑扎在一起，钢筋支架与上下层板筋满扣绑扎，剪力墙处的止水钢板通过剪力墙端部模板固定于墙体中间。

4.3.4 可拆底模钢筋桁架楼承板施工技术

4.3.4.1 技术内容

可拆底模钢筋桁架楼承板是将钢筋桁架和底模板通过专用紧固件连接形成的一种组合楼板，其底模在楼板混凝土浇筑完成达到设计强度后可以高效快速拆除、回收并多次重复使用，简称可拆钢筋桁架楼承板。

可拆钢筋桁架楼承板的底模通常为胶合板或铝合金模板，可拆底模位于钢筋桁架下方，通过专用紧固件与钢筋桁架连接。常用的可拆钢筋桁架楼承板剖面如图 4-3-20、图 4-3-21 所示。

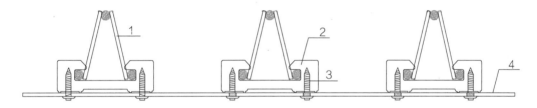

图 4-3-20　可拆胶合板底模钢筋桁架楼承板剖面图
1—钢筋桁架；2—专用紧固件；3—紧固螺栓；4—胶合板底模

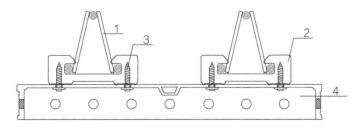

图 4-3-21　可拆铝合金底模钢筋桁架楼承板剖面图
1—钢筋桁架；2—专用紧固件；3—紧固螺栓；4—铝合金底模

可拆钢筋桁架楼承板在施工阶段可承受楼板混凝土自重与一定的施工荷载，在使用阶段钢筋桁架上下弦钢筋与混凝土整体共同工作承受使用荷载。

可拆钢筋桁架楼承板满足《装配式建筑评价标准》GB/T 51129 中预制装配式楼板评分的相关规定，与预制装配式叠合楼板相比，综合造价低。现场安装时无须进行塔式起重机吊装，技术难度低，施工速度快，且支撑少、跨度大，楼板成型质量好。当采用可拆铝合金底模时，结合铝模系统的早拆优势，可进一步提升工效，提高模板周转率。

底模拆除后，需返厂或在现场与桁架钢筋重新组装后重复使用。为满足现场施工进度需求，一般需配置 3 套底模。

4.3.4.2 适用条件

适用于工业与民用建筑及构筑物的组合楼盖，尤其适用于框架结构。

4.3.4.3 施工工艺

1. 施工流程

进场验收及堆放→组装→现场吊装→支撑架体安装（若需要）→楼承板铺设→钢筋绑扎及管线敷设→隐蔽工程验收→混凝土浇筑→临时支撑及底模拆除→维修保养。

2. 操作要点

（1）进场验收及堆放

进场应对可拆钢筋桁架楼承板的结构尺寸、外形尺寸、焊接质量及其组成材料的规格型号、外观质量等进行自检，核查其产品出厂检测报告、出厂合格证等质量证明文件。同时，桁架钢筋、底模、专用紧固件等材料应在监理单位见证下抽样复检，见证取样送检合格后方可使用。

可拆钢筋桁架楼承板堆放场地应平整硬化，不积水，堆放不超过 7 层，高度不超过 1.2m，可拆钢筋桁架楼承板及其配件应采取成品保护措施，不得有损伤、变形和污染。

（2）组装

钢筋桁架组装可在工厂或施工现场进行。现场组装时，应设置组装工作台，且工作台应固定在场地预定位置。将三根桁架钢筋平行等间距摆放至安装工作台上，并采用弯钩连接、螺栓连接等连接方式将钢筋桁架与可拆底模连接。每平方米钢筋桁架楼承板内布置的专用紧固件数量不应少于 6 个，特殊区域应结合结构受力情况增加紧固件数量。可拆钢筋桁架楼承板现场组装完成后，应检查组装部件的牢固性和稳定性。

（3）现场吊运

起吊时应根据深化排版图和编号标记按序吊装，分区、分片吊装至相应的施工作业面。吊至楼层作业面后，避免集中堆放，应分散放置稳妥，并及时进行安装；吊至楼层作业面的可拆钢筋桁架楼承板暂不铺设时，应采取可靠的临时固定措施。

可拆钢筋桁架楼承板搬运过程中应轻拿轻放，装卸、吊运时应采取防碰撞措施。当吊运时，应采用专用吊架配合软吊带吊装，严禁用钢丝绳捆绑。起吊前应先行试吊，以检查钢筋桁架与底模连接是否牢固，吊装重心是否稳定，软吊带是否会滑动，满足要求后方可起吊。

（4）支撑架体安装

支撑立杆的间距与钢筋桁架高度、桁架钢筋规格、楼板厚度、楼板受力特点及支承状况有关，是否搭设支撑架体应经计算确定。当需搭设支撑架体时，宜优先采用独立支撑。支撑不得采用孤立的单点支撑，应设置方木或型钢等支撑横梁。各层支撑立杆应设置在同一条竖直线上。现场实物如图 4-3-22 所示。

当支撑架属于高大支模架体时，架体周边及架体内部每隔一定间距设置竖向剪刀撑，并在顶端、底段及中部设置水平剪刀撑。

（5）楼承板铺设

钢梁、混凝土梁、墙梁模板及支撑构件验收合格且模板内杂物清除干净后，方可进行可拆钢筋桁架楼承板铺设。铺设前应按深化图纸所示的起始位置放设铺板的基准线，依次安装标准板、非标准板，桁架主筋伸入墙体或梁内的长度应符合设计及相关要求。如遇钢筋桁架楼承板有翘起现象，应对钢筋桁架楼承板邻近施焊处局部加压，钢筋桁架楼承板底模与母材的间隙应控制在 1mm 以内。现场实物如图 4-3-23 所示。

 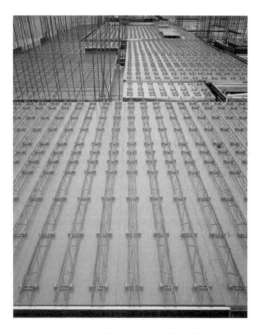

图 4-3-22　可拆铝合金底模钢筋桁架　　　　图 4-3-23　可拆铝合金底模钢筋桁架
楼承板支撑安装实物图　　　　　　　　楼承板现场安装实物图

为防止漏浆，铺设时板与板之间连接应保持紧密；当可拆底模为钢板时，其搭接长度不应小于 10mm；当可拆底模为胶合板时，拼缝处应在其上表面粘贴胶带纸。

每个分区内的模板安装完毕后，应用水平仪测定其平整度及安装标高。如有偏差，通过模板系统的可调顶托进行校正，合格后方可进行下一道工序。

当楼板上设计有预留洞口时，洞口周边应设置边模板，待楼板混凝土强度等级达到设计要求后，方可切断洞口内的桁架钢筋。为防止底模边缘与浇筑好的混凝土脱离，宜从下往上切割。

（6）钢筋绑扎及管线敷设

待可拆钢筋桁架楼承板铺设一定面积后，必须及时绑扎钢筋桁架垂直方向的附加分布钢筋。

管线敷设宜在楼板上层钢筋未安装之前进行。管线敷设时，禁止扳动、切断钢筋桁架钢筋。如不慎损坏，应采用同型号同规格的钢筋与钢筋桁架重新焊接加强处理。管线斜穿时宜采用柔性管线。当多根管线交叉敷设时，宜采用直径较小的管线分散穿孔预埋。现场安装实物如图 4-3-24 所示。

图 4-3-24　可拆钢筋桁架楼承板钢筋及
管线安装实物图

（7）隐蔽工程验收

在浇筑混凝土之前，应进行可拆钢筋桁架楼承板及楼板预埋件（或管线）隐蔽工程验收，隐蔽工程验收应有详细的文字记录和必要的图像资料。照片应作为隐蔽工程验收资料与文字资料一同归档保存。其隐蔽部位或内容包括：

1）可拆钢筋桁架楼承板的规格型号、数量；

2）可拆钢筋桁架楼承板与梁、柱、墙之间的连接方式、安装位置；

3）预埋件（或管线）的规格、数量、位置等。

（8）混凝土浇筑

在混凝土浇筑前，应清除可拆钢筋桁架楼承板上的灰尘及杂物。混凝土泵管不得支撑于可拆钢筋桁架楼承板的底模、钢筋及预埋件上，水平泵管需采用支架固定，并设置防滑动措施。采用布料机浇筑时，应采取相应的支撑措施并对支撑强度、刚度和稳定性进行验算。

混凝土应在有竖向结构或立杆支撑的部位倾倒，宜避免在可拆钢筋桁架楼承板跨中部位倾倒。倾倒混凝土时要及时向四周摊开，局部混凝土堆积高度不应大于 0.3m。混凝土振捣过程中，不得触及可拆钢筋桁架楼承板，应采用平板振动器振捣，不得采用插入式振捣器振捣。

（9）临时支撑及底模拆除

支架应在混凝土强度达到设计要求后再拆除，当设计无具体要求时，混凝土强度应符合《混凝土结构工程施工质量验收规范》GB 50204 中 4.3.1 条关于模板拆除时混凝土强度要求的规定。

底模拆除时，不应多块底模同时拆除。逐块拆除底模时，宜采用专用扁头钢撬棍，楼面上应安排专人配合传递拆除的构件，严禁从高处直接抛下。

（10）维修保养

底模拆除后，应及时清理底模的板面、板边及相关配件，并送至组装存放区堆放整齐，做好标识标记。对拆除的底模应按相关规定进行质量检查，根据检查结果采取对应的维修保养方式，具体如下：

1）不需维修的底模，应将表面的杂物清理干净并做好成品保护。

2）针对可拆铝合金底模钢筋桁架楼承板，局部底模在拆除时产生弯曲、变形等情况，应采取机械配合人工将底模调平，维修后应重新进行质量评定，符合现行相关标准规定方可继续使用。

3）当底模的质量缺陷程度超过现行相关标准规定时，应作报废处理。

4.3.5 ALC 板施工技术

4.3.5.1 技术内容

ALC 板是以粉煤灰（或硅砂）、水泥、石灰等为主原料，经过高压蒸汽养护而成的多气孔混凝土成型板材（内含经过处理的增强钢筋）。ALC 板既可作墙体材料，又可作屋面板，是一种性能优越的新型建材。ALC 板长度多为 1800～6000mm（300 模数进位），宽度为 600mm，厚度多为 120mm、150～300mm（50 模数进位）等尺寸。

ALC 板为轻质实心墙体，可有效减轻建筑物自重。ALC 板具备良好的保温隔热性能、耐火性能、隔声性能，可作为具有保温性能的墙体材料使用，也可单独作为保温材料使用。同时，ALC 板还具有产品精度较高、可实现薄抹灰或免抹灰等特性，有利于工厂批量化生产，且具有现场施工整洁、建造节能环保等优势。ALC 板基本性能如表 4-3-1 所示。

ALC 板基本性能参数表

表 4-3-1

强度等级		A2.5	A3.5	A5.0
干密度等级		B04	B05	B06
干密度（kg/m³）		≤425	≤525	≤625
抗压强度（MPa）	平均值	≥2.5	≥3.5	≥5.0
	单组最小值	≥2.0	≥2.8	≥4.0
干燥收缩值（mm/m）	标准法	≤0.50		
	快速法	≤0.80		
抗冻性	质量损失（%）	≤5.0		
	冻后强度（MPa）	≥2.0	≥2.8	≥4.0
导热系数（干态）[W/(m·K)]		≤0.12	≤0.14	≤0.16

4.3.5.2 适用条件

ALC 板广泛应用于钢筋混凝土结构和钢结构建筑，例如，量大面广的住宅、大型公共建筑等民用及工业建筑。具体适用条件如下：

（1）可用作填充墙。当用于外墙时，一般适用于高度不超过 24m 的建筑；当建筑高度超过 24m 时，应针对具体工程单独设计，板材强度等级不应低于 A3.5。当用于内墙时，板材强度等级不应低于 A2.5。

（2）可用作屋面板。适用范围一般为蒸压加气混凝土砌块低层承重结构和工业建筑的不上人平屋面的屋面板，板材强度等级不应低于 A3.5。

（3）可用作保温板、防火板。适用范围一般为墙体自保温体系冷热桥部位保温和钢结构梁柱防火。

（4）在下列情况下不得采用 ALC 板：

1）建筑物防潮层以下的外墙；

2）长期处于浸水和化学侵蚀环境的部位；

3）承重制品表面温度经常处于 80℃以上环境的部位。

4.3.5.3　施工工艺

1. 工艺流程

ALC 板材排版→进场验收→场内运输与存放→弹线与切割→安装控制线放样→固定件安装→板材安装→调平校正→板缝处理→成品保护。

2. 施工操作要点

（1）ALC 板材排版

施工前专业供货厂家根据一次设计施工图进行 ALC 板的排版设计，排版应结合模板深化设计、各类管线布置及现场实际情况，并明确楼层转角（阴阳角）、门垛等特殊部位与 ALC 板的边界位置。每个楼层均应有相应的排版深化图，排版深化图待各参建方确认后方可出具终版图，并作为 ALC 板工厂制作和现场安装的依据（图 4-3-25）。

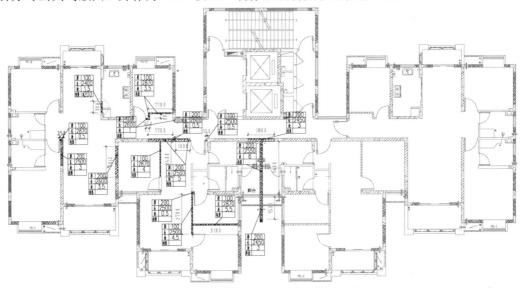

图 4-3-25　ALC 板排版深化设计示意图

（2）进场验收

板材进入施工现场卸货前，应提供相关产品合格证和产品性能检测报告。产品交付时，应同时提供产品证明书，具体包括：商品名称、标准号、商标，生产企业名称和地址，产品规格、等级，生产日期，检验部门与检验人员签章、检验日期等。

进场验收时，应重点关注板材的外观质量、尺寸偏差，品种、规格、颜色，条板的长度、宽度、厚度、侧向弯曲、对角线差和表面平整度，含水率及相关性能指标；有隔声、隔热、阻燃和防潮等特殊要求的工程，还应查验相应的性能检验报告。同时，还应检查配套的预埋件、连接件的形式规格，相应接缝材料的品种等，并关注相应的施工使用说明。

（3）场内运输与堆放

运输过程中，ALC板棱角需用柔性材料进行包裹，防止磕碰损坏。板材宜采用叉车平稳装卸，吊装应采用宽度不小于50mm的尼龙吊带兜底起吊，严禁使用钢丝绳吊装。运输过程中宜侧立竖直堆放，打包捆扎牢固，严禁平放。露天堆放时应采用覆盖措施，防止雨雪和污染。堆放场地应坚硬平整无积水，不应直接接触地面堆放。板材需侧向竖直放置，用钢筋卡固定，防止倾覆。堆放时应设置垫木，板材应按品种、规格及强度等级分别堆放，堆放高度不宜超过2m。

（4）弹线与切割

切割处理前，需对ALC板材的拟切割位置精确测量弹线，确定安装孔位，采用专业工具进行切割或钻孔，确保切割精度。

墙体边角及末端ALC板材安装时，应单独配板，切割出合适的尺寸。当墙体端部多有管线外露时，安装板材前，应提前切割出方孔。加工完毕后，需对成品进行测量复核，确保板材外形尺寸的精度、孔洞位置的偏差符合要求，板材现场切割后的最小宽度不应小于200mm。板材安装完毕且ALC板材胶粘剂强度满足设计要求后，方可进行各种开关、插座等槽口的切割。

（5）安装控制线放样

为避免因结构偏差过大造成墙板安装偏位，应提前对主体结构的位置进行复核，并重点核对梁下、柱边及门窗洞口等特殊部位。依据ALC板材排版深化设计图及一次设计施工图纸，在地坪上弹出30/50cm墙体安装控制线。同时，应在现浇主体结构的梁或板底弹出板材的安装边界线。

（6）固定件安装

板材顶板与现浇主体结构之间预留10～20mm高的间隙，可采用管卡或U形固定卡连接，间距600mm，每块板材不得少于两个连接件。当采用管卡连接时，应先将管卡固定在板材顶板。当采用U形固定卡连接时，应先将U形固定卡安装在现浇主体结构的梁或板底。

（7）板材安装

无洞口墙体板材安装：首先安装端头板，在墙上先安装板材固定件或将固定件固定于现浇结构上。而后将安装的隔墙板顶面和靠墙的侧面上涂抹专用胶粘剂。安装时1人推挤，1人在下部用宽口撬棍将板材撬起，边顶边挤紧端墙、顶棚面，以胶粘剂浆液挤出为宜，饱满度应大于80%，两板缝隙以5mm为宜。检查垂直度和上下边线的位置，用油灰刀将挤出的胶粘剂刮平补齐。端头板完成后继续安装下一块隔墙板，安装方法同前。

有洞口墙体板材安装：内墙板的安装顺序应从门窗洞口处向两端依次进行，洞口两侧宜用整块板材。先依次安装洞口两侧的竖向ALC板，再安装洞口上方的横向ALC板，横板两端与竖板搭接长度不小于100mm，两板接缝处可采用M10螺栓进行拉结。当洞口宽度大于1500mm时，需在洞口布设角钢框加固。其他操作方法同无洞口墙体板材安装。

（8）调平校正

ALC条板安装完成后，需对轴线位置、墙面垂直度、板缝尺寸、水平差、洞口偏差等进行验收。垂直度、平整度控制在3mm以内，阴阳角方正控制在4mm以内，接槎高低差控制在3mm以内。用橡皮锤敲打上下端木楔调整直至合格为准，使板材的安装误差控制在允许偏差范围内。

（9）接缝处理

板材顶部与梁、板的接缝：ALC板与梁、板结构之间的顶部缝隙处可塞入柔性填充材料（如PU发泡），柔性填充材料填充密实无漏填，外侧填塞专用嵌缝剂。

板材底部与楼板的接缝：ALC板底部可提前采用水泥砂浆进行铺浆处理，也可采用木楔提前支设板材，安装完成后满填细石混凝土进行塞缝处理。

板材侧向与砌体墙的接缝：先将ALC板安装完成，在砌体砌筑时与ALC板间预留10～20mm竖向缝隙，砌体砌筑完毕后，采用专用粘结砂或嵌缝剂将缝隙填补密实。

板材与板材之间的接缝：ALC板与ALC板拼缝采用专用粘结砂浆填缝，两侧竖缝处可采用聚合物水泥砂浆压入耐碱玻纤网格布，也可采用腻子压入耐碱玻纤网格布，网格布与缝隙两侧搭接宽度为150mm。竖缝挂网时，应表面平整，不得露出网格布。

（10）成品保护

ALC板材安装完毕后，应注意保护，避免撞击与磕碰。墙板安装完毕后，可能损坏墙板的器物及人员应远离墙板。

墙板安装完毕后，墙板上开洞、开槽等下一道工序需经ALC板材胶粘剂强度满足设计要求后方可施工，同时应避免触碰、敲击、振动，并采取有效保护措施，避免墙板破损。

4.3.6 保温装饰一体板施工技术

4.3.6.1 技术内容

保温装饰一体板，又名节能保温装饰一体板，它主要由保温层、基板、装饰涂层、粘结层、锚固件、密封材料等组成，广泛应用于建筑外墙保温与装饰（图4-3-26）。

保温装饰一体板具有以下特性：

（1）保温隔热、降耗节能。与传统的外墙保温装饰建材相比，有很好的耐寒隔热性

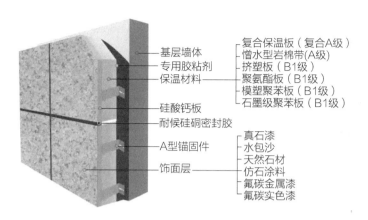

图 4-3-26　保温装饰一体板构造示意图

能，很大程度地降低了采暖和制冷能耗，节省了能源支出。

（2）安装便捷、节省成本。安装方式简单、快捷，并不受季节气候和地理环境限制，全年皆宜。显著缩短工程周期，不仅加快了工程进度，也节约了建筑成本，降低了综合造价。

（3）质轻省地、耐震防裂。保温装饰一体板质量轻、强度高、耐冲击性能好。不仅降低了建筑本身的负担，并且很大程度降低了地震对建筑物的影响。

（4）阻燃、防水、防潮。保温装饰一体板的芯材经过特殊处理，具有良好的阻燃性能，安全无忧。外墙保温装饰一体板优良的自身结构及板材间紧凑的凹凸插接扣槽式的安装方式，避免了雨、雪及冻融和干湿循环造成的结构破坏，安装后消除了墙面的渗水之忧，有效地避免了室内墙面发霉的现象。即使是在严寒地区，性能稳定的外墙保温装饰一体板也毫无渗水变形之忧，延长了建筑的使用寿命。

（5）隔声降噪。保温装饰一体板中间的芯材为高密度聚氨酯发泡构成的保温隔声层，其内部为独立的密闭式气泡结构，具有良好的隔声效果。适用于噪声区附近的公寓、医院、学校等建筑，有效降低室外噪声进入室内，保持室内环境安静舒适。

（6）绿色环保、经久耐用。保温装饰一体板具有稳定的化学和物理结构，不会分解霉变，无辐射、无污染、绿色环保。该板材同样能够被灵活拆卸后重新利用安装在其他建筑上，施工剩余的边角料也能够加以回收再利用，在施工过程中很大程度上减少了建筑垃圾，是高品质、高性能的环保产品。

（7）色彩丰富、高档装饰。色彩可任意选择，充分体现建筑风格，而且工厂预制生产，与铝板幕墙完全一样，产品性价比高，比干挂幕墙价格更低，比涂料薄抹灰保温更高档。

4.3.6.2　适用条件

保温一体板具有非常广泛的实用价值。既适用于新建筑的外墙保温与装饰，也适用于旧建筑的节能和装饰改造；既适用于各类公共建筑，也适用于住宅建筑的外墙外保温；既适用于北方寒冷地区建筑，也适用于南方炎热地区建筑。

4.3.6.3 施工工艺

外墙保温装饰一体板的安装施工过程是外墙保温装饰一体化系统的重中之重，主流的一体化安装方式主要有三种：粘结型、干挂型、粘结锚固型。

1. 粘结型

保温装饰一体板在安装上墙过程中，墙体与一体板只通过专用高强度粘结砂浆粘结，粘结面积需要达到80％以上，板材接缝处通过粘结砂浆或聚氨酯等密封。

2. 干挂型

和干挂石材相似，需要在墙体基层上预装钢制龙骨，保温装饰一体板通过特殊的专用锚固件与龙骨连接，一体板与墙体基层间填充发泡聚氨酯或其他材料。

3. 粘结锚固型

粘结锚固型主要是根据施工要求，保温装饰板的外墙外保温系统采用粘结和锚固相结合的方式，将保温装饰板固定在基层墙体上。结合了完全粘结式和干挂的优势，被广泛应用在工程上。

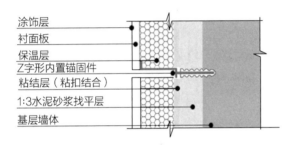

涂饰层
衬面板
保温层
Z字形内置锚固件
粘结层（粘扣结合）
1:3水泥砂浆找平层
基层墙体

图 4-3-27　保温装饰一体板安装示意图

以粘结锚固型施工工艺为例，其施工步骤为：基层检查→基层墙体空鼓、脱落及找平处理→弹基准线和分割→粘贴保温装饰板→用专用扣件锚固装饰板→用保温泡沫条填缝→板缝隙清理→贴美纹纸胶带→灌注硅酮耐候型密封胶→安装专用排气塞→撕去美纹纸→清洁面板→竣工验收（图 4-3-27）。

4.3.7　可周转工字钢悬挑架施工技术

4.3.7.1 技术内容

可周转工字钢悬挑架是将传统悬挑架中固定于楼板上的工字钢优化为固定于外框梁上的可周转装配式悬挑工字钢，其组成示意图如图 4-3-28 所示。

可周转装配式悬挑工字钢根据承载位置需求分布在混凝土结构上，其主要包括可取出预埋件和外部连接件两大部分（图 4-3-29）。

1. 可取出预埋件

可取出预埋件预埋在混凝土结构内部，由定位部件和可取出螺旋式螺杆（以下简称"螺杆"）组合而成，其中螺杆也可单独作为预埋件使用。

2. 外部连接件

外部连接件与可取出预埋件通过螺栓连接，固定在混凝土结构外侧，直接支承设备、设施的承载构件。

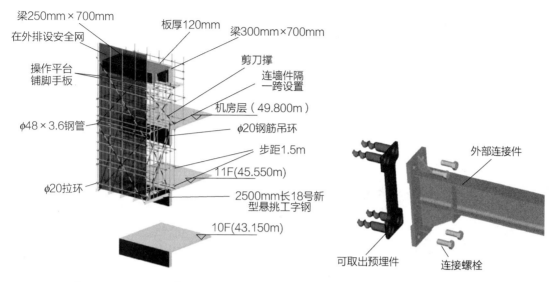

图 4-3-28 可周转工字钢悬挑架示意图

图 4-3-29 附着件示意图

其受力原理为：外部荷载（主要为竖向力、弯矩）传递至钢牛腿，钢牛腿通过连接螺栓将竖向力传递至螺杆，螺杆通过杆壁与混凝土挤压将竖向力传递至墙体。钢牛腿通过上部螺杆受拉、下部面板与混凝土结构表面挤压，将弯矩及水平力传递给螺杆及墙体，螺杆通过周围混凝土抗剪将拉力传递给墙体。最终所有荷载均传递至混凝土结构（图 4-3-30）。

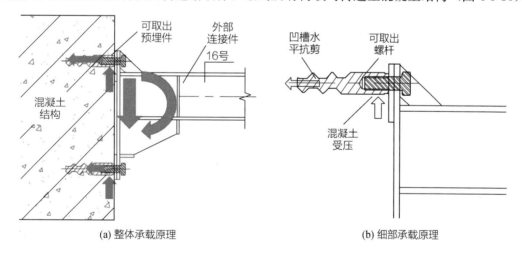

(a) 整体承载原理

(b) 细部承载原理

图 4-3-30 承载原理

相对于传统悬挑架，可周转工字钢悬挑架具有如下优势：

（1）安装速度快，装配式安装，无须焊接，安全可靠；

（2）用钢量小，所有构件均可周转；

（3）结构不留洞，无渗漏风险；

（4）绿色施工，零耗材、零污染等。

4.3.7.2 适用条件

可周转工字钢悬挑架可代替传统悬挑外架，适用于《建筑施工扣件式钢管脚手架安全技术规范》JGJ 130—2019，应对可周转工字钢悬挑架架体、可周转工字钢梁、锚固部件以及主体结构进行验算。

4.3.7.3 施工工艺

可周转工字钢悬挑架安装工艺流程如下：预埋件组装与包裹→定位放线→钢筋绑扎→预埋件安装→模板加固→混凝土浇筑→拆模、养护→螺帽拆除及预埋质量检测→可周转工字钢安装→架体搭设（图 4-3-31）。操作要点如下：

图 4-3-31 悬挑工字钢现场安装图

1. 预埋件组装与包裹

预埋件组装：首先将定位板和四根预埋螺杆用锁紧螺帽锁紧；

预埋件包裹：黄油均匀涂抹螺杆表面，并用保鲜膜或热缩膜缠裹保护。

2. 预埋件安装

待外框架梁钢筋绑扎完成后，梁侧模板封模前，进行埋件预埋。

定位放线→螺杆定位板组装→定位板就位→定位板定位复核→定位板与钢筋点焊固定→梁侧模板封模。

3. 螺帽拆除及预埋质量检测

待混凝土浇筑后达到设计计算强度时，进行外框架梁侧模板拆除，清除螺帽表层混凝土，使得每个定位板的锁紧螺帽均能露出混凝土表面，采用专用电动扳手进行锁紧拆除。拆模后对预埋件混凝土密实度、浇筑质量、预埋件外观质量和尺寸偏差进行检测（表 4-3-2）。

预埋件安装允许偏差表 表 4-3-2

序号	控制项	允许偏差值	备注
1	埋件标高	±10mm	与水平埋件相对值
2	水平偏移	±10mm	相对理论轴线绝对值
3	埋件相对位置	±10mm	水平埋件与竖向埋件
4	水平度	±5mm	埋件自身
5	垂直度	±5mm	埋件自身

4. 可周转工字钢安装

每根可周转工字钢由两名安装工人进行安装,其中一人站在下层外架上抬工字钢使得背板螺口对准预埋螺杆,再由一名工人负责螺栓安装,安装过程中采用水平尺对工字钢平整度进行校正。

4.3.8 井道式施工电梯技术

4.3.8.1 技术内容

井道式施工电梯布置在正式电梯井道内,和正式电梯运行原理类似,采用曳引式提升(表 4-3-3、图 4-3-32)。

井道式施工电梯设备组成 表 4-3-3

名称	说明	附图
轿厢	轿厢是用来运送人员及物料的封闭或半封闭箱体,由吊笼架、吊笼底、围壁、吊笼门、吊笼顶组成。具有可调性,可根据井道大小自行调节。轿厢无固定尺寸,可根据项目井道大小进行订做	
曳引机	动力源,通过机座导向轮和承重梁导向轮,驱动吊笼和对重装置作上、下运行,变频调速。无噪声,运行平稳	
限速器	安全控制部件。当电梯运行中如轿厢发生超速,甚至发生坠落危险,所有其他安全保护装置不起作用的情况下,限速器和安全钳发生联动动作,使施工升降机轿厢停住	
安全钳	在限速器的操纵下,当升降机速度超过限速器设定的限制速度,或悬挂绳发生断裂和松弛的情况下,将轿厢紧急制停并夹持在导轨上的一种安全装置	

名称	说明	附图
控制柜	控制柜是一台高自动化、高智能化的微型计算机。司机通过操纵箱给控制柜施放指令，控制柜按指令控制主机运行，使升降机达到自行选层、自动平层，平层精度小于5mm	
限位开关	用以限定机械设备运动极限位置的电气开关	
主承重梁	承重梁是升降机的主要受力结构，横跨在井道上方，利用井壁承重，无需基础，无隐蔽工程，易安装	
导轨	施工升降机的吊笼和对重各自至少有两根刚性的滑动导轨，以确保施工升降机在预定位置作上下垂直运动。导轨通过导轨支架直接附着在井壁上，无须另设附墙装置	
对重	用来平衡载重，大大降低了主机功率	

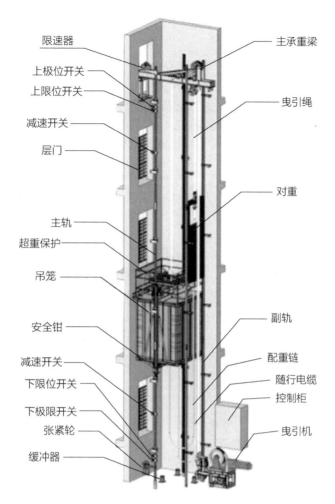

图 4-3-32 井道式施工电梯剖面图

相对于传统外挂式施工电梯，井道式施工电梯具有以下优点：

（1）在井道内运行，四周受井道保护，同时利用对重-曳引机作为动力，根本上解决了坠落、冲顶、倾翻的风险。

（2）大量采用自动控制，减少了人为操作的风险，在便捷性上有了极大的提升。120m/min 的提升速度足足是外挂式施工电梯的 3 倍，而且进出料车运输更方便。

（3）无须进行额外的防护，也无须搭建通道和基础，而且不需要预留、填补进料口，大量缩短工期、节约费用。

4.3.8.2　适用条件

井道式施工电梯因其梯笼尺寸受井道大小限制，运力受到一定的限制，适用于单层面积小或二次施工较少的建筑。

4.3.8.3 施工工艺

1. 施工准备

（1）井道式施工电梯安装需保证井道除门洞外，三面墙处于封闭状态。因此，电梯井道内隔墙应提前深化为全混凝土墙，随结构一次浇筑成型。

（2）提前确定主机位置并预留主机导向轮预留孔，提前确定主承重梁安装楼层，并预留孔。

（3）安装前主承重梁上一层必须搭好防水防砸保护棚，主承重梁下各楼层装好防护门。

2. 施工案例

以某项目为例，安装过程如下：

（1）安装前将曳引机转运至负一层安装位置（图4-3-33）。

（2）安装卷扬机，用于吊运电梯零部件（钢丝绳、电梯轿厢的底梁、顶梁）（图4-3-34）。

图4-3-33　曳引机就位　　　　　　　　　图4-3-34　卷扬机就位

（3）顶部承重梁安装和配重架安装（图4-3-35）。

图4-3-35　承重梁和配重架安装

（4）井道顶部安装放线架，定位主轨、副轨（图 4-3-36、图 4-3-37）。主轨安装在井道两侧墙，每面墙 1 根主轨、2 根钢丝。副轨安装在后墙上，2 根副轨、4 根钢丝。

图 4-3-36　放线架安装　　　　图 4-3-37　主轨、副轨定位

（5）底部搭设钢管井架，安装底部缓冲装置及主轨、副轨（图 4-3-38）。

图 4-3-38　主轨、副轨安装

（6）主轨、副轨安装后，拆除钢管井架，在负二层搭设小型井架，安装轿厢底梁、底板（图 4-3-39、图 4-3-40）。

（7）拼装轿厢侧面板、顶板、顶梁（图 4-3-41）。

（8）安装轿厢顶部钢丝绳钢管支架、穿钢丝绳（图 4-3-42、图 4-3-43）。

（9）曳引机接线，确保电梯能够慢速运行，之后站在轿厢顶部安装剩余主轨、副轨（图 4-3-44）。

（10）安装安全装置（图 4-3-45～图 4-3-47）。

图 4-3-39　搭设小型井架

图 4-3-40　安装轿厢底梁

图 4-3-41　拼装轿厢侧板、轿厢顶板，顶梁安装

图 4-3-42　钢丝绳支架、钢丝绳放置

图 4-3-43　穿承重梁钢丝绳

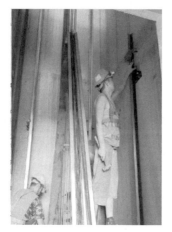

图 4-3-44　安装主轨

图 4-3-45　轿厢底梁下部安全钳　　　图 4-3-46　轨道顶部限速器　　　图 4-3-47　承重梁上夹绳器

（11）安装完成、调试（图 4-3-48、图 4-3-49）。

图 4-3-48　电梯内控制面板调试　　　图 4-3-49　自动停层测试

4.3.9 模块化钢结构取土栈桥施工技术

4.3.9.1 技术内容

　　施工栈桥是指为基坑工程提供机械通行、材料运输、料具堆载、土方开挖使用的基坑临时措施结构（图4-3-50、图4-3-51）。根据工程材料的不同，施工栈桥分为混凝土栈桥和模块化钢结构栈桥两种类型。模块化钢结构栈桥主要由桥面板、贝雷梁、分配梁、双拼转换梁、钢立柱、抗剪件、剪刀撑和连杆、花架和平联以及螺栓等组成，由于贝雷片模数关系，跨度一般采用3m、6m、9m、12m来布置，可通过工厂预制和现场拼接，加快施工进度。

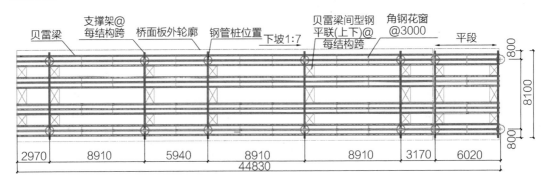

图4-3-50　模块化钢结构栈桥平面图

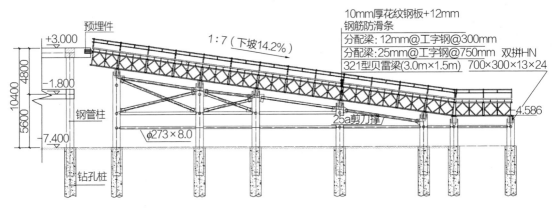

图4-3-51　模块化钢结构栈桥剖面图

　　模块化钢结构栈桥具有自重轻、可在工厂预制、现场拼装、施工速度快、节约工期、可重复循环使用、符合绿色环保节能要求等优点，但也存在后期维护成本高、防火耐腐蚀性差、现场施工连接焊接质量不理想、往复荷载作用下容易产生疲劳破坏、需经常检修、相对混凝土结构刚度小等缺点。

4.3.9.2 适用条件

综合工程地质、工期要求、成本造价、绿色建造等因素,在基坑工程及地下室结构施工阶段采用模块化钢结构栈桥作为土方开挖及材料运输的通道具有绿色建造、降低造价、节省工期、节约资源等优势,其适用于施工周期紧张、工业化程度及绿色建造要求高、成本造价有限的基坑工程。

4.3.9.3 模块化钢结构栈桥施工流程

模块化钢结构栈桥的施工主要包括立柱桩的施工、钢立柱的施工、剪刀撑及平联的焊接、钢立柱顶部定位切割及与转换梁的焊接、贝雷梁和分配梁的安装、桥面板的铺设、栏杆及照明等附属结构的安装等工艺流程,详见图4-3-52所示流程。

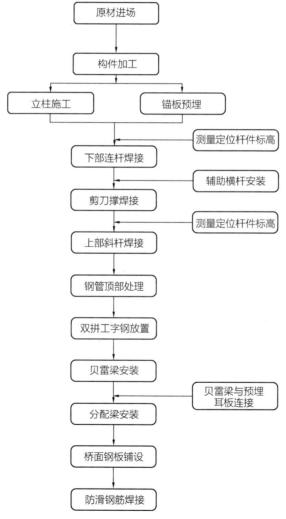

图 4-3-52 模块化钢结构栈桥施工流程图

1. 立柱桩及钢立柱的施工

根据图纸进行工程桩、立柱桩及钢立柱的施工；进行第一层土方的开挖，然后施工第一层内支撑以及钢结构栈桥连接的埋件，开挖土方时在坑内留设一条上坡道开挖栈桥区域的土方，直至最深处的钢立柱出露。

2. 钢立柱定位测设及剪刀撑、平联的焊接

开挖土方直至所有栈桥钢立柱出露后，现场对钢立柱桩头进行定位测设，对超出设计标高部分的钢柱头进行切割，同时焊接剪刀撑及平联。然后，根据计算结果进行放样，对已经切割调整好的柱头进行第二次精细测设，测设完后开始切割柱头，加焊双拼梁垫板，以保证吊装双拼 H 型钢梁至柱头。

3. 双拼转换梁的吊装与焊接

对所有钢立柱柱头进行细部加工后，将在工厂预制加工好的双拼型钢吊装就位后放置在钢立柱柱头切割槽内，并焊接牢固，偏位部分及时进行现场测量后切割加劲板并进行焊接，保证双拼钢梁与钢立柱的可靠连接。

4. 贝雷梁的吊装与焊接

双拼转换梁焊接完成后，对场外已经预拼好的贝雷片桁架单元进行拆解吊装就位，现场测设精准标高及定位轴线后开始进行贝雷桁架单元的吊装与焊接。贝雷桁架单元采用25t汽车式起重机和现场塔式起重机进行逐跨分段吊装，安装完贝雷片桁架单元后，进行限位挡板的安装，每组桁架单位设 2 片竖向 10 号槽钢与双拼主钢梁进行焊接，上部与水平 10 号槽钢背靠背焊接，对贝雷片进行下滑固定。钢栈桥斜段与平段相交的地方采用了竖向钢板与双拼梁焊接，插入插销固定的方式，斜贝雷片与双拼梁交接处，塞入实测角度的斜铁后侧面与双拼梁焊接固定。

5. 分配梁的安装

贝雷桁架单元吊装完成后，进行平联及分配梁的安装，平联根据贝雷片上弦杆开孔，通过螺栓锁定，同时起到横向拉结及限位分配梁的作用。待分配梁及横向平联安装完成后，每个纵向桁架单元进行 10 号槽钢顶及分配梁顶侧面焊接，焊缝为 6mm 通长角焊缝，分配梁为 750mm 间距，平联采用 3m 间距。同步安装贝雷桁架之间的花窗。

6. 桥面板的安装

钢栈桥分配梁安装完成后，进行桥面板的安装。利用汽车式起重机及现场塔式起重机吊装预制面板，按预设孔位吊装就位，每个面板上设有 6 个螺栓孔，可与下分配梁上的宽上翼缘进行连接，人工用螺栓套筒进行锁定。依次吊装面板进行铺设，直至完成整座钢栈桥桥面的安装，最后焊接桥面防滑钢筋，并安装栏杆及照明等附属结构。

7. 钢栈桥的检测

整座钢栈桥安装完成后，对牛腿、抗剪件、锚板的耳板等关键部位进行检测。先用手持打磨机对焊缝检测部位进行打磨，然后用探伤仪器检测，通过仪器读数反映焊缝裂纹及关键部位的焊接质量。此外，还需对主钢梁受力部位进行应力应变检测，设置双桥应力应变贴片，在桥面通行使用车辆荷载时，通过应力片仪器的读数反算出变形，与设计计算变

形进行比对，不超过设计理论计算值即表明施工达标，钢栈桥质量合格。

8. 模块化钢结构栈桥施工注意事项

模块化钢结构栈桥安装作业过程容易出现问题的地方特别多，主要体现在：钢立柱的偏位控制、钢立柱的灌注混凝土高度控制、栈桥区土方开挖的控制、栈桥与支撑梁埋板标高的控制、栈桥与混凝土平台连接的控制、贝雷桁架倾斜角度控制调整、双拼转换梁与钢立柱的调整设置、贝雷片的预拼机制、贝雷桁架的吊装作业机械配置与场地部署等。

（1）钢立柱的偏位控制

钢立柱的偏位控制需要精准地放线，同时需要较精确地控制灌注混凝土的标高；偏位带来的影响体现为双拼大梁本身是带角度安装，在 X 方向偏位，同时在 Y 方向偏位会造成贝雷桁架在双拼大梁上有脱空，如果保持 Y 向不变，则双拼大梁超出钢柱头一部分，需要额外补焊加劲牛腿，否则将造成三维脱空情况，还需要另外调整接触部位底部标高情况，施工难度太大。

（2）钢立柱标高控制及插入

钢管标高控制需要在灌注桩混凝土初凝前插入，现场采用的方式是灌注桩钢筋笼焊接及钢立柱吊入后浇筑混凝土，常常导致混凝土超灌到钢管桩内，因栈桥为斜桥，每一组柱头标高均不同，所以低标高部位的桩头内填满混凝土，现场调整单个桩头时需要花费近3h进行切割。因此，有必要对此阶段工艺进行改进，具体解决途径为灌注桩浇筑后钢管通过导向定位架精准插入，插入时间为初凝前。

（3）栈桥区土方开挖控制

栈桥区土方开挖与栈桥安装流程有比较大的关系，对于开挖深度较浅的基坑，可采用一次性开挖到底后再安装平联及桥面系的方法，对于其他较深的基坑此方法有待商榷。通用方式应为长臂挖机掏空某一跨的土体后安装转换梁、平联、贝雷桁架、桥面板的方式，然后吊车开上桥面进行下一跨度的安装，剪刀支撑应待整体栈桥安装完后下部土方清开，利用葫芦吊吊入后焊接安装。坑底需要小型挖土机辅助清开跨内土方。

（4）栈桥与支撑梁埋板标高的控制

与栈桥贝雷桁架的埋板应考虑施工误差，防止施工错误导致耳板与上弦杆的孔位不对，无法进行连接。

（5）栈桥与混凝土平台连接的控制

栈桥和支撑混凝土板连接时，栈桥自由沉降与支护混凝土结构的变形不协调，所以在板连接处应设置滑动覆盖钢板，在桥面的一段焊接牢固，另外一段采用滑动模式即可解决。

（6）贝雷桁架倾斜角度控制调整以及双拼转换梁与钢立柱的调整设置

贝雷桁架倾斜角度控制调整、双拼转换梁与钢立柱的调整设置为一体，通过计算结果放样，测设在柱头进行精准切割，微调后可以一次性解决双拼转换梁的定位及角度，所有的定位均以此为标准，双拼转换梁定位完后要再次进行测设，弹线定位，然后贝雷桁架吊装在预设的定位线，倾角角度不对的地方需要用抗震脚垫进行微调。

（7）贝雷片的预拼机制

贝雷片在出厂后存在合龙温差问题，现场拼接经常出现拼接不上的问题，要反复试换才能拼好，所以有必要在工厂进行预拼装，可有效提升拼装及吊装效率。

（8）贝雷桁架的吊装作业机械配置与场地部署

贝雷片的吊装需要大型机械的部署配置，可采用汽车式起重机与塔式起重机的配合，覆盖半径内吊重不小于 2.5t，桥下也应配置一台小型汽车式起重机，辅助小型零件加劲板等吊装，不要占用大型吊具的吊次，影响效率。汽车式起重机向前吊装时注意要根据栈桥的倾角调整支撑牛腿的垫脚，严禁在斜坡面上斜吊。必须采用楔形垫脚铺设。垫脚下部的折算荷载不超过 $4t/m^2$。

第 5 章

当前建筑业
前瞻性新技术

5.1 数字化施工技术

5.1.1 数字化加工技术

5.1.1.1 建筑构件数字化加工技术

在现代化建设进程中，建设工程企业在转变经济增长方式的同时，正在从提高施工效率、加快工程进度、提升工程质量、降低劳动强度、倡导绿色环保的角度出发，坚定不移地走信息化、工业化的道路。数字化加工技术已成为解决上述问题的有效探索途径，目前在钢筋、钢结构和机电安装领域均有应用。

5.1.1.2 钢筋数字化加工

结合钢筋在工程建设行业的重要性和 BIM 技术所引发的信息技术革命，钢筋翻样效率提升及钢筋加工工程的工业化进程已迫在眉睫。

钢筋数字化加工秉承着信息集成、设备集控、资源集约的总体研究原则，以 BIM 技术提供的平台为基础，通过参数化建模、可视化翻样、精确化计量、集约化加工、信息化管理等技术手段对钢筋工程所涉及的深化翻样、数控加工及配送等作业流程进行优化，提高了建模及翻样的深化效率，增强了编码与格式的设计水平，全面打通钢筋数据的全流程应用，进一步实现钢筋三维高效翻样、集约化数控加工及信息集成管理，促进钢筋工程作业效率提升及生产力水平提高。

1. 基于 BIM 的协同式智能化高效翻样技术

基于三维模型进行钢筋参数化高效建模及智能化断料翻样，并视需求对复杂节点钢筋进行综合优化及安装模拟，保证施工可行性（图 5-1-1）。模型数据经过料单在线管理器转换处理形成钢筋加工、打包、配送及安装等后续所需的各类应用数据，以实现可视化翻

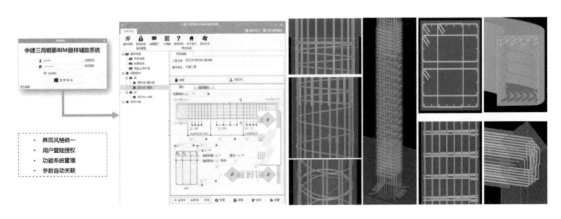

图 5-1-1　钢筋 BIM 翻样辅助系统界面示意图

样、精确化计算、协同化组织和数字化应用。

（1）参数化组件高效建模技术

采用三维 BIM 平台软件，对其基础配置数据进行本地化定制，在其基本功能基础上，针对工程中不同构件和钢筋类型的构造特点，编写参数化组件程序，自动判断提取支座信息，内置平法弯锚计算规则，结合实际施工需求，实现钢筋高效、精准建模，大幅提高建模效率的同时，参数化驱动方式也能更快地适应施工变更等情况。

（2）智能化断料模拟优化技术

对于通长筋断料位置的计算，除符合图集规范要求外，从批量化剪切和原材利用率两个维度进行算法设计，兼顾断料数组的标准模数化和材料加工等待时间，以达到原材利用率和加工效率最大化。基于这一算法设计思路，编写程序进行多种算法演算得到可编辑的最优与备选断点数据建议，并可实现模型化批量自动模拟断料，为工程师编制断料方案提供参考。

（3）协同式翻样团队组织技术

钢筋 BIM 数据模型在云端或局域网共享环境条件下，基于同一精确可信的三维模型开展协同化分工，可异地实现上下游环节及同一环节内的工作协同，有利于提高团队作业效能。同时编制应用钢筋工程 BIM 协同翻样标准及操作手册，统一技术做法标准，为钢筋翻样协同分工、合理组织提供了新的工作思路和方法依据。

（4）翻样辅助系统框架集成技术

通过插件化方式构建翻样辅助系统框架，将各个独立的组件模块和程序模块有机整合，并开发插件关联设置功能，将模块之间的参数按逻辑规则相互关联。通过对业务模块的关联整合，实现从钢筋建模、断料模拟、局部修改到数据导出的翻样流程系统化、标准化应用，进一步提高钢筋 BIM 建模和翻样效率。

2. 基于现场生产要素集约化的钢筋加工配送技术

根据钢筋半成品不同阶段需求变化及加工特点，基于 BIM 数据源将需求任务数字化，并拆分为不同批次的零构件加工任务，采用高效数控机械、优化工艺流程、加工工位单元化、动态化设备配置，提高协同生产效率，降低劳动强度，最大化利用设备产能，配合信息化钢筋管控，提升钢筋加工管理水平，改善生产力的组织，适应场外加工生产模式的一种钢筋工业化生产方式（图 5-1-2）。

（1）基于生产任务差异化批量加工技术

从钢筋半成品加工特点及其工程需求比例来看，可以将钢筋半成品分为零件和构件加工两种组织方式。梁柱纵筋、板面筋及底筋等钢筋半成品因其构件化需求明显，按构件单元化加工组织方式，半成品堆放及打包按照其所属混凝土构件进行归类；箍筋、拉钩、板负筋及竖向结构纵筋等数量大、标准化程度高，按照零件单元化加工组织方式，半成品堆放及打包按其形状、尺寸进行归类。

（2）基于工位需求的生产要素单元化组织技术

按照最基本不可再拆分的生产工位划分生产单元，并基于生产要素进行单元化组织，

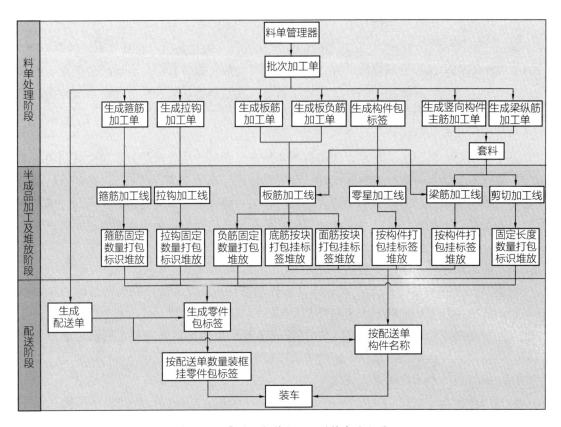

图 5-1-2　集约化钢筋加工配送技术流程图

包含设备选型、占地、人员配置、产能、成本以及效益等基本内容。将钢筋半成品加工细分为箍筋生产单元、板筋生产单元、大料弯曲生产单元、大料剪切生产单元、大料锯切套丝生产单元等。通过研究各生产单元效能产出情况，实现加工设备的合理动态化配置，确保投入产出比最大化。

（3）钢筋数控化加工设备集控化改造技术

传统钢筋加工作业的工序和流程，提出设备集约化改造技术，将同一种半成品加工的多道工序在时间和空间维度上进行整合，从而提升设备加工的效率。同时，对于数控化设备开发软件及硬件端的物联网化的数据通信模块，实现任务云端数据下发及生产数据回传功能，实现数控化设备的集控，进一步发挥设备组织化效能。

（4）基于集约化加工的钢筋半成品配送技术

现场提出半成品需求后，按照现场使用顺序，在料单管理器中生成批次化钢筋半成品配送单及标签并打印。半成品装车时，构件任务按照构件信息对应的生产单元堆场找到构件包装车；零件任务则根据零件标签数量在对应的零件半成品堆场中清点并悬挂零件标签后上车，最后根据配送单核对无误后运输至施工现场。

3. 基于BIM+云端的钢筋现场工业化信息管控技术

基于云端的钢筋数字化管理系统，可以充分利用钢筋BIM翻样的数据成果，提高钢筋半成品的加工管理效率，对钢筋任务、半成品加工及配送信息进行全流程化管理，主要功能包括：料单管理、原材管理、半成品加工任务管理及半成品配送管理，基本流程如图5-1-3所示。

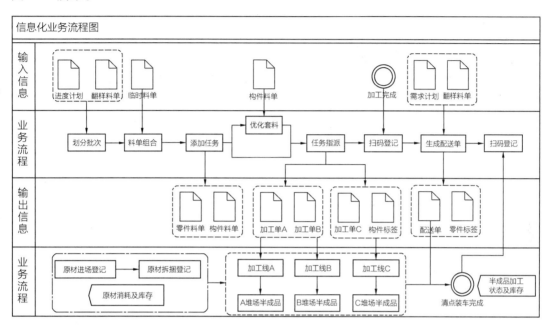

图 5-1-3 基于BIM＋云端的钢筋现场工业化信息管控技术

（1）钢筋全流程形态数据高效转换技术

通过统一基础编码方案进行不同形态间的数据转换与传递，实现了钢筋数据全流程高效管理。此外，在传递的过程中可根据不同的需求进行信息自动处理。提取与转换钢筋BIM数据、视需求提取原材料进场计划，生成对接数控设备的数控文件，生成钢筋加工任务单、半成品分拣单、配送单及绑扎单等。同时为使用方便，所有生产的料单及数据信息可实现二维码化动态查询。

（2）钢筋料单数据云端集中管理技术

钢筋BIM建模翻样后，导出的钢筋基础数据一键自动导入云管理系统中，进行解析、分类及整合等形成钢筋基础数据库，在料单管理器内集中管理并实现状态跟踪，可将整个项目的构件按归属部位保存，进行查看、编辑、标记、统计等功能。

（3）适用于集约化加工任务管理技术

为适应加工单元化协作生产模式，云管理系统中对加工任务按照零构件单元化进行任务拆分，配合标签及指令进行任务驱动，配备高度自动化的数控设备后，可将加工任务转换成数控数据直接发送给设备，避免数据错漏。此外，为了减少棒材钢筋的剪切损耗，基于数据库技术开发了棒材剪切套料软件，提供最佳的钢筋下料方案；针对钢筋进场验收点数痛点，开发了辅助点数工具，可通过拍照识别点数，大大提高了钢筋进场验收效率。

（4）进度关联的半成品状态信息追踪技术

根据现场进度计划，从料单管理器选取要配送的构件，添加时间信息，形成配送批次并生成配送单。从配送单可查找半成品堆码单元，从移动端可查询加工及配送状态信息，提高查找效率，基于唯一数据源可提高不同交接界面的数据透明度及效率（图5-1-4）。

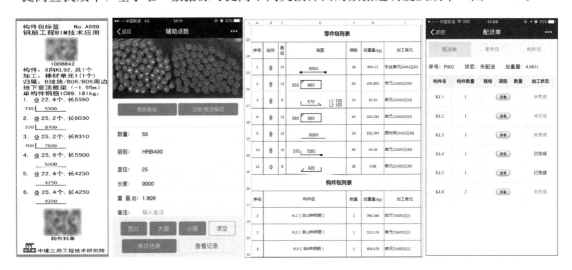

图 5-1-4 构件包标签、辅助点数工具、配送单及状态查询

5.1.1.3 钢结构数字化加工

钢结构数字化加工是解决传统钢结构制作问题的方法之一。结合 BIM 和数控技术对钢结构设计、制造及安装过程进行集成，实现产业链一体化发展，提高效率，节约成本。主要思路如下：数字化加工从 BIM 模型中提取钢材的各种属性参数信息，然后再通过二次开发链接企业物料数据库，并调用物料库存信息排版套料操作。然后根据模型数据、数控设备对钢结构进行数字化加工，最后根据模型指导现场安装工作。加工、安装的结果可以进一步反馈至 BIM 模型中，以便工作人员对施工信息进行更新。

钢结构数字化加工技术在以下几个方面已经有所应用：

1. 钢结构智能制造装备及先进工艺技术

（1）研制智能制造设备

1）智能切割下料设备：创新切割下料无人化作业流程，优化操作步骤，实现将下料工段原本割裂的各个工序重新整合成一套无人化作业流程。探索出数字化集成控制的作业模式，将各环节人工工作内容全部改由集成系统完成，摆脱了对人工数量和技能水平的依赖。

2）工业机器人焊接设备：已发展适用于 8～40mm 板厚机器人不清根全熔透焊接参数专家数据库，解决了中厚板焊接需人工清根的难题。通过分析机器人轨迹、夹具动作、焊接姿态、起弧收弧位置的影响，焊接机器人参数化编程技术已经问世，实现了工件的快速自动编程焊接。

3）智能仓储物流设备：结合钢板、构件的吊运横移新方法，该设备降低了周转时间，提出了分拣机器人＋AGV＋智能仓储结合的零件立体物流仓储方法，设计了15种零件存取工艺路线，避免了二次分拣，减少了零件搬运次数，实现零件按最优路径直达对应工位，避免了零件非必要转运，显著缩短了零件周转周期。

（2）制造一体化工作站

1）智能下料一体化：根据并列式布局的智能下料车间，搭建智能下料一体化工作站，构建下料中心中央控制系统，通过对产线众多智能设备的集成控制、调配、管理、监控和数据采集，实现信息高度集成、设备联动协作及全流程自动作业。

2）卧式组焊矫一体化：目前已出现卧式组立、卧式焊接、卧式矫正等 H 型钢一体化卧式工作站，大大减少了工件在加工过程中的翻身次数，解决了传统单机独立作业模式下工序衔接不紧密、生产流水不顺畅、生产效率难以提升的问题。

3）总装焊接一体化：包括总装焊接一体化加工方式，通过对机械上料结构、头尾式变位机旋转机构、机器人焊接系统、自动编程模块等进行集成化设计，搭建了构件自动上下件、自动定位、自动编程、自动焊接、自动翻身的一体化工作站。

（3）构件智能制造生产线，通过仿真技术模拟实际生产线，建立数字化生产线模型，建立微型试验生产线技术验证，建设智能制造柔性生产线（图 5-1-5）。

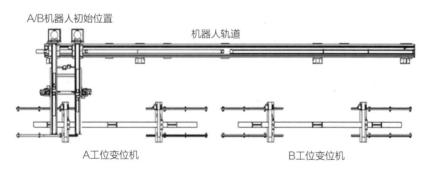

图 5-1-5　总装焊接一体化工作站功能布局设计

2. 钢结构制造信息化技术

（1）新型数据采集、传输及处理系统

1）数据采集处理设备，解决了末端数据传输方式差异大、采集频率差别大、格式转换难的问题，保证了各工位数据采集的统一性。创新提出了骨干网络双路备份方案，解决了工厂制造环境干扰强、网络复杂难以确保网络稳定顺畅传输的问题。

2）针对制造环节数据传输量大、信息交互频繁、对信息传输时效性与完整性要求高的问题，工业网络技术已有应用，提高了网络带宽，简化了网络架构，降低了终端部署成本，实现了生产基础数据低延时、高可靠传输。

3）针对数据处理过程对服务器集中占用较大、数据流量较大的问题，开发了工业智能网关，集成各种主流的工业协议。智能边缘计算引擎技术已经问世，实现了对智能设备数据的快速计算与过滤，大大减少了智能决策服务响应时间。

（2）钢构工业互联网大数据分析与应用平台：该平台应用了建筑钢结构智能制造生产线数字孪生技术，建立了仿真测试、流程分析、运营分析等数学分析模型，开发了面向钢结构制造的首个工业互联网大数据分析与应用平台。通过关键数据的对比分析并可视化展示，实现了工厂精细化管理。

（3）工业互联网标识解析体系

该体系针对建筑钢结构产业链专业间信息化标准不统一、企业间信息不畅通的问题，设计开发了基于二维码标识的钢结构产品生产管理系统，接入国家顶级节点和企业标识解析节点，实现全过程可追溯（图5-1-6）。

图 5-1-6　智能下料加工设备

5.1.1.4　机电管道数字化加工

我国机电安装行业不断引进及创新先进技术，并在工艺流程上加以完善。但是在建筑机电管道数字化加工上还处在初级阶段，原因主要是综合管线碰撞问题、综合管线位置不精确问题及安装偏差问题等，限制了机电管道数字化的发展。

随着BIM技术在机电安装工程中的应用不断深入，工厂化预制技术已逐步发展成熟并得到广泛应用。该技术的重点是对BIM数据进行深度挖掘、充分有效利用（图5-1-7）。

常规做法是对BIM工厂化预制加工一体化的任务进行分解。但存在图纸深化、材料供应、材料加工、现场安装施工等各个环节的工作脱节，各干各的，没有联动。各项工作之间难以有效配合，材料与现场难以匹配，现场施工与深化图纸无迹可寻。

1. BIM技术的工厂化预制关键技术

（1）BIM技术的管道预制组合安装技术，在深化设计阶段建立管道施工模型的时候，预先将施工所需的管道材质、壁厚、规格等一些参数输入模型当中，然后将模型根据现场实际情况进行调整，待模型调整到与现场一致的时候再将管道材质、壁厚、规格和长度等信息生成一张完整的预制加工图，将图纸送到工厂里面进行管道的预制加工，等实际施工时将预制好的管道送到现场组合安装。

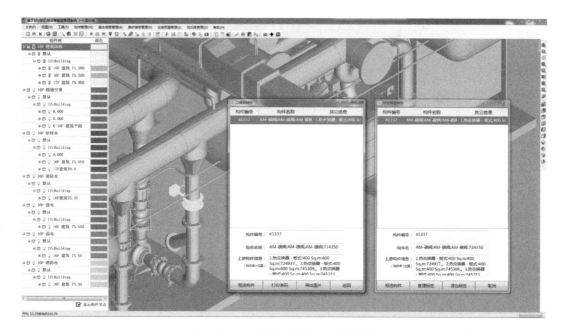

图 5-1-7 机电管道数字化 BIM 技术

（2）BIM 技术的风系统管道预制组合安装技术

风管预制加工是在建立风系统施工模型的时候就将施工所需的风管材质、壁厚、类型等一些参数输入模型当中，然后将模型根据现场实际情况进行调整，待模型调整到与现场一致的时候再进行附件定位、管道划分、尺寸标注、管段编号，最后将风管材质、壁厚、法兰类型、形状和长度等信息汇总成一张完整的预制加工图或 CAM 数据，将图纸或 CAM 数据送到工厂里面进行风管的预制加工，等实际施工需要时将预制好的风管送到现场安装。

2. 基于 BIM 的深化技术

（1）三维可视技术进行深化设计，采用 3d MAX、C4D 或 Maya 等三维建模软件实现三维模型创建，三维可视化的 BIM 技术可以使工程完工后的状貌在施工前就呈现出来，表达上直观清楚。

（2）采用碰撞检测技术进行管线综合平衡设计，及时排除项目施工环节中遇到的碰撞冲突，显著减少由此产生的变更申请，更大大提高了施工现场的生产效率，降低了由于施工协调造成的成本增加和工期延误。

3. 基于 BIM 的三维算量技术研究

Revit 机电设备族库的编码与物资管理系统机电工程的物料编码统一，并将 BIM 模型材料数据应用于物资管理系统，实现采购预警与限额领料，规范材料管理，从而将 BIM 技术与施工管理相结合。

4. 基于 BIM 技术的管道数字化加工流程

具体流程如图 5-1-8 所示。

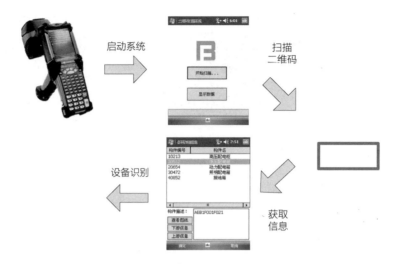

图 5-1-8 机电管道数字化设备识别流程

（1）BIM 深化人员依据项目实际情况建立完整的 BIM 模型（图 5-1-9），完成机电管线综合排布，经各方审核合格后将材料进行分段分节，并对分段材料进行准确编号。然后在设计建模的过程中就将施工所需材料的材质、类型、壁厚、连接方式等一些参数输入样板文件当中，根据现场实际情况建立模型并进行管线综合调整。常用的软件有 Fabrication CAMduct，用于 BIM 模型与加工厂设备的衔接。

图 5-1-9 BIM 模型

（2）预制加工厂收到编号齐全的 BIM 模型后，将模型直接导入等离子切割机设备进行自动化切割，等离子设备识别 BIM 数据，在单人操作的情况下通过设备将尺寸信息精确反映到相应材料上，分别在自动生产线上加工生产。将生产完成的材料贴上二维码编号运送至施工现场（图 5-1-10）。

（3）施工现场接收到预制加工厂运送的材料后，将 BIM 模型编号与材料编号核对后，再根据现场建立的 BIM 模型进行构件定位指导，即可进行现场拼装与现场施工。

BIM 技术与工厂化预制加工的结合，首先，从根本上保证了预制加工信息的准确及时，避免了信息的丢失和误解。其次，通过大规模自动化预制加工，保证了预制加工精确高效且减少了材料浪费，同时大大降低了因人为因素对管道制作质量的影响，

图 5-1-10　BIM 模型、预制加工及现场安装效果

并在后期安装过程中，使无纸化现场验收、质量把控得以实现，对整个工程确保工程质量、提高劳动生产率、减轻工人劳动强度，乃至安全生产和文明施工都起到了较大的积极作用。

5.1.2　建造过程虚拟仿真技术

虚拟仿真技术成为我国科技发展的关键词，对各行各业产生了极大的影响。将数字化技术融入工程建设领域，对于改变传统施工模式、提升我国工程建造水平具有重要意义。以建筑工程为研究对象，虚拟仿真技术可应用于施工准备、基坑工程、混凝土工程、钢结构工程、机电工程、装饰工程、模架装备、施工过程管理等方面，其中有限元仿真技术作为建筑设计施工过程管控的一种重要技术手段而备受行业关注。

5.1.2.1　有限元概述

有限元法是当今工程计算领域应用最广泛的数值计算方法，由于其通用性和有效性而受到工程界以及学术界的一致重视，其基本思路可概括如下。

有限元离散：将一个表示结构或连续体的求解域离散为若干个子域（单元），并通过边界上的结点相互联结为一个组合体，如图 5-1-11 所示，该过程又称为有限元网格划分。

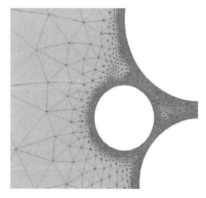

图 5-1-11　有限元离散示意图

单元构造：用每个单元内所假设的近似函数分片表示全求解域内的未知场变量，而每个单元内的近似函数由未知场函数（或其导数）在单元各结点上的数值以及其对应的插值函数来表达。由于场函数在联结相邻单元的结点上具有相同数值，因此，将它们作为数值求解的基本未知量，从而将"求解原待求场函数

的无穷多自由度问题"转换为"求解场函数结点值的有限自由度问题"。

方程建立及求解：通过和原问题数学模型（例如基本方程、边界条件等）等效的变分原理或加权余量法，建立求解基本未知量（场函数结点值）的代数方程组或常微分方程组，并表述成规范化的矩阵形式，然后用相应的数值计算方法求解该方程组，从而得到原问题的解答。

5.1.2.2 大体积混凝土浇筑水化热分析

1. 概述

某项目巨柱混凝土浇筑为大体积混凝土施工，需要研究施工过程中水化热的影响。大体积混凝土的温度应力是由于浇筑混凝土后水泥的水化反应、放热反应导致的混凝土体积膨胀或收缩，在受到内部或外部的约束时而产生的。混凝土内部实际最高温度与混凝土的绝热温升有关。因水化热引起混凝土的绝热温升值可按下式计算：

$$T_a = W \times Q/(C \times \rho)$$

式中：T_a——混凝土最终的绝热温升（℃）；

W——每立方米混凝土的胶凝材料用量（kg/m³）；

Q——胶凝材料水化热（kJ/kg），$Q = KQ_0$；

Q_0——水泥水化热（kJ/kg）；

K——掺合料水化热调整系数；

C——混凝土的比热 [kJ/（kg·℃）]；

ρ——混凝土的质量密度（kg/m³）。

2. 计算模型

分析软件采用有限元分析软件 MIDAS/Civil。根据结构对称性，建立 1/2 模型，为内外表面平行的不规则六边形，最小尺寸 1.1m，高 4.32m，单元划分尺寸为 0.12～0.15m，共3780 个实体单元。该模型参数如下：混凝土等级为 C70/C80；混凝土比热为 1kJ/（kgf·℃）；混凝土热传导系数为 10.6kJ/（m·h·℃）；环境温度为 40℃；与空气对流系数为 50kJ/（m²·h·℃）；最大绝热温升为 50.5℃，系数 $a=0.406$。

计算工况考虑是否设置冷却管两种情况进行对比，加冷却管设置如表 5-1-1 所示，混凝土巨柱等截面模型如图 5-1-12 所示。

冷却管参数设置 表 5-1-1

管冷流量 (m³/h)	通水时间 (h)	管径 (mm)	水温 (℃)	对流系数 [kJ/(m²·h·℃)]
1.7	144	32	30	1352

3. 分析结果

计算结果如图 5-1-13 所示。

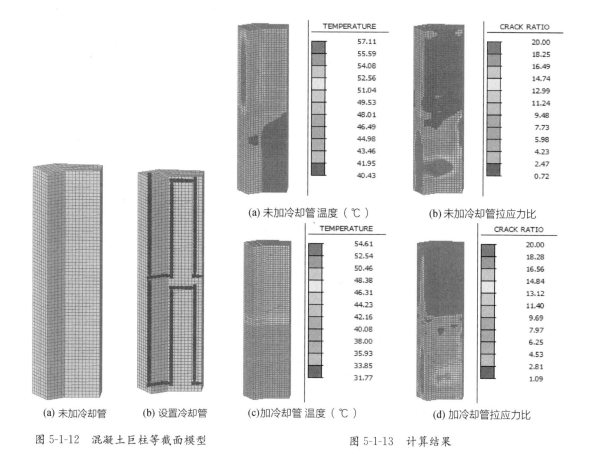

(a) 未加冷却管　　　(b) 设置冷却管

图 5-1-12　混凝土巨柱等截面模型

(a) 未加冷却管温度（℃）　　　(b) 未加冷却管拉应力比

(c) 加冷却管 温度（℃）　　　(d) 加冷却管拉应力比

图 5-1-13　计算结果

由分析结果可以得出未加管冷措施的混凝土巨柱内外温差为 16.7℃，小于 25℃，满足规范要求，但拉应力过大，导致拉应力比最小时为 0.72，小于 1，不满足规范要求，从而在施工中会产生裂缝，所以有必要采取合适的管冷降温措施。

增加管冷措施后混凝土巨柱内外温差为 22.8℃，小于 25℃，满足规范要求，拉应力比最小时为 1.09，均大于 1，满足规范要求，从而在施工中不会产生裂缝。所以按照上述管冷的布置方法合理且能有效降低混凝土核心温度，降低内外温差，以防止施工过程中裂缝的产生。

5.1.2.3　裂缝模拟分析

1. 概述

某超高层项目塔楼内筒采用 ZSL750 动臂塔式起重机，ZSL750 内爬支撑系统如图 5-1-14 所示。塔式起重机标准节与箱梁通过 C 形框进行连接，箱梁两端坐在钢牛腿之上，通过水平顶紧螺栓加持，钢牛腿与预埋件通过螺栓连接。

2. 计算模型

根据"ZSL750 塔式起重机 C 形框支点不同工况输入荷载"，提取了 ZSL750 内爬钢梁

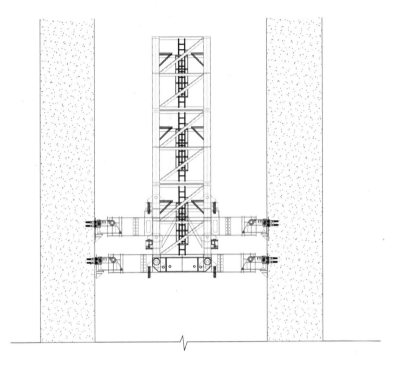

图 5-1-14　ZSL750 内爬支撑系统剖面图

节点反力 8 种工况包络值，如表 5-1-2 所示，计算取该支点反力作为荷载（图 5-1-15）。表 5-1-2中的荷载根据《建筑结构荷载规范》GB 50009—2012 考虑了安全系数，其中塔机动荷载取安全系数 1.3，塔机自重取安全系数 1.5。

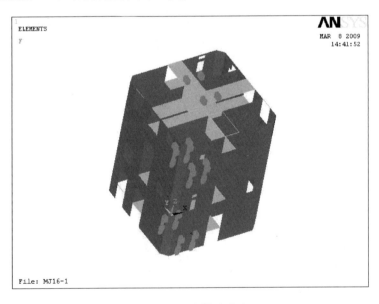

图 5-1-15　计算模型图

节点	$F_x(t)$	$F_y(t)$	$F_z(t)$
1	± 50	± 49.5	162
2	± 23.7	± 25	102
3	± 29	± 30	55
4	± 50	± 49.5	161

由于预埋螺杆的抗拔承载力可能由螺杆与混凝土的相互作用力决定，而并非由螺杆材料自身承载力决定，因此，需要对螺杆抗拔承载力进行有限元分析。

墙体模型及配筋情况参考主塔楼 300mm 内墙实际配筋情况，混凝土墙体采用三维实体单元 Solid65 建模，钢筋采用 Link8 线单元，不同直径的钢筋通过分配不同的实常数来进行定义，螺杆采用 Beam188 单元，通过分配截面类型及尺寸进行定义。

材料模型方面，混凝土强度等级为 C60，采用多线性等向强化模型（MISO），且考虑其开裂后应力松弛效应；钢筋等级根据结构设计图纸为 HRB400，采用双线性等向强化模型（BISO），抗拉压强度设计值为 360MPa。

模型中约束墙体四个边界，在螺杆上施加垂直于墙体向外的拉力 100t。

模型未考虑螺杆与混凝土之间的粘结滑移，仅将螺杆的螺纹段与混凝土固结考虑，结合以往一系列试验及理论分析，当混凝土出现裂纹前，这种螺杆与混凝土之间无粘结滑移假设是合理的，因此，模拟中以螺杆周围混凝土第一主应力，即最大拉应力为控制因素，若最大拉应力超过混凝土抗拉强度设计值，认为螺杆抗拔达到承载力极限状态。

3. 分析结果

由计算结果图 5-1-16 可知，在塔式起重机爬升荷载作用下，混凝土核心筒的最大主拉应力约为 0.74MPa，小于 C80 混凝土的主拉应力设计值 2.22MPa 的 0.7 倍，即 1.55MPa。

5.1.2.4 超高层项目施工工况复核

1. 概述

以某超高层项目为例，该项目塔楼施工采用不等高同步攀升施工工法，核心筒采用两台 ZSL750 内爬式塔式起重机进行施工作业。内爬式塔式起重机工作时，采用上下两层附着支撑架进行有效固定，其中上层附着架提供水平支承力，下层附着架提供水平及竖向支承力。附着架由箱形截面和工字形截面的型钢构件组成，随塔式起重机爬升作业轮流循环使用。

利用有限元模拟施工工况，考虑施工工况对整体结构变形及超前施工局部墙体稳定性的影响；分析施工工况下，剪力墙局部受塔式起重机及造楼机荷载的影响。

2. 计算模型

依据施工协作、各专业插入工况及塔式起重机与造楼机爬升规划图，选取核心筒施工至 21F、42F、69F、83F 时四种工况。利用 SAP 2000 软件建立剪力墙模型，进行屈曲分析。首先进行屈曲分析得到结构的各阶屈曲模态以及屈曲临界荷载系数；然后检查各阶屈曲模态形状，确定该构件发生屈曲时的临界荷载系数。

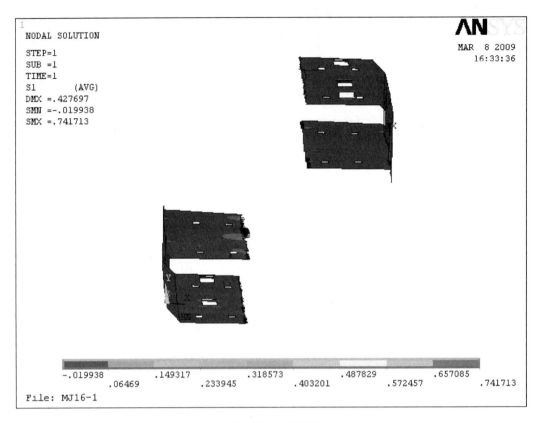

NODAL SOLUTION
STEP=1
SUB =1
TIME=1
S1   (AVG)
DMX =.427697
SMN =-.019938
SMX =.741713

MAR 8 2009
16:33:36

-.019938   .149317   .318573   .487829   .657085
    .06469   .233945   .403201   .572457   .741713

File: MJ16-1

图 5-1-16　分析结果

各施工阶段对应的结构模型如表 5-1-3 所示。

各施工阶段对应的结构模型及计算结果　　　　　　　　　表 5-1-3

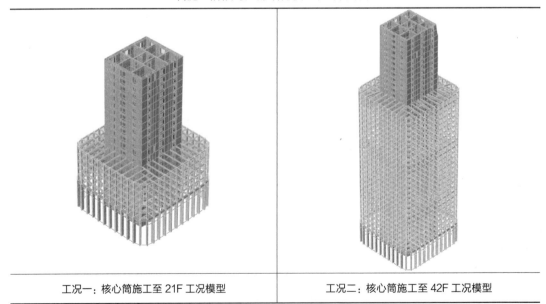

| 工况一：核心筒施工至 21F 工况模型 | 工况二：核心筒施工至 42F 工况模型 |

工况三：核心筒施工至 69F 工况模型			工况四：核心筒施工至 83F 工况模型		
振型	施工工况一	施工工况二	施工工况三	施工工况四	使用阶段
1	0.827	2.07	4.765	6.329	7.902
2	0.709	1.887	4.43	5.956	7.475
3	0.572	1.349	2.658	2.908	3.51
4	0.494	0.666	1.386	1.771	2.09
荷载	施工工况一	施工工况二	施工工况三	施工工况四	使用阶段
X 向地震	1/5603（7层）	1/5113（24层）	1/2210（41层）	1/1599（57层）	1/1156（57层）
Y 向地震	1/4680（7层）	1/5633（30层）	1/2418（59层）	1/1660（59层）	1/1272（61层）
X 向风	1/9999（6层）	1/8281（27层）	1/1991（54层）	1/614（81层）	1/842（57层）
Y 向风	1/9999（7层）	1/9999（27层）	1/2131（61层）	1/752（61层）	1/817（61层）

3. 计算结果

通过计算分析发现，工况四为最不利工况，工况四计算结果如图 5-1-17 所示。计算结果表明，实际计算得到的计算长度系数比规范公式计算的长度系数较少，内墙墙肢局部稳定性可满足要求。

5.1.3 建造过程安全与健康信息化监测技术

近年来，随着计算机技术和工业化水平的提高，基坑工程自动化监测技术也发展迅

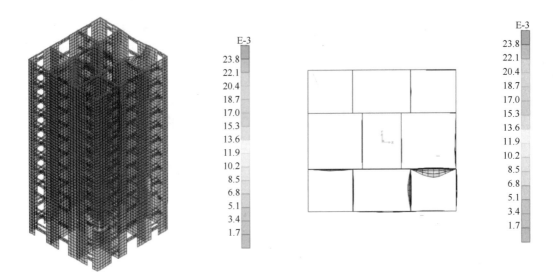

图 5-1-17　第 1 阶屈曲模态

速，目前国内很多深大险难的基坑工程施工时开始选择自动化连续监测，如上海地铁宜山路车站、董家渡深基坑等，相对于传统的人工监测，自动化监测具有以下特点：

首先，自动观测可以连续地记录下观测对象完整的变化过程，并且实时得到观测数据。借助于计算机网络系统，还可以将数据传送到网络覆盖范围内的任何需要这些数据的部门和地点。特别在大雨、大风等恶劣气象条件下自动监测系统取得的数据尤其宝贵。

其次，采用自动监测系统不但可以保证监测数据正确、及时，而且一旦发现超出预警值范围的量测数据，系统马上报警，辅助工程技术人员做出正确的决策，及时采取相应的工程措施，整个反应过程不过几分钟，真正做到"未雨绸缪，防患于未然"。

最后，就经济效益来看，采用自动监测后，整个工程的成本并不会有太大的提高（图 5-1-18、图 5-1-19）。第一，大部分自动监测仪器除了传感器需埋入工程中不可回收之外，其余的数据采集装置等均可回收再利用，其成本会随着工程数量的增多而平摊，摊到每个工程的成本并不会很高。第二，与人工监测相比，自动监测由于不需要人员进行测

图 5-1-18　现场自动监测实景

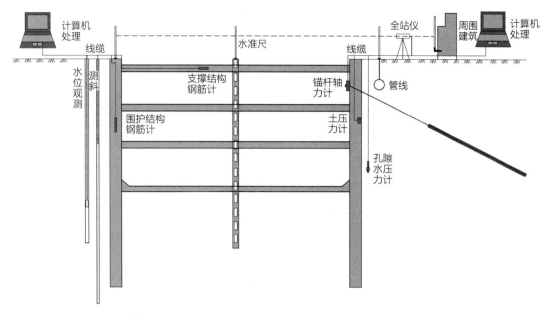

图 5-1-19　现场自动监测示意图

量，因此，对人力资源的节省是显而易见的，当工地采用自动监测后，只需要一两个人对其进行维护即可完全实现监测目的。第三，采用自动监测后，可以对全过程进行实时监控，出现工程事故的可能性就会非常小，其隐形的经济效益和社会效益非常巨大。

5.1.3.1　大型工程装备监测技术

工程中的大型工程装备种类很多，如建筑领域的造楼机（顶模集成平台）、大型挖掘机、搅拌桩机、塔式起重机、汽车式起重机等；路桥领域的盾构机、桥式起重机等；船舶领域的挖泥船、疏浚船、门式起重机、石油平台等；航空航天领域的运载火箭、航天飞机、火箭运载车等，以下以新型轻量化顶模集成平台为例，说明其监测系统的情况。

1. 项目简介

某超高层项目轻型顶升模架集成平台，由贝雷片平台系统、支撑与顶升系统、模板系统、挂架系统及附属设施等组成（图 5-1-20）。贝雷片平台系统采用 200 高抗剪型贝雷片经相关节点构件连接组成，平面尺寸约 35m×30m；支撑与顶升系统共 12 个支点，对称布置在核心筒剪力墙上；挂架系统跨 3 个标准层高，共 7 层挂架通道，平均每层高 2200mm；模板系统悬挂在平台下部，用于核心筒施工；附属设施主要包括平台走道板、安全防护、楼梯、底部翻板等。

顶模系统共布置 12 个支点，立面跨越 6 个结构层高，整个系统的高度为 23059mm（图 5-1-21）。钢平台系统高度 2234mm（为一个标准贝雷片的高度）；支撑系统高度 20825mm；挂架系统高度 15400mm，共布置 7 层，每层高 2200mm。

2. 监测内容

监测内容等信息如表 5-1-4 所示。

图 5-1-20　顶模平台三维效果示意图

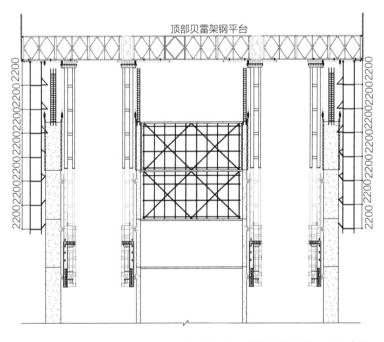

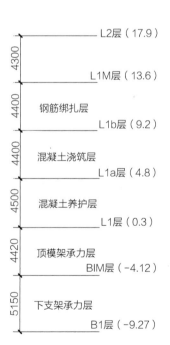

图 5-1-21　顶模平台典型立面示意图

监测内容   表 5-1-4

序号	监测内容	测点	监测仪器	备注
1	表观监控	24	摄像头	用于监测立柱勾爪情况
2	应力应变	92	振弦式应变传感器	用于监测立柱和主受力节点处贝雷片
3	水平度	12	静力水准仪	用于监测外围悬挑贝雷片沉降情况
4	垂直度	12	倾角仪	用于监测立柱垂直度情况
5	风速	1	风速风向传感器	用于监测平台风速
6	挂爪	8	倾角仪	用于监测所选取立柱挂爪空间姿态

3. 监测系统布置

（1）表观监测

通过表观监测，观察支撑系统是否支撑到位，在 12 个支撑点位置各设置 2 个摄像头（上立柱、下支撑架各 1 个），要求能观测到承力棒是否正确地置于挂爪之上并有效接触。

（2）应力应变监测

1）支点应力应变监测

对于支点是否受力均衡，可通过上立柱、下支撑架承力棒的应力、应变的对比判断。同时，根据支点试验情况，下支撑架横梁的两端应力较大，须设置应力、应变监测点。单根顶升立柱设置 6 处监测点，如图 5-1-22 所示。

2）贝雷片应力应变监测

对受力较大的贝雷片主梁进行应力、应变监测，如图 5-1-23 所示。

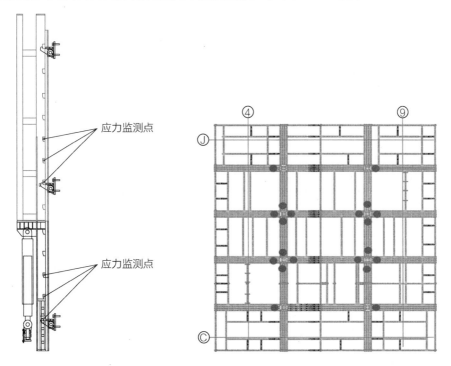

图 5-1-22　支点应力监测点布置示意图　　　图 5-1-23　贝雷片主梁应力测点示意图

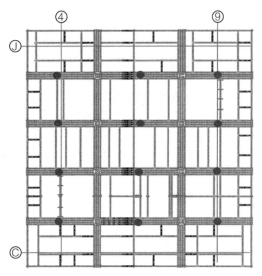

图 5-1-24 平整度测点示意图

3）水平度监测

贝雷架平台作为施工堆载、施工人员活动区域，可能因堆载不均衡、顶升不同步、意外撞击等原因产生较大标高差异，此时产生较大结构内力，对模架安全产生影响，因此需对平台平整度进行检测（图 5-1-24、图 5-1-25）。

4）立柱垂直度监测

支撑立柱高度较高，当有水平位移发生时，附加弯矩较大，可能影响立柱的正常使用，甚至发生危险，为此，需对传递竖向荷载的立柱进行垂直度监测（图 5-1-26、图 5-1-27）。

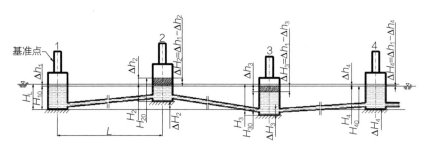

注：▨ 部分为测点垂直位移（沉降）量

图 5-1-25 静力水准仪

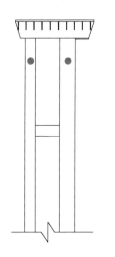

图 5-1-26 立柱垂直度测点示意图

图 5-1-27 双轴倾角传感器

5）风速监测

顶升模架体系在设计时，对风载的考虑为十年一遇。对应八级大风，风速为17.2m/s，因此，应对风速进行监测。若大于设计值，需停止施工。风速测点设置在平台顶部，通过风速监测仪器测定，于平台顶升前后分别测定并记录（图 5-1-28、图 5-1-29）。

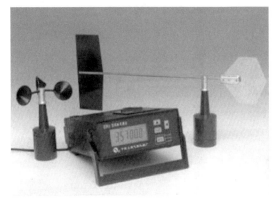

图 5-1-28　风速监测仪器

图 5-1-29　立柱挂爪传感器布置位置示意图

5.1.3.2　建筑重要杆件监测

建筑构件的受力状态与结构的安全性息息相关，作为结构的基本组成部分，往往是结构破坏时最直观的体现位置。因此，对结构的基本单元进行状态监测，对结构的安全性、可靠性及使用性能等有重要影响。

（1）工程简介

某超高层项目塔楼地上 88 层，建筑总高度 438m。工程主体结构为核心筒-巨柱-伸臂桁架结构体系，因建筑功能的特殊需求，在外框 65 层设置酒店大堂，限制了转换结构的高度及跨度，常规结构无法满足设计要求，逐级成型的"上挂下承"结构是一种有效解决方式。逐级成型的"上挂下承"结构在66F 设置转换大梁，顶部设置加强桁架，并在 77F 设置后装段，施工过程中利用后装段处卸载实现部分结构上挂于顶部加强桁架，整个施工过程中实现内力重分布。

经过 2 次内力重分布，结构受力情况变化较大，为了确保"上挂下承"结构在整个施工形成过程中的安全性，并考察形成过程中结构的变形和内力变化规律，需要对"上挂下承"结构进行施工全过程现场监测，利用监测结果对施工全过程进行评价修正，实现现场监测与数值计算相互印证的目的（图 5-1-30）。

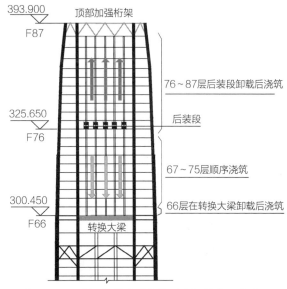

图 5-1-30　逐级成型的"上挂下承"结构示意图

（2）监测方法

首先是监测点的布置情况，66F 转换大梁测点布置：构柱、跨中及支点共 9 处，共布置 29 个测点；66F 转换大梁及 77F 后装段沉降位移监测布置于次结构柱上部，其中每侧布置 5 个观测点，布置及测点编号如图 5-1-31 所示。

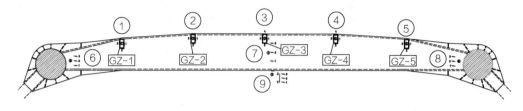

图 5-1-31　应变测点布置图

（3）监测结论

钢柱轴力变化趋势相同，4 号结构柱在监测过程中受力最大，呈不对称受力状态，可能受风荷载影响，5 根次结构柱最大轴力仅为极限承载力的 13.5%；77F 卸载前次结构柱呈受压状态，且压力逐级增大；77F 卸载完成后，66F 次结构柱释放部分荷载，压力减小；66F 转换大梁的卸载直接导致 66F 次结构柱轴力减小，3 号钢柱由受压状态转变为受拉状态，而其他次结构柱均为受压。结构总体在安装及使用过程中安全可靠（图 5-1-32）。

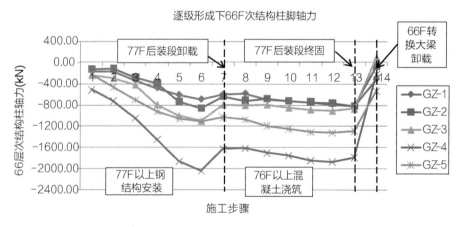

图 5-1-32　66 层次结构柱轴力变化示意图

5.1.3.3　沉降监测

建筑物的沉降监测是根据建筑物附近的水准点进行的，所以这些水准点必须坚固稳定。为了对水准点进行相互校核，防止其本身产生变化，水准点的数目应尽量不少于 3 个，以组成水准网。对水准点要定期进行高程检测，以保证沉降观测成果的正确性。

传统的地面沉降监测方法有水准测量、三角高程测量、全球定位系统（GPS）测量、合成孔径雷达干涉测量（InSAR）等。水准测量操作简便，虽不能全天候监测，但成本低，在对实时性要求不高的工况下有较多应用；合成孔径雷达干涉测量（InSAR）可以全天时、全天候、高精度地获取大范围空间连续地表形变信息，随着信息化水平的提高，在对实时性要求高的工况下有较多应用。

1. 基准点布设

沉降观测应设置沉降基准点。特等、一等沉降观测，基准点不应少于 4 个；其他等级沉降观测，基准点不应少于 3 个。基准点之间应形成闭合环。

沉降基准点的点位选择应符合下列规定：（1）基准点应避开交通干道主路、地下管线、仓库堆栈、水源地、河岸、松软填土、滑坡地段、机器振动区以及其他可能使标石、标志易遭腐蚀和破坏的地方。（2）密集建筑区内，基准点与待测建筑的距离应大于该建筑基础最大深度的 2 倍。（3）二等、三等和四等沉降观测，基准点可选择在满足前款距离要求的其他稳固的建筑上。（4）对地铁、架桥等大型工程，以及大范围建设区域等长期变形测量工程，宜埋设 2～3 个基岩标作为基准点。

对民用建筑，沉降监测点宜布设在下列位置：（1）建筑的四角、核心筒四角、大转角处及沿外墙每 10～20m 处或每隔 2～3 根柱基上。（2）高低层建筑、新旧建筑和纵横墙等交接处的两侧。（3）建筑裂缝、后浇带两侧、沉降缝两侧、基础埋深相差悬殊处、人工地基与天然地基接壤处、不同结构的分界处、填挖方分界处以及地质条件变化处两侧。（4）对宽度大于或等于 15m，宽度虽小于 15m 但地质复杂，以及膨胀土、湿陷性土地区的建筑，应在承重内隔墙中部设内墙点，并在室内地面中心及四周设地面点。（5）邻近堆置重物处、受振动显著影响的部位及基础下的暗浜处。（6）框架结构及钢结构建筑的每个或部分柱基上或沿纵横轴线上。（7）筏形基础、箱形基础底板或接近基础的结构部分之四角处及其中部位置。（8）重型设备基础和动力设备基础的四角、基础形式或埋深改变处。（9）超高层建筑或大型网架结构的每个大型结构柱监测点数不宜少于 2 个，且应设置在对称位置。

2. 监测方法

沉降基准点观测宜采用水准测量。对三等或四等沉降观测的基准点观测，当不便采用水准测量时，可采用三角高程测量方法。

3. 监测频率

从地上建筑物外墙砌体施工开始，应每 15d 观测一次，直至建筑物封顶；建筑物装修期间应每月观测一次；建筑物竣工后第一年三个月观测一次。建筑物第二年六个月观测一次，直至下沉稳定为止。如建筑物变形量或变形速率出现异常变化、开挖面或周边出现塌陷滑坡或大量沉降时，应增加观测次数。每次观测时应记录观测时的气象资料。

4. 监测点做法

监测点有暗设和明设两种做法，如图 5-1-33、图 5-1-34 所示。

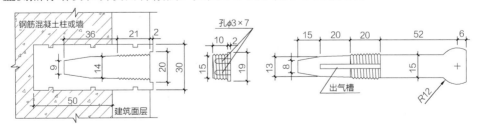

图 5-1-33 沉降监测点大样（暗设做法）

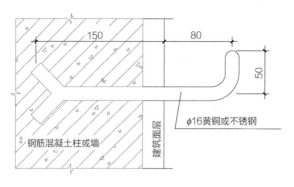

图 5-1-34　沉降监测点大样（明设做法）

5.2　建筑机器人

随着我国建筑产业现代化的推进和计算机技术跨越式的发展，越来越多的高新技术融入建筑业的发展和改革中。21世纪以来，随着物联网、机器视觉等智能技术的快速发展，国际上对建筑机器人的研究日趋兴盛，相继出现了用于砌筑、墙地面施工、拆卸运输、3D打印、可穿戴辅助的各种机器人。机器人建造的主要优势在于重复工作、无须休息、速度可控、精度较高、能进入危险环境。其中，建筑机器人主要指与建筑施工作业密切结合的机器人设备或系统，具有显著的工程化特点。研究表明机器人已经作为提高建筑行业效率、提高建筑行业数字化水平和解决建筑行业从业人员老龄化的重要手段。

5.2.1　建筑机器人抹灰技术

5.2.1.1　抹灰机器人简介

抹灰机器人是一种模拟人工抹灰的基本动作流程、完成墙面抹灰作业的新型建筑机械，一般包括传动机构、抹灰机构、移动机构等，有的设计中还包括灰浆的传送机构，比如利用传送带、加压泵等机构进行灰浆的传送，免去了人工不断添加灰浆的工序。传动机构负责将抹灰机构提升，使抹灰装置匀速运动上升或者下降；抹灰机构主要是对抹灰的压力和抹灰平整度进行调整，保证抹灰的质量；在一次抹灰完成后，通过移动机构将抹灰机移动到另外一个作业点，便捷省力，大多数设计中移动机构用到的是万向轮。

其中，抹灰机器人的传动机构是抹灰机保证质量的关键机构，它与刷斗上升的稳定性和抹灰的均匀性等因素有密切关系。利用抹灰机进行墙面粉刷时，支架的垂直度是决定粉刷厚度与均匀性的关键因素，一般是在抹灰机器人上安装支架垂直度的检测装置，监测支架的垂直度，及时在抹灰过程中进行补偿达到垂直度控制的要求。抹灰机与作业墙面的距离是保证粉刷厚度的决定性因素，调整这个距离就可以调整灰浆粉刷的厚度，可通过设置传感器检测抹灰机与墙面之间的距离，通过测量反馈控制等方式，保证抹灰机与作业墙面的距离保持恒定。

5.2.1.2 抹灰机器人分类

目前，市面上存在的抹灰机器人主要有 3 类：喷涂式抹灰机器人、半自动抹灰机器人以及全自动抹灰机器人。

1. 喷涂式抹灰机器人

喷涂式抹灰机器人是利用输送泵和增压装置，将灰浆从喷头喷涂到目标墙面的墙面抹灰机器人。这种抹灰机器人往往会因为喷射灰浆厚薄不均或灰浆质量原因而造成质量问题，使得转角墙体的喷涂不能达标。

2. 半自动抹灰机器人

半自动抹灰机器人是把灰浆通过输送管输送到抹灰头，然后由工作人员手持抹灰头完成墙面抹涂作业的抹灰机器人。近年来针对这类抹灰机器人的设计理念也在不断发展，比如传动机构的加压泵、传送带设计；抹灰机器人构成的匀速伸缩装置；移送机构中使用的万向轮等。

3. 全自动抹灰机器人

全自动抹灰机器人的设计方案在国内外有很多，每年也都会有大量经过改进的全自动抹灰机器人面世，主要是一方面力求解放双手，真正实现全自动，使用更方便、更便捷；另一方面追求细节，提高机械作业的高精准度。例如，现在较为先进的反转抹灰刀头复合式抹灰机器人，通过加大对灰浆和墙面的压力，能让墙面灰浆更加均匀，更加贴合墙面，减少意外脱落等现象发生。

5.2.1.3 抹灰机器人优点

相比人工抹灰，抹灰机器人的优点主要包括以下几点：

（1）智能化操控。一般的自动化抹墙机器完成所有动作不须人为干预，但不能对环境的变化作出反应，而智能化可以识别出环境中的变化并依此对机器人的运行状态进行调控，如智能垂直定位就反应快、精确度高。

（2）360°无死角粉刷。智能抹墙机器人采用可变角度抹板设计，能进行全角度粉刷，墙面一次成型，大大提高抹墙效率。

（3）施工时间短、速度快。智能抹墙机器人单次抹墙作业宽度、高度、厚度都超过人工抹墙，提高了工作效率。以 $500m^2$ 的房子为例，需 10h 左右就能粉刷好。

（4）安全性高、易于操作。抹墙作业为非接触式操作，工人可避开作业区，安全稳妥。操作简单，工人无需抹墙经验，简单培训即可上手。

（5）省时省力。装配有大容量、可翻转设计料斗的智能抹墙机器人，单次作业仅须一次装料，节约了装料的时间及人力。

（6）适应各个施工环境。智能抹墙机器人采用强度高、耐腐蚀的铝合金材料，设计紧凑、轻巧灵便，能够轻松出入屋里房外。

（7）作业原料广泛。可抹腻子粉、水泥砂浆、白灰砂浆、混合砂浆等。

（8）墙面施工质量高。经工地实测，经智能抹墙机器人施工的抹墙面质量无空鼓、脱落，粘结力、光滑度、平整度、垂直度可达到业内最高标准。

5.2.1.4　抹灰机器人发展趋势

尽管抹灰机已经满足了大面积抹灰作业的施工要求，但目前应用于市场的自动抹灰机仍然存在自动化程度低、功能不完善等缺陷，因此，抹灰机在实现完全自动化的过程中，还需要很长的一段时间，今后的发展也主要趋向于以下几个方向：

第一，微型化。抹灰机的结构尺寸、复杂程度决定了其施工的实用性和适用性。在抹灰施工过程中，要求机械移动方便，操作灵活，可实现自由进出门口，减少不必要的拆装，达到高效率地抹灰作业要求，所以，抹灰机会逐渐走向微型化。

第二，智能化。目前，抹灰机可以替代人工完成大面积的抹灰作业，但遇到房屋的阴阳角、门窗、拐角仍需由人工完成，随着机器本身的使用性能要求的提高，就会期望抹灰机能够自动略过门窗完成抹灰，也能够实现阴阳角和拐角的抹灰作业，所以，抹灰机向智能化方向发展是必然的趋势。

第三，人机交互。人机交互是通过操作界面实现人与机器进行通信，包括信息的输入与输出。通过交互界面，可实现对抹灰机抹灰作业的控制，同时也可监控抹灰质量，优越的人机界面不仅能够提高用户的舒适性使用体验，而且在操控效率上也会大大提升。

第四，环保化。节能环保是保持经济可持续性发展的重要环节之一，也是我国建设低碳经济大力提倡的政策，对于建筑业来说，应做到省时省料，即要求机器能够最大化利用材料。

5.2.2　建筑机器人涂料喷涂技术

5.2.2.1　喷涂机器人简介

喷涂机器人，是可以进行自动喷涂涂料的工业机器人，主要由机器人支援系统、机器人本体、机器人控制系统和喷涂作业系统四个部分组成。在高空喷涂作业中，机器人支援系统置于建筑物的顶部平台上，由移动小车、卷缆部件和悬挂装置组成，主要起运输提升机器人本体、缠绕钢丝绳和电缆的功能，并由上位机与机器人本体进行通信，实现运动控制和喷涂作业管理。

喷涂作业系统是用于喷涂作业的装置，主要由喷雾泵、喷雾泵电机、涂料输送管路、电磁阀、喷枪组成。在喷涂过程中，喷枪的喷嘴轴线始终垂直于壁面，喷嘴与壁面的距离可事先由人工调整固定，由电磁开关阀控制喷枪的开闭，调节喷雾泵的压力和流量以控制涂料的流量和喷涂的厚度。

喷涂机器人由卷扬机带动其上下方向的滑动，卷扬机安置在建筑的顶部平台。通过卷扬机的钢丝拉动机器人上下移动。此外，在卷扬机上安置计步装置来计算机器人垂直方向上的移动距离。与此同时，机器人自身还要在其垂直方向安置红外感应系统，来区分障碍物、窗子、建筑边缘等不需作业的区域。为了实现机器人水平方向的移动，需用可移动的小车来承载。此外，通过红外反馈系统，让小车避开水平方向上的障碍物、窗户等不需作业的区域。

喷涂机器人的机械臂是机器人作业的核心部件，是控制系统的具体执行装置。高层建筑因其面积大、高空环境复杂等因素，决定了机械臂必须具有运动速度快、覆盖范围广、灵活度高等特点。机械臂在执行喷涂作业时，在其往复运动次数一定的情况下，喷涂面积越大其效率越高。所以在设计机械臂时，要尽可能地扩大其喷涂覆盖的面积；衡量机械臂运作的另外一个要素就是其喷涂质量。为了达到喷涂的均匀性，则要求机械臂能够在匀速运行的状态下定向移动。此外，机械臂也要有红外线感知能力，使其喷涂作业达到快、准、匀等要点。

5.2.2.2 喷涂机器人分类

除高空作业喷涂机器人外。为了实现喷涂机器人在墙壁表面上的行走，机器人需具备墙面贴附以及墙面移动功能。常见的墙面贴附方式两种：一种是吸附式，通过表面紧密接触实现外壁表面上的吸附；另一种为把持式，需要在墙面设置凸起手柄等。现阶段喷涂机器人的墙面贴附一般采用吸附的方式，吸附方式包括真空吸附以及电磁吸附方式等。移动方式进一步可分为轮式、履带式以及足式。其中轮式主要通过电机驱动的轮子实现机器人的行走，履带式则是通过电机驱动履带推动机器人运动，而足式则是由多个脚反复吸附与脱落以实现机器人的移动。移动方法以及吸附方法通过各种组合形成了具有各种风格和不同性能的喷涂机器人。

5.2.2.3 喷涂机器人优点

相比人工喷涂，喷涂机器人的优点主要包括以下几点：
(1) 喷涂机器人喷涂品质更高。
(2) 喷涂机器人精确地按照轨迹进行喷涂，无偏移并完美地控制喷枪的启动。确保指定的喷涂厚度，偏差量控制在最小。
(3) 喷涂机器人喷涂能减少涂料的浪费。
(4) 使用喷涂机器人喷涂可以有更佳的过程控制。
(5) 使用喷涂机器人喷涂具有更高的灵活性。
(6) 综合效率约为人工辊涂的 4 倍，自动作业覆盖率达 90%～100%。

5.2.3 建筑机器人砌砖技术

5.2.3.1 砌砖机器人简介

传统的人工砌筑建造楼房施工劳动强度大，作业危险性高，且目前用人成本越来越高，砌砖机器人是一种应用于建筑工地代替人工砌墙的机器人，使用砌砖机器人代替人工砌墙，不仅能够降低事故的发生概率，还能够提高工作效率。机械臂自动墙体砌筑系统由砌砖机器人、控制系统、机器人底座或移动平台、机器人工作区、砌块放置平台、传输装置和定位系统几个部分组成：

（1）砌砖机器人，包含机械臂末端的夹持器，能够夹取砌块、携带砌块运动和放置砌块；

（2）控制系统，控制机械臂按作业要求和指令进行砌筑，并可以查看机械臂的夹具坐标位置；

（3）机器人底座或移动平台，若机器人固定位置作业，则为固定底座，若需要移动作业，则安装在移动平台上；

（4）机器人工作区，砌砖机器人进行砌筑作业的区域，即待建的实体工程的位置区；

（5）砌块放置平台，存放准备用来砌筑的砌块原材料；

（6）传输装置，将砌块由准备区传送到机器人工作区；

（7）定位系统，确定砌砖机器人砌筑每·块构件的实时位置，并将相应位置参数发送至控制系统中。

5.2.3.2　砌砖机器人分类

现有的砌砖机器人可以分为三类：第一类是精准精细施工作业的机器人。例如，新加坡 FCL（Future Cities Laboratory）联合苏黎世联邦理工学院（ETH）开发了一款名为MRT 的地瓷砖铺设机器人，能够精准平整地铺设瓷砖。第二类是美国 SAM 系统，主要由机械手、传递系统以及位置反馈系统组成，这款机器人采用的是轨道式移动，工作范围和灵活度受到了一定的限制，其主要作用是配合工人提高砌墙的效率，能够提高 3～5 倍。第三类应用于繁重重复的，需要大量人工劳动的作业任务。例如，KUKA 的 KR 系列重载型码垛机器人，可以承受 40～1300kg 的荷载，执行搬运和堆垛等任务。澳大利亚 Fast-brick Robotics 公司的 Hadrian109 砌筑机器人系统，每小时可砌 1000 块，误差不大于0.5mm，建造一栋民居用时不超过 48h。

5.2.3.3　砌砖机器人优点

相比于人工进行墙体砌筑，砌砖机器人的优点主要包括以下几点：

（1）在墙体砌筑方面，砌砖机器人工作效率远远高于普通砌墙工人。

（2）砌砖机器人能够代替人工进行砌筑，解决了用人成本越来越高的问题。

（3）砌砖机器人自动将加气块夹取后放入所需的砌墙位置，无须人工进行搬砖、运砖、放砖等体力劳动，降低劳动强度和作业危险性。

（4）运用 BIM 建立拼装任务的信息模型，具有参数化确定和表示机械臂和工作场景的位置关系的作用，有利于实现工程数字化建筑。

（5）面对施工现场复杂多变的工作环境，砌砖机器人能够实现自动越障移动，并完成自动抓砖、自动抹灰、自动摆砖等一系列自动砌筑动作。

（6）砌砖机器人的墙体砌筑质量与工厂实验室测试结果基本保持一致，节省了砌筑人工与时间成本，具有更好的热工性能和声学性能。

（7）砌砖机器人可最大限度地减少浪费，并且大大降低了砂浆的损耗，节约了等待砂浆干燥的时间。

5.2.4　建筑机器人3D混凝土打印技术

5.2.4.1　3D混凝土打印简介

近年来随着高新技术的发展，3D打印已在机械制造等行业取得很大成功，在材料和建筑等领域也有所发展。3D打印是一种与减材制造和等材制造等传统的制造技术迥然不同的，以模型的三维数据为基础，通过打印机喷嘴挤出材料，逐层打印增加材料来生成3D实体的技术。3D打印技术主要包括3D建模、3D分割、打印喷涂和后期处理等四部分。

混凝土是当代建筑用量最大、范围最广、最经济的建筑材料，然而随着建筑工程建设速度的不断加快，混凝土在生产应用方面的高能耗、高污染的弊端也逐渐显露出来，严重阻碍了建筑工程行业的发展。以3D打印为基础的3D混凝土打印技术作为一种新型技术，必将成为混凝土发展史上的重大转折点。

5.2.4.2　3D混凝土打印分类

混凝土3D打印系统一般由路径规划系统、材料制备系统、材料输送系统、材料挤出打印头、载重定位机及其控制系统组成。3D混凝土打印机打印过程包括：备料送料、挤出成丝、连丝成层及逐层累积等。目前，建筑3D打印建造已形成轮廓工艺、D型工艺（D-Shape）、混凝土打印、金属打印（MX3D）、熔融沉积、喷射打印等适用于公共领域尤其是建筑领域的建造方式，其中可以使用混凝土或者砂浆材料的打印方式为轮廓工艺和混凝土打印。

3D混凝土打印技术是增材制造技术针对建筑工程领域混凝土材料的一种扩展应用，主要过程为：建立打印结构的三维实体几何或边界模型，进行模型的分层切片设计和层片打印路径规划，预先配置的混凝土经喷嘴按设计要求层叠堆积形成设计的混凝土结构。打印用混凝土的原材料主要由胶凝材料、骨料、掺合料、外加剂构成，同时可通过其他添加物（类似于纤维材料）以改善成品性能。

目前，3D打印建筑材料主要可以分为四类：水泥基材料、石膏类材料、树脂类以及金属类材料。水泥类别可大致分为5类：硅酸盐水泥体系、硫铝酸盐水泥体系、磷酸盐水泥体系、土聚水泥（地聚合物）体系及氯氧镁水泥体系。3D打印混凝土结构的建造核心在于制备的混凝土材料，3D打印混凝土在输送性、可挤出性、可建造性、粘结性、施工时间和早期强度等各方面都具有更严格的要求。

5.2.4.3　3D 混凝土打印优点

相比于传统方式进行混凝土浇筑，建筑工程采用 3D 混凝土打印建造技术的优点主要包括以下几点：

（1）3D 打印建筑技术作为一类新型自动化建筑技术，具有数字化、自动化、快速高效、无模、节省材料、个性化等特点。

（2）施工过程安全、清洁、精确。

（3）放弃了传统的混凝土模板施工方式，简化建造工序，提高建造效率，大大提升施工速度。

（4）在绿色环保的同时降低了劳动人员密度，节约了建造成本。

（5）适用于个性化结构的施工建造，突破了现有混凝土结构的设计理念，赋予建筑师更广阔的设计空间，高度定制化，实现标准化与个性化的统一。

（6）可以在建造阶段实现力学与声学、光学、保温隔热等领域交叉。

（7）建筑工程 3D 混凝土打印建造技术作为一种可以实现建造数字化、智能化和自动化的高效手段，是传统建筑业转型升级的重要途径。

（8）尤其在个性化建筑、灾后重建、恶劣甚至极端环境下施工方面有较大优势，应用前景广阔。

未来，3D 打印建筑技术将有以下发展趋势：①加速数字化施工进程，促进自动化施工多元化发展；②多种材料协同施工；③3D 打印建筑材料向功能材料方向发展；④向智能化施工、智能化结构发展；⑤向局部—整体结构一体化建造方向发展，实现从局部结构到整体结构的可控建造。

5.3　工程装备

5.3.1　悬挂重载施工升降机

5.3.1.1　技术简介

悬挂重载施工升降机是用于狭窄深基坑土方工程提土的工程装备，主要由骨架结构、骨架附着结构、下移液压系统、重载轿厢、升降液压油缸驱动系统、电控系统和土方车出口指示通道及施工通道八大系统组成。具体结构形式如图 5-3-1 所示。

5.3.1.2　工作原理

悬挂重载施工升降机的工作原理是利用多级油缸直顶式驱动升降的重载升降机，整机一次性安装调试完毕，实现 50t 级别渣土车从地面直接下至坑底。同时悬挂于基坑临时框架内侧，实现随挖随降。悬挂重载施工升降机一般设计：运行速度 15m/min，对于 25m

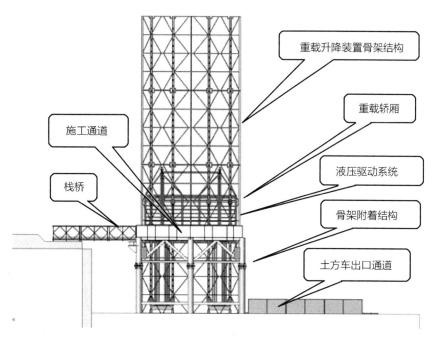

图 5-3-1 悬挂重载施工升降机结构形式

重载升降装置骨架结构

重载轿厢

液压驱动系统

骨架附着结构

土方车出口通道

施工通道

栈桥

左右深度基坑上下一次全过程耗时 5～7min。

悬挂重载施工升降机技术参数　　　表 5-3-1

序号	技术参数	范围	序号	技术参数	范围
1	额定载荷	50t	6	电机数量	16 台
2	额定速度	15m/min	7	电动机功率/转速	15kW/1440r/min
3	有效轿厢尺寸	10m×3.5m×4m（长×宽×高）	8	系统额定压力	14MPa
4	行　程	22m	9	总功率	240kW
5	电动机型号	YT-160L-4（15kW）			

5.3.1.3　技术优势

1. 悬挂重载施工升降机的主要优势及解决的问题

悬挂重载施工升降机主要优势：占地面积小、安拆快捷且不占用关键线路、成本低、出土效率高、与基坑开挖进度相适应。

悬挂重载施工升降机解决的问题是目前土方工程常规的栈桥出土和坡度出土存在的问题。

（1）采用栈桥出土存在的问题：深基坑周边要留设足够的场地设置出土坡道，而往往场地紧张；为了便于渣土车通行，坡度比一般不大于 1:6，导致栈桥占用大量的空间，投入增加，常影响建筑主体结构施工；一般最多设置两条出土坡道，单纯的出土能力无法进一步提升；最后需要收土，栈桥需要拆除，影响施工工期。

（2）常规的坡道出土存在的问题：占地面积大，影响基坑整体开挖；坡道需硬化，后期需破除，成本高；坡率不能太大，影响出土效率；影响文明施工。

2. 悬挂重载施工升降机的适用条件

（1）悬挂重载施工升降机出土方案需要在基坑工程支护设计中一并考虑，以减少出土栈桥设计。

（2）根据基坑工程总体部署确定悬挂重载施工升降机安装位置，需提前施工悬挂重载施工升降机定位桩。定位桩一般设计为六根钢桩，桩长根据基坑深度设计，桩距长度方向5.5m，宽度方向间距6.8m。

（3）基坑内土质需满足渣土车行走条件，渣土车满载总重量不超过50t。

（4）运土行车路线需保持通畅，方便渣土车行走，按每天8h出土计，日均出土量在$800\sim1000m^3$。

5.3.1.4 发展前景

悬挂重载施工升降机为一种特定的狭窄深基坑提供出土工程的装备，其液压升降机装置全周转，外部支撑架周转或部分周转，随挖随降，下移基本不占工期，具有显著的工期和经济效益，在特定的狭窄深基坑土方工程中具有广泛的推广应用价值。

5.3.1.5 工程案例

本案例为某项目基坑周长约1230m，面积约为40315.5m^2。场地周边现状标高为+15.00m～+16.5m，基坑支护深度20.5～23.0m。

在基坑开挖至−8.0m时进行首次安装，安装节高7.8m的基础节两节，待基坑开挖至−15.8m和−20.5m时分别加装节高7.8m的标准节一节，基坑施工完成后进行设备拆

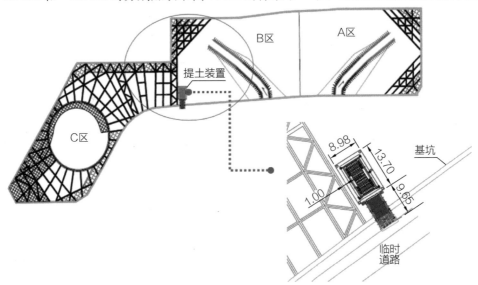

图5-3-2 悬挂重载施工升降机平面布置图

除。定位桩施工工期 10d，悬挂重载施工升降机首次安装工期 8d，每次加节安装工期 3.5d；设备安拆劳动力配置 11 人（图 5-3-3）。

图 5-3-3　悬挂重载施工升降机现场使用场景

5.3.2　住宅造楼机——普通超高层建筑智能化轻型施工集成平台

5.3.2.1　技术简介

住宅造楼机是用于超高层结构施工的轻量化施工作业集成平台，其主要组成包含顶升支撑系统（液压支撑牛腿）、钢平台系统（贝雷片平台）、挂架系统（全钢防护外架）、模板系统（铝模）、辅助作业（常规布料机等施工机具、工具箱、垃圾池、堆场等）及安全防护（标化安防产品、消防水箱、喷淋、移动厕所等）等六大系统组成。住宅造楼机核心技术为顶升支撑系统，目前形成了三种规格的标准化设计：60～80t 级（适用于单层建筑面积 1000m²、建筑高度 100～200m 左右绝大多数超高层住宅楼项目）；100～120t 级（适用于单层建筑面积 2000m²、建筑高度 100～200m 左右绝大多数超高层住宅项目）；150～180t 级（适用于建筑高度 100～300m 左右绝大多数超高层商业、办公楼等）。具体结构形式如下。

（1）包含六大系统：顶升支撑系统、钢平台系统、挂架系统、模板系统、辅助作业、安全防护等（图 5-3-4）。

（2）设备设施集成功能

对钢平台的利用全面挖掘：

顶部设走道、材料堆场、布料机、移动厕所、防护设施等；

中间设置控制室、泵站、水箱、配电箱、管线等；

下弦挂设模板、挂架、振捣、降温、降噪设备等（图 5-3-5）。

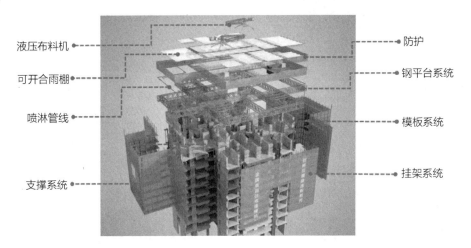

图 5-3-4 轻量化施工作业集成平台系统组成

液压布料机

可开合雨棚

喷淋管线

支撑系统

防护

钢平台系统

模板系统

挂架系统

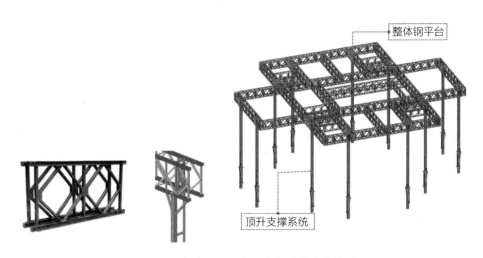

整体钢平台

顶升支撑系统

图 5-3-5 轻量化施工作业集成平台结构模型

（3）关键技术——钢平台构配件标准化

装配式贝雷片钢平台包括主桁架十字节点、贝雷片标准节、非标准节、连接件等构件（图 5-3-6）。

（4）关键技术——支撑系统通用化、系列化设计

对支撑系统进行通用化、系列化设计，形成了 60t、100t、150t 承载力的不同方案（图 5-3-7）。

（5）关键技术——液压油缸的小型化

采用步距步履式顶升方案，每档 400mm，降低了对大行程油缸的依赖，降低成本（图 5-3-8）。

油缸最大推力 700kN，拉力 100kN。起始长度 1600mm，工作行程 800mm，最大外径 245mm。

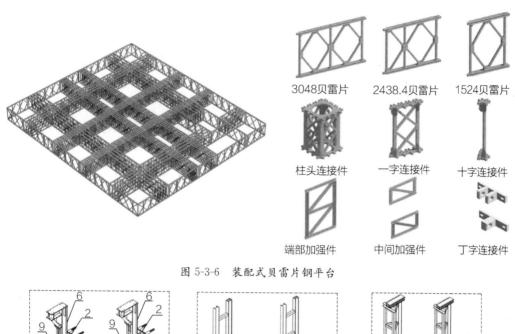

3048贝雷片　　2438.4贝雷片　　1524贝雷片

柱头连接件　　一字连接件　　十字连接件

端部加强件　　中间加强件　　丁字连接件

图 5-3-6　装配式贝雷片钢平台

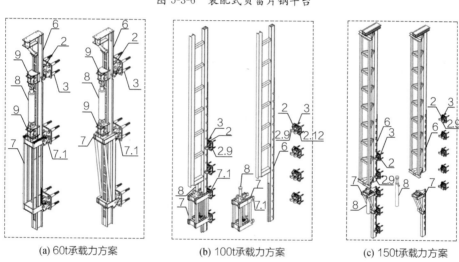

(a) 60t承载力方案　　(b) 100t承载力方案　　(c) 150t承载力方案

图 5-3-7　支撑系统

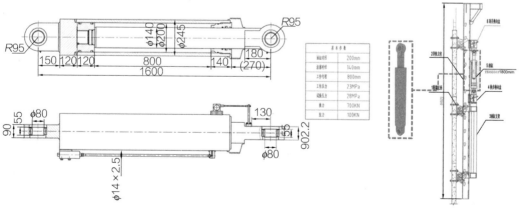

图 5-3-8　液压油缸

5.3.2.2　工作原理

住宅造楼机旨在设计搭建一个承载人员、材料、部分设备设施等可沿建筑物自爬升的施工作业平台，其工作原理主要借鉴了超高层核心筒施工重载装备集成平台，通过轻量化、标准化的创新，研发了适用于住宅剪力墙结构的轻量化施工作业集成平台。住宅造楼机的整体布局需结合工程项目的设计图纸和应用需求，进行深化设计和复核计算。

5.3.2.3　技术优势

住宅造楼机的主要优势及解决的问题，如表 5-3-2 所示。

住宅造楼机的优势及解决的问题　　　　　　　　　　　　　表 5-3-2

序号	优势	说明	解决的问题
1	安全性极大提高，施工作业环境极大改善	各种防护措施一次性到位，在住宅造楼机的封闭空间内统一规划和布置，形成类似工厂化的施工作业环境	安全防护措施统一规划并一次性布置到位
2	极大节约施工工期，提高工效	真正具备全天候施工作业条件；平台集成的装备和辅助机具等给施工人员提供了极大的便利，工效提升显著	恶劣天气下很难开展施工作业；现场凌乱的状况下施工工效不高
3	可周转率高，有效提升工程精益建造水平	住宅造楼机各组成材料均为不易损毁的周转材料装配而成，周转率可达 90% 以上，具有很强的通用性；外立面覆盖范围 5~8 个结构层，可实现外立面结构、砌体、装饰装修等多工序高效立体流水化作业，提升精益建造水平	通过高效周转摊销，解决一次性投入较大问题；外立面可设 5~8 个作业层，远超一般爬架 4~5 个作业层，为精益建造提供更优的施工作业条件

5.3.2.4　住宅造楼机的适用条件

（1）30 层以上超高层项目。因相较于爬架，住宅造楼机钢平台系统拼装多占用工程关键工期线路约 10d，后期结构施工进度平均可提高约 1d/层，30 层的超高层项目预计可节约总工期 20d，楼层越高，其工期效益越显著。

（2）全剪力墙结构工程。一方面造楼机支撑系统需在 200mm 厚 C20 及以上结构的附着；另一方面虽然办公楼框架结构亦可使用，但由于竖向模板安拆和转运的量少，可通过造楼机承载力高的特点来提升模板的功能得不到充分体现。

（3）精益建造要求高的住宅类项目。一方面造楼机采用的外立面防护体系为挂架体系，相较于爬架的 4 层半架体高度，挂架设置高度常规为 5 层半，最高可达 8 层半，给住宅项目实施精益建造提供了充足的作业面；另一方面造楼机少附着支点的支撑体系设计大量减少了结构的预留预理，并且外墙的附着支点处可跟随架体顶升同步拆除，不留收口。

5.3.2.5 发展前景

住宅造楼机在轻量化施工集成平台技术基础上，结合普通住宅项目结构特点与施工工艺组织模式，重点在设备操作的轻便性、安全性、经济性，支点系统的小型化、系列化，各构件的标准化、通用化等方面进行研发拓展，具有很高的科技含量。

5.3.2.6 工程案例

某住宅楼工程项目，具体总结如表 5-3-3 所示。

住宅造楼机与爬架对比分析汇总   表 5-3-3

工艺种类	轻量化施工作业集成平台 （简称"住宅造楼机"）			提升架 （简称"爬架"）			
主要组成构件	贝雷架平台	挂架系统	附着支撑+液压系统	架体框架	附着支撑系统	升降系统	安防系统
原材用量	101t	96.1t	32.9t				
材料周转率	90%以上 （少量非标连接件不便周转）	100%	100%	100%			
直接成本	全部组成材料均为采购购置，一次性投入成本约 400 万元			项目相类似的其他楼栋，采用爬架体系，租赁费总价约 100 万元			
安全性	1. 平台安全：①单个附墙支座按可承受竖向 60t、水平 10t 荷载设计；造楼机自重约 300t，设 12 套支撑系统，单根支撑支座可承受竖向 60t、水平 10t 荷载，考虑了堆载、施工荷载、风荷载等至少确保了 1.5 倍安全系数；②支点位置可灵活布置，杜绝了爬架"冒顶"安全隐患；③设有控制中心，实现了系统自动纠偏防倾 2. 作业环境安全：住宅造楼机采用整体顶升设计方案，不同于爬架的分段设置，各种洞口、临边防护一次到位，相应的设备、机具等均可集成到贝雷片平台内统一规划管理，作业现场形成全封闭作业环境，安全管理可以得到全面有效的保障			1. 产品安全：《建筑施工用附着式升降作业安全防护平台》JGJ/T 546 标准发布实施，爬架已实现了定型标准化 2. 作业环境安全：①因爬架一般是在混凝土浇筑完成约 6～8h 后，开始提升爬架，爬架要求最上部支点（常规 C30 混凝土）达到 10MPa 强度才能附着，需要至少 1d 以上时间（平均 21℃以上）。因此常常存在"冒顶"、附着安装不到位及安全隐患。②爬架设计承重能力一般不超过 2t，因此架体不允许堆放材料，实际项目施工过程中经常超限堆放，存在安全隐患			
工期	装配式贝雷片钢平台拼装占结构施工关键线路工期 16d（现场投入 1 台 TC6013 塔式起重机、12 个工人、历时 16d 完成拼装）。不加班、不额外增加劳动力投入，3～4d 完成一个结构层施工			1. 按照爬架拼装方式，①地面拼装分片吊装，吊装影响结构施工关键线路 3d 左右；②落地架体上散拼，4 层半架体安装过程中结构等安全防护时间＋附着点养护等待时间总计约 5d 2. 架体提升根据结构施工进度，项目类似的其他楼栋，结构施工 5d 一层			

效益	1. 工期优势明显 2. 改善作业环境，助力精益建造作用显著 3. 为公司自主研发产品，社会效益显著	—
结论	不计间接成本及间接效益，住宅造楼机一次性购置投入成本约为项目租赁爬架总费用成本的 4 倍。空中造楼机组件周转率可达 90% 以上，通过多次周转摊销和大批量应用，其创造的效益远高于使用爬架 住宅造楼机相较于爬架，在节约工期、保障外架安全、促进精益建造、提高质量、降低综合成本方面均具有明显的优势，具有较强的推广应用价值。建议超高层住宅项目进行试点应用	

说明：超高层住宅常规施工为"铝模+爬架"方式，这里主要将爬架与住宅造楼机进行对比

5.3.3 单塔多笼循环运行施工升降机

5.3.3.1 技术简介

单塔多笼循环运行施工升降机是用于超高层建筑施工垂直运输的工程装备，克服了高层建筑施工时配置多部电梯占用较多作业面等问题。通过在单个导轨架上挂设多台施工电梯梯笼，并设置旋转换轨机构实现梯笼在高空旋转 180°变换轨道，从而成倍提高导轨架的运输能力。一部多个梯笼的新型循环施工电梯，极大提升了物资运输效率。其主要由底座、旋转换轨机构、梯笼、竖向附着、主监控调度站、供电系统、监测系统等七大系统组成。

（1）底座：位于设备最底部，在安装竖向附着以及导轨架前，承受整个循环电梯的自重以及运行施加的载荷。

（2）旋转换轨机构：根据需要布置在导轨架顶部、底部及中部，原则上顶部和底部各一套，中部每 100~150m 的位置布置一套。

（3）梯笼：梯笼设计为前后对称形式，满足换轨前后梯笼均能进出的要求。梯笼尺寸可以定制，也可以采用现有传统的尺寸。

（4）竖向附着：将整个导轨架载荷分段卸载到建筑物上，降低主肢体材料规格，使结构件受力合理。

（5）主监控调度站：将所有梯笼等有用信息在主监控调度站上收集、运算、发送指令及处理故障等。

（6）供电系统：包括滑触线和主供电电缆，采用分段供电技术，满足多个梯笼运行的需求。

（7）监测系统：实时监控循环施工升降电梯的应力应变，竖向附着弹簧箱位移及导轨架振动，确保运行安全。具体组成形式如图 5-3-9 所示。

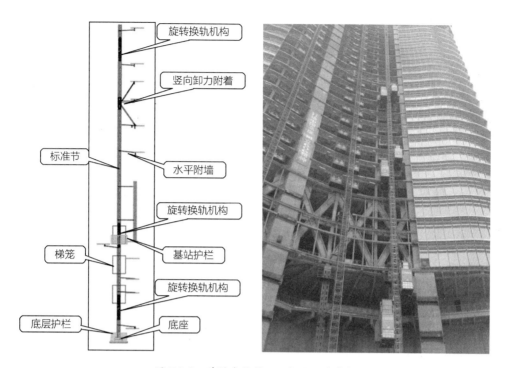

图 5-3-9　单塔多笼循环运行施工升降机

5.3.3.2　工作原理

其工作原理主要借鉴了地铁循环通运的思路，为了提高导轨架的利用效率，定义梯笼一侧的方向是上行，一侧的方向是下行，同侧梯笼的运行方向一致，通过研发一种旋转换轨机构实现了梯笼变换轨道的功能，从而实现施工升降机在一幅导轨架上运行多部梯笼（简称"单塔多笼循环施工升降机"）。

5.3.3.3　技术优势

单塔多笼循环运行施工升降机相比传统施工升降机存在以下优点：

（1）运行效率高，一般设计为 6 个梯笼参与运输，在智能化综合监控与集中控制调度下，其实际运行效率可达到 3 台升降设施的运输能力。

（2）由于采取比较精确的质量控制方法以及选用质量较好的进口原件，设施的运行故障率远低于常规升降设施。

（3）相比于传统施工升降机，单塔多笼循环施工升降机增设了群控调度系统、智能综合监控系统，在设备安全、楼层呼叫分配、综合调度等方面功能性更强，更能满足实际运行的要求。

单塔多笼循环运行施工升降机通过在单根导轨架上循环运行多部梯笼，在现有变频高速施工升降机的基础上，占用较少的施工平面位置，大幅提高了导轨架的利用率，进而提高整个垂直运输的能力。具有运力倍增、功效高及对施工平立面影响小等诸多优点。

5.3.3.4 发展前景

目前，建筑施工所使用的施工升降机（又名"施工电梯"），一般最多只能运行两部升降机梯笼。在超高层建筑施工时，为满足施工人员及材料运输的需要，常需要配置多部施工升降机，并随着建筑物高度和体量的增加，施工升降机的配置数量越来越多。这样一来，配置的多台施工升降机不仅占用了较大的施工平面位置，同时相应部位的外墙及相关工序的施工需待升降机拆除后进行，使施工现场工序管理复杂并延长了施工工期。同时，适用于超高层施工的施工升降机的导轨架往往有几百米甚至更高，由于只能运行两部梯笼，利用率很低。通道塔可以解决部分运输工效问题，但成本高，并带来了设计安装拆卸等大量额外的工作。单塔多笼循环运行施工升降机为中建三局自主研发的工程创新装备，其成果经鉴定为国际领先水平，且已经通过国家设备特检机构型式试验，必将引领行业发展趋势。

5.3.4 垂直运输通道塔

5.3.4.1 技术简介

通道塔是以一种搭建在建筑结构外侧的钢结构单元，可用来安装多部施工电梯，作为施工电梯与建筑结构连接的一种平台通道，可以解决建筑造型变化带来的施工电梯附着困难和施工电梯外附结构造成后期建筑立面收尾的滞后的影响。通道塔可集中安装运行多部施工电梯，用来完成超高层建筑施工中大量和繁重的垂直运输任务。通道塔的应用可减少施工电梯对主体结构外立面占用，化解分散布置施工电梯造成外立面装饰无法封闭的难题；可避免施工电梯对正式电梯井的占用，为正式电梯安装调试提供便利条件；可加快施工速度，缩短施工工期。

通道塔结构为装配式结构，按层分节，将标准节在工厂预制，然后随结构施工进度分层组装，除柱、走道梁和附墙杆截面沿通道塔高度分段变化外，其他均为标准设计，此做法为工程竣工后的拆除提供了方便。通道塔主体结构由下至上分两部分组成，第一部分为钢结构框架-支撑体系，通道塔在地下室空间仅在地下室楼板上下位置布置水平支撑，在地下室净空范围内设置柱间支撑，塔身柱脚基础设置在主楼基础筏板上，通道塔第二部分由钢框架组成，标准层主要构件为钢柱、桁架梁和水平支撑。通道塔材料均为钢材，标准节以 H 型钢为主，并在板面铺设 4mm 花纹钢板，四周设置安全护栏及钢丝网（图 5-3-10、图 5-3-11）。

5.3.4.2 工作原理

作为垂直运输平台，在通道塔的三侧设置双笼施工升降机，施工升降机轿厢尺寸可根据需求进行定制，电梯设计载重量为 2t（图 5-3-12）。随着结构楼层的升高，通道塔也同步安装进行升高，同样，与通道塔附着的施工升降机也相应进行加节附着升高。

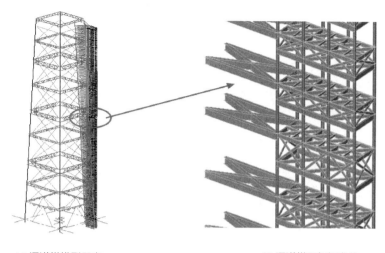

(a) 通道塔模型示意   (b) 通道塔局部标准节

图 5-3-10　通道塔模型示意图

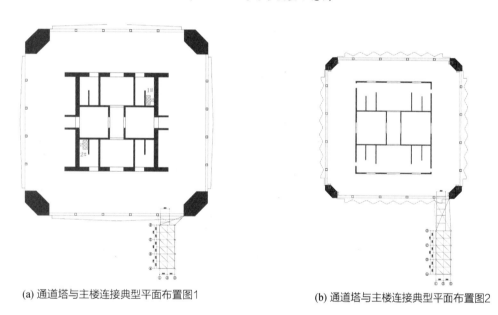

(a) 通道塔与主楼连接典型平面布置图1   (b) 通道塔与主楼连接典型平面布置图2

图 5-3-11　通道塔平面布置

5.3.4.3　技术优势

通道塔的优势在于：

（1）只占用了核心筒内的 4 个电梯井道，对大楼提前运营影响很小；

（2）运输通道集中，有利于人员、材料运送规划；

（3）占用现场场地少，节约现场有限场地资源；

（4）对后续永久电梯和装修施工影响少，使用过程中随材料运输情况及时拆除底部、

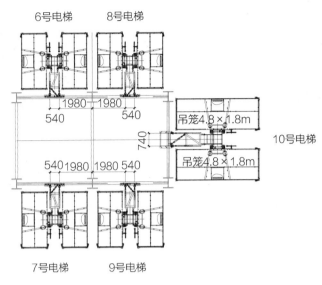

图 5-3-12　通道塔施工升降机平面示意图

中部区域走道，仅余两层一设的附墙，影响幕墙封闭区域少；

（5）通道塔走道拆除后，幕墙、装修可提前插入，节约工期；

（6）通道塔标准节可重复使用，即可重复用于其他高层项目。

5.3.4.4　发展前景

该技术适用于超 300m 以上的超高层建筑中，有利于施工各专业工序的穿插，能有效降低传统电梯外附结构主体带来的后期外幕墙收口工作量大的弊端，同时对于结构外立面收缩较大的建筑尤为适用。

5.3.4.5　工程案例

某超高层项目在建筑主体结构外部设计了通道塔，通道塔的南、北、东侧设置 5 部双笼施工升降机，施工升降机轿箱尺寸为 3.2m×1.5m×2.5m、4.8m×1.8m×2.5m 两种规格，电梯设计载重量为 2t。通道塔及其配套附着的施工升降机在核心筒施工至 29 层后开始安装并投入使用，施工升降机可以到达通道塔 1F 到 116F 间的所有楼层，为本工程结构、机电、装饰施工提供充分的垂直运输保障（图 5-3-13）。116F 以上的运输，由核心筒内永久电梯来完成。通道塔施工升降机与普通外附施工升降机效率对比见表 5-3-4。

通道塔施工升降机与普通外附施工升降机效率对比分析表　　　　表 5-3-4

序号	比对项	通道塔	普通外附
1	到达 100F 所需时间	直达，8min/梯笼	转换一次，10min/梯笼
2	施工升降机影响情况	维修频率 4~5 次/月	维修频率 6~7 次/月
3	施工升降机使用数量	外框施工只需 5 部	外挂施工需转换至少需 8 部
4	材料上梯平台	材料可集中电梯入口节省转运时间	材料电梯入口分散增加转运时间

图 5-3-13　通道塔施工示意图

5.4　建筑碳排放计算方法

《巴黎协定》于 2015 年 12 月 12 日在巴黎气候变化大会上通过，2016 年 4 月 22 日在纽约签署。世界各国就 21 世纪中叶实现全球碳中和的伟大目标达成共识。中国在 2020 年 9 月 22 日召开的联合国大会气候雄心峰会上第一次向国际社会表示：中国二氧化碳排放力争于 2030 年前达到峰值，争取在 2060 年前实现碳中和。

中国建筑领域碳排放的总量庞大，据中国建筑节能协会统计，2005～2019 年间，全国建筑全过程碳排放由 2005 年的 22.34 亿 t 二氧化碳，上升到 2019 年的 49.97 亿 t，年均增长 5.92%。其中，2019 年建筑全过程碳排放总量占全国碳排放总量的 50.6%，且建筑全过程碳排放量总体呈上升趋势，关注建筑行业节能减排对实现中国碳中和目标意义重大。因此，作为建设项目工程技术人员，有必要对建筑碳排放计算方法有一定的了解。

5.4.1　术语

1. 建筑碳排放

建筑物在与其有关的建材生产及运输、建造及拆除、运行阶段产生的温室气体排放的总和，以二氧化碳当量表示。

2. 计算边界

与建筑物建材生产及运输、建造及拆除、运行等活动相关的温室气体排放的计算范围。

3. 碳排放因子

将能源与材料消耗量与二氧化碳排放相对应的系数，用于量化建筑物不同阶段相关活动的碳排放。

4. 建筑碳汇

在划定的建筑物项目范围内，绿化、植被从空气中吸收并存储的二氧化碳量。

5.4.2　计算方法

当前，建筑碳排放可依据国家标准《建筑碳排放计算标准》GB/T 51366—2019 进行计算，也可采用基于国家标准的计算方法和数据开发的建筑碳排放计算软件进行计算。具体计算方法如下：

1. 建材生产及运输阶段碳排放计算

建材生产及运输阶段碳排放计算应包括建筑主体结构材料、建筑围护结构材料、建筑构件和部品等。

建材生产及运输阶段碳排放量应按下列公式计算：

$$C_{JC} = \frac{C_{sc} + C_{ys}}{A}$$

式中：C_{JC}——建材生产及运输阶段单位建筑面积的碳排放量（$kgCO_2e/m^2$）；

C_{sc}——建材生产阶段碳排放（$kgCO_2e$）；

C_{ys}——建材运输阶段碳排放（$kgCO_2e$）；

A——建筑面积（m^2）。

建材生产段碳排放量应按下列公式计算：

$$C_{sc} = \sum_{i=1}^{n} M_i F_i$$

式中：C_{sc}——建材生产阶段碳排放（$kgCO_2e$）；

M_i——第 i 种主要建材的消耗量（t）；

F_i——第 i 种主要建材的碳排放因子（$kgCO_2e$/单位建材数量）。

建材运输阶段碳排放量应按下列公式计算：

$$C_{ys} = \sum_{i=1}^{n} M_i D_i T_i$$

式中：C_{ys}——建材运输过程碳排放（$kgCO_2e$）；

M_i——第 i 种主要建材的消耗量（t）；

D_i——第 i 种建材平均运输距离（km）；

T_i——第 i 种建材运输方式下，单位重量运输距离的碳排放因子［$kgCO_2e/(t\cdot km)$］。

2. 建筑建造阶段碳排放计算

建筑建造阶段的碳排放应包括完成各分部分项工程施工产生的碳排放和各项措施项目实施过程产生的碳排放。

建筑建造阶段碳排放量应按下列公式计算：

$$C_{JZ} = \frac{\sum_{i=1}^{n} E_{jz,i} EF_i}{A}$$

式中：C_{JZ}——建筑建造阶段单位建筑面积的碳排放量($kgCO_2e/m^2$)；

$E_{jz \cdot i}$——建筑建造阶段第 i 种能源总用量(kWh 或 kg)；

EF_i——第 i 类能源的碳排放因子($kgCO_2/kWh$ 或 $kgCO_2/kg$)；

A——建筑面积(m^2)。

3. 建筑运行阶段碳排放计算

建筑运行阶段碳排放计算范围应包括暖通空调、生活热水、照明及电梯、可再生能源、建筑碳汇系统在建筑运行期间的碳排放量。碳排放计算中采用的建筑设计寿命应与设计文件一致，当设计文件不能提供时，应按 50 年计算。

建筑运行阶段碳排放量应根据各系统不同类型能源消耗量和不同类型能源的碳排放因子确定，建筑运行阶段单位建筑面积的总碳排放量应按下列公式计算：

$$C_M = \frac{\left[\sum_{i=1}^{n}(E_i EF_i) - C_p\right]y}{A}$$

$$E_i = \sum_{j=1}^{n}(E_{i \cdot j} - ER_{i \cdot j})$$

式中：C_M——建筑运行阶段单位建筑面积的碳排放量（$kgCO_2e/m^2$）；

E_i——建筑第 i 类能源年消耗量（单位/a）；

EF_i——第 i 类能源的碳排放因子；

$E_{i \cdot j}$——j 类系统的第 i 类能源消耗量（单位/a）；

$ER_{i \cdot j}$——j 类系统消耗由可再生能源系统提供的第 i 类能源量（单位/a）；

i——建筑消耗终端能源类型，包括电力、燃气、石油、市政热力等；

j——建筑用能系统类型，包括供暖空调、照明、生活热水系统等；

C_p——建筑绿地碳汇系统年减碳量（$kgCO_2/a$）；

y——建筑设计寿命（a）；

A——建筑面积（m^2）。

4. 建筑拆除阶段碳排放计算

建筑拆除阶段的碳排放应包括人工拆除和使用小型机具机械拆除使用的机械设备消耗的各种能源动力产生的碳排放。

建筑拆除阶段碳排放量应按下列公式计算：

$$C_{CC} = \frac{\sum_{i=1}^{n}E_{cc \cdot i}EF_i}{A}$$

式中：C_{CC}——建筑拆除阶段单位建筑面积的碳排放量（$kgCO_2e/m^2$）；

$E_{cc \cdot i}$——建筑拆除阶段第 i 种能源总用量（kWh 或 kg）；

EF_i——第 i 类能源的碳排放因子（$kgCO_2/kWh$ 或 $kgCO_2/kg$）；

A——建筑面积（m^2）。